管理學

NAGEMENT

牛涵錚、姜永淞 編著
陳定國 審閱

作者序 PREFACE

組織的管理是一連串的決策，要規劃未來願景與發展策略方案、適足人力資源以建構高效團隊、充分運用財務與設備資源以提升組織績效。其中，組織資源的分配與協調是管理者的核心要務，而這些並不是一位企業新鮮人可以參與決策並適任的。所以，學習如何管理成為必要卻又沒機會歷練的實務。

「管理學」為大一必修科目，對於大學新鮮人來說，剛經歷影響未來生涯的第一個決策，在對自己志向都還不很確定的情況下，更遑論能夠瞭解並擔任組織管理者，以及執行管理活動。因此，「管理學」要如何學習並加以應用呢？一本淺而易懂、並涵蓋組織管理大部分內容的教科書，對剛進入商管領域的新鮮人來說宛如一盞明燈，此正是本書撰寫的初衷與目標。

本書承蒙各校老師的採用，自應擔負提供適當教材之責，此次改版不但參酌用書老師的意見，並更新各章的實務個案，例如企業受到新冠病毒疫情、元宇宙、數位轉型以及各種創新與永續發展計畫的影響，讓讀者對於管理與當代環境的關係有更深一層的認知。

現今企業講求顧客導向，從顧客需求出發。本書顧及用書老師與學生的「教」、「學」需求，本版除了更新大部分的實務個案，亦維持一貫的每一實務個案閱後練習題，與每一章後的選擇與非選擇練習題。章末「分組討論實作」，針對每章的主題設計實務上面臨的管理議題，循序漸進地讓學生進入管理情境，模擬管理者角色、提出各種可行解決方案，對於未來擔任組織管理者的商管學院學生提供絕佳的練習機會。

本書能順利出版，除了感謝各校老師採用及改善建議，更要感謝全華編輯同仁的全力支持，讓每一次的改版都能更符合實際的教學需求。

牛涵錚　姜永淞　謹識

2022年5月

Part1 概論

CH01 管理概論

CH02 管理環境

Part2 管理

CH03 規劃與決策

目　錄

CH04 策略管理

CH05 組織結構與設計

CH06 組織行為

CH07 群體、團隊文化與衝突管理

CH08 領導理論

CH09 溝通與激勵

CH10 控制與績效管理

目 錄

Part3 應用

CH11 人力資源管理

CH12 組織變革

CH13 創新與創業精神

CH14 企業倫理與社會責任

CHAPTER

01 管理概論

本章架構

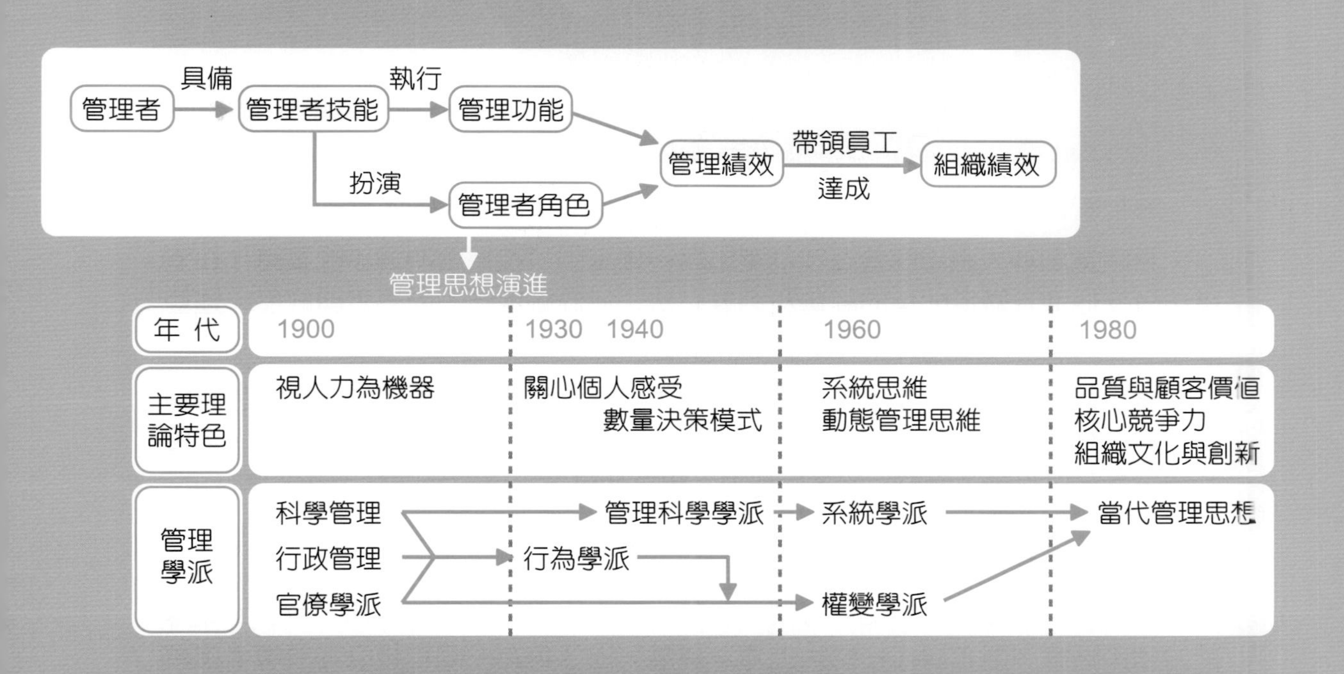

學習目標

1. 管理的意義及管理對組織的重要性。
2. 了解管理功能與管理績效的意義。
3. 衡量管理的成效，並區別效率與效能的意義。
4. 不同階層的管理者所需的管理技能與扮演的角色。
5. 管理思想與學派的演進。

有效能的管理者會問：「希望我達成的結果是什麼？」；而不會問「哪些工作要做？」

Peter F. Drucker（彼得．杜拉克）

台積電張忠謀的管理能力與領導心法

一位管理者應該具備什麼樣的能力，許多學者都曾提出各種說法。

台積電創辦人張忠謀曾在2021年出席一場玉山科技協會20週年晚宴時，在演講中分享他進入職場60年的經營和領導心法、每個職場階段的學習與經歷。這些經營領導與管理經歷充分演繹了張忠謀卓越的管理能力。

張忠謀不只一次提出，他將職場的黃金歲月奉獻給了德州儀器，期間見證這間公司從3,000名員工發展至4萬人的大型企業，並領導過非常多個業務單位，這段時間培養了他經營領導公司的各項能力，也為他帶領台積電邁向成功奠定基礎。

科技公司領導者應具備的能力

從技術、商品與客製品、行銷、會計、有說服力的簡報、聆聽、包容、領導能力到策略等，張忠謀在投影片上洋洋灑灑列出了身為一間科技公司領導者應具備的能力，並向聽眾娓娓道來他數十年的職涯間，如何學習及應用這些能力。

張忠謀是技術出身，他也在這場演講中強調，科技公司的經營人最好擁有技術背景，以便跟上技術瞬息萬變的更新腳步，但這並不代表他重技術而輕視商業策略。

行銷為最優先任務

張忠謀點出，「我把行銷當作最高任務（first priority）。」執行長所以能夠領比一般工程師高50倍的薪水，關鍵就在於認識市場，做好行銷創造的額外價值。

「有時候1,000個工程師才能減掉1%成本，但執行長只要將價格提高1%，就能發揮同樣的作用。」張忠謀舉例，但想要提昇價格並不是那麼容易，背後的基

礎便是對市場的了解及行銷，同時公司販售的是「商品」還是「客製品」，也會影響訂價的空間。

聆聽與包容力

除了對行銷的重視，張忠謀指出，領導者必須善於聆聽，具備包容及領導力。會議上，張忠謀從不做筆記，他總是專心聆聽會議上的一字一句，觀察對方的一舉一動。

「我相信同樣聽一句話，我比一般人了解的更多。」張忠謀解釋，他會看著這個人，思考對方的措辭，話語背後透露的意涵，以及說話時的肢體語言，都會透露出一些訊息。

談到來臺創辦台積電時，他自己沒有帶回任何一位部下。儘管曾遭遇「沒有班底難辦事」的質疑，張忠謀卻相當泰然，認為經營者不該讓自己侷限在固定的小圈圈裡，應具備更高的包容性。

披露50年前在德州儀器的致勝策略──學習曲線的優勢

張忠謀強調，一位優秀的領導人除了有人跟隨，更必須知道正確的方向。而要引領企業航向正確的方向，合適的策略與商業模型是不可忽視的關鍵。

在這次演講中，張忠謀不藏私地分享他50年前，帶領德州儀器半導體業務擊垮競爭對手的策略。德州儀器當時是電晶體－電晶體邏輯（TTL）領域的領導者，擁有近5成市占率，

「我的策略就是要對手絕望。」他提到，當時德州儀器在學習曲線上具有優勢，因而能以持續削價競爭的手法逼垮競爭對手，「我們毛利率能到40%，而對手只能賺20%，他們毫無希望。」

張忠謀特地補充，學習曲線是眾多策略的基礎，奇異前執行長傑克．威爾許（Jack Welch）是學習曲線的忠實信徒，旗下業務假如無法在5年內取得業界領導地位就會被撤除，也是基於學習曲線理論的考量。

在德州儀器奠定的領導歷練，最終成為張忠謀創辦台積電時的基礎，讓台積電從一間120人的公司，在他2018年退休時，成為擁有5萬名員工的國際企業，並在2020年全球晶圓代工業務中，吃下55%的市場版圖。

視客戶需求而定的商業模式

專注代工的商業模式，一直被認為是台積電的致勝關鍵。張忠謀強調，商業模式是以客戶而定，而非看產品是什麼。「如果我們是一間半導體公司，客戶就會是電腦公司。」他解釋，然而台積電的客戶是半導體公司，他們的商業模式是半導體製造服務。

管理探報

1985年張忠謀應孫運璿之邀，來臺擔任工研院院長，他說當時他最佩服的企業是星巴克，有能耐在當時把咖啡賣到原本6、7倍的價格。同樣是咖啡，星巴克有何不同？張忠謀指出，星巴克的客戶並非單純喝咖啡，而是「懂得享受生活的人」，這便是商業模式塑造出的差異。

張忠謀披露的台積電策略手稿中，曾為護國神山訂下保持ROE超過20%、營收比全球第二大代工業者高一倍，以及2021年實現100億美元營收等3個目標。他自豪表示，台積電所有目標都超額達成，2010年已實現130億美元營收。

「這是非常成功的策略及商業模型。」張忠謀還在最後幽自己一默，「唯一對這個成績不滿意的人，是我老婆。」

資料來源：陳建鈞（2021/10/28）。張忠謀：我的策略就是要對手絕望！一張台積電手稿揭開他60年的領導心法。數位時代雜誌。https://www.bnext.com.tw/article/65876/morris-chang-tsmc-60-years-leadership。

問題與討論

(　) 1. 張忠謀指出科技公司領導者應具備的能力是　(A)技術能力　(B)不重視策略能力　(C)標準化商品能力　(D)具備多元能力且以行銷為最優先。

(　) 2. 張忠謀的聆聽與包容力表現在　(A)會議上勤作筆記　(B)會議上不做筆記，專心聆聽與觀察　(C)學習多種語言　(D)包容各國文化。

(　) 3. 張忠謀在德州儀器公司的市場致勝策略是　(A)削價競爭　(B)提高毛利　(C)讓對手沒有市場空間　(D)以上皆是。

(　) 4. 張忠謀提出台積電的商業模式是　(A)專業半導體設計　(B)專業半導體代工　(C)半導體製造服務　(D)晶圓代工廠。

(　) 5. 張忠謀創辦並帶領台積電成為全球半導體領導廠商，依明茲伯格管理者角色理論來看，他扮演的最成功管理者角色應該是　(A)領導者　(B)發言人　(C)創業家　(D)資源分配者。

1-1 管理的意義

一個人如果沒有目標，就會失去方向，缺乏生活與前進的動力。組織也是如此，不論組織規模大小皆有經營目標需要達成，也因此需要進行管理活動以達成組織目標。組織目標確立後，達成目標之前歷經披荊斬棘、運用可用資源、掃除一切障礙、有效完成任務等整個過程，即爲管理（management）。

組織是由許多個體所組成，其任務既繁且多樣，勢必無法單靠個人力量達成，因而需透過群體合作，執行組織任務與達成組織目標。欲集合群體的力量以達成共同的目標，便需藉由管理來達成。就管理內涵而言，管理也是一種運用資源分配、任務協調的方法，此包含透過各種協調、合作與共識建立，有效能且有效率地完成工作任務與達成目標。

諸如上述，良好的管理能確保目標之達成，因此管理的過程中，「目標」是驅動管理的核心，所有管理活動即爲了達成某特定目標而展開。管理活動與技能無法一一詳列與說明，因此管理既是科學也是一門藝術，所謂「藝術」是指，在設定須完成組織目標下，進行人員、設備等各種資源的配置，乃至於部門協調等管理事務，沒有既定公式可套用；所謂「管理是一門科學」則指其以系統化與效能、效率兼具的方向，建立一套架構，協助人們解決問題與達成目標。簡單來說，管理（management）是與他人共事且透過他人，藉由協調工作活動的分配以有效達成組織目標的過程。

1-2 管理功能與管理績效

一、管理功能（management function）

爲了達成組織目標，由哪些人執行何種工作任務、而這些人在執行工作任務時又需要哪些實體或財務等資源的輔助，均有賴於管理者對於各種必要的工作任務與所需運用的資源進行最適當的調派與佈署。這些不勝枚舉的管理活動，若以執行、達成的功能性任務與功能性目標來描述與區分管理活，就稱爲管理功能。「管理功能」（management function）是指管理者爲了達成目標而必須執行的功能性任務，這些功能性任務亦依不同的組織屬性與任務屬性而有不同的分類，常見分類如下：

最一般化的管理功能是「規劃」、「組織」、「領導」、「控制」等四項功能性任務。分別介紹如下：

1. **規劃（planning）**

   「規劃」是一個過程，包括定義組織目標、建立達成組織目標之各個策略、以及依據策略方向發展更細部的計畫方案來整合與協調組織運作的各項活動。換言之，從設定整體目標到發展策略與細部計畫方案的過程，即為規劃。

2. **組織（organizing）**

   「組織」是管理者進行任務分派的過程，亦為一資源整合與分配的過程。此過程包括管理者需決定「執行什麼任務」（what task）、「由誰執行」（who）、「任務如何分配」（how）、「誰向誰報告」（to whom）、以及「決策何時制定」（when）等4W1H的決策。

3. **領導（leading）**

   領導與其他三個有具體作為的管理功能不同，領導主要表現為一種影響力的發揮，影響組織或群體成員能夠自願的表現「趨向目標達成」的動機。領導功能包括：激勵部屬、引導個人或團隊的工作任務、選擇最有效之溝通方式、處理員工不當的行為議題等。

4. **控制（controlling）**

   控制功能包含三個具體的步驟：(1)監控與衡量實際績效水準；(2)進行實際績效與績效標準的比較；(3)在必要時對於重大的績效偏差採取修正行動。若加上「訂定績效控制的標準」，控制程序亦可說包含「標準」、「衡量」、「比較」、「修正」四個步驟。換句話說，監督工作任務的進行，找出問題進行修正，以確保工作任務能依目標達成的程序，即為控制。

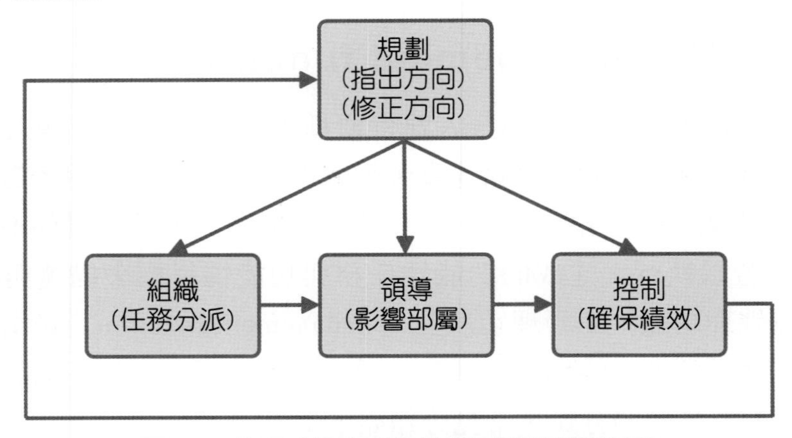

圖1-1 管理功能表現為持續不斷的管理程序

二、管理績效（management performance）

管理者從事管理功能之表現即爲「管理績效」，是作爲管理者是否有效執行各種功能性任務的衡量標準。至於如何衡量「管理是否有效」，學者提出「效率」及「效能」兩個指標。

1. **效率（efficiency）**：以最少量的投入，獲取最大的產出。
2. **效能（effectiveness）**：完成能達成組織目標之活動，亦即目標的達成。

現代管理學之父—彼得杜拉克（Peter Drucker）提出：「效率是把事情作對（doing things right），而效能是作對的事情（doing the right thing）」。彼得杜拉克認爲效率與效能同等重要，但若無法兼得時，則可能要先追求效能，再求效率。爲何需以追求效能爲優先呢？係因爲效能指的是目標達成度，因此，管理活動當然必須先予考量目標達成，試想若無法達到效能，亦即無法達成目標或目標達成度不高，則效率再高、資源浪費率再低，都對組織績效毫無幫助。

表1-1　效率與效能之比較

比較項目	效　率（efficiency）	效　能（effectiveness）
意　義	運用資源的能力	目標達成度
本　質	方法或手段（means）	目的（ends）
績效表現	資源使用率高、資源浪費率低	目標達成率高
操作性定義	$\frac{\text{產出}}{\text{投入}}$	$\frac{\text{實際產出}}{\text{期望產出}}$

管理 Fresh

效率與效能的寓言

網路上流傳著一則故事，有位極其勤奮的人卻非常的困苦、貧窮。儘管貧窮，卻沒有改變他勤勞的本性，天天早出晚歸的四處打工賺錢維生。

有一次這位勤勞的窮人到一位富翁家工作，富翁除了支付他工資，還送給了他一隻死掉的駱駝。勤勞的窮人非常的開心，駱駝皮非常有價值、剩下的肉可以醃起來慢慢享用，好幾個月都不愁沒肉吃。

勤勞的人拿出一把小刀，開始為駱駝剝皮，很快的小刀就鈍了，他跑上閣樓就著磨刀石磨起小刀，磨完後再下樓繼續剝皮的工作。就這樣反覆的上下樓，跑得氣喘如牛，圍觀的人也看得眼花撩亂，莫名其妙。當他感到快要累死了，才突然想到「跑上跑下磨刀太累了，駱駝皮尚未剝好，恐怕我已經累死，應該想一個解決的方法才對。」

最後，他終於想到一個最好的方法：「把駱駝拉到閣樓上，就著磨刀石剝皮。」於是他把駱駝從窗戶吊上閣樓，心想「這下磨刀就方便多了。」

一些感到好奇的鄰人，知道他費盡千辛萬苦把駱駝懸吊到樓上，是要就著磨刀石磨刀，都感到非常可笑。這時才恍然大悟為什麼眼前這個人非常勤勞卻非常貧窮的原因。

資料來源：他勤勞　反而貧窮（http://www.igotmail.com.tw/article/23800）

問題與討論

一、選擇題

(　) 1. 這個故事中，勤勞的人拿出一把小刀剝駱駝皮，可以說是 (A)低效率 (B)高效率 (C)低效能 (D)高效能。

(　) 2. 把駱駝用繩子吊上閣樓，可以說是 (A)低效率 (B)高效率 (C)低效能 (D)高效能。

(　) 3. 這個人非常勤勞卻非常貧窮的原因在於他對事務的管理方式為 (A)低效率，低效能 (B)高效率，低效能 (C)低效率，高效能 (D)高效率，高效能。

二、問答題

1. 故事中，勤勞的窮人剝皮、磨刀、把駱駝懸吊到樓上的目標是什麼，和管理有何相關？

   HINT 管理是為達成目標而尋找有效解決問題的方法。

2. 請說明管理與解決問題的關聯？

   HINT 藉由管理解決問題，以有效能、有效率的達成目標。

3. 除了不用把駱駝吊起來就磨刀石外，你有沒有其它的想法？

   HINT 學習思考新的想法。

4. 故事中，勤勞的窮人他想的解決方法問題出在哪？

   HINT 了解問題。

1-3 管理者技能與角色

一、管理者（manager）

介紹管理者技能與管理者角色之前，須先對於管理者的定義有一定的了解。基本上，管理者（manager）可定義爲「那些與他人共事且透過他人，藉由協調工作活動的分配以達成組織目標的人」。組織中，不同層級的管理者負責分配與協調的工作活動也不同，依組織層級不同管理者可區分爲：高階管理者、中階管理者與基層管理者。圖1-2是以具有數個事業部組成的大企業說明管理者的層級，若是中小企業可能並無事業部層級的中階主管層，意即管理層級是依組織特性而異的。

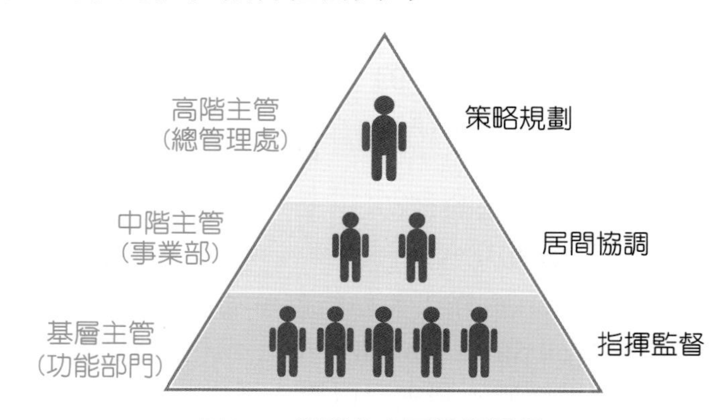

圖1-2 組織內主要管理層級

1. **高階管理者（top manager）**

   「高階管理者」是組織最高階層的管理者，負責建立組織的整體目標與制定組織整體的策略決策，管理決策影響範圍涵蓋全組織，例如執行長、總經理、副總經理等。

2. **中階管理者（middle manager）**

   「中階管理者」上承高階管理者下達的策略性命令，將之傳達給基層的管理者加以執行，並負責管理基層管理者之執行進度，扮演著承上啓下的管理者角色。例如事業部的協理、處長、總監等。

3. 基層管理者（first-line manager）

「基層管理者」位於組織最低階層的管理者，負責管理一群執行生產與服務作業的基層員工，指揮、監督基層員工的工作任務與進度，並給予基層員工在工作任務上必要的技術性指導與協助，例如部門經理、課室主任、課長等，皆屬於基層管理者。

管理 Fresh

疫後管理新趨勢—醫療長CMO興起

過去兩年來，新冠肺炎（COVID-19）疫情顛覆了無數人的工作和家庭生活常態，造成人們不小壓力。

非營利組織「心理健康急救」（MHFA England）研究顯示，25%的人發現遠端工作期間更難投入工作。自疫情以來，35%的人表示工作動力下降，30%表示他們與團隊的聯繫減少了，39%感到孤獨或孤立感增加。

諮詢機構Empower Work創辦人兼執行董事福勒（Jaime-Alexis Fowler）在《華爾街日報》（The Wall Street Journal）表示：「雖然到辦公室時間減少，但很多時候，員工只是想被傾聽，雇主可以更人性化、體貼和支持，對員工來說會是莫大的幫助。」

在這樣普遍的焦慮、孤獨情緒下，一種高階主管職位順勢而起—CMO（Chief Medical Officer，醫療長），有些公司則稱作健康長（Chief Health Officer）。

被稱作醫療長、健康長的CMO在疫情下順勢興起

隨著健康議題愈來愈為人所重視，相關的衍生產品或服務愈來愈多，包含亞馬遜、Uber都跨足到健康領域。

以提供客戶管理軟體服務的Salesforce為例，由於許多健康產業相關的客戶找上門，該公司便設立健康長，以因應不同類型的客戶，結合臨床專業，提供商業決策。比方說，Salesforce的解決方案可以替診所或醫療機構做到自動化分診、管理護理團隊和追蹤病患和供應商，提高整個機構的工作效率，也讓患者的體驗更好。

「這種以客戶為中心展開的優化，會讓願意上門的患者變多，在數位時代下，病人有需要時，他們也想要即時獲得治療。」Salesforce表示。心理諮商媒合平台TalkSpace的報告顯示，自去年2月以來，客戶數量成長了65%。

健康長除了提供與健康方面相關的商業決策外，另一個重要的工作就是關懷員工的身心健康。康乃爾大學威爾醫學院（Weill Cornell Medicine）精神病學臨床教授卡恩（Jeffrey P. Kahn）說：「在工作中，人們試圖表現得更專業，以隱藏自己的負面情緒問題，是很自然的防衛習慣。」

也因為如此，公司內有完整健康團隊的Salesforce認為，確保員工的健康對公司是有好處的，員工良好的健康狀態，有助於提高工作效率。

例如Salesforce就在倫敦辦公室的30樓設立員工冥想間。在這裡，員工不能使用手機或電腦，只能專心冥想，遠離辦公室的壓力小歇一會。

美國運通、PwC 都做！愈來愈多企業重視「員工心理健康」

除了聘請健康長之外，也有不少企業願意投資公司內部的精神健康福利。像是在美國運通（American Express）辦公室裡時不時會出現標語，上面寫著：「當你覺得心理不舒服，你能跟誰說話？」、「不喜歡參加派對okay嗎？」等等，來幫助員工思考這些問題。

該公司負責推動這項計畫的心理健康工作高管拉塔魯洛（Charles Lattarulo）表示，自從貼出這些標語，已經有數千名員工參加了「如何識別心理健康問題」的線上課程。拉塔魯洛認為，及早了解員工的心情並介入對個人和公司都好，因為可以降低曠職率。

資誠聯合會計師事務所（PwC）則是推出了幸福感輔導課程，員工可以向專業諮詢師尋求幫助，討論自己的壓力；他們還創建了一個線上社群，讓員工能互相聯繫，說說自己在疫情期間面臨的挑戰。另外，該公司也替員工和家屬提供6次免費的心理治療，主要透過應用程式提供情感支持，其中也輔以各種冥想、睡眠、放鬆音樂等額外功能。

冥想應用程式Headspace科學長貝爾（Megan Jones Bell）則告訴《商業內幕》（Business Insider），疫情讓許多公司注意到為員工提供心理健康資源的急迫性，雇主也感受到了員工們的壓力，他們需要這些資源，來創造一個更好的工作環境。

資料來源：張庭瑋（2022/2/9）。「CMO爲何成爲新顯學？美國運通、PwC、Salesforce 都重視，顛覆管理的疫後趨勢」。經理人月刊。https://www.managertoday.com.tw/articles/view/64576。

問題與討論

(　　) 1. 根據本文，何者不是健康長CMO興起的主要原因？ (A)健康議題受重視 (B)疫情期間員工焦慮、孤獨感受到關切 (C)健康諮詢服務的需求增加 (D)環保減碳議題。

(　　) 2. 何者不是企業設置健康長CMO的主要目的？ (A)提供與健康方面相關的商業決策 (B)關懷員工的身心健康 (C)規劃健康方面線上課程或社群 (D)負責保健食品的銷售業績。

(　　) 3. 根據本文，組織設立健康長CMO的效益為 (A)關懷員工身心健康，降低員工曠職率 (B)創造疫後更好的工作環境 (C)有助於提高整個組織機構的工作效率 (D)以上皆是。

二、管理者技能

不同層級的管理者所分配與協調的工作活動不同，所需具備的管理技能也就不同。管理學者羅伯・凱茲（Robert Katz）提出不論何種階層的管理者皆需要「概念性技能」（conceptual skills）、「人際關係技能」（human skills）、「技術性技能」（technical skills）等三種重要技能或能力，此三種技能對不同階層管理者之重要性程度皆有所差異。

1. 概念性技能（conceptual skills）

指管理者對於抽象與複雜情境能夠具備邏輯思考與概念化的能力。高階管理者常須面對複雜的組織變革的需求與因應環境的動態變化，快速制定影響組織整體的策略性決策，因此對高階管理者而言，概念性技能的重要性最高。

2. 人際關係技能（human skills）

指管理者在群體內能與他人維持良好互動關係、合作共事之能力。所有管理者皆須倚賴與他人合作共事、達成組織目標，所以人際關係技能是所有階層管理者均須具備的。然而對於承上啟下的中階管理者而言，一方面要承接上司所交付的策略性目標，另一方面又要指揮、協調下一層級管理者進行作業性任務，人際互動的關係複雜且多元，故對中階管理者而言，人際關係技能的重要性最高。

3. 技術性技能（technical skills）

指管理者具備特定領域之知識與技能的程度。由於基層管理者主要爲指揮與監督基層作業員工的工作任務與進度，因此對基層管理者而言，技術性技能的重要性是最高的。

另外也有學者提出第四種重要的技能—「政治性技能」，透過結盟與鬥爭等，建立正確的關係或權力基礎，管理者將能掌握向上升遷的快速管道。在組織理論，這就被稱爲組織政治學。一般企業實務上常講的「做人比做事重要」，相當程度上即在體現政治性技能對於管理者的重要性。

三、管理者角色（manager role）

在組織的任務分工下，基層作業員工每天大多從事例行性的事務，然而管理者處理的事務就不單是例行性事務，管理學者明茲伯格（Henry Mintzberg）曾對美國一百家大企業的領導者進行工作內容調查，發現管理者要處理相當不同的管理事務、扮演相當多元的角色，一個有趣的發現是管理者一天的工作時間中幾乎大部分都花在會議與溝通工作上，無怪乎許多企業主管總是抱怨每天都有開不完的會議，因爲需要協調的事務實在太多了。

明茲伯格根據管理者所從事的各種事務，歸納出管理者通常扮演的三大類、合計十種不同但相關的「管理者角色」（表1-2），內容涵蓋所有管理者可能執行的管理活動。三大類管理者角色包括：

1. 人際角色（interpersonal roles）

人際角色包括管理者執行對組織內員工與組織外人員的人際互動，以及其他屬於儀式與象徵性本質之責任。

2. 資訊角色（informational roles）

資訊角色包括接收、蒐集與傳播組織內外資訊之管理者角色。

3. 決策角色（decisional roles）

決策角色則爲進行各種方案的分析與選擇活動之管理者角色。

表1-2　明茲伯格十種管理者角色

三大類（十種）管理者角色		管理活動
一、人際角色：管理者於組織內外的人際互動，以及儀式與象徵性本質之活動。		
人際角色	代表人物（figurehead）	主持或進行象徵性意義的社交儀式，如招待訪客，代表致詞，或者簽署法律文件，又稱為頭臉人物。
	領導者（leader）	在組織內，管理者須負責聘僱、訓練、激勵員工，協助部屬了解組織目標與部門任務。
	聯絡者（liaison）	在組織外，管理者須連繫外部來源，以建立組織外部關係網絡或獲取攸關資訊。
二、資訊角色：管理者進行接收、蒐集與傳播組織內外資訊之活動。		
資訊角色	監控者（monitor）	管理者須蒐集組織內、外部訊息，維持與外部人員的接觸，檢視各種研究報告與報表，以瞭解組織內外環境的變化，又稱為偵查者。
	傳播者（disseminator）	管理者須將外部資訊宣達給組織內的員工知道，例如召開定期的主管會議或部門會議。
	發言人（spokesperson）	管理者代表組織向外發布資訊，與組織外部的群體溝通，例如撰擬與發佈新聞稿。
三、決策角色：管理者進行組織內各種方案的分析與選擇之決策活動。		
決策角色	創業家（entrepreneur）	管理者制定策略並評估關於發展新計畫專案之會議決策，例如新產品開發會議的決議。
	解決問題者（disturbance handler）	管理者制定策略並評估關於問題解決與危機處理之會議決策，例如航空公司主管召開會議決定飛航意外事件的處理方案，又稱為危機處理者。
	資源分配者（resource allocator）	各層管理者進行各種資源配置，例如執行預算規劃、訂定部門權責劃分、規劃工作排程與部屬工作分配。
	協商者（negotiator）	管理者代表組織與其他群體或個人協商，例如與供應商、顧客、政府機構、社會團體、甚至工廠周邊社區居民的協調。

管理者的任務只有4件事！超過這個範圍，主管就不該做

我們生活中常用到「扮演好什麼什麼角色」這樣的句型。但是究竟什麼是角色呢？以我的觀點，所謂的角色就是一組當你處在特定的人際關係時，你所被期待的權利和義務。白話文就是：你該做什麼事情才能符合你的身份。

正確的角色認知比能力重要

要成為一位好的管理者，必須對管理者的角色有正確的認知。換句話說，到底什麼是管理者該做的事？什麼是管理者不該做的事？這個問題一定要先弄清楚。

以下這句話是本文的核心觀念。請你把它記下來，並且放在心中多體會幾遍。這句話就是：「管理者不是只能做管理的事，但是他必須很清楚的知道，什麼不是管理的事。」

聽起來有點像繞口令。但是當你真正弄清楚意思之後就會發現，原來你身邊的很多管理者，甚至包含你自己，做最多的其實都不是管理的事。

管理四件事：規劃、組織、領導、控制

什麼是管理？最直白的定義就是：經由團隊的力量完成任務。

那什麼是管理的事呢？其實總共就只有四件事：規劃、組織、領導、控制。除了規劃、組織、領導、控制這四件事，其他都不是管理的事。

讓我們以一位有為青年志明當例子吧！他加入現在的公司後，經過三年認真負責的打拚業績，終於得到公司的肯定。志明升為業務課長了！

我們當然要恭喜他！不過因為業績好就當業務主管這樣的安排，雖然很常見，但其實是有問題的。因為兩者需要的能力並不一樣。究竟哪裡不一樣，我們接下來就用例子做說明。

明天有位非常非常重要的客戶要聽志明團隊的簡報。這個簡報如果做得好，全年的業績目標基本上就達成了，但萬一失敗了後果也不堪設想。因為關係如此重大，志明不放心讓業務團隊中的其他同仁做，決定自己上臺報告。畢竟他最有經驗，臨場反應也最好。

聽起來這應該是一個正確的決定吧？也許是。但不管是或不是，這都不是管理的事。

如果志明為了這一場關鍵的報告，帶領團隊分析可能的狀況並做預先準備，同時訓練團隊同仁能夠在那個場合有優秀的表現，那麼這些事就是管理。因為志明做的這些事屬於規劃和領導的範圍。

再舉個例子，志明現在是一個研發團隊的主管，在擔任部門主管之前，本身也是一位傑出的研發工程師。現在志明的部門有一個專案，其中一組重要的程式仍然有很多bug，團隊的工程師花了很多的時間試圖解決，但眼看期限一天一天逼近，卻仍然一籌莫展。

不得已志明只好自己跳下去，再度重出江湖解決這個問題。果然寶刀未老，他一出馬，問題立刻迎刃而解。志明得到了大家的掌聲，自己也很得意。

也許志明做了一件對的事，因為沒有他出手，這個專案的下場會很悽慘。但我要提醒的是，志明現在做的事情一樣不是管理的事。更有可能是因為志明平常管理的事做太少，所以才會持續有最後要他親自出馬的狀況。

平時多做「管理的事」，才能少在緊急時做「不是管理的事」

對管理者而言，建立什麼是管理和什麼不是管理的事的自覺是非常重要的。有了這樣的自覺，我們才可以從每天忙不完的雜亂工作中找出真正的管理重點。如果一個管理者打開行事曆發現自己很忙，但忙的都不是管理的事，那麼這個管理者的工作重點顯然就有嚴重的偏差了。

以時間管理的角度來說，管理的事常常是「重要卻不緊急」的，以致優先順序常常在後面。但麻煩的是，如果持續少做「管理的事」，那「不是管理的事」就很容易像花園裡的雜草一樣，在不知不覺間枝葉茂盛，春風吹又生。

在主管培訓的課程中，我有時建議學員用一個很實務的方法，幫助他們建立「管理自覺」。我請他們拿出自己過去兩週的行事曆，回顧過去兩週做了哪些事。再依規劃、組織、領導、控制四個領域將這些事歸類。最後再看剩多少事無法歸到這四類。這樣做出來的結果常常發人深省。

再強調一次，管理者不一定只能做管理的事，甚至有些不是管理的事，對組織非常重要。但管理者一定要知道什麼「不是」管理的事。如果管理者都沒有在做管理的事，那麼組織的發展，很容易就會出現瓶頸。

主管要管大事與小事，不能只管中事。大事是策略方向，小事是部屬工作時遭遇的實際問題，還有客戶對公司產品的感受、看法；接近日本人說的「現場主義」。中事則是按流程走的經常性事務。

大事的重要顯而易見，不用多說。主管的時間都在處理中事的話，不是公司的程流有問題，就是主管逃避擔當，躲在程序後面不敢面對問題。最後關於小事，我舉兩個具體做法的例子。

我認為即使身為公司的總經理，不論公司再大，一個月也至少要直接和兩家客戶見面溝通。這樣才能培養對市場的「手感」，提高決策的精準度。總經理最好每個月也有兩次時間，和公司較基層的員工坐下來，不拘形式議題的聊聊。收穫之大，出乎意料。

資料來源：宇一企管公司總經理林宜璟（2021/11/29）。「管理者的任務只有4件事！超過這個範圍，主管就不該做」。經理人月刊。https://www.managertoday.com.tw/articles/view/64200。出自《等人提拔，不如自己拿梯子往上爬》，蔚藍文化出版，2021年9月3日出版。

問題與討論

(　　) 1. 依本文，培養管理能力之前，必須先　(A)提升業績能力　(B)正確的管理者角色認知　(C)學習管理理論　(D)處理好人際關係。

(　　) 2. 依本文，管理者的任務只有4件事，但不包含哪一件事？　(A)規劃　(B)研發　(C)領導　(D)控制。

(　　) 3. 「管理」最直白的定義就是：　(A)經由規劃的能力完成任務　(B)經由簡報的能力完成任務　(C)經由團隊的力量完成任務　(D)經由領導的力量完成任務。

(　　) 4. 主管親自進行重要的簡報，為何不是管理的事？　(A)主管應該帶領團隊分析可能的狀況並做預先準備　(B)訓練團隊同仁能夠在那個場合有優秀的表現　(C)管理是團隊合作，而不是親力親為　(D)以上皆是原因。

(　　) 5. 本文認為管理者最主要的角色應該是　(A)親力親為　(B)領導部屬　(C)簡報　(D)客戶溝通。

1-4 管理思想演進

管理理論的興起始於二十世紀初，時至今日百年企業不一定長青，取而代之的是不斷創新的新興企業，例如成立於1976年的蘋果公司開發包括Apple II與i Mac促進個人電腦發展、iPod音樂撥放器與iTunes顚覆了音樂消費新模式、iPhone與iPad則是滿足了行動通訊的消費者需求，其在電子科技產品的創新能力，曾在2010年成爲全球市値第二高的上市公司（美國財星雜誌全球500大企業2018年排名第4名）。全球搜尋引擎龍頭Google、社群網站Facebook等公司，都是因爲創新的產品與服務而創造了全球性高成長的公司價値。又如鴻海公司成立至今也僅四十年，已是臺灣第一大民營製造業、全球排名24名企業（美國財星雜誌2018年排名），相較於長青的百年企業，不斷創新的管理似乎成爲現代化組織快速成長與成功的最佳營運模式。

不同時代的主流管理理論不斷在學術研究中被驗證，而同樣的有效的管理實務做法也是與時俱進，或稱爲典範轉移（paradigm shift）。瞭解管理思想的演進，就能更加深入探究理論建構的根本與實務應用的適切性，也就能更加瞭解管理典範轉移的意義。以下即介紹從20世紀初至今主要的管理思想演進。

一、古典理論時期（1900-1930年）

十九世紀末期大量生產與製造所造就的工廠林立與經濟繁榮，迫使「管理」被快速與急切的要求，而出現各種管理思想與實務作法。

(一)科學管理學派

20世紀初期，機器大量生產的迫切問題爲如何提高生產效率，泰勒（Frederick W. Taylor）觀察實務上的經營與運作，使用科學的方法與技術來定義工作的最佳方法，提高工廠作業的生產效率。泰勒爲美國賓州密得威（The Midvale Steel Company）與怕利恆（Bethlehem Steel）兩家鋼鐵廠的機械工程師，他從基層的工人做起，一路做到總工程師。故泰勒能完整的觀察生產線之工作狀況，並深刻的體認工作普遍會怠惰、生產無效率的原因。

泰勒於1911年出版《科學管理原理》[1]一書，集結並討論使用「科學管理的方法完成工作」，因此受到全世界管理實務者的重視，被稱爲科學管理

1. Taylor, Frederick W. 1911. Principles of Scientific Management. New York: Harper and Row.

之父。爲了解工人的無效率，他以科學方法尋求完成每一項工作的最佳方法，並提出「科學化管理」的原則，希望透過專業分工，將每個人的工作細分至簡單動作，並重複簡單動作以提升生產效率。提升生產效率即爲科學管理學派普遍的管理目標。

(二)行政管理學派／管理程序學派

二十世紀初期，工業管理系統逐漸形成，企業組織開始區分生產、銷售、工程、會計等各種不同的功能部門，如何有效的管理成爲組織管理者迫切的需求。科學管理理論致力於如何提高工作的生產力，同時也有學者從管理程序與組織結構著手，來探討組織管理的效率。行政管理學派與官僚學派即爲二十世紀組織管理理論興起時的兩個主要管理學派。

行政管理學派的代表人物是法國工業家費堯（Henri Fayol），亦被稱爲管理程序學派之父。費堯發展關於管理者工作與良好管理者的要件之一般性理論，在1916年出版的《一般與工業管理》[2]一書中定義管理的五大功能，規劃（planning）、組織（organizing）、命令（command）、協調（coordination）與控制（control）爲管理者執行有效管理之五大要素，以提升整體組織管理績效。費堯更提出著名的「管理十四原則」，提供管理者有效執行五大管理功能活動必須遵循的指導原則：

表1-3　Fayol十四項管理原則

No.	原則	說明
1.	分工原則（division of work）	個人與群體間應有適當比例的工作任務劃分，透過專精來提高效率。費堯認為分工是善用組織人力資源的最佳方式。
2.	職權原則（authority）	管理者在某一職位上擁有下達命令的職權，同時也須擔負相當的職責，或稱為權責相當原則。
3.	紀律原則（discipline）	員工應服從與尊重組織的規定，管理當局應讓員工清楚了解組織規定，違反規定則需要適當的處罰。

2. 法文原著：Fayol, Henri （1916）, Administration industrielle et générale; prévoyance, organisation, commandement, coordination, controle （in French）, Paris, H. Dunod et E. Pinat.後於1949年譯成全世界普及的英文版：General and Industrial Management. Translated by C. Storrs, Sir Isaac Pitman & Sons, London, 1949

No.	原則	說明
4.	指揮統一原則（unity of command）	每個員工只接受一位上司命令，或稱命令統一原則。
5.	目標統一原則（unity of direction）	組織應該只有一個一致的目標，引導管理者員工的行動計畫。
6.	個人利益服從共同利益原則（subordination of individual interests to the general interest）	組織整體利益優於個人、群體利益。
7.	獎酬公平原則（remuneration）	對員工的付出必須給予合理的報酬。
8.	集權原則（centralisation）	下屬參與決策的程度；決策權愈集中於管理當局為偏集權，決策權愈分散至部屬則為偏分權，二者只是集權化比例不同。
9.	指揮鏈原則（scalar chain）	由最高領導者到最基層員工之間，有一明確的指揮鏈，且正式溝通依循指揮鏈進行。
10.	秩序原則（order）	組織內每一位成員與每一件物料，在適當的時間置於適當的位置。
11.	公平原則（equity）	管理者應和善且公平地對待每一位下屬。
12.	職位安定原則（stability of tenure of personnel）	管理當局應做好人事規劃，職位出缺時可立即找到遞補人選。
13.	主動原則（initiative）	讓員工參與決策制定與執行，以激勵其對組織的努力與付出。
14.	團隊精神（esprit de corps）	團隊運作與合作，可促進組織的和諧與團結。

（三）官僚學派

官僚學派的代表人物韋伯（Max Weber）是德國的社會學家，以層級關係來描述組織的活動，組織成員各依其在組織的層級地位，依法取得某種職權，憑此職權得以指揮、命令下屬，因而形成一種層級式結構，稱爲官僚組織或科層組織（bureaucracy）。

官僚組織的主要特性包括建立完整的法規制度、官僚層級體系、專業分工、依法取才、依法報酬、升遷、獎懲等，對於現代組織理論影響深遠。

二、修正理論時期（1930-1960年）

繼科學管理理論之後，講究以科學方法分析工作以增加工作率能效率之論點，頗受當時企業界接受與歡迎。也因此引發後續許多的研究，其中最重要的研究爲霍桑研究，開啓了行爲科學的研究。

(一)行為科學學派

基本上來說，行爲學派揚棄傳統理論時期「將人視爲機器」的看法，研究領域集中於人員工作時的心理想法以及所表現之活動或行爲，注重組織成員行爲及非正式組織的研究，例如個人動機、團體動力等研究。1930年代因爲經濟結構大變動帶來了企業普遍的經營困境，而行爲學派讓企業對於提高員工生產績效有不同的想法。

行爲學派最重要的理論出發點來自1924年至1932年於西方電氣公司（Western Electirc Co.）在伊利諾州西瑟羅市（Cicero）的霍桑工廠中所進行的霍桑實驗（Hawthorne Experiments），主要由哈佛大學的Mayo、Dickson以及Roethlisberger三位教授共同執行的一系列研究。整個研究目的是爲瞭解工作場合與員工工作表現與產出之關係。

實驗之初，工作人員設定工作場所愈明亮，作業人員的工作效率與產出的正確率會愈高。然而，出人意外的是，無論光源的亮度高低，作業人員的生產效率都一樣。雖然與先前預想的結果不同，但霍桑實驗卻驚人的發現：影響員工工作績效的因素是員工內在心理因素，亦即影響員工工作績效的因素並非如傳統理論時期所強調的物質環境因素而已，更重要的是員工內在心理因素，例如：光榮感、受尊重、參與感及成就感得到滿足等。同時也發現在非正式組織內的群體互動與情感對於成員的行爲影響甚大。霍桑實驗雖然沒有得到預期的結果，但開始了研究人員對於工作者內在心理因素的關注，也因此進入行爲科學研究的興盛時期。

另外，巴納德（Chester Barnard）在1938年出版的著作《經理人的功能》，指出組織爲一個需要人與人合作的社會系統，並從人性觀點看待主管職權功能的發揮。在巴納德所提出的職權理論中，主管的職權是否能有效發揮端賴部屬而定，亦即主管對部屬下達的職權命令，必須取得部屬的接受，稱爲「職權接受論」。巴納德並主張管理者的職責並非實際執行組織的工作，而是扮演一個維持組織運作的專業化角色，且執行主要的三大職責：建立有效溝通制度、激發部屬表現必要的工作服務、對部屬明確闡述組織目標。

(二)管理科學學派

二次世界大戰的發生，助長管理科學學派發展。二戰期間，為解決國防需要產生了「運籌學」，以解決戰爭後察、後勤補給、運輸等配置問題，發展了新的數學分析和計算技術，例如：統計判斷、線性規劃、排隊論、博弈論、統籌法、模擬法、系統分析等。

戰爭結束後，這些方法成果廣泛推廣應用於管理工作，以解決組織中人與工作的問題。但後續研究者不斷發展出許多新的解決問題的模式，形成管理科學學派理論。因為管理科學為主要以強調計量為主，故又稱為計量學派。

管理科學學派的內涵，認為可透過將管理問題或情境，以數學模式建立一（簡化的）系統，並運用數學模式或電腦程式來解決問題或提出決策。因此主要的工具即為：數學模式、電腦程式，以精確的計算出最「最適解」。期望在特定模型的建構下，求得最適化解決方案，亦即管理科學學派種是透過各種數學工具與技術的運用，以期在管理工作上能求得最大利潤。

三、新近理論時期（1960-1980年代）

1960年代以後，管理思想進入以組織系統研究為主的系統學派，以及強調視情境的不同採用不同管理作法的權變學派。

(一)管理的系統觀

一系統通常指的是一獨立的整體，不會被外在環境影響或不會與外在環境互動，稱為封閉系統（closed system）。在眞實的世界中任何系統整體必然會與外在環境產生程度不等的互動與互為影響，此種與外在環境進行動態互動之系統，即是開放系統（open system）。就組織而言，現代化組織必然是一個開放系統，必須與顧客、供應商、競爭者互動。在開放系統觀點下之組織管理系統就如圖1-3所示。

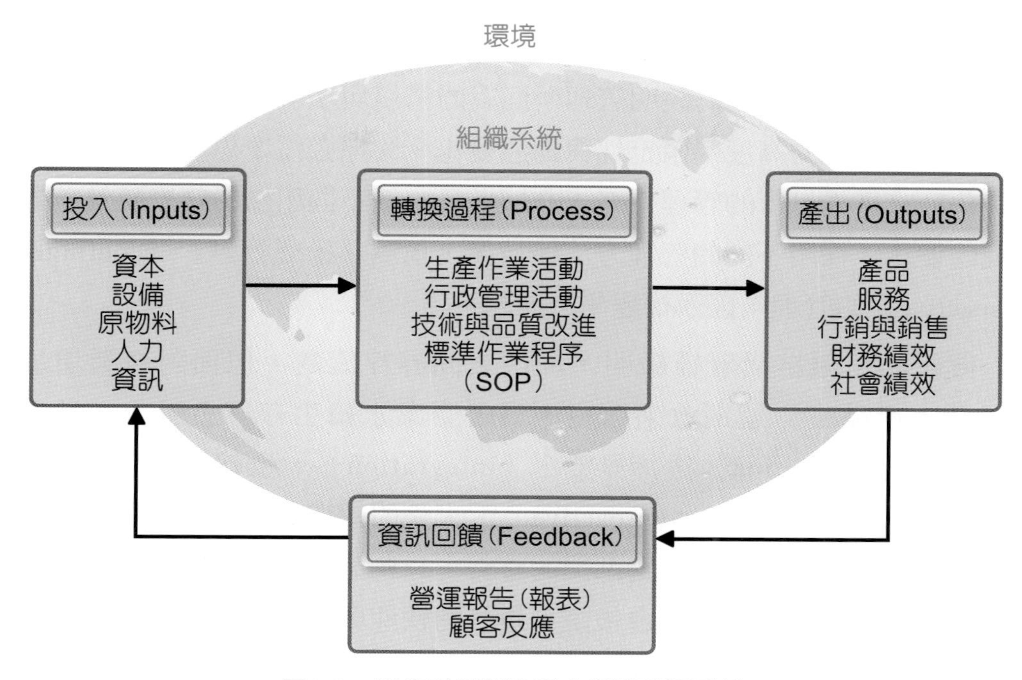

圖1-3　開放系統觀點下之組織管理系統

一個組織管理系統包括「投入」(Input)、「轉換過程」(Process)、「產出」(Output)、「回饋」(Feedback)等程序，又稱爲「IPOF系統觀點」。除此之外，在開放系統觀點下，組織會受到環境的變化形成互動影響。簡單來說，企業的投入是源自於外部環境的挹注，而企業產出則是輸出到外部顧客環境，除了顧客的資訊回饋外，其他外部群體如競爭者、消費者保護團體、媒體、社區居民等亦均可能產生對我們企業的感受或想法；故不論投入、產出或資訊回饋過程，亦都會與外部環境有密切互動。

IPOF系統中，企業投入的五大要素(又稱爲5M要素)包括：「人力」(man)、「財力」(money)、「物力」(material)、「機器設備」(machine)與「技術方法」(method)等，即一企業需要獲取營業資金(money)、聘僱員工(man)、尋求原物料供應來源(material)、購置機器設備(machine)、並設計生產技術與方法(method)，五要素具備後才能投入生產製造活動，將原物料透過產製過程轉換爲產品或服務輸出至市場。

(二) 管理的權變觀

系統學派觀點周延的說明管理所面對的情境與環境。然而，1960年代以後企業面臨環境的高度不確定性與動態變化，管理者需要思考的是以更多不同的角度來審思可行的管理方案，亦即考量包括不同組織的經營特性差異與環境的變化，採用不同的管理方法與技術，稱爲「權變觀點」（contingency perspective）的管理，因而權變學派興起。

傳統的組織結構層級嚴明，部門之間界線清楚，但面對產業環境變化迅速，產品生命週期愈來愈短，爲了企業永續生存與發展，必須不斷尋求創新（innovation）與跨界整合（integration），也就是注重「彈性」（flexibility）與「預應」（proactive）。未來的組織結構之層級與部門界線會變模糊，也會愈來愈強調跨部門的整合，以刺激更多的創新策略。隨著層級節制不再嚴明，基層員工會被賦予更多的快速因應之自由裁量權，一線員工可以爲了因應顧客的額外需求提供客製化的產品與服務，此即爲權變觀點。當然，稍後章節中陸續介紹規劃、組織、領導、控制功能中，還會基於考量企業因應變化的權變因素，將再談論到權變的觀點。當企業必須預測環境可能的變化，事先提出預應式的各種方案以備不時之需，這就是情境思考或情境規劃。

四、當代理論時期（1980年以後）

(一) 當代管理思想

進入1980年代以後，當代管理思想將焦點移轉至品質、創新與競爭優勢上，主要管理思想與論點包括下述幾項：

1. 強調持續改善的「全面品質管理」。
2. 策略大師麥可波特（Michael Porter）所提出的「競爭策略」與「競爭優勢」。
3. 普哈拉（Prahalad）與哈默爾（Hamel）所提出能夠有效運用組織內部資源，以建立競爭優勢的組織「核心能力」。
4. 卡普蘭（Kaplan）與諾頓（Norton）所提出由績效評估制度轉化爲策略管理機制的「平衡計分卡」。

5. 現代管理大師彼得杜拉克（Peter Drucker）的巨著《創新與創業精神》。
6. 彼得聖吉（Peter Senge）的學習型組織與知識管理。
7. 金偉燦（W. Chan Kim）與莫伯尼（Mauborgne）所提出，以差異性創新創造企業獨一無二價值的「藍海策略」。
8. 克里斯汀生（Christensen）於1997年的巨著《創新的兩難》，所提出創造產業變革的「破壞式創新」。
9. 跨界合作的創新、重新界定企業競爭疆界的「開放式創新」。

上述當代管理思想與論點仍持續影響現代組織管理實務，將在本書各相關章節再做詳細說明。

管理 Fresh

知識工作者的最佳典範：杜拉克的管理觀念養成

彼得杜拉克（Peter F. Drucker）被尊稱為現代管理學之父，著作等身，對現代組織經營者的管理觀念提出許多深入的洞見，然而，在杜拉克的回憶錄《旁觀者》（Adventure of a Bystander）裡，提到許多他所提出的管理觀念，其實源自於小學老師的教誨方式。

杜拉克在1954年巨著《管理的實踐》（Practices of Management）所提出之「目標管理」（Management By Objectives）觀念，強調目標的訂定與定期檢討對提升生產力與績效的重要性，源自於國小老師對於小學生布拉克的要求：每星期交二篇作文、每星期追蹤檢查他的進步狀況、必要時會稱讚杜拉克的數學很好。

在《有效的經營者》（The Effective Executive）書中，杜拉克提到，「我小時候的鋼琴老師曾經生氣的對我說：『不管你再怎麼練習，也不能學得像阿圖・許納貝爾（Artur Schnabel）彈莫札特的曲子那樣高明。不過，你沒有理由不像許納貝爾那樣練習音階。』」，杜拉克後來提出：「追求成效、獲致成果」是一種習慣而非天分，而習慣的養成，只需要練習、練習、再練習。

13歲時，一位宗教學老師向全班問了一個問題：「你希望以什麼名留後世？」全班鴉雀無聲，但這個問題卻讓杜拉克記憶終生。杜拉克總是會問自己這個問題，並認為「這個問題總是能引導你脫胎換骨，因為它會督促你視自己為一個不同的人，一個你能變成那樣的人。」

《從A到A+》作者吉姆．柯林斯（Jim Collins）表示，「杜拉克的著作，呈現在世人面前的，猶如雕像正面般完美。但雕像之所以美侖美奐，是來自於整座雕像所蘊藏的思想和功夫……這卻是看不見的部分。」

試問各位讀者，在成為優秀經理人的學習過程中，你需要養成的習慣與價值觀為何？你想要成為那樣的管理者以名留後世？你又想如何呈現你未來的完美雕像？這些答案，相信能在本書未來幾章內容找得到答案。

資料來源：齊立文（2009）。知識工作者的最佳典範。經理人月刊，第60期，P.54-56，2009/11。本書作者重新編寫。

(二)管理為一門藝術

現代企業管理不能再以傳統管理原則，制式的套用在各種組織運作之上。管理理論來自企業實務，也要回應到企業實務。管理實務如同眞實世界一般，每天皆有新的問題出現，或者舊的問題出現新的情境，又或者時代變遷導致顧客需求改變、競爭環境詭譎多變。

因此，管理者也必須不斷針對各種問題提出周延、創新、多角度思考的解決方案，就如同工藝家一樣，同樣是一張畫紙（公司）加上一堆塗料工具（人員與設備），但要呈現不同的結果，就要有各種不同翻新的想法與畫法。

現代組織中有效的管理者即如同藝術家一樣，不但要有系統思考，也要有創意的觀念重組，才能不斷因應組織內、外環境變化以創造企業績效與價值，管理被定位爲一門藝術也實不爲過。

管理新視界

影片連結

哈佛宿舍教會我的事

科技進步快速，現在所學的知識未來未必有用。萬丈高樓平地起，知識亦是一點一滴累積，能更有效的應用管理能力與工具。

Working memory, working knowledge（intelligence），即運用學到的很多不同的東西，來解決全新的問題或舊的東西用新的方法去表現。

請上網觀看「哈佛宿舍教會我的事」影片，影片中受訪者劉軒一路念到哈佛博士班，卻在離開哈佛後選擇了一條很不主流的人生道路－「文人DJ」，並在音樂界嶄露頭角。劉軒分享了，世界排名第一的長春藤名校為劉軒的價值觀養成所帶來的影響。

問題與討論

1. 請問你認為Passion是否會影響個人工作的績效？

   HINT 對工作有興趣、有熱忱，往往能激勵工作的高執行力。

2. 請問你認為劉軒所提到的「working memory」、「working knowledge（intelligence）」為何重要？

   HINT 「working memory」、「working knowledge」是個人學習的基礎。

3. 態度決定你的高度，請問這句話的涵義為何？

   HINT 除工作能力以外，態度可以決定在工作團體中受到他人更多肯定的程度。

管理 Fresh

不加班是效率的展現，也是創新的開端

在瑞典這個歐洲小國裡，下午4點到5點的辦公室，員工就陸續下班了，夏天時最多竟然可放6週的長假！

在強調工作與生活平衡的瑞典，加班絕不會是常態，休假更是為了有動力繼續工作。瑞典的平等博愛精神，是貫徹在生活中的，將心比心、替別人著想，你想早點下班，別人也是，那就犧牲便利，大家都能早點下班。於是，下班後沒有客服專線，沒有24小時營業的超商，周末外出吃晚飯前想逛街時店面已經要打烊了！

在瑞典的國際公司內，更可以看出和其他國家對於工作態度的差別。每到4月，公司便開始調查大家想在夏天放假多久、想在哪幾週放假，以便開始安排留守名單。夏天的工作人力會精簡到最低，而所有想和瑞典合作的其他國家辦公室，都必須在7月前完成待辦事項，否則只能等著收到「我正在放年假，請1個月後再找我」的郵件自動回覆。

對瑞典人來說，加班反而代表效率不彰，因此要用額外的時間去完成。這個在國際企業內常被指稱的「瑞典效率」（Swedish efficiency），雖然是嘲諷瑞典員工愛放假又不加班的常態，但全球產業中，瑞典企業所展現的國際競爭力卻也是不爭的事實。

不加班、愛放假、寧願犧牲商業敏捷性也要確保平等，如此的瑞典，卻養育出眾多國際知名企業，在各類全球排名上，這個人口甫破1,000萬的小國經常名列前茅，在捨棄工作時間的同時，國際表現也似乎沒有被捨棄。其實，一個國家不會僅因為人民24小時不停地工作而變得更有競爭力；相反地，當大家每天都焦頭爛額地工作、心心念念想著要賺更多錢，反而失去了思考與創新的動力。

過去10年在國際上嶄露頭角的多個獨角獸新創公司（unicorn startups，一般定義指市值超過10億美元的新創公司），像是做出Candy Crush的King、金融科技界的新星Klarna、席捲全球串流音樂市場的Spotify，都是瑞典本土企業，而這些新創公司都與創新的思考脫不了關係。

傳統的瑞典巨頭公司像是愛立信、VOLVO、IKEA也設有創新部門，盼望能透過新視野為容易僵化的組織注入活水。而一般企業普遍鼓勵員工在職學習，期待員工能帶來新視野與技能替公司加分。

不加班看起來不只是效率的展現，也是創新的開端。

資料來源：劉晉亨（2019.03.01），蘋果新聞網，愛放假不加班的「瑞典效率」玩出Candy Crush。檢自https://tw.appledaily.com/new/realtime/20190331/1542702/。

問題與討論

一、選擇題

( ) 1. 「瑞典效率」指的是 (A)嘲諷瑞典員工愛放假又不加班的常態 (B)瑞典企業的全球競爭力 (C)瑞典企業員工加班趕工的常態現象 (D)瑞典企業延長工時的政策。

( ) 2. 線上音樂Spotify能夠席捲全球串流音樂市場主要是因為 (A)員工不加班 (B)員工工作有效率 (C)可以網路聽音樂 (D)具有創新的思考與服務。

( ) 3. 以管理學的「效率觀點」而言，加班沒效率的原因是？ (A)資源使用率高 (B)資源浪費率高 (C)目標達成率低 (D)績效成果低。

( ) 4. 管理者能夠透過適當的工作分配、人員配置，讓員工不加班也能展現績效，管理者是扮演何種角色？ (A)聯絡者 (B)監控者 (C)資源分配者 (D)問題解決者。

( ) 5. 「不加班是效率的展現，也是創新的開端」其主要內涵指的是？ (A)精簡加班的人事費用 (B)管理者催促工作更快速完成 (C)員工有更多時間學習與創新思考 (D)提高部門間的衝突刺激創新。

二、問答題

1. 臺灣企業習慣讓員工加班完成當日工作，但績效卻不見得提高，請嘗試討論「可以不加班、又能提高績效」的解決方案。

HINT 適當的工作量與適當的工作分配、人力配置，以及良好的時間管理。

重點摘要

1. 與他人共事且透過他人，藉由協調工作活動的分配以有效達成組織目標的過程，即為管理（management）。不論組織或個人，因為有目標需要達成，因此需要管理，所以，目標可說是驅動管理的核心。
2. 「管理功能」（management function）是管理者為了達成目標而必須執行的功能性任務，一般包括規劃（planning）、組織（organizing）、領導（leading）、控制（controlling）等四項功能性任務，且四項功能依順序表現為一持續不斷的管理程序（management process）。
3. 用來說明一管理者在「從事管理功能上的表現」，亦即用以作為衡量管理有效與否的指標，稱為「管理績效」（management performance）；而管理績效的具體指標包括效率與效能。
4. 管理者（manager）為「那些與他人共事且透過他人，藉由協調工作活動的分配以達成組織目標的人」。管理者依其所位於組織層級的不同，主要區分為高階管理者、中階管理者與基層管理者。
5. Robert Katz所提出任何管理者皆需要概念性技能（conceptual skills）、人際關係技能（human skills）、技術性技能（technical skills）等三種技能，但此三種技能對不同階層管理者之重要性程度皆不相同。
6. 明茲伯格（Mintzberg）歸納管理者通常會扮演的三大類、合計十種不同但密切相關之角色；三大類角色包括人際角色、資訊角色、決策角色。
7. 管理理論自科學管理學派開始導入科學方法發展理論。泰勒（Frederick W. Taylor）觀察實務上的經營與運作，使用科學的方法與技術來定義工作的最佳方法，提高工廠作業的生產效率，並提出「科學化管理」的原則，被稱為科學管理之父。
8. 行政管理學派的代表人物—費堯（Henri Fayol），以其豐富實務經驗而著重於組織管理層面，發展出關於管理者工作與良好管理者的要件之一般性理論，主張以廣泛的觀點研究組織問題，並提出十四項管理原則，作為一般性的管理原則。
9. 官僚學派的代表人物—韋伯（Max Weber），主張一種以層級關係建立的組織，組織成員各依其所在的層級地位，依法取得某種職權，並憑此職權發號施令，形成一種層級式結構，稱為官僚體制或科層制（bureaucracy）。

10.修正理論時期開始於行為學派揚棄傳統理論時期「將人視為機器」的看法，研究領域集中於人員工作時的心理想法以及所表現之活動或行為，影響1930年代因為經濟結構大變動所帶來的企業經營困境有所突破；另外，管理科學學派則以計量模式分析管理問題的最適化解決方案。

11.管理科學學派認為可透過將管理問題或情境，以數學模式建立一簡化的系統，並運用數學模式或電腦程式來解決管理問題或提出「最適化」的決策，因此，管理科學學派又稱為計量學派。

12.新近理論時期包括系統學派，強調所有組織皆是存在於環境中的一種開放系統，以及權變學派，認為管理實務問題層出不窮、複雜且動態的變化，無法以相同的單一做法解決各種不同的管理問題，而須「視情境的不同提出不同的管理做法」。

企業內不同部門的管理者（部門主管）都需要不同的管理技能以帶領部門運作。例如，業務主管需要市場開發與產品溝通能力、研發主管需要專案規劃與進度管控能力。

本實作請全班先分組，各組嘗試上網搜尋「○○公司部門簡介（例如東南旅行社部門簡介）」或上人力銀行網站，選擇小組成員有興趣的產業內一家公司為例，參考該公司的部門簡介或人力銀行網站上所揭示部門主管所需工作技能，然後各組經討論後分享以下內容：

(一) 先說明該公司的營業範圍。

(二) 舉出該公司三種部門的主管所需的管理技能。

(三) 你（妳）如何可以培養這些管理技能。

CHAPTER

02 管理環境

本章架構

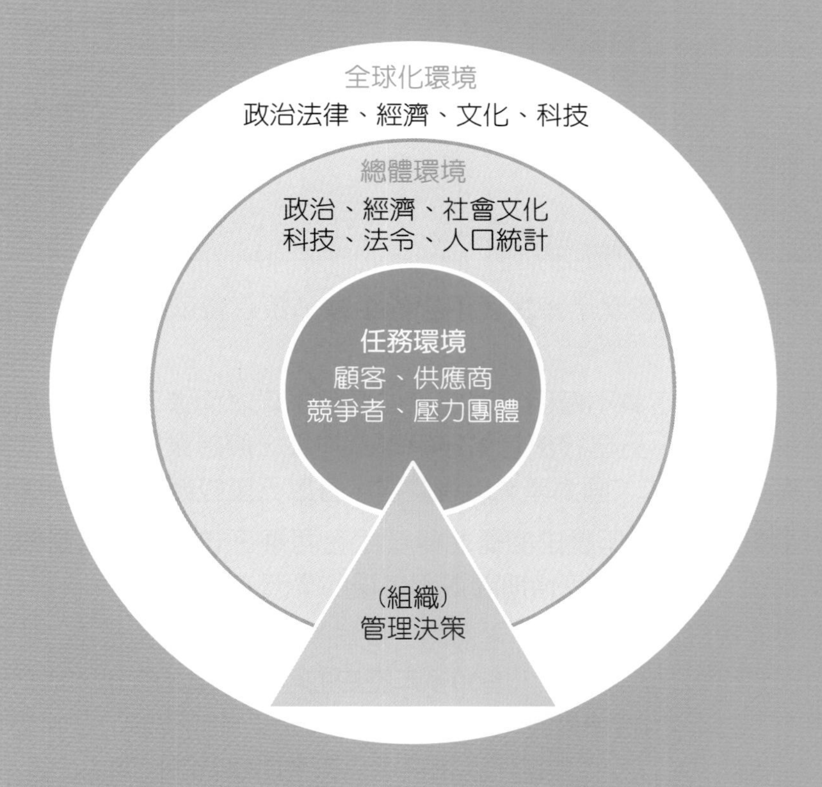

學習目標

1. 了解組織的意義。
2. 認識總體環境意涵。
3. 認識任務環境意涵。
4. 了解利害關係人與組織的關係。
5. 了解企業在全球化環境與區域經濟體下所受之影響。

環境變化並不可怕，可怕的是沿用昨是今非的邏輯。
Peter F. Drucker（彼得・杜拉克）

因應飯店業寒冬，西華飯店改建飯店宅的轉型策略

COVID-19疫情對許多產業產生了不小的衝擊，飯店餐飲業是其中受影響最直接也最慘烈的產業。

面對疫情來襲，飯店業不僅因為消費者住房需求驟降而進入寒冬，加上國際酒店集團陸續進駐臺灣，五星級飯店業競爭雪上加霜，飯店業經營愁雲慘霧，年營收普遍腰斬甚至降至4成，面對產業環境劇變，各家五星級飯店紛紛尋找出路。

2022年2月15日，有32年歷史的臺北傳奇飯店西華正式熄燈。這是繼六福客棧、國賓、華國後，又一家在疫情期間退出市場的臺灣老字號飯店。

西華曾是臺北最具指標飯店之一。然而，疫情改變臺灣消費者行為，未來旅遊市場將往平價國旅和高端旅遊發展，有30多年歷史的西華無論是在建物或格局，早已不符市場需求。去年4月疫情最嚴峻時，西華就斥資6千萬元改裝位在14到17樓的一百間客房。但儘管大動作投入改裝，西華最終仍難敵市場新陳代謝的命運。

起家厝變身 比飯店有賺頭

攤開觀光局觀光旅館營運月報，2020年，西華全年客房住用率僅23.88%，2021年的1到9月，更僅剩14.86%，營收剩不到疫情前的3分之1。反觀2015年才開幕的臺北萬豪酒店，雖然在疫情期間也是苦撐經營，近兩年仍維持平均3成以上住房率，顯見新飯店在市場上仍較具有競爭力，也難怪西華飯店董事長劉文治會選擇將重心押在同集團的臺北萬豪酒店。

2021年11月，西華危老改建案通過，取得40%容積獎勵，達危老容積獎勵天花板上限。

飯店熄燈後，外界好奇西華將以何種新型態重新出發？

「改建豪宅是該地段最有機會創造價值的選項！」第一太平戴維斯資深協理丁玟甄觀察，依照目前市場來看，飯店品牌住宅和一般住宅相比，價格至少可高出1到2成，西華擁有32年飯店管理經驗，未來若將飯店式服務導入豪宅中，不只可延續品牌價值，也有機會創價，和改建商辦、重建飯店等選項相比，是較有利的選項。

事實上，這並非劉文治第一次瞄準豪宅市場。位在大直的指標豪宅西華富邦，就是該集團導入酒店式服務的最佳案例，其住戶可享有臺北萬豪酒店私人管家服務，去年成交最高單價每坪達233萬元，名列2021年臺北市10大豪宅排行榜。富邦蔡家、台積電創辦人張忠謀都是住戶。

儘管西華內部預估，受疫情缺工、建材成本上漲影響，改建案最快要到2023年才會動工，但商仲專家分析，若依照西華取得的危老容積獎勵計算，該案總銷售面積有機會達近8千坪。由於西華是劉文治起家厝，產權單一，每坪價格若以180萬至200萬元計算，扣除建築成本，獲利可望落在130億到150億元之間，對照疫情前西華每年約7億元營收，同樣的數字，若投入飯店業足足要20年的營收才能打平，更別說獲利。

西華飯店未來改建飯店式豪宅，將成為北市民生東路上第一件豪宅建案。敦化北路以東的民生社區，受限低密度住宅規劃，加上地主持份多，建商無利可圖下難以重建，因此長期以來都是小坪數、低樓層的老社區。而敦化北路以西的民生重劃區過去多以商辦為主，如果西華原址確定改建成豪宅，以市中心的地理位置，加上原有飯店品牌加持，有機會挑戰每坪200萬元價格。

西華不是臺灣第一個，也不會是最後一個飯店改建豪宅的案例。

事實上，近期不分南北均傳出飯店轉型豪宅產品，其中除了西華飯店外，位於高雄前金區的高雄國賓大飯店也將在熄燈後改建為豪宅產品。

高雄國賓飯店建於1981年，基地面積1,974.41坪，總房間數逾450間，不僅是高雄的指標性建築，也是許多日本觀光客以及臺灣人的回憶。然而近年來，高雄國賓大飯店面對國際連鎖飯店進入大高雄地區競爭日益激烈，加上政府積極推動危老改建計畫，於是比照臺北國賓申請危老改建計畫，最快2至3年內，原址將改建樓下飯店、樓上飯店式服務的豪宅大樓。房仲業評估，高雄2021年受到台積電進駐議題加持，房市一直相當火熱，以過去竹科成功經歷來看，高雄國賓飯店改建後，未來還會帶動更多高端豪宅市場的買氣，房價恐再創新高，在此脈絡下，高雄國賓改建豪宅，算是相當成功的策略。

導入軟體服務，為頂級富豪提供有品質的差異化服務，將是未來趨勢，也是

管理探報

飯店業在疫情後華麗轉身，瞄準高端市場的新舞臺和商機所在。

資料來源：

1. 陳葦庭（2022/2/9）。「西華熄燈改建豪宅背後：開飯店20年都賺不到150億，商務飯店根本沒未來」。今周刊1312期。https://www.businesstoday.com.tw/article/category/183016/post/202202090015。
2. 2021/11/16。震撼彈！40年歷史高雄國賓飯店 將吹熄燈號。民視新聞。https://tw.news.yahoo.com/震撼彈-40年歷史高雄國賓飯店-將吹熄燈號-052503078.html。

問題與討論

一、選擇題

(　) 1. 疫情改變臺灣消費者行為，飯店住房需求驟降，是屬於飯店業面對的何種總體環境變化？ (A)政治面 (B)經濟面 (C)社會文化面 (D)科技面。

(　) 2. 為了鼓勵危老建築物改建，政府祭出容積獎勵措施，是屬於飯店業面對的何種總體環境變化？ (A)政治面 (B)經濟面 (C)社會文化面 (D)科技面。

(　) 3. 國際酒店集團陸續進駐臺灣，對飯店業產生的直接影響是？ (A)顧客群變多 (B)供應商增加 (C)競爭者增加 (D)利益團體增加。

(　) 4. 依本文，飯店業新陳代謝影響，老牌飯店受疫情衝擊住房率降至1～2成，新開幕的星級飯店仍可維持3成以上，其原因應為？ (A)消費者喜歡住新飯店 (B)舊飯店無促銷活動 (C)舊飯店沒有翻修 (D)新飯店房價較便宜。

(　) 5. 面對產業環境丕變，西華飯店選擇的轉型策略是？ (A)飯店重新翻新改裝 (B)轉作平價旅宿 (C)改建商辦大樓 (D)與建商合作改建飯店加飯店式豪宅提升經營獲利。

二、問答題

1. 從飯店品牌與經營獲利角度，簡要說明西華飯店改建飯店式豪宅的優勢條件。

HINT 西華擁有32年飯店管理經驗，未來若將飯店式服務導入豪宅中，不只可延續品牌價值，也有機會創價，和改建商辦、重建飯店等選項相比，是較有利的選項。

另外，位在大直的指標豪宅西華富邦，就是該集團導入酒店式服務的最佳案例，其住戶可享有臺北萬豪酒店私人管家服務，去年成交最高單價每坪達233萬元。而西華飯店產權單一，每坪價格若以180萬至200萬元計算，扣除建築成本，獲利可望落在130億到150億元之間，對照疫情前西華每年約7億元營收，從獲利角度而言，是很成功的投資策略。

通常管理中所談的環境指的是組織（organization）的外部環境，然而，以一個組織系統整體觀點而言，環境當然也包括內部環境。從組織管理的角度來看，外部環境指的是會影響組織績效的所有外部機構（institutions）或外部力量（forces），或稱爲組織外部的影響因素；而內部環境則是指組織成員所面對的組織內部的資源條件，例如組織的資源與運用資源的管理能力、組織結構以及組織文化等。

本章所探討爲組織所面臨的外部環境，包括國內的總體環境與產業（任務）環境，以及跨國經營的全球化環境對組織的影響。至於內部環境包括組織文化對管理決策權的影響、組織的資源與運用資源的管理能力屬於策略管理議題，組織結構屬於組織理論的範圍，將於後續章節探討。

2-1 總體環境

組織所面臨的總體環境（macro environment），指的是涵蓋影響層面可能擴及所有組織的環境因素，又稱爲一般環境。總體環境改變所造成的衝擊也許不會像特定產業環境因素（例如上游供應商、下游顧客、競爭者的影響）對組織帶來直接的衝擊，但可能造成產業與經濟體系全面性的影響，例如最低薪資、勞工法令的修正將影響所有業主的僱用政策等。因此，管理者必須在進行規劃、組織、領導和控制等管理決策時加以分析、考量、預測總體環境的可能影響。

總體環境主要包括政治面、經濟面、社會文化面、科技面、法規面等五個要素，而近年來因人口結構的快速變動，人口統計變數（demographics）也變成重要的總體環境因素。各因素對組織的影響分別說明如下。

一、政治面（political）

主要爲政治局勢、政府對企業的態度，或是跨國企業所面臨當地地主國的政治穩定度。政治情勢的變化，往往影響政府的產業政策或行政措施，而導致一般企業被迫調整管理制度與作法；而在本國經營的跨國企業也會評估我國政策穩定性或對相關產業的政策支持，而決定是否持續留在臺灣。

二、經濟面（economical）

區域經濟指標的變動以及全球經濟情況的波動，皆會影響企業的營運決策。例如市場利率水準愈高，使得企業融資資金成本愈高，如又加上原料成本上漲造成一般物價上揚的通貨膨脹，企業採購成本增加、個人實質所得降低，都將造成企業經營情況艱困、民間消費意願下降的惡性循環，產業環境更加不利。其他如全球景氣循環、股市波動等，也都會造成企業經營環境的變化。

三、社會文化面（social）

當社會主流價值觀、風俗習慣、消費者喜好與口味改變時，企業管理者也要跟著改變產品的生產與行銷、或服務流程等。當前因爲國民所得增加，社會大眾也因爲生活型態改變，工作不再是生活全部，休閒與旅遊需求提高，不僅影響旅運運輸、旅館、餐飲飯店、休閒娛樂事業的蓬勃發展，高鐵、台鐵、捷運更是爭相提高更多觀光導向的列車班次或套裝旅遊，來滿足民眾旅遊觀光的需求。

四、科技面（technological）

科技層面屬於變動最快的一般環境，而科技的日新月益可能不斷發展出新的產品知識與技術，進而造成創新產品不斷被研發，例如音樂播放器、智慧型手機的研發即是明顯的例子。科技的進步也會造成組織結構、管理做法的改變，例如網路與通訊的進步，企業不僅可成爲將作業流程透過網路連結的電子化企業（E化企業），也可以透過雲端模式的運作達成眞正虛擬式組織的運作型態。近年來，連結現實與虛擬的「元宇宙」概念，又再度翻轉了許多科技業大廠的產品開發計畫與數位化商業模式。

五、法規面（legal）

包括政府法律與相關法令的規範與變動。例如環保法令對製造業廢棄物處置的管制，勞工法令例如最低薪資、延長工時規定、一例一休規定、勞健保乃至退休金制度等影響企業的人力僱用制度，又如長久以來受政府法令支持的科技業，包含營業秘密法、科技管制法令，加上競業禁止條款，也都透過法令防止科技大廠高階主管離職轉戰同業時竊取商業機密之情事發生，避免影響企業正常營運。我國行政院在105年9月推動的「新南向政策」，從「經貿合作」、「人才交流」、「資源共享」與「區域鏈結」四大面向，亦影響了國內產業的營運與投資意向。

六、人口統計變數（demographics）

人口統計變數是指一群人口的實體特徵，包括性別、年齡、所得、教育程度、家庭結構等。例如，以年齡區分的消費世代結構主要包括戰後嬰兒潮（1946~1964）、X世代（1965~1977）、Y世代（1978~1994）、網路基礎的N世代（1995以後），在少子化現象下，Y世代與N世代都在父母細心呵護下成長，進入組織都將面臨工作壓力的調適與個人生涯在克服逆境上的成長。Y世代是普遍目前組織中新進人員所屬世代，其工作態度、價值觀可能與過去世代有著截然不同的特徵，如何激勵Y世代新興工作族群團隊和諧運作、提高工作穩定性與發揮工作創意，是管理者必須加以思考的。另外，如高齡人口比例增加、外籍人口增加也都是我國企業經營需要考慮的人口統計變數的環境變遷。

2-2 任務環境

任務環境（task environment）是組織於產業內所面對的環境因素，依每個特定產業的特性而有所不同，且對管理決策和行動有直接與立即影響，並與組織目標的達成有直接攸關的環境因素，故任務環境又稱爲特殊環境或直接環境。任務環境主要包括組織面對的顧客、產業內的上游供應商、競爭者、以及其他關切此組織運作的社會與政治團體等。

一、顧客

組織的產品與服務需要依賴顧客的認同與購買，若顧客無法認同或是顧客的地位優勢高過組織，則組織可能面對產品與服務被迫降價、利潤被迫減少的困境，都不是組織所樂見的。所以，顧客是組織所面對最重要的任務環境因素，唯有不斷提升產品價值，提供顧客需求的產品與服務，才能獲得顧客認同與購買，也才能創造組織利潤與價值。

二、供應商

供應商是提供組織原料、材料、或零組件以讓組織進行生產製造活動的產業上游廠商。供應商對組織的影響包括提供符合品質要求的原、材料，合理的成本，以及穩定的供料，才能讓組織進行順暢而平穩的產製流程，以提供顧客所需的產品與服務，故供應商實是組織欲提升產品價值、獲得顧客認同的源頭。

三、競爭者

產業內的競爭者是與組織直接短兵相接的競爭者，與組織有相同的供貨來源，競逐相同的顧客群之購買，故競爭者是市場營收之瓜分者，競爭者如果推出有利方案吸引顧客轉換購買對象，則將侵蝕預計的營收與獲利，因此，組織有必要蒐集主要競爭者的市場與產品策略，以提出因應對策，鞏固自己的顧客群。

四、社會與政治團體

管理者必須注意到企圖影響組織決策的特殊利益團體，例如消費者保護基金會、環保團體與其他社會團體或政治團體等。隨著社會和政治情勢的變遷，這些組織外的團體對於企業經營所造成的壓力與影響力也正在不斷上升中，企業經營需要協調與考量的層面也就更增加了許多。

綜言之，每個組織進入的產業可能與其他組織各不相同，而不同產業的組織面對不同的任務環境，而任務環境可能又隨著產業變遷而產生變化，因此，組織所面臨的任務環境可以說都是獨特的，並會隨著情境的變化而改變，但卻是組織必須加以重點考量的外部因素。

當環境太過舒適或變化太快，組織都必須加以考量環境的影響，否則容易陷入環境變化的危機而不自知，著名的「煮蛙理論」即告訴我們這個啓示。將一隻青蛙放進沸水中，青蛙一碰沸騰的熱水會立即奮力一躍從鍋中跳出逃生；又嘗試把這隻青蛙放進裝有冷水的鍋裡，青蛙如常在水中暢游，然後慢慢將鍋裡的水加溫，舒適的溫水環境讓青蛙毫無戒心，直到水燙得無法忍受時，青蛙再想躍出水面逃離危險的環境卻已四肢無力，最終死在熱水中。實驗說明的是由於對漸變的適應性和習慣性，失去了警惕和反抗力的道理。

管理 Fresh

溫水煮青蛙

美國康奈爾大學的科學家做過的一個著名實驗—溫水煮青蛙：

科學研究人員將一隻青蛙丟進沸水中，青蛙一碰到沸騰熱水在千鈞一髮的生死關頭，即奮力跳出鍋中安然逃生。而後，科學研究人員又把這隻青蛙放進裝滿冷水的鍋裏，然後慢慢加溫。開始，青蛙還很如常的在水中悠游，並無任何警覺。但隨著水溫慢慢提高，直到感到水溫無法忍受時，青蛙再想躍出水面卻已四肢無力，最終青蛙被活活煮死在熱水中。

久處安逸環境而致身陷危機卻不自知，就是著名的「煮蛙理論」。

問題與討論

一、選擇題

(　　) 1. 這個故事所指的環境是？　(A)實驗過程　(B)鍋子　(C)水溫　(D)研究人員態度。

(　　) 2. 實驗結果要告訴我們　(A)動物實驗不好　(B)環境影響很大　(C)研究人員很無聊　(D)鍋子大小很重要。

(　　) 3. 故事中所謂平穩的環境是？　(A)平靜水　(B)沸騰水　(C)加溫水　(D)冷水。

(　　) 4. 我們所處的環境類似哪一個？　(A)平靜水　(B)沸騰水　(C)加溫水　(D)冷水。

(　　) 5. 這個故事告訴我們什麼？　(A)天將降大任於斯人也　(B)生於憂患死於安樂　(C)努力不懈終將所成　(D)不經寒風徹骨焉得花香撲鼻。

二、問答題

1. 試想你會不會是這隻青蛙？這個故事讓你有何啓發？

HINT 慢慢加熱的水即如同我們所處的環境，除因長期習慣舒適圈而不知環境變化是如此劇烈，也因為受到過多的保護及享受科技進步帶來好處。這個故事即告訴我們除要時時保持對未知危險的警惕性，因為人們均會對突如其來的危險有極高的警覺性，但對不特別明顯的危險則是疏於防範。亦要時時保持進取的精神，因為人都會滿足於安逸的生活，也會使人慢慢消沉與墮落，等到發現時為時已晚。最後，就管理者而言，改革與變革不一定要流血，漸進式改革則會因為不斷的適應改革所帶來的改變，從而引起的反抗要小得多。

管理新視界

影片連結

Stewart Brand 四種有爭議的環境趨勢學說

Stewart Brand探討了都市化、氣候變遷、能源危機、轉基因食品這四個議題，並針對內容趨勢進行比較，歸納出整體的結果。

在都市化方面，由於人口密集與社會型態改變，多數人口慢慢往城市移動，並形成新的聚落，新的型態。這有助於人們發揮其創造性，在不同的環境下產生新的經營型態或生活方式。氣候變遷部分，也是造就人口遷移與環境改變主要因素。

由於人們在工業上的發展，使得地球氣候逐漸惡化，而且速度超乎預期。一個不可預測且複雜的變化，常會產生能源的戰爭。所以能源危機也成為Stewart Brand探討議題。在能源的發展上，我們有許多選擇，如：煤礦、水力、核能…等。

因此，我們必須去比較其優劣與使用的後果，去做挑選，選擇最適合的進行發展。最後一個議題則是轉基因食品，也就是基因改造的意思。其認為基因改造食品有助於減少對環境的危害，最後則指出，人們必須為地球盡一份心力。

問題與討論

1. 請問此內容與管理學有何相關？

   HINT 從個案去連結管理意涵。

2. 請敘述環境與決策的關係？

   HINT 了解環境與決策的交互影響。

3. 可否從上述的議題，歸納出一些結果？

   HINT 培養問題的洞察力。

2-3 利害關係人

利害關係人是在組織內、外部環境中，會受到組織的管理決策所影響的團體或個人，以及同時會影響組織決策的團體或個人，即是組織的利害關係人（stakeholder）。亦即利害關係人會受組織之管理決策與行動所影響，相對的，他們也會影響組織的管理決策、任務執行與績效水準。

利害關係人通常包括：

1. 顧客：指接受企業所提供的產品或服務之個人或團體，顧客愈滿意，愈能接受以更高代價購買產品或持續購買，則企業愈能持續獲得超額利潤；而如何滿足顧客需求，是企業管理者需思考的重大課題。
2. 員工：為企業基本組成之成員，而其工作態度與意見對企業而言有一定的影響力。以管理的行為學派觀點乃至最近倡行的幸福企業觀點而言，有滿意的員工就有高生產力，就有高組織績效與企業獲利。
3. 供應商：提供企業資源的單位或組織，一般包括原料供應商、機器設備供應商、融資的銀行、提供勞動力的人才仲介或獵人頭公司等。
4. 競爭者：與企業處於對等之角色，並以價格、提供之服務、新產品等競爭方式，來影響具相同與類似產品之企業的營運。
5. 工會：為近代的產物，對於企業而言，工會是站在勞方角度向企業資方爭取權益的企業內團體，且常具有相當程度的影響力。
6. 企業內相關個體與群體：即指與企業核心相關的利害關係人，包含股東、所有權人、董事會與經營者等。
7. 經營市場相關個體與群體：雖不屬於企業內編制，但卻會影響組織營運的相關人士，包含：通路商、配銷商、合作夥伴與債權人等。
8. 其它人士（社區、媒體、政府、社會與政治團體、貿易與產業公會）：本質來說，與企業經營無直接關係，但包含範圍很廣，包括企業所在社區、政府與監管機構、政府主管機關、社會壓力群體、民間團體、新聞媒體、學術評論者、企業支持團體與一般社會大眾等。

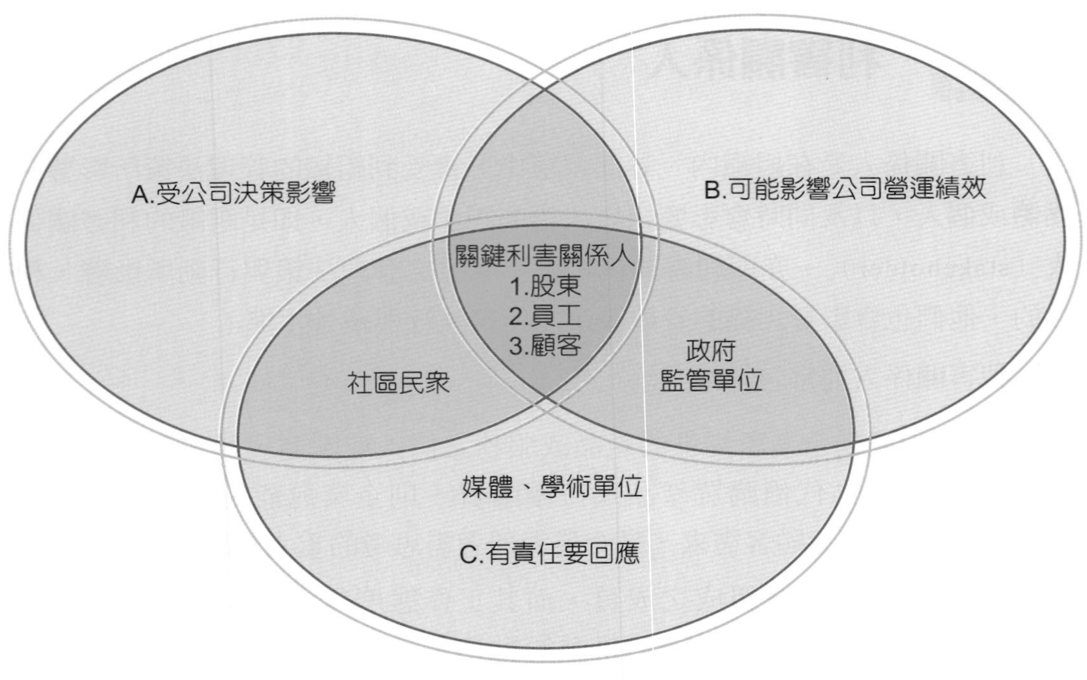

圖2-1　利害關係人的影響關係

管理者應妥善管理與利害關係人之間的關係，如圖2-1所示。欲妥善管理企業利害關係人的關係，可考慮的步驟如下：（Robbins and Coulter[1]）

1. 先釐清組織所面對的利害關係人有哪些？
2. 管理者必須了解利害關係人所在意的是甚麼，諸如產品品質、財務狀況、工安環保問題等。
3. 了解每一位利害關係人對組織決策及行動的影響程度，包括管理者的規劃、組織、領導、控制等活動皆須考量利害關係人的影響。
4. 決定如何管理利害關係人、與各利害關係人打交道；而這取決於利害關係人對組織的重要程度，以及環境的不確定性。當利害關係人對組織的重要程度以及環境的不確定性皆很高時，或許將利害關係人納入合夥夥伴是個決策的選擇。

總體環境、任務環境、利害關係人之比較如表2-1所示。

1. Stephen P. Robbins and Mary Coulter, 2009, Managemant, 10th Ed., Pearson Education Inc.

表2-1 總體環境、任務環境、利害關係人比較

環境別	總體環境	任務環境	利害關係人
定義	所有組織皆會受其影響的外部因素，通稱大環境因素。	對管理決策、行動、組織目標的達成有直接影響的外部因素，屬於產業環境因素。	在組織外部環境與組織內部成員中，會受組織決策所影響，同時會影響組織決策的個人或團體。
主要涵蓋層面	政治面 經濟面 社會文化面 科技面 法規面 人口統計變數 全球化環境	顧客 供應商 競爭者 壓力團體	顧客 供應商 競爭者 各種監督團體 政府主管機關 貿易與產業公會 媒體 社區 股東 工會 員工

2-4 全球化環境

一、全球化的導因

地球村的認同促成企業經營全球市場的動機，因此，企業可能因為各種原因而思考跨國、跨區域營運。企業可能因為擁有特殊資源、或獨特的技術專長，在自身企業所在的國家（母國）獲得顧客高度認同、高市場營收與獲利，進而發現可將國內市場成功經驗複製、移轉至其他國家或地區營運，與擴展企業營收與獲利，於是展開跨國營運。另外，企業也可能因為國內市場趨於飽和、不足以支撐其營運，為了突破國內市場成長的限制而決定擴張海外市場；或因為競爭者向全世界擴張，為了提升企業本身的競爭優勢，於是跟進競爭者將競爭戰場延伸至海外地區，擴大營運規模、降低成本，以與競爭者競爭。

全球化從工業革命後緩步啓動，然而「全球化」一詞開始被大家熱烈關注與討論，可以說是起於湯瑪斯．佛里曼（Thomas Friedman）的書「世界是平的」。以軟體、資訊科技爲主軸發展的全球化3.0，在在指出未來的經濟、社會、政治等各個方面，改變我們的工作方式、生活方式乃至生存的方式。而這一波的全球化，正在抹平一切我們所知舊世界的疆界，使得「世界變平了」，如圖2-2所示。

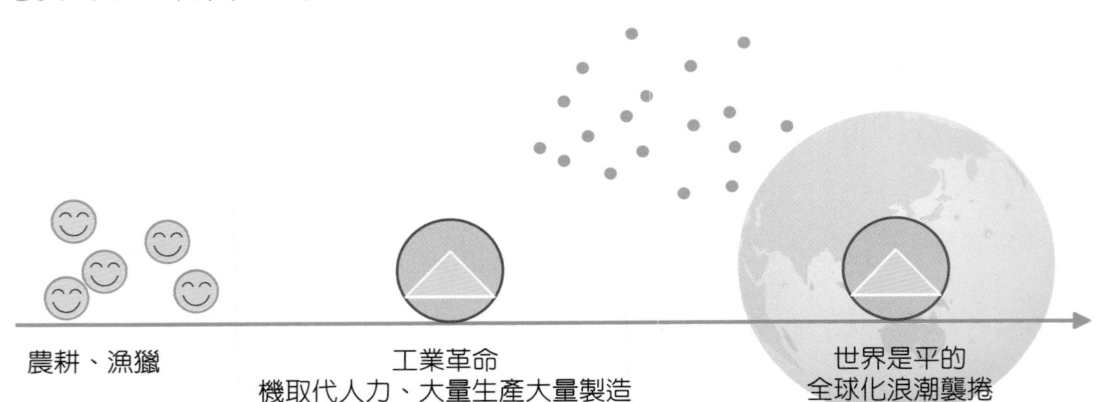

圖2-2　全球化概念模型

環境的變遷，經濟發展快速的變動，全球化已是經濟發展的主流，企業在全球化的過程中，都必須爲自我尋找角色定位。大前研一於《全球舞台大未來》（The Next Global Stage）一書即指出，商業活動之全球化來自4個推進力（4C）：

1. **消費者（consumer）**：大前研一在《無國界的世界》開宗明義指出，因爲「消費者的品味與需求已經全球化，這是企業得要全球化的原因。」消費者「追求好產品，不管生產地」的需求，促使企業致力於全球化，生產更便宜、品質更好的產品。
2. **溝通（communication）**：資訊科技的大肆發展，使得網際網路促成的溝通無疆界化，則讓消費者取得貨比三家的便利與權利。
3. **企業（corporation）**：企業基於資源取得以及成本降低等策略原因，將各項業務分散在世界各地（例如：研發在瑞士、工程在印度、生產在中國、財務在倫敦……），以在競爭中得到更有利位置的策略。

4. **資本（capital）**：各國政治經濟的交流與運作，使得金融活動更加活躍，促使金融市場管制的解除，讓資本更容易在全球範圍內流通，尋求利率最高的投資環境，則是全球化的最後一股推力。

經濟法則中的「資源有限，慾望無窮」，因為消費者「需求的全球化」誘發之下，讓廠商將分配的能力發揮至最大。當消費者用iPod播放著BTS億萬點閱次數的歌曲，用iphone手機的5G服務訂電影票，穿著愛迪達（adidas）休閒鞋去看《復仇者聯盟》時，這股力量就已經不自覺地在推動商業活動全球化。因應全球化的激烈競爭，大前研一即提出「零基體制」策略，此著重於藉由最適切的生產基地，以最短距離結合最有魅力的顧客市場，以把成本壓至最低。

全球化的發展，即是以低成本做最適的分配，以滿足顧客。因此全球化所造成的高品質、低售價並存的現象，即告知企業的經營模式與結構需邁入新的改變與發展。而物流業革命性的發展，更是造就此現象最主要的支持性結構，無論是黑鮪魚或晶圓，國際性的快遞公司均能於48小時內送達全球各角落。對企業而言，產地與市場已形成「天涯若比鄰」的關係，何需再將工廠和市場拘泥於某地。

二、全球化環境因素

當企業決定將營運觸角延伸至海外地區時，就必須面對全球化的經營環境，分析當地地主國相關的產業經營環境等，以規劃適當的因應策略。而全球化環境與國內環境一樣面對政治、法律、經濟、文化、科技環境等。

(一)政治法律環境

須評估各國法令與政治環境的不確定性程度，決定海外投資決策，例如進入近來動亂頻仍的中亞地區或非洲國家，皆須考慮當地政治情勢。此外，各國政府基於國際貿易的利益，也會以各種法令獎勵企業進行國際貿易，或同時採取開放貿易政策、加入自由化的關稅貿易組織、優惠稅率、補貼政策、以及相關輔導措施等，鼓勵企業全球化。

(二)經濟環境

全球的景氣循環、各國利率與匯率的變動、資金投資的走向等全球經濟指標，都會影響企業全球化的決策。在國際間則有兩種常見的經濟型態影響國際貿易型態：(1)自由市場經濟（free market economy），主要由私人部門組織構成主要經濟活動；(2)計畫經濟（planned economy），則由政府規劃所有的經濟活動，例如北越、北韓即屬於計畫經濟，而中國正由計畫經濟走向以市場為主的經濟體系，逐步開放市場貿易。另外，全球化企業尚須注意各國股匯市表現、通貨膨脹率、各國稅制等。

（三）文化環境

全球化意謂牽涉更多各國國家文化差異的考量，不同國家文化的差異可能造成溝通障礙之鴻溝，所以必須深入學習各國語言、生活習慣與風俗民情，才能促進有效的全球化。例如當美國許多企業在中國與印度設立分支機構時，外派的美國籍主管在當地開疆闢土、開拓業務的同時，往往發現必須開放心胸、體驗當地生活習慣，才能眞正了解文化的差異與調適的著力點，實行當地有效的管理作法。

（四）科技環境

技術進步使得跨國、跨區域的距離產生的時間與成本上的限制下降，區域樞紐物流中心的建置，使得全球運籌的時間與成本皆能獲得有效的下降，全球化逐漸形成地球村的理想境界。另外，資訊科技與通訊技術的進步，也使得全球各地區顧客的資訊幾乎同步、偏好也愈來愈同質，資通訊與雲端技術加乘了無遠弗屆的效果，加速促進企業全球化。

三、區域經濟體

全球化不再只是單打獨鬥、壁壘分明，在國際間強勢的國家無不嘗試建立或加入各種區域貿易組織，以落實貿易自由化的商業往來。目前主要的區域經濟體包括以下幾個。

1. **歐盟（European Union, EU）**：由27個歐洲國家所組成的政治經濟聯盟，其中15個會員國採用共同貨幣歐元（Euro），又稱為歐元區國家。英國2016年已公投決議脫離歐盟，雖然脫歐造成英國經濟與貿易情況的不利影響，最終仍在2021年1月1日英國脫歐正式成立，邁入脫歐後新世代。
2. **北美自由貿易協定（North American Free Trade Agreement, NAFTA）**：包括美國、加拿大、墨西哥，在1992年達成共識而產生的經濟結盟，消除彼此間自由貿易障礙，使這三個國家經濟力量大為增強。

3. **東南亞國協（Association of Southeast Asian Nations, ASEAN）**：由十個東南亞國家組成的貿易結盟，包括緬甸、寮國、泰國、越南、柬埔寨、菲律賓、汶萊、馬來西亞、新加坡、印尼，共10個國家，於1992年提出，又稱爲東協自由貿易區（ASEAN Free Trade Area, AFTA）。東協加一，係加上中國，已於2010年1月1日啓動；未來的「東協十加三」，則是除了中國以外再加上日、韓二國的聯盟。
4. **跨太平洋夥伴協定（Trans-Pacific Partnership Agreement, TPP）**：2006年由新加坡、汶萊、智利與紐西蘭啓動的自由貿易協定。2015年9月30日至10月5日，TPP部長級閉門談判在美國亞特蘭大舉行，美國、日本、加拿大、澳洲等12國最終達成基本協議，要求100%廢除關稅，其內容比自由貿易協定（FTA）更爲廣泛，自由化程度也更高。2017年美國退出，TPP繼而改組爲「跨太平洋夥伴全面進步協定」（CPTPP），2018年11個創始成員國共同簽署，於12月30日正式生效。臺灣於2021年9月22日提出申請加入。

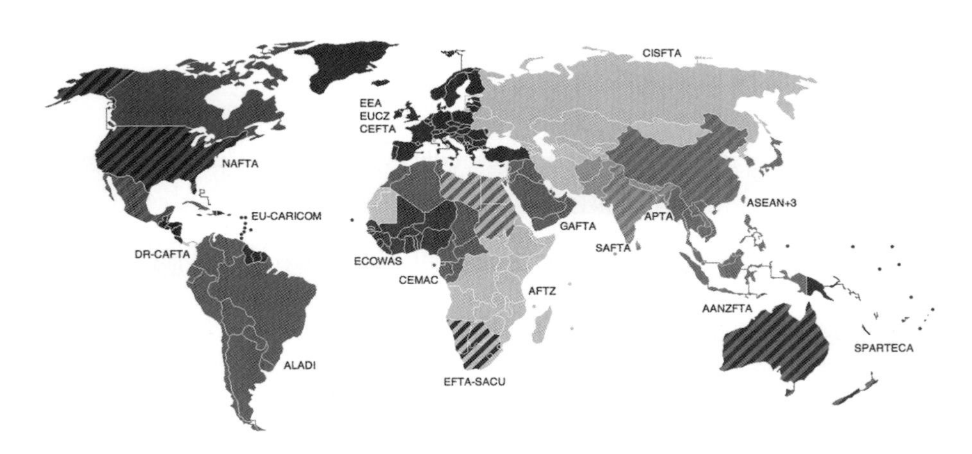

圖2-3　全球自由貿易區

2-5 自然環境與超環境

一、自然環境

一般而言，自然環境是指企業所處的自然資源與生態環境，包括土地、森林、河流、海洋、生物、礦產、能源、水源、環境保護、生態平衡等方面的發展變化。這些因素關係到企業確定投資方向、產品改進與革新等重大經營決策問題。

近年來，世界各地除了因氣候變遷、全球暖化、環境汙染外，亦受到企業醜聞及金融風暴等影響。企業運作受到社會、文化與自然環境的衝擊日益擴大，企業經營所產生經濟問題、社會信任與環境危機亟待解決，因此當前企業社會責任議題興起。

企業是社會中的一個環節，而企業創造的利潤提供社會各項需求，社會則供給企業創造財富的空間及資源，企業與社會是屬於相互依存的關係。企業是一個開放系統且與社會環境互動，故追求永續經營的企業，自然要與環境中的利害關係人建立良好的互動關係，以達到互利雙贏的結果。

二、超環境（super-environment）

超環境簡單指的是，脫離於總體環境、任務環境以及組織內部的環境狀況，通常是企業無法控制的或不可知的力量，例如：自然生態、地理位置、氣候、自然資源、風水等。故又名鬼神環境，是指外界一些冥冥不可知的力量。因此有些組織的管理者相信，這些冥冥不可知的力量也會影響組織的績效，因此超環境也被列爲組織環境的一種。

管理 Fresh

豐田從2022年開始積極布局電動車，迎接零碳排世代

電動車市場近3年成長飛快，根據國際能源署（IEA）網站資料，2019年，有220萬輛電動車售出，僅占全球車市銷量2.5%；但來到2021年，已達660萬輛銷售額，占全球汽車市場近9%。

加上如中國、歐盟等針對電動車的補貼及政策，許多大型汽車製造商都已加緊投資相關領域。

當同業都大舉投入純電動車，豐田為何態度保守？

《CNBC》報導，儘管豐田在推動純電車的進度上，跟通用汽車、福特汽車等競爭對手比起來相對緩慢，但豐田其實是混合動力車輛（Hybrid，油電混合車）的先驅之一。早在2000年初期，豐田一款鑑別度極高的混合動力車Prius，當時為汽車業帶來新的氣象，其他車商還被批評未能生產類似的車款。

然而到了現今，當電動車龍頭特斯拉（Tesla）銷量連年大幅成長，福斯、通用汽車的電動車也都在歐洲或中國等市場繳出成績，豐田在純電車的領域卻相對保守。

甚至2021年11月聯合國氣候峰會上，通用、福特、Volvo、Mercedes-Benz等都簽署零碳排宣言，同意2040年前逐步停產化石燃料為動力的汽車，豐田卻拒絕了，理由是認為大部分地區都還沒準備好迎向電動車。

綠色和平（Greenpeace）一項針對碳排的排名中，豐田成了最後一名，被打上「F- -」的評級。該組織東亞分部資深專案經理江卓珊（Ada Kong）直言，「豐田在去年全球銷量最高，也最堅持保留內燃式引擎。」

豐田一名發言人當時告訴《路透社》，在能源、充電設備、經濟情況及客戶都準備就緒的地區，「我們已準備好加快並協助支持適當的零排放車輛。」然而，許多地區如亞洲、非洲、中東等，尚未建立可以達成完全零碳排的環境，考量到取得進展需要更多時間，豐田當下很難對聯合聲明點頭。

目前，豐田的電動車銷售主要還是混合電力車，純電車僅占一小部分。《CNN》引用截至2021年4月到9月的數據，包含混合動力、燃料電池的車款，銷量占了近28%，而單純由電力驅動的車款僅占0.1%。

車廠競爭、法規夾擊下，豐田終於積極布局電動車

然而，隨著各國政策對電動車的支持，以及像是歐盟2021年7月提案2035年起禁售燃油車，都使得汽車業不得不把更多重心放在電動車。

豐田的競爭對手之一裕隆日產（Nissan）2021年11月宣布，將於未來5年投資2兆日圓，加速開發電動車，計畫2030年前推出23款電動車，其中15款為全電動。

龐大壓力下，豐田2021年12月也明確表態，將在2022～2030年期間投資4兆日圓，其中大量資金會用於研發電池，在2030年前推出30款新型電動車，2030年全球電動車銷量目標也上調至350萬輛。

其中，豐田旗下的豪華汽車品牌凌志（Lexus）象徵著計畫中的一大變革，豐田期望該品牌在2030年前，於歐洲、北美和中國市場達成100%車款的電動化；目標到了2035年，凌志在全球會是全電動車的品牌。

不過，豐田仍未打算把一切投注於純電車。其他計畫，還包含繼續投資混合動力車款、燃料電池電車等，豐田章男認為，在多元化及未知的時代，重要的是靈活改變產品類型及數量，同時密切關注市場趨勢。

資料來源：丁維瑀（2022/2/16）。迎戰特斯拉？豐田爲何終於面對電動車市場，還要在十年內推出30款？。經理人月刊。https://www.managertoday.com.tw/articles/view/64637。

問題與討論

(　) 1. 原本對純電動車態度保守的豐田Toyota為何開始積極布局電動車？ (A)各國政策支持電動車 (B)歐盟提案2035年起禁售燃油車 (C)競爭對手加速開發電動車 (D)以上皆是。

(　) 2. 2021年11月聯合國氣候峰會上，豐田拒絕簽署零碳排宣言的理由是 (A)化石燃料動力車技術已趨向零碳排 (B)豐田認為大部分地區都還沒準備好迎向電動車 (C)豐田認為技術上還無法達到零碳排 (D)零碳排會影響汽車研發進程。

(　) 3. 2021年聯合國氣候峰會上針對汽車產業簽署的零碳排宣言目標是 (A)立即停產化石燃料為動力的汽車 (B) 5年內停產化石燃料為動力的汽車 (C) 2040年前逐步停產化石燃料為動力的汽車 (D) 2030年前停產化石燃料為動力的汽車。

(　) 4. 造成全球暖化的溫室氣體不只有二氧化碳一種，要改善溫室效應，就必須減少所有溫室氣體的排放，一般稱為 (A)零碳排 (B)碳中和 (C)負碳排 (D)正碳排

(　) 5. 豪華汽車品牌凌志（Lexus）將在2030年前於歐洲、北美和中國市場達成100%車款的電動化，請問凌志（Lexus）隸屬於哪一個車廠的品牌？ (A)通用 (B)裕隆 (C) Volvo (D)豐田

重點摘要

1. 以系統觀來看，企業環境分為外部與內部環境。外部環境指的是會影響組織績效的所有外部機構或外部力量，或稱為組織外部的影響因素。而內部環境則是指組織成員所面對的組織內部的資源條件，例如組織的資源與運用資源的管理能力、組織結構以及組織文化等。

2. 組織所面臨的總體環境，指的是涵蓋影響層面可能擴及所有組織的環境因素，又稱為一般環境。總體環境主要包括政治面、經濟面、社會文化面、科技面、法規面等五個要素，而近年來因人口結構的快速變動，人口統計變數也變成重要的總體環境因素。

3. 人口統計變數是指一群人口的實體特徵，包括性別、年齡、所得、教育程度、家庭結構等。

4. 任務環境是組織於產業內所面對的環境因素，依每個特定產業的特性而有所不同，故任務環境又稱為特殊環境或直接環境。任務環境主要包括組織面對的顧客、產業內的上游供應商、競爭者、以及其他關切此組織運作的社會與政治團體等。

5. 利害關係人是在組織內、外部環境中，會受到組織的管理決策所影響的團體或個人，以及同時會影響組織決策的團體或個人。利害關係人會受組織之管理決策與行動所影響，他們也會影響組織的管理決策、任務執行與績效水準。

6. 環境的變遷，經濟發展快速的變動，全球化已是經濟發展的主流，而商業活動之全球化來自4個推進力：消費者、溝通、企業、資本。

7. 當企業決定將營運觸角延伸至海外地區時，就必須面對全球化的經營環境，分析當地地主國相關的產業經營環境等，以規劃適當的因應策略。而全球化環境與國內環境一樣面對政治、法律、經濟、文化、科技環境等。

分組討論實作

一家資訊電子業公司在生產製造過程常中，需排放含有化學藥劑成分的廢汙水或廢氣體，如果不投入資金採用先進的廢汙水、廢氣處理設備，廢汙水、廢氣體的排放可能會因為造成自然環境的破壞而受到環保團體、社區團體的抗議與抵制，但若進行此類投資太深又會侵蝕公司獲利。

為了維持與利害關係人的關係，以及企業的永續發展與環境的永續性，請分組討論，依團隊運作形式，每一組包含一位團隊主持人，主持討論會議，一位記錄，一位發言人（發言人也可以是團隊主持人或記錄），數位團隊成員。經團隊會議討論後，由發言人報告，先指出該公司需要考量的利害關係人，並提出維護自然環境與利害關係人關係的解決方案。

CHAPTER

03 規劃與決策

本章架構

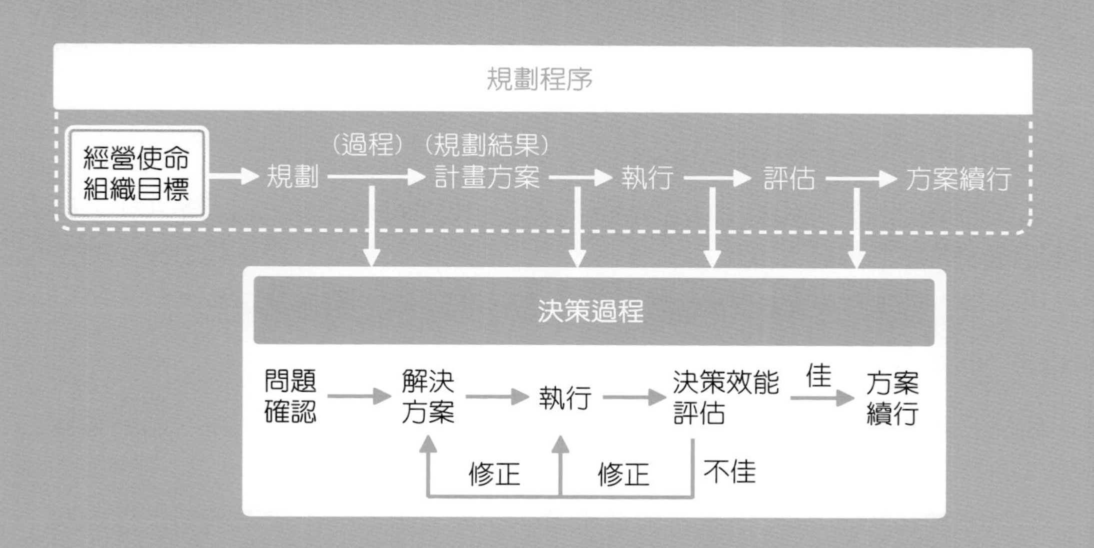

學習目標

1. 了解規劃的意義。
2. 了解規劃與計畫之意涵。
3. 了解規劃的程序與模式。
4. 了解目標管理之規劃與決策。
5. 了解決策的類型與偏誤。
6. 了解動態環境下之規劃與決策。

目標並非命運，而是方向；目標並非命令，而是承諾；目標並不決定未來，而是動員企業資源以便塑造未來。 Peter F. Drucker（彼得・杜拉克）

新光三越的後疫情時代快決策

2021年5月15日，指揮中心宣布全臺灣進入三級警戒。向來人潮洶湧的臺北市信義區，因為出現確診足跡，頓時成為一座空城。

這是百貨史上最辛苦的一年，而慘中之慘，就是新光三越。它因多次碰上確診者足跡，再加上專櫃人員染疫，單店被勒令閉館的天數，合計高達21天，為全臺百貨之最，甚至曾經有一天關閉兩館的紀錄！營收更一度下滑七成。

不得不放下固有管理風格的包袱，往前衝！

新光三越是間管理風格極度日式的公司。具有日系企業一板一眼、對細節極致要求的習慣。

然而，當2020年2月新冠病毒疫情來襲，新光三越不得不放下固有管理風格的包袱，開始快步往前衝！

回到2020年2月，農曆年後，COVID-19剛爆發的時刻，口罩一片難求，本土疫情正逐步攀升。吳昕陽當機立斷寄出兩封危機管理信，一封給所有員工、一封給品牌廠商，溝通當前做法，安撫人心。

吳昕陽第二步是召開集結安控、營業、商品、數位、行銷等全公司所有部門，橫跨十五位一級主管的「應變會議」，平均一週一次，疫情最緊繃時，甚至一天一次，每場都由他親自主持。這場會議的主軸，在於凝聚共識。

疫情瞬息萬變，中午十二點才做出的決議，經常下午兩點又立刻得推翻重來。

電商平臺快決策（fast decision）：11天上線，先求有、再求好！

建立溝通、反饋機制之後，電商平臺拼裝車就上路了！

各種乍看陽春、不夠成熟、過去絕不可能貿然推出的系統，被迫推上線。

例如電商平臺skm Online的前身、精選商品宅配系統，上架日期被迫從該年度第三季直接提前到11天後，作業時間僅剩十四分之一。乍聽之下，根本是不可能的任務！

新光三越商品部副總經理歐陽慧坦言，最難的一點在於取捨，例如流程要全自動、功能要很完備、介面要美觀易懂，但當你只有11天，就得決定哪些東西一定要、哪些先跳過去。

以「宅配流程」為例，當時客人最大的痛點，就是無法進店購物，因此，新光三越硬是祭出了三種不同的宅配流程：

第一種是接到訂單後，由百貨統倉出貨；

第二種是經過轉單，由供應商倉庫出貨；

第三種被稱為「階段性半自動」，亦即消費者下單後，百貨後台整理出報表，將產品資訊、送件地址等傳送給櫃姐整理包裝商品後，由各店專櫃出貨。

又例如「熟客推薦系統」，這項服務最初想解決的痛點是：客人經常要櫃姐幫忙留貨，卻一直沒空來拿。於是，他們設計出一套系統，方便櫃姐在精選出熟客名單後，依據其消費紀錄、喜好風格、預算範圍，一對一向他們推薦新品，顧客一旦下單，即可利用線上支付結帳，直接宅配到府，全程不用進店。

但是熟客推薦系統上線之初，專櫃人員的態度普遍反彈。因為要資深櫃姐用智慧型手機拍攝商品，還要上傳系統，本身難度就高；派駐新光三越的櫃姐也不一定願意配合新光三越做這件事。後來，新光三越管理階層態度調整，不先求有交易，而是先多上架衝出品項，讓更多人知道。後來，全臺有超過兩萬名專櫃人員都能配合使用。

這類先求有、再求好，邊做邊修的案例，不勝枚舉。連吳昕陽都笑著自嘲，當初skm Online上線時，甚至連購物車系統都還沒做好，消費者想買三個商品，就得分三次結帳。很陽春，但當時唯一的想法，就是先做再說！

凝聚人心，面對、修正、優化3步驟，學著不完美，持續優化

從滿分才肯出手，到六十分就先上線，這種心態調整非常不容易，不只領導人要敢承擔，團隊也要大膽支持。

怎麼說服團隊改變？商周團隊遍訪新光三越主管，歸納出吳昕陽幾個方法。

(一)首先，「攤開現實情況」。

會議中，所有雪崩中的業績數字、店員比客人多的困境，忠實呈現主管們眼前。

(二)緊接，「小問題即時修正」。

多數系統上線當天，都是最兵荒馬亂的時候。賣場服務台、系統客服、專櫃人員等，都要協助統計消費者意見、回報，能修改的就當天解決。

(三)其後，「系統性的大問題，每週固定開會優化」。

無法當天解決的顧客意見，會在一週一次、由吳昕陽親自主持的數位策略會議中，被提出來一一檢視，並分配後續改善由誰執行。

現在新光三越把心態調整成：不把哪一個時間點當作完結，而是持續不斷優化。這個概念，正如「紅皇后理論」：你要一直拚命跑，才能保持在同一個位置；如果你想前進，就必須跑得比現在快兩倍才行。

上述「面對、修正、優化」三步驟，是拼裝車上路的配套機制，邊做邊修，才不致造成全體標準下滑，而是能把六十分上線的產品逐步修成九十分。

快速輪替，捨棄「坪效至上」的鐵律

傳統百貨的一樓寸土寸金，為達成最高坪效，一定擺滿了化妝、保養品。然而，新光A11館的一樓，卻是特斯拉電動車展示間、蘋果專賣店、義大利百年巧克力名店Venchi，以及日本動漫「咒術迴戰」快閃店。談坪效，他們絕不可能贏過化妝品，但帶來的人流與停駐時間，卻是化妝品專櫃的好幾倍，甚至可讓人潮持續擴散至其他樓層及周邊其他百貨。

平均每兩週就更換一次快閃店，用快速輪替來降低風險。正因如此，A11館在信義區四館中，人潮量始終居冠。

新變種病毒進逼，隨時溝通、隨時應變

如今，新變種病毒Omicron來襲，與病毒共存、與恐懼共舞，將成為人們生活新常態。先求活再求好，吳昕陽帶著團隊改變，未來還有更多挑戰，等著他們先衝再說。

資料來源：蔡茹涵（2021/12/02）。「疫情重擊、家族內鬥！吳昕陽谷底重生獨家告白—新光三越我們學著不完美」。商業週刊第1777期。

問題與討論

一、選擇題

(　　) 1. 新光三越固有管理風格是　(A)快決策　(B)領先產業決策　(C)決策追求一次到位　(D)創新決策。

(　　) 2. 新光三越決定放下固有管理風格的包袱，開始快步往前衝的契機是　(A)電商平臺瓜分市場業績　(B)新冠病毒疫情影響營收驟降　(C)求生存　(D)以上皆是。

(　　) 3. 何者不是新光三越面對後疫情時代進行的危機處理與變革決策？　(A)當機立斷發出疫情危機處理信安撫人心　(B)平均一週至少召開一次應變會議，加速決策　(C)加速電商平臺上線　(D)抱持坪效至上的策略。

(　　) 4. 新光三越改變為持續優化決策的意義是　(A)只要60分程度就推出執行　(B)面對問題、修正、優化3步驟　(C)保持在同一個位置　(D)一開始就追求90分。

(　　) 5. 新光三越的後疫情時代快決策不包括何者？　(A)電商平臺　(B)坪效至上　(C)熟客推薦系統　(D)快速推出三種宅配流程。

二、問答題

1. 請以文內所提到的「紅皇后理論」闡釋新光三越後疫情時代快決策的意義。

HINT「紅皇后理論」意指：你要一直拚命跑，才能保持在同一個位置；如果你想前進，就必須跑得比現在快兩倍才行。所以新光三越一改過去完美主義、一步到位的緩慢決策，改以快速決策：面對、修正、優化3步驟，學著不完美，邊做邊修，才不致造成全體標準下滑，繼而把六十分上線的產品逐步修成九十分。

3-1 規劃的意義

規劃是管理功能的第一個活動，包括定義組織目標、建立達成此目標之整體策略、以及發展一組方案以整合及協調組織工作。或者我們可以說「規劃就是爲了達成組織的整體目標，因而發展各種策略與行動方案之過程」。

規劃爲管理功能之首，若問組織爲何要進行規劃，就如同問組織爲何要管理？組織因爲有目標需要達成，故需要妥善管理有限資源。而組織整體目標要細分爲各事業單位、各部門的目標，即爲規劃的過程。

一般而言，規劃可分爲正式規劃（formal planning）與非正式規劃（informal planning）。將組織整體目標細分爲各部門單位目標、各種行動方案之規劃過程，通常透過組織的正式會議形式，由組織成員共同來決定，這就是正式規劃。當然，如果小企業可能並未有這麼多正式會議，而大部分爲企業主（企業老闆）的個人決策，或者大企業內有些決策是授權事業單位主管或部門單位主管來決策的，也並未透過正式會議形式作成書面結論的，都屬於非正式規劃。或者在企業內也有一些共同會議型式討論的議題，但可能與組織正式目標較無相關性的，例如員工福利的討論會議，雖有書面結論，但也屬於非正式規劃。

正式規劃需要正式、繁複的準備與進行程序，非正式規劃則較爲簡單、容易進行，因此，組織中經理人使用非正式規劃的頻率往往比使用正式規劃的頻率還要高。

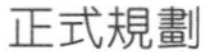
正式規劃

非正式規劃

組織爲什麼還是有許多正式會議，原因當然是因爲透過群體會議討論的正式規劃可協助組織達成下述的目的與利益：

1. **正式規劃可凝聚組織共識**：可透過集體會議討論，讓組織成員有較充分參與決策與規劃的機會，將使組織成員更重視整個組織的目標，以有效協調與凝聚組織各成員的努力與向心力。
2. **正式規劃可擬定組織未來發展方向**：規劃可以建立達成目標之整體策略，爲管理者與部屬指引未來方向，使得員工能夠目標一致、共同合作，以有效執行達成目標的活動。
3. **正式規劃可降低環境變化之衝擊**：規劃過程在進行環境分析，預期環境可能的變化趨勢，提出有效因應環境變化的對策，以降低組織所面臨的環境不確定性之衝擊，增進組織成功的機會。
4. **正式規劃可促進組織資源之最適運用**：當工作任務在目標、策略、計畫方案的制定下協調運作，人力、物力、財務資源的浪費與資源過剩的情況得以降至最低，組織資源能夠做最適當的運用。
5. **正式規劃引領管理功能的發揮，建立績效控制的標準**：規劃程序發展目標與計畫方案，有助於其它後續管理功能活動的進行。尤其規劃可建立組織各部門之績效目標，作爲控制程序績效評估的標準，以提出改善組織績效的修正方案。

綜言之，規劃對於組織績效的利益主要在於預先提出有效因應環境變化的對策，指引組織成功的努力方向。

3-2 規劃程序與模式

一、規劃程序

規劃是一個發展組織未來各種可行方案的過程，但是規劃不是一次即止的程序，而是隨著規劃所達成的組織運作結果，來判定規劃是否有效、是否足以繼續執行該計畫或需要加以修正。再者，規劃是在經營使命與組織目標的指導下，一個持續不斷循環的程序，該程序可以簡述如下。

(一)基本程序

1. **建立經營使命**：經營使命可以說是組織所欲達成的社會或經濟目的，亦即組織的產品與服務、企業活動所期望對社會的貢獻或對組織本身的經濟價值之貢獻。

2. **設定組織目標**：組織設定在一定期間內所希望達到的境界或組織整體目標，表現爲長期與中期的策略目標，作爲後續行動方案規劃與改善的基準。

(二)循環程序

1. **確認績效目標**：在著手方案規劃之前，須確認組織目前的整體目標，以及規劃團隊被要求達成的特定目標與績效標準。
2. **外部環境分析**：績效標準確認後，必須分析與預測外部環境的目前與未來可能機會與威脅，以判斷可利用的正面機會與必須避免之負面威脅。
3. **內部資源評估**：評估組織可掌握的具優勢之資源與能力，以利用有利的環境機會；或評估組織未掌握的優勢資源與表現較差的活動，以思加以改善之道或規避環境威脅。
4. **發展可行方案**：評估組織本身資源條件的優勢（Strength）與弱勢（Weakness），以及進行外部環境分析、找出環境的機會（Opportunity）與威脅（Threat），此二步驟合稱爲SWOT分析；而SWOT分析後即可綜合判斷，發展各種可行方案。
5. **選擇最適方案**：當各種可行方案被提出後，即可同時設定各方案評分的標準，進行方案的評估，找出足以發揮優勢、隱藏弱勢、利用機會、規避威脅的最適方案，亦即評估的總分數最高的方案。
6. **方案執行與評估**：方案選定後，即著手執行該方案，並在方案執行完畢後進行效果的檢討與評估。
7. **方案續行或修正**：對於效果卓著的方案，即可由主管批示續行該方案；針對不夠完善的規劃方案或績效不佳的結果，則需進行修正程序。

基本程序建立基本目標，循環程序則持續不斷修正規劃內容以因應環境變化或提升績效。當規劃執行的結果未能達成預期標準，則需重新進行目標確認、環境分析、方案發展與分析等過程，提出修正的方案，亦即進行規劃程序的循環與回饋過程。因此，規劃的循環程序即形成一個持續進行的迴圈，以不斷進行方案規劃以及規劃的修正，以改善規劃並提升績效。完整規劃程序如圖3-1所示。

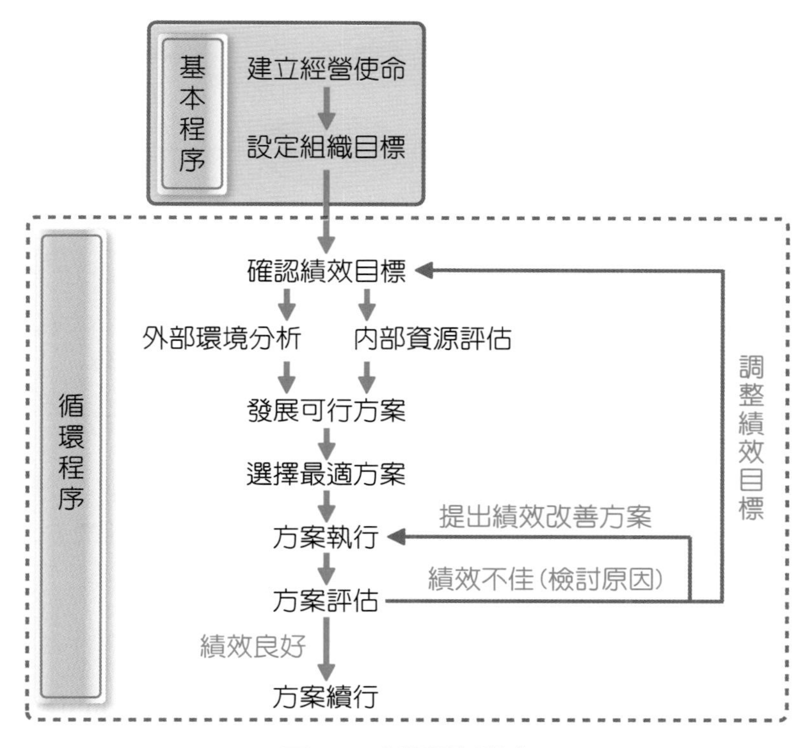

圖3-1　完整規劃程序

二、規劃模式

在整個規劃的程序中，除了受到經營使命、組織目標的指導，也會考量內外部環境的正面或負面趨勢外，高階主管的價值觀與組織文化是影響規劃程序的重要因素。史坦納（Steiner）提出一整體規劃模式，將企業的經營使命、高階主管價值觀、與企業內外在環境評估的SWOT分析，三者視爲規劃的基礎，亦即進行主要的企業策略規劃活動之前的準備工作。該模式簡要圖示如下，史坦納將整體規劃分爲三大部分：規劃基礎、規劃主體、規劃實施及檢討，如圖3-2。

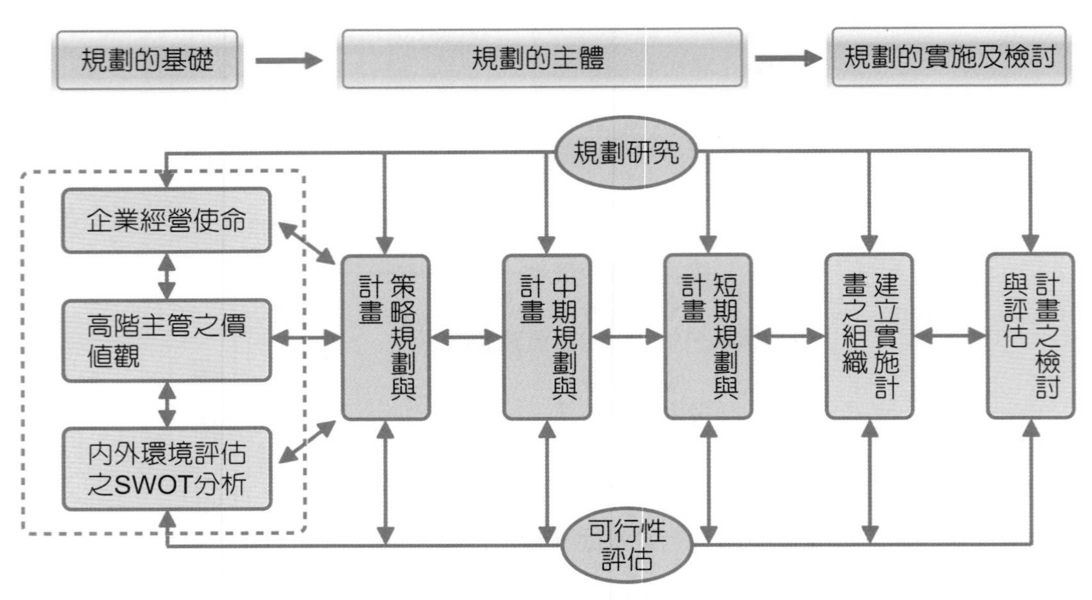

圖3-2　Steiner（1969）整體規劃模式

模式中有二項重要的輔助性活動，包括規劃研究（planning studies）強調在任何一個規劃活動皆須遵循科學、客觀而有系統的思考方法來設計與進行；可行性評估（feasibility testing）則是強調任何步驟，都必須針對其目標和手段進行可行性評估，消除規劃與執行可能造成之矛盾與衝突。二者對於規劃的成敗亦佔有關鍵性的地位，促進所有規劃活動的順利展開。

歸結史坦納（Steiner）之整體規劃模式，主要強調在各種相關的規劃活動之間，形成一相互調整之整合機制。唯有透過各活動間之合作、協調，才能獲致規劃之最佳表現。

三、規劃與計畫

規劃是一種過程，而計畫則是規劃的結果。所以規劃是擬定未來各種可行方案的一種程序，計畫則是規劃過程形成書面文字的成果。組織是上下層級關係所建構起來的系統，組織的目標也有長期、短期之分，因此規劃過程所形成的各種不同之計畫也有層級的分別，形成了一個計畫的體系。而在建立各式計畫之前，組織也因爲建立了描述組織的中心功能與目的之經營使命，讓組織的運作有一個方向可遵循，而據以形成各種策略計畫與行動方案，故計畫體系亦可說是在組織經營使命指導下的行動方針，如圖3-3所示。

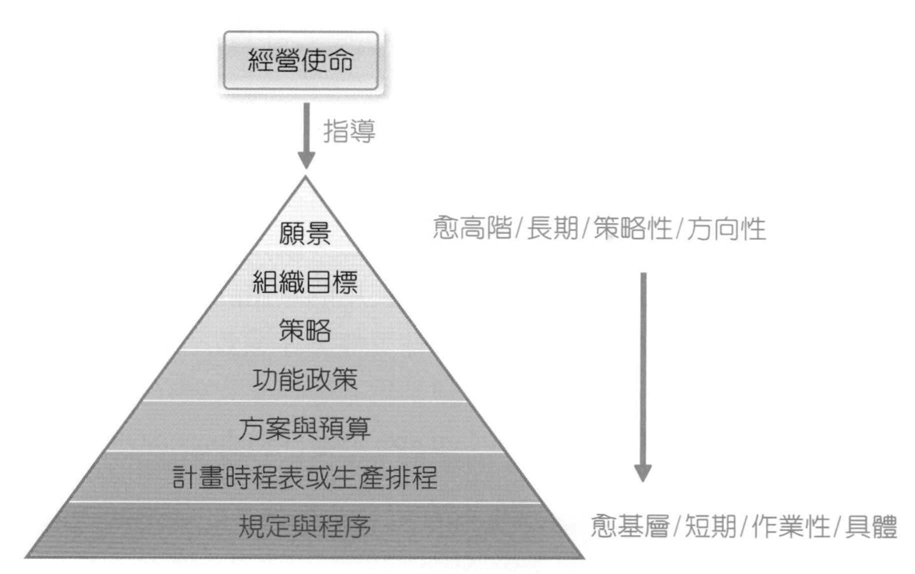

圖3-3　經營使命所指導之計畫體系

1. **願景（vision）**：描述組織實際可行的、可被信任的未來藍圖，也是組織成員對未來方向的共識，以求改善組織現狀。
2. **組織目標（objective）**：組織所欲達成之理想境界，在此指的是組織的整體目標。
3. **策略（strategy）**：決定組織長期績效的計畫方案，亦即爲了達成組織的基本目標，所進行對組織重大資源的配置與部署。
4. **功能政策（policy）**：功能部門管理決策的指導原則，說明組織成員在特定功能活動內行事之指導原則。例如現在許多組織在生產政策上傾向使用外包人力來彈性運用，或研發政策上主張組織自製而減少外購以提高技術專利之自主權。
5. **方案（program）與預算（budget）**：方案爲基於策略構想，所發展出來的行動計畫之集合；預算則是以貨幣形式呈現之計畫方案，例如行銷方案所規劃之費用預算、購置設備的資本支出預算等。
6. **計畫時程表（schedule）**：針對相互關聯之一系列工作，排定其優先順序，並訂定起始時間與完成時間的計畫，通常以流程圖方式呈現。生產排程或新產品上市期程，即爲典型的計畫時程表。
7. **規定（rules）與程序（procedure）**：規定是一種限定行事方式的具體條例，程序則是解決作業性問題的一系列彼此相互關連的步驟，二者皆是用來處理解決基層主管所面臨的結構化問題之計畫與解決方案。例如廠房作業規定、訂單處理或採購程序。

計畫體系中愈往高層級的愈偏向抽象的策略性計畫，愈往低層級的愈偏向具體的作業性計畫。其中，規定和政策都是供經常出現之管理問題，提供可重複應用的準則方針，只是規定爲非常具體的作法，政策則是在大方向的原則下予以彈性應用。另外，規定與程序是最基層使用的具體計畫，也被視爲對政策所作的更具體之說明，目的在求增進例行性工作之作業效率；因爲經常需要運用的這些計畫，許多公司常將這些程序建制爲基層作業人員在例行工作事務上所必須遵循的「標準作業程序」（standard operating procedures, SOP）。

管理 Fresh

以目標與關鍵成果建構的OKR目標管理法

目標與關鍵成果（OKR）為英特爾（Intel）前執行長安迪．葛洛夫（Andy Grove）1999年提出的理論框架。OKR是透過企業上下階層共同研議討論的每一組目標（objectives）搭配2～4個關鍵成果（key results），讓團隊更能清楚了解「要做什麼」及「如何做」。

管理學之父彼得．杜拉克（Peter Drucker）曾說，「企業一切的經營活動，最終都是為了績效。」

確實，績效關乎一家企業的存亡，但是，如何達成績效呢？既然績效是公司的經營成果，採用重視「結果」的績效考核制度，是一般企業普遍的做法。

然而，擁有3萬7,000名員工的奇異（GE），2015年宣布不再採用年度績效考核制度，其他知名企業如微軟（Microsoft）、IBM、Adobe等，也都紛紛跟進。這波管理變革趨勢中，愈來愈多經營者認為，傳統的績效考核，容易流於官僚形式，職員為了「搶分數」，更可能上演明爭暗鬥。

如果組織不以獎懲、評鑑制度為重，該如何督促部屬完成目標呢？你可以參考的是，近年來Google、領英（LinkedIn）、推特（Twitter）、荷蘭國際集團（ING）等跨國大型企業，都開始採用「目標與關鍵結果」（OKR，objectives and key results）的管理方法。

OKR跟一般績效管理制度的差別

OKR的發展，是由目標管理（MBO，management by objectives）理論演變而來。早在1950年代，杜拉克就提出目標管理的基本框架，他於《管理的實踐》

陳述一個情境：有人詢問三個石匠在做什麼，首位石匠答稱「我在養家活口」；第二人說「我做的是全國最棒的石匠技藝」；最後一人則自信表示，「我在蓋一座大教堂」。

故事中，第三位石匠明確說出「蓋教堂」的大願景，正是杜拉克的主張——管理者需要建立類似的目標，並向員工闡明要做出何種貢獻，以便實現理想。不過，美國企業家安迪．葛洛夫（Andy Grove）1990年代擔任英特爾執行長時，發現許多公司執行目標管理的過程，已逐漸背離杜拉克的初衷。

比方說，有些主管強制地把「自己」的目標分配給部屬；公司以一年為周期檢視目標，卻無法跟上市場變化；甚至，員工不曉得企業的大方向是什麼，整天只埋首拚業績達標。因此，葛洛夫改良目標管理的模型，提出OKR理論，並由矽谷創業投資家約翰．杜爾（John Doerr）把該體系引進Google，Google的成功，吸引了更多企業嘗試此制度。

這套理論正如其名，「O」是指目標（objectives）、「KR」則是關鍵結果（key results），它是一項溝通工具，幫助所有人了解最新目標是什麼，由團隊討論出一個周期內定性的大目標，用來告訴大家「我們現在要做什麼？」接著擬定2～4個定量的關鍵結果，輔助成員了解「如何達成目標的要求」。

舉例來說，《經理人月刊》希望「設計吸引人的社群網站，使更多人獲取商管知識」，就是一個大目標。這時，關鍵結果要把「吸引人」這類模糊的描述量化，像是「讓50%的會員每天都要瀏覽我們的網站」、「讀者觀看一篇文章的時間，至少要停留3分鐘以上」等敘述，即為兩組具體的關鍵結果。

釋例：《經理人月刊》的OKR
定性的目標（O）：設計吸引人的社群網站，使更多人獲取商管知識
定量的關鍵結果（KR）：
(1) 讓50%的會員每天都要瀏覽我們的網站
(2) 讀者觀看一篇文章的時間，至少要停留3分鐘以上

不論企業、部門、個人，都可以實施OKR

目標與關鍵結果（OKR）的管理方法淺顯易懂，每一組「目標」（objectives）與2～4個「關鍵結果」（key results）搭配，且不論企業、部門、個人，都可以實施OKR。

在一個OKR周期後，團隊不僅要檢視自己是否達成目標，還得進一步探究實施結果背後的意義，當不如預期時，必須拆解原因，如目標過大、人力不足，或是需要更多時間執行等。如此一來，才能在下一個周期中，找尋更多突破機會。

換句話說，OKR的思維體系，也能輔助企業貫徹願景。像是有些領導者管理組織時，認為只要反覆傳遞一個理念（或命令），員工最終必能理解、領悟，但事實上，部屬仍然感到困惑不解，導致組織失能。相較之下，OKR在制定目標前，會讓所有階層員工一起研議討論，避免部門各自為政，只顧自身利益。

OKR要求目標與關鍵結果必須高度吻合，聚焦好的目標，發想到底有哪些事情，讓全部門願意一起努力、前進，而非拚命達成績效。

OKR有什麼優點？

除了能讓企業知道「到底要做什麼事」，OKR還有許多優點。

1. OKR只需理解目標及關鍵結果，就能執行：員工不會因為理論過於複雜，搞得一頭霧水。推特前執行長迪克．科斯特羅（Dick Costolo）便曾說，當他導入這套方法後，所有人很快就能夠搞清楚方向。
2. OKR允許團隊自由設定周期，彈性因應市場變化：多數企業採用「一季」為循環，每三個月、甚至一個月就能夠能迅速檢視結果，並調整下一次的目標，相較於年度績效評估，更能因應市場變化。
3. 企業上下更能凝聚共識：OKR的初衷是企業由下而上，討論出真正要做的事，當所有人都有共識，就能把精力聚焦在最重要的任務上，集中注意力、做好時間的主人，便能使工作更順遂。

然而OKR的缺點是：主管要求目標要有挑戰性，但可能並未與績效評估體系連結，因此需注意成員是否缺乏動力。適當的激勵措施，也就成為OKR成功執行的關鍵誘因。

資料來源：盧廷羲（2019/09/11）。什麼是OKR？跟KPI差在哪？一次讀懂Google、Linkedin都在用的OKR目標管理法。經理人月刊。https://www.managertoday.com.tw/articles/view/55927。

問題與討論

(　) 1. 目標與關鍵成果（OKR）屬於何種管理方法？　(A)目標規劃　(B)組織　(C)人力資源　(D)績效評估。

(　) 2. OKR提出以下何種連結關係？　(A)將目標連結到績效評估　(B)將目標連結到細部計畫　(C)依據關鍵結果擬定目標　(D)依據目標擬定關鍵結果。

(　) 3. OKR中的目標屬於　(A)公司整體目標　(B)部門目標　(C)個人目標　(D)不論企業、部門或個人都可以實施OKR。

(　　) 4. OKR中的關鍵結果為　(A)大方向　(B)具體方向　(C)量化的結果敘述　(D)科學分析提出的目標。

(　　) 5. 以下何者不是OKR管理方法的優點？　(A)員工只需理解目標及關鍵結果，就能執行　(B)緊密連結績效評估體系，有效提升員工動力　(C)允許團隊自由設定周期，彈性因應變化　(D)由下而上，企業上下更能凝聚共識。

3-3 目標管理

被譽爲現代管理學大師的彼得杜拉克（Peter F. Drucker）所提出的目標管理（management by objectives, MBO）爲一種提升企業績效的管理制度。彼得杜拉克於1954年出版的《管理的實踐》（The Practices of Management）一書中指出，對企業而言凡是會影響企業生存與發展的各種企業活動，都需要設定目標，以協助企業績效的達成。傳統上，企業績效目標皆是由組織最高階主管制定，再依次轉爲組織每一階層之次目標。有別於這種由上至下的傳統目標設定制度，MBO則是一種上司與下屬共同參與目標設定的制度，其主要內涵包括：

1. 績效目標由員工和其管理者共同制定。
2. 定期檢討目標達成之進度。
3. 各部門或個人獎酬分配依目標達成度作爲分配基礎。

目標管理的實施步驟爲：

1. 設立組織之整體目標與策略。
2. 將組織之整體目標與策略分配各事業部與部門單位之主要目標。
3. 單位主管與其上司共同制定各單位之特定目標。
4. 部門所有成員共同制定各自的特定目標。
5. 主管與部屬共同訂定如何達成目標之行動計畫。
6. 執行行動計畫。
7. 定期評估目標之達成度，並提供績效回饋，亦即讓員工獲知自己績效資訊。

8. 以績效達成度爲基礎之獎酬方案，獎勵成功達成目標者。

目標管理不是像傳統將目標視爲控制下屬的手段，而是讓管理者或下屬透過目標設定的過程與上司直接溝通，營造自我控制的管理情境，讓組織每一位成員都能參與決定自己的績效目標，自我激勵自己的工作動機，所以，目標管理制度是將目標視爲激勵工具。然而，在此過程中，高階管理對目標管理制度之承諾與自身投入，才是此一制度成功的重要情境，如此才能獲得員工生產力提升、企業績效成長的結果。

具有激勵效果的目標，絕不能含混不清或難以達成，反而容易遭致反效果。因此，一個具激勵效果的好目標必須具備以下特性：

1. 目標以產出結果表達，而非行動。
2. 可衡量的、可數量化的目標，才有明確的標準。
3. 具明確的時間範圍，定出開始與截止的時間表，以利衡量績效。
4. 具挑戰性、但可達成的目標；雖然目標要有挑戰性，但也要有足夠資源可配合。
5. 以書面形式定下目標，以利過程中檢視或事後檢討；必要時，亦須修正目標。
6. 與所有需要了解之組織成員溝通；個人目標反應公司期望的結果，應與組織的宗旨及其它部門的目標一致。

管理新視界

影片連結

團隊成功的秘密在設定正確的目標：OKR管理系統

約翰杜爾（John Doerr），美國最大風險投資公司（Kleiner Perkins）主席，1974年加入英特爾公司，1980年加入Kleiner Perkins公司，目前為Kleiner Perkins公司董事會主席（Chairman）。受到安迪葛洛夫的影響，致力於推廣OKR管理方法。

先來認識一下安迪葛洛夫（Andy Grove，1936年－2016年），當代偉大的經理人之一，1968年與羅伯特諾伊斯、高登摩爾以「整合電子」（Integrated Electronics）之名共同創辦英特爾（Intel）公司，為英特爾首位營運長，於1987年至1998年擔任英特爾執行長，主導了英特爾在1980年代至1990年代間的成功發展，讓英特爾成為首家推出X86架構中央處理器的公司，也是全球最大的半導體公司。「Intel Inside」的廣告標語與Pentium系列處理器在1990年代間非常成功地打響英特爾的品牌名號。安迪葛洛夫在1997年成為英特爾董事長，直至2004年才卸任英特爾董事長。

約翰杜爾（John Doerr）

在這部TED演講影片中，約翰杜爾提到，安迪葛洛夫提出「目標與關鍵結果」（objectives and key results; OKRs）的管理系統，「目標」是你要達成什麼（What），而「關鍵結果」是你要如何達成（How），最終透過量測關鍵結果「是、否」達成，決定目標是否達成；但是，設定正確目標雖然重要，但確實執行才是最重要的。

如何設定正確的目標？要問Why？如果對於為什麼要這樣做（Why）有著強烈的使命感，有正確的理由，就能設定正確的目標，如此，目標就能導引行動，目標就能鼓舞人心。所以，正確的目標，應該具備4個特徵：重要（significant）、具體（concrete）、行動導向的（action-oriented）、鼓舞人心的（inspirational）。

至於好的結果，必須明確且有時限（specific & time bound）、有企圖心但務實（aggressive yet realistic）、可衡量且可驗證（measurable & verifiable），具備這3種特徵就是好的關鍵結果。

Google從1999年施行OKR以後，每一位Google員工都會寫下自己的目標及關鍵結果，並評分，然後公開發布讓每個人都看到，以取得集體的承諾，來延伸、提高目標。

OKR好比一個透明容器，用有企圖心的「什麼」和「如何」所打造，但真正重要的是「為什麼」，為什麼我們要做我們的工作？有正確的理由，就能設定正確的目標。

問題與討論

一、選擇題

(　) 1. 實行「目標與關鍵結果」（OKR）管理方法的目的是為了有效而正確的　(A)規劃　(B)執行　(C)領導　(D)控制。

(　) 2. 「目標與關鍵結果」（OKR）的目標就是　(A)What　(B)Who　(C)Why　(D)How。

(　) 3. 「目標與關鍵結果」（OKR）的關鍵結果就是　(A)What　(B)Who　(C)Why　(D)How

(　) 4. 影片中指出，要如何用正確的方式來設定目標，必須先回答哪一個問題？　(A)What　(B)Who　(C)Why　(D)How。

(　) 5. 2008年Google為了發展最好的瀏覽器（Chrome）所設定的3年目標的關鍵結果是　(A)點擊率　(B)使用者參與度　(C)使用者人數　(D)營收。

二、問答題

1. 影片中提到搖滾樂團U2主唱Bono（目前也是Kleiner Perkins公司的顧問）提到一句話「OKR栽培狂熱，魔法很快就會出現。」，請利用影片中提到的概念闡釋這句話的意義。

   HINT 因為真正轉換型（能夠激勵與鼓舞部屬的領導方式）的團隊，會將他們的野心與熱情和目標結合在一起，他們為什麼要做的理由很清楚也很有說服力，自然很快就能達成目標。

3-4 決策的意義

決策（decision）爲待解決問題的重要決定，簡單之定義爲：從二個以上的替代方案（alternatives）中進行分析選擇的程序。從解決問題的面向來看，決策又可完整定義爲：針對某一特定問題擬定解決此問題之各種方案，並從這些方案中選擇出一個最適方案之程序。以提出各種解決方案的過程來定義決策，進行決策過程亦即在進行規劃過程。然而，從管理角度而言，決策程序從規劃開始，但在執行決策方案以後，決策結果的評估與修正以作爲下次決策的參考，則又回到規劃過程，如同前述的規劃程序一般。

組織常需要進行許多決策過程，分析數個替代方案並選擇出問題解決方案。典型的決策程序主要包括下列八個步驟：

1. **問題確認**：當現實與理想狀態之間出現差距，即形成待解決之「問題」。也就是說，決策過程始於問題的出現，亦即決策起因於現實與理想之間產生差距。然而，並非每一個問題都有被迫切解決的需要，只有當問題出現以下特徵：理想與現實之間的差距值得注意、有採取行動之壓力、有資源且有能力足以解決此問題，此時問題才被確認爲需要進入決策程序。
2. **確立決策準則**：定義與決策攸關的標準或重要影響因素，稱爲決策準則（decision criteria），作爲分析判斷解決方案的考量重點。
3. **分配準則權重**：對於各項待分析的決策準則依其重要性程度，給予不同權重值的分配，例如三個因素（決策準則），依其重要性分配的權重值分別爲0.4、0.35、0.25（三個值合計爲1），以作爲後續依各方案在各因素的受評分數乘上權重值後相加以計算加權總分。
4. **發展替代方案**：提出足以解決問題的數個待選擇之方案，稱爲替代方案（alternatives）。
5. **分析替代方案**：尋求此領域的專家給予各個替代方案評分。
6. **選定最適方案**：如前述第3步驟分配準則權重所述，依各方案在各因素的評分之加權總分作爲評定依據，加權總分最高者即爲最適方案。
7. **執行最適方案**：將決策方案傳達給執行者（通常是組織較低層級管理者或員工）了解，並取得執行者對該決策方案之投入承諾。

8. **評估決策效能**：依最適方案執行結果是否已解決問題，問題已解決代表目標已達成，顯示最適方案具有決策效能。亦即決策效能的評估就在於評估問題被該決策方案所解決的程度，問題解決了代表決策具有效能；若問題未解決，則代表決策方案可能需要修正。這個觀念與管理效能的概念一樣，都與目標達成度有關。

上述的決策程序在組織內執行時常需經過正式程序，也就是需要正式規劃的會議決議過程，而通常管理者才有職權決定最適方案交付執行，也因此有學者稱「管理者就是決策者」。一如第一章所討論過的明茲柏格（Mintzberg）所提出的三大類管理者角色其中之一：「決策者」，係扮演各種方案決議的管理者角色。

3-5 決策類型

組織中有許多決策待解決，包括組織所有的人員，尤其是管理者，不論何種階層、功能領域（部門），都需要做決策，亦即決策的程序遍佈於所有的組織領域與管理功能中。

一、理論觀點

關於決策類型有幾種分類，以學理來分決策可概分為理性決策、有限理性決策、直覺式決策。

(一)理性決策

1. **理性決策之意義**：決策者在特定的模式限制下進行一致性、價值最大化的選擇，屬於管理科學學派的觀點。
2. **理性假設**：依古典經濟學對理性行為的假設，包括以下特徵：
   (1) 理性經濟人對於有關的環境因素具有完全知識或完全資訊。
   (2) 理性經濟人能依照某種計量的效用尺度對決策標的物進行偏好排序。
   (3) 理性經濟人會選擇使其獲得最大效用的方案。
   從管理學的角度，理性之假設包括：
   (1) 問題明確、目標明確、所有替代方案和其結果都是已知的狀態。
   (2) 偏好明確、偏好穩定，亦即對某方案的偏好程度不因時間而變。

(3) 沒有時間和成本的限制，且追求極大化報酬或稱為「最適解」。

3. **理性的管理決策**：組織內的所有決策皆以組織的經濟利益為出發點；管理決策追求的是組織的最大利益，而非個人的最大利益。組織的最大利益即是，組織理性決策的「最適解決方案」。

4. **理性決策的限制**：依古典經濟的理性決策假設，每一位經濟個體都在進行價值最大化的決策，然而，現實世界因為許多干擾因素而使得個體難以真正達成理性決策，包括：
   (1) 個人的資訊處理能力有限，故實際上個體均無法取得完全知識。
   (2) 資訊蒐集採便利性方式蒐集，當然無法取得完全資訊。
   (3) 立場改變了或知覺差異，而無法中肯地做出最適決策。
   (4) 注意力不集中或分心，而無法做出最適決策。
   (5) 問題與解決方案的混淆，當個體以為提出解決方案，卻可能只是圍繞在問題的解釋上，而非可解決問題的方案。
   (6) 過早判定決策情境，容易產生決策偏誤。
   (7) 承諾升高（commitment escalation）：儘管過去之決策被證實是錯誤的，卻仍投入更多資源去執行過去之決策。
   (8) 沉沒成本（sunk cost）：過去決策所投入的心力與資源會影響現行決策的考量，可能覺得已投入許多資源而不願放棄，喪失追求最適解決方案的機會。

（二）有限理性決策

1. **意義**：有限理性（bounded rationality）為賽蒙（Herbert Simon）於1966年所提出，基於個體處理資訊能力有限，無法獲得完全資訊與完全知識，因此簡化決策模式所表現的理性行為，稱為有限理性。賽蒙後於1978年以「有限理性」理論獲得諾貝爾經濟學獎。

2. **有限理性之假設**：個體對環境訊息的處理常受到環境不確定、資訊不完全、問題不明確、個人有限的經驗、社會價值觀改變等因素影響，而使得個體資訊處理能力受到限制，無法做出完全理性的決策。

3. **有限理性決策程序**：賽蒙（Herbert Simon）認為決策活動包括三項活動，依序為：(1)情報活動（資訊蒐集）；(2)設計活動（擬定方案）；(3)選擇活動（選擇方案），又稱為「Simon決策三部曲」。

4. **有限理性決策觀點**：決策依循「理性程序」進行，但因為決策者無法擁有「完全知識」，只能就所知範圍內的方案加以考慮，所以現實中無法達成完全理性結果。因此，在有限理性觀點下，決策過程可以遵循完全理性的決策分析過程（亦即在簡化的模式限制下追求價值最大化選擇），然而因爲現實條件的限制，無法求得眞正客觀上的最適解（optimal solution），只能求得個體主觀滿意的可接受解或滿意解（satisfactory solution）。故有限理性決策又稱爲滿意決策，且是現實世界大部分決策的取向。

因此，有限理性之觀點亦可以「決策過程建立在理性基礎，決策結果卻屬於非完全理性」來說明。

(三)直覺式決策

1. **定義**：個體基於過去豐富經驗、長久累積的判斷能力，進行潛意識決策之程序。亦即直覺式決策未經過複雜的理性決策程序而來。
2. **五種不同的直覺**
   (1) 經驗：以過去經驗爲基礎。
   (2) 情感：以感覺或情緒爲基礎。
   (3) 認知：基於技能、知識、或教育訓練的累積，而產生直覺判斷。
   (4) 潛意識：基於潛意識的心理過程。
   (5) 價值觀：基於主流價值觀或特定社群的文化慣例來判斷。
3. **組織的直覺式決策**：組織中的資深經理人能夠依賴其長久累積的豐富經驗與判斷能力，對於組織內部重大管理議題或市場環境變動議題，做出個人短時間的快速決策，以因應重大環境變化，即爲直覺式決策，且此類決策常能被其他組織成員所接受。反觀較資淺的經理人制定直覺式決策的頻率較少，因爲其直覺式決策判斷基礎較爲薄弱，且可能較不具可信賴度。

二、實務觀點

若以管理實務區分決策類型，不同層級的管理者依面臨的問題本質，採用不同類型的決策，不同類型的決策比較見表3-1。

(一)預設性決策

對於組織層級較爲低階的管理者，日常處理的多屬於例行性的作業技術問題，因爲有經常發生、容易判斷、只要按照固定模式即可輕易解決的特性，故這些問題被稱爲結構化問題（structured problems），或高度結構化問題，且管理階層經常會制定標準作業程序來解決此類重複發生的問題。因爲此種問題解決程序爲預先制定，故此類決策稱爲預設性決策（programmed decision）或例行性決策。例如機器何時需要定期維修、面對顧客的退換貨處理程序等，都屬於預設性決策。

(二) 非預設性決策

對於中、高階層級的管理者，需要處理的常是組織整體管理議題或與產品、市場相關的策略性議題，多屬於非例行性的策略性或組織管理問題，因爲有不常發生、每次面對新的困難點、且無既定模式可解決的複雜特性，故這些問題被稱爲非結構化問題（unstructured problems），或低度結構化問題。因爲此種問題待解決的難處爲多面向的、層出不窮的，無法以單一、預先制定的解決程序來處理，故此類決策稱爲非預設性決策（nonprogrammed decision）或非例行性決策。例如企業欲導入新的資訊系統、進入新市場的開發計畫等，都屬於非預設性決策。

表3-1　決策類型之比較

決策類型	預設性決策 （程式化決策、例行性決策）	非預設性決策 （非程式化、非例行性決策）
組織層級	多為低階管理者所制定	多為高階或中階管理者制定
處理問題	結構化問題，例如例行作業	非結構化問題，例如策略規劃
資訊質量	資訊多、易取得	資訊少、不完整、不易取得
目標	清楚明確	模糊、不明確
時間影響	較短期	多為較長期的決策
決策頻率	重複發生、經常性處理的例行性事務	不常發生或新事件，非經常性制定之決策
解決方式	依既定的程序、規則、或政策來處理	依豐富經驗判斷或採創意性作法
企業實例	機器維修時點的決策	新產品、新市場開發決策

3-6 決策偏誤

決策是對未來欲執行的方案進行分析與選擇之程序，既是尚未執行，故在決策點上也就無法確知決策結果。因此，決策也可能因爲許多干擾因素而使決策產生偏離目標的結果，稱爲決策偏誤（decision bias）。Robbins與Coulter整理十二種常犯的決策偏差與錯誤如下[1]：

1. **過度自信（over confidence）**：自認爲已掌握全貌或具有解決能力，而簡化事情的狀況，卻可能產生過度自信的偏誤，終致陷入無法解決問題的困境。
2. **立即滿足（immediate gratification）**：重視短期效益，只求立即解決當前問題，卻可能在未來發現有更大的難題。
3. **先入為主（anchoring effect）**：或稱定錨效應，指的是過度依賴初期資訊，難以接受後來的事實證據，拒絕做較正確的判斷。
4. **選擇性認知（selective perception）**：以偏狹的觀點分析事情，選擇性的以其所注意到的資訊、認知的觀點來提出解決方案。
5. **確認偏誤（confirmation bias）**：或稱肯證偏誤，是指決策者只蒐集有利資訊來佐證自己之前的決策，對於不利於過去決策的反對資訊則抱持懷疑態度或拒絕接受。
6. **框架偏誤（framing bias）**：僅以某些少面向的看法來突顯問題，而排除其他面向的觀點。
7. **接近性偏誤（availability bias）**：或稱現成偏差、近期效應，是指根據新近發生、印象最深刻的事件做決策。前端長時間的努力耕耘，可能就因爲近期的小失誤，而受到不好的評價，就屬於接近性偏誤。
8. **代表性偏誤（representation bias）**：或稱再現偏誤，是指決策者以某事件與過去另一事件相似的程度，以爲該事件屬於過去事件的重現，來判斷該事件應有的處理方式。事實上，決策者可能並未確認事情全貌。
9. **隨機偏誤（randomness bias）**：偶一隨機發生的事件，卻欲找出問題的緣由。事實上，偶然機遇下出現的狀況可能不值得大費周章找出根源。

1. Stephen P. Robbins and Mary Coulter, 2009, Managemant, 10th Ed., Pearson Education Inc.

10. 沉沒成本（sunk cost）：沒有著眼於未來正確的規劃，卻只是惋惜過去決策的結果而影響現在應調整的決策方向。

11. 自利偏差（self-serving bias）：決策者常將成功歸於自己，失敗歸咎於外在因素或他人。

12. 後見之明偏誤（hindsight bias）：事後才吹噓自己早已料到結果，亦即我們常說的放馬後砲、事後諸葛等。

在現今的產業環境快速變化下，規劃不能一成不變，決策也需時常檢視修正的必要性。在高度不確定、動態變化的環境下，爲了要能執行，計畫需有某種程度的明確，但卻又不能過於僵化，而必須加以配合環境變化作必要的方向修正。也就是有效的規劃必須同時具備特定性、彈性的特質，持續因應環境變化進行決策方向的調整。決策一如規劃，當環境訊息改變，決策就必須適時因應訊息變化進行修正，避免落入決策偏誤中而不自知。組織決策如果都能避免上述決策偏誤，相信必能制定較正確決策，顯著提升公司績效。

管理 Fresh

富比世肯定28歲製片人苗華川的邏輯式決策

2021年苗華川擔任製片的《美國女孩》在第58屆金馬獎一口氣入圍最佳劇情片等7大獎，其中最佳新導演、最佳新演員、最佳攝影3項獲獎，同時也在影展觀衆票選排行榜上，持續9天蟬聯第一，獲得觀衆票選最佳影片。

苗華川，2021年獲選《富比世》亞洲30（under 30），是臺灣第一位製片人獲此殊榮，年紀僅28歲。富比世描繪其獲選原因是，苗華川與其事業合夥人張林翰一起創辦白令電影有限公司，扶植新導演拍攝短片，為培養影壇心血有顯著貢獻。其製作短片《島嶼故事》曾入選坎城影展基石單元，獲得世界3大影展的肯定。

擁有20年跨國製片經驗的馬君慈分析，在歐美國家，很少見到小於30歲的華裔製片人，「年紀、資歷、專業都容易受到質疑。」但苗華川何以接連在美國、香港、臺灣，跨市場均能屢創佳績？

原因在於，他用「邏輯」走這條電影路。

邏輯式思考源自父親的電影產業觀察

總市值超過3千億的聯華神通集團第三代，製片人苗華川，父親是有「收藏遊俠」外號的苗豐聯，是集團掌門人苗豐強的弟弟。苗華川身邊的工作團隊相處了一、二年後才慢慢透過旁人資訊，得知其家庭背景，可見他對出身背景的低調。

5、6歲時，苗華川隨父母回到臺灣，熱愛電影的父親每週帶他看電影、帶他讀《世界電影》雜誌，也教他觀察這產業的邏輯，「我們會一起研究票房，發現第一週總是最高，接著會按比例下滑，久而久之，你會發現有一個規律。」苗華川笑說。

跟父親討論電影，兩個人都很高興，有聊不完的話題、說不完的喜悅；但當兒子要把電影變職業，曾在香港邵氏電影打工的苗豐聯提出忠告，「電影都是要從基層做起、從打雜做起，會很苦。」要他想清楚。

入行篤信「拍片不該虧錢」，必須要有整體的一系列規劃

因為父親的忠告，苗華川從做電影的第一天，就知道想要追夢，就必須把追夢的梯子，每一階都規畫清楚。

首先，他要做的，是讓父母安心。所以他選擇紐約大學，取得讓家人放心的一流學歷。其次，除了主修電影及電視編導，也雙副修娛樂事業管理及電影製作，了解幕前幕後與上下產業的關聯性，並涉獵財務、會計、營銷等領域。

他看過許多傳統電影人，充滿浪漫思維，卻沒有成本概念，讓拍片像是一種賭注。苗華川認為，拍片不應該虧錢，而是必須要有一系列的步驟。

迥異於一般電影科系畢業生，多採取個人接案，他大學畢業就開設製作公司，「直接開一家公司，跟人合作的時候，對方比較能夠信任你。」他認為，以公司對公司，而非個人對公司，會讓合作方更有安全感。

先拍短片當名片履歷，建立品牌識別

儘管目標是拍長片，但他不想一步登天，而是把登天之路先想好，例如，先從資金跟時間成本較低的短片開始，累積經驗與人脈。

去年最賣座國片《孤味》製片陳郁佳表示：「短片就是一張名片，可以讓別人看到你的風格、你的能耐，但是成本又不會像長片那麼高。」一部20分鐘的短片成本大概在1百萬上下，僅約長片的3%。

自己投資賺第一桶金，精挑短片戰場，4年進坎城

儘管家底豐厚，但苗華川創業資金卻不是來自家人，而是投資股票。他畢業前與白令影業的合夥人、學弟張林翰一起投資股票，「那時候《紙牌屋》剛開始拍，我觀察這麼多導演積極想參與，覺得這很有機會，就買了Netflix的股票。」這讓他們賺到3部短片的資金，也是創業第一桶金。

用短片做履歷，也不是亂槍打鳥，而是先分析最有代表性的影展，研究策展人的偏好，調整選材，「我們的目標就是要大家看了明白的成績，」他說，「我們本來預計是5年內可以進到3大影展，但很幸運的，在第4年就做到了。」

從「白令電影有限公司」2016年創始迄今，苗華川與合夥人製作的作品已在全球70個奧斯卡認證的短片影展當中，獲得超過25個影展的提名。

而他善於規劃、讓人有安全感的性格，也在他與團隊合作時，發揮得淋漓盡致。

關注小細節的規劃，給決策者更多輔助資訊

在電影工作生涯中，苗華川深刻體會到製片是隱身於幕後的辛苦工作。當導演一聲令下，想要萬馬奔騰的畫面，製片就得向好幾個馬場又求又請又拜託

地求他們借馬。所以電影的每一個環節都很重要，選角過程更是成敗關鍵，一步錯就會直接崩壞。苗華川除了培養出敏銳的直覺，也依靠豐富的經驗來協助他做出正確的判斷。

《百日告別》導演林書宇表示，2人最早認識是因為友人介紹苗華川擔任選角，這是協助導演挑選演員的職位，一般都是整理好演員們的學經歷背景，頂多附上照片，已是非常細緻的作工。但苗華川卻會多附註自己對每一位演員的觀察，「這些小細節對導演的幫助就很大，你可以想像他是有站在導演的立場寫這份文件，不是只是做一份工作。」

壓力跟焦慮沒有助益，邏輯才能解決問題

《美國女孩》拍攝期間，遇到COVID-19擾亂，本來談好的醫院場景臨時禁止拍攝，距離要拍攝的時間只剩3天，時間壓力極大。

但是如此壓力下，他並沒有讓導演在事發第一天知情，「你沒有必要在開拍的時候告訴她，她會心情很差，可能也會拍不好，」苗華川說。

他選擇先召集相關人員，分析場景可外景、內景分開找，解決問題的機會才能提高。擬出方案後，他也拿起電話一通通找。「你要相信問題都是可以解決的，而壓力跟焦慮沒有辦法幫助你，邏輯才能幫你解決問題。」苗華川說。

等到導演知情，問題已解決了一半，自然也沒有引發太多焦慮。

首部長片入圍金馬獎七大獎的背後努力

許多人談到苗華川，第一時間是講他的顯赫家世。但苗華川從成立公司、累積短片履歷、製作演員表、緊盯送審文件等等運用邏輯思考所作的決策，都可見識到他的細膩心思與手腳工活。或許因為出身特殊，他知道必須付出更多的努力，才能讓外人認可他的專業與才華。2021年苗華川擔任製片的《美國女孩》在第58屆金馬獎一口氣入圍最佳劇情片等7大獎，其中最佳新導演、最佳新演員、最佳攝影3項獲獎，同時也在影展觀衆票選排行榜上，持續9天蟬聯第一，獲得觀衆票選最佳影片。

「成功沒有僥倖，只有下足功夫，機會才會留給準備好的人」，苗華川對上述勵志語作了最佳的演繹。

資料來源：
1. 楊絲貽（2021/11/25）。製片人苗華川，首部長片入圍七大獎，拒絕靠爸的聯華神通第三代，拍《美國女孩》問鼎金馬。商業周刊第1776期。
2. 2020/11/11。電影人苗華川：身兼導演、製作人、出品人三角色，更獲超過25個奧斯卡認證影展提名。WE PEOPLE 東西名人雜誌。

問題與討論

一、選擇題

( ) 1. 苗華川說要相信問題都是可以解決的。提出問題解決方案的過程稱為 (A)目標管理 (B)決策 (C)執行 (D)計畫。

( ) 2. 苗華川認為拍片不應該沒有成本觀念，所以他入行的一系列規劃都以解決此問題為出發點，而此出發點洽對應到決策的哪一步驟？ (A)問題確認 (B)發展方案 (C)分析方案 (D)執行最適方案。

( ) 3. 苗華川與父親研究電影票房，發現第一週總是最高，接著會按比例下滑，久而久之，發現了此一規律，也觀察到了電影產業的 (A)生態 (B)邏輯 (C)生命週期 (D)成本概念。

( ) 4. 苗華川進入電影產業的目標是能夠擠身三大影展，但他所下的決策是從拍短片開始，原因為 (A)小成本的短片不會虧錢 (B)長片所需預算太高 (C)從大成本短片學習成本控管 (D)拍出具代表性的短片當作履歷再爭取長片機會。

( ) 5. 當COVID-19疫情期間，原本談好的醫院場景臨時禁止拍攝，苗華川的決策是 (A)先通知導演 (B)持續跟該醫院溝通商借 (C)運用邏輯分析替代方案，一個一個場景洽談 (D)考慮修改劇本。

二、問答題

1. 請分析苗華川用邏輯作決策的例子對你的啓示。

HINT 要相信問題都是可以解決的，遇到難關時，要靜下心思考替代方案，分析真正的問題點所在，並做整體的規劃與解決方案。

重點摘要

1. 規劃（planning）為包括定義組織目標、建立達成此目標之整體策略、以及發展一組方案以整合及協調組織工作之程序。規劃是為了達成組織的整體目標，因而發展各種策略與行動方案之過程。

2. 正式規劃可協助組織達成的利益包括：

   (1)正式規劃可凝聚組織共識；
   (2)正式規劃可擬定組織未來發展方向；
   (3)正式規劃可降低環境變化之衝擊；
   (4)正式規劃可促進組織資源之最適運用；
   (5)正式規劃引領管理功能的發揮，建立績效控制的標準。

3. 規劃是在經營使命與組織目標的指導下，一個持續不斷循環的程序，包括基本程序：

   (1)建立經營使命；
   (2)設定組織目標，以及循環程序(1)確認績效目標；
   (3)外部環境分析；
   (4)內部資源評估；
   (5)發展可行方案；
   (6)選擇最適方案；
   (7)方案執行與評估；
   (8)方案續行或修正。

   基本程序建立基本目標，循環程序則持續不斷修正規劃內容以因應環境變化或提升績效。

4. 史亭納（Steiner）提出一整體規劃模式分為三大部分：規劃基礎、規劃主體、規劃實施及檢討，並將企業的經營使命、高階主管價值觀、與企業內外在環境評估的SWOT分析，三者視為規劃的基礎，亦即進行主要的企業策略規劃活動之前的準備工作。該模式另二項重要的輔助性活動包括規劃研究與可行性評估，促進所有規劃活動的順利展開。

5. 規劃是一種過程，而計畫則是規劃過程形成書面文字的成果，並以層級別形成了一個計畫的體系，作為組織各項大小活動的行動方針。

6. 彼得杜拉克所提出的目標管理（management by objectives, MBO）是由員工和其主管共同參與制定明確的績效目標、定期檢討目標達成之進度、並依目標達成進度分配獎酬之一種管理制度。

7. 決策（decision）之定義為：從二個以上的替代方案（alternatives）中進行分析選擇的程序。從解決問題的面向來看，決策又可完整定義為：針對某一特定問題擬定解決此問題之各種方案，並從這些方案中選擇出一個最適方案之程序。

8. 典型決策程序的八個步驟包括：

(1)問題確認；　　(2)確立決策準則；
(3)分配準則權重；　　(4)發展替代方案；
(5)分析替代方案；　　(6)選定最適方案；
(7)執行最適方案；　　(8)評估決策效能。

9. 從理論觀點，決策類型可概分為理性決策、有限理性決策、直覺式決策。理性決策追求的是最適解，有限理性決策追求的是滿意解。從管理實務觀點，以組織層級區分決策類型，則可分為預設性決策、非預設性決策。預設性決策處理的是結構化問題，非預設性決策處理的是非結構化問題。

10. 決策也可能因為許多干擾因素而使決策產生偏離目標的結果，稱為決策偏誤。十二種常犯的決策偏誤包括：

(1)過度自信；　　(2)立即滿足；
(3)先入為主；　　(4)選擇性認知；
(5)確認偏誤；　　(6)框架偏誤；
(7)接近性偏誤；　　(8)代表性偏誤；
(9)隨機偏誤；　　(10)沉沒成本；
(11)自利偏差；　　(12)後見之明偏誤。

11. 在現今的產業環境快速變化下，有效的規劃必須同時具備特定性、彈性的特質，持續因應環境變化進行決策方向的調整。決策一如規劃，當環境訊息改變，決策就必須適時因應訊息變化進行修正，避免落入決策偏誤，以制定較正確決策，顯著提升公司績效。

分組討論實作

一家專事海水淡化處理的新創企業，經過研發團隊數年研究，開發出海水淡化瓶裝水準備上市，也因為創新濾析技術的開發，水質沒有鹹味且口感很好，並富含對人體有益的礦物質。但是，市面上已有先佔品牌，後進品牌欲打入市場並不簡單。

請同學依專業或興趣分組，每一組包含「技術」與「行銷」人員，對海水淡化處理技術有興趣的同學歸為技術人員，對行銷產品有興趣的同學歸為行銷人員，每一組人員分工限時網搜海水淡化技術與瓶裝水行銷等相關資訊（或於課前先行分組進行資料蒐集），再依本章所探討的「完全理性」觀點與「有限理性」觀點，先說明二種觀點的假設條件，然後依序說明二種觀點下的新產品「海水淡化瓶裝水」行銷決策。

提示 可以先為此「海水淡化瓶裝水」新產品取個合適的品牌名稱。

CHAPTER 04 策略管理

本章架構

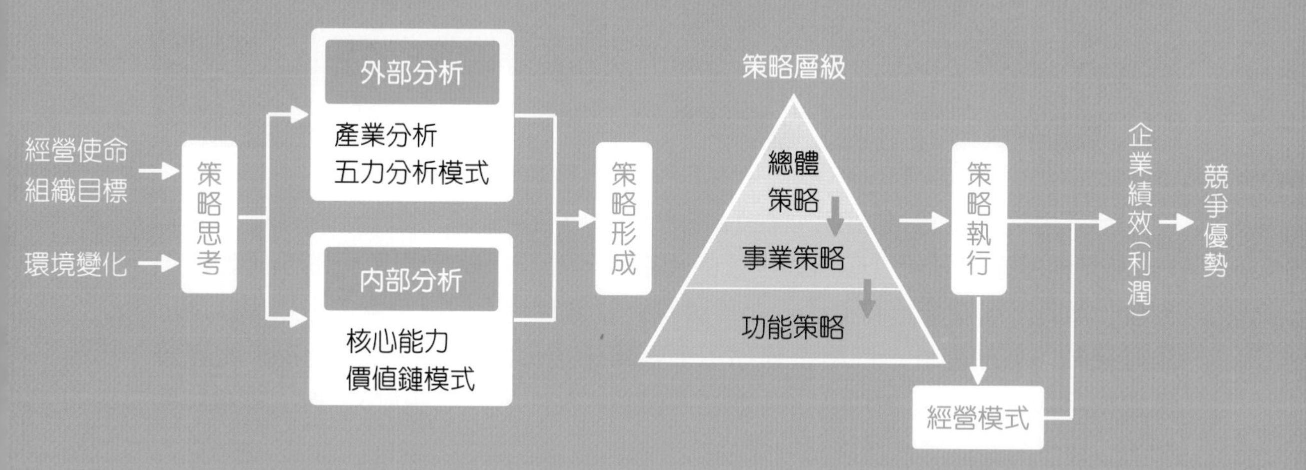

學習目標

1. 了解策略管理的意義與程序。
2. 了解策略層級的類別。
3. 了解總體策略的內涵與分析工具。
4. 了解事業策略的內涵與策略工具。
5. 了解核心能力與競爭優勢之關係。
6. 了解經營模式的理論意義與實務。

策略是一種方向，清楚你在市場上的定位，然後在這個範圍內不斷改善提供價值的方式。

Michael Porter（麥可・波特）

全臺最大汽修技術顧問公司 卡爾世達的轉型創新策略

卡爾世達，臺灣最大的汽修技術顧問公司，全國每2.7家汽車保修廠，就有1家是卡爾世達的客戶。在卡爾世達的雲端資料庫中，從數百萬元的高級進口車到幾十萬元的國產車資料都有，修車師傅只要點擊幾下滑鼠，就能取得最詳細的維修資料與教學影片，依照螢幕指示來修車。這項雲端資料庫服務為卡爾世達帶進每年3億多元的訂閱收入，「我們比微軟（Microsoft）更早3年推出會員訂閱制。」身材清瘦的總經理黃遠明提高語調說。

建立汽修SOP，編寫各品牌「汽修百科全書」

高職汽修科畢業的黃遠明，從事汽車維修已超過35年，一路從學徒做到進口車品牌維修廠廠長，他做事的起手式是把流程拆解精光，重新建立SOP。

秉持「每個細節都要追求準確」的精神，黃遠明建立起汽車維修資料庫，幫助修車師傅依照SOP精準無誤地修車，翻轉師徒制傳統下「經驗至上」的汽車維修業。「我有使命感，這個產業不該被叫黑手，應該叫『汽車醫生』。」黃遠明堅定地說。

以往靠經驗值修車的模式，當汽車設計越來越精密，非原廠的保修技術跟不上，修壞汽車的事件屢見不鮮。1995年，黃遠明成立團隊，整理市面上數百種車型保修資料，花心思研究各車款在缺乏原廠維修工具時，該如何保養維修，編寫成各品牌的「汽修百科全書」，讓修車師傅遇到問題時能按圖索驥。

最後，卡爾世達不僅萃取出各種車款的維修祕訣，甚至取得原廠版權，成功以這套結構化的知識系統打開了技術顧問市場。

改變商業模式，延長客戶服務期間

創業5年後，卡爾世達面臨到成長瓶頸。因為百科全書一套可以用好幾年，客戶在購買之後，和卡爾世達就沒有生意往來了，除非有新車款上市。這使得卡爾世達的業績只能跟著汽車廠「3年小改款、5年大改款」的步調走。

不想被限制，就要想辦法突破。黃遠明決定調整商業模式，他引進汽車保養耗材來銷售，結合主力的百科全書與顧問服務，只要客戶購買一定金額的耗材，就能獲得該年度的技術顧問服務。藉此，卡爾世達擴大了營收來源，更取得了進一步開發技術的資本。

市場嗅覺敏銳的黃遠明，靠著搭售耗材與技術顧問服務，為卡爾世達開啓了成長動能。目前，卡爾世達營收占比維持技術顧問4成、耗材銷售6成。

解決數位轉型危機，取得市場先行者優勢

然而，由於車款迭代越來越快，黃遠明在2009年把紙本百科轉為數位資料庫，並在隔年結束紙本發行，積極跟上數位化趨勢，要求客戶直接使用資料庫來查修汽車。卻未想到當時習慣翻閱紙本的老師傅們無法適應電腦查資料，而且每年持續付費的「訂閱服務」在當時也尚未能被市場接受。種種因素讓續約率狂掉50%，重創營收，更造成員工反彈。

為了提高客戶的接受度，黃遠明重新調整產品服務的內容與訂閱方案，將紙本百科改為附贈筆電操作、加入電話客服，一步步指導客戶使用數位資料庫，逐步改變他們的使用習慣。

黃遠明反省，如果重來一次，他會讓紙本與數位並行一段時間，使系統轉換的過渡期更緩和。

走過轉型的挫折，卡爾世達成為首家推行數位資料庫的汽車維修顧問業者，以先行者之姿取得了市場優勢。

打造保修生態系，成為汽車醫生的「總醫院」

為了提供客戶最佳體驗，卡爾世達不斷從使用場景去發展相關服務。

近年，汽車駕駛輔助系統電腦化程度不斷攀升，但這也使得車輛保修的複雜度與難度越來越高。為因應這個趨勢，卡爾世達陸續推出了汽車線路圖系統、維修案例資料庫和線上培訓機制，並透過科技串起數位服務平臺，例如收錄了保養資料、故障案例與車輛線路的AI資料庫，以及提供歐亞車系線上課程的「修車人創育學院」等。

現在，卡爾世達有近9成的客戶問題都能靠雲端資料庫解決，會員續約率高達85%。

借取外部夥伴資源，創造成功的外部創新

卡爾世達的平臺種類繁多，要推動創新轉型，時常得借助外部專家的力量，所以卡爾世達策略性投資了一家程式開發公司，進行系統開發，協助卡爾世達提供客製化服務。

透過跨界結盟、強化本業競爭力的思維，也反映在卡爾世達「AB雙軌轉型」新創策略上。「A軌轉型」是以新方法解決既有問題、固化原有生態圈，同時異業結盟更多品牌；「B軌轉型」則是發展新創，瞄準尚未出現的市場，例如面對即將到來的電動車時代，先多點探索潛在機會，找到最大利基點再開始投入。

透過財務資源與學習資源持續支援創新

走過一連串的創新實驗，黃遠明仍無時無刻都在擘劃未來可能的創新藍圖。2020年起，卡爾世達的董事會每個月都會固定提撥20%的利潤作為發展基金，規定只能用在投資相關的業務。為鼓勵各事業部門勇於嘗試創新。

提升團隊能力也是卡爾世達轉型的關鍵任務。黃遠明鼓勵主管們吸收新知，除了閱讀雜誌，每年要參加1至2場論壇。黃遠明認為客戶動向與外部產業動態都是很好的創新來源。

從紙本百科打開汽車維修的技術顧問市場，卡爾世達透過整合產業知識、一步步導入管理工具，成了全臺灣非原廠汽車保修師傅的大腦。下一步，卡爾世達還要改寫汽車維修產業的規則，為新世代培育出更多的「汽車醫生」。

資料來源：

1. 江逸之（2022/01/04）。一個黑手學徒，成爲7千家保修廠教練！卡爾世達黃遠明，怎麼做到？。商業週刊—管理好書解讀。https://www.businessweekly.com.tw/management/blog/3008766。
2. 黃日燦（2021/12/04）。企業創生‧臺灣走新路：企業五大轉型突圍心法，打造新護國群山。商周出版。

問題與討論

一、選擇題

(　) 1. 1995年，卡爾世達為了克服修車廠師傅靠經驗值修車的不便，進行何種策略做法，成功進入汽修技術顧問市場？　(A)線上訂閱制　(B)建立企業SOP流程　(C)編寫各品牌「汽修百科全書」　(D)銷售汽修耗材。

( ) 2. 卡爾世達成立5年後發現百科全書會有銷售週期的衰退期，於是第一次調整商業模式： (A)研發線上訂閱制 (B)以汽車保養耗材銷售綁定技術顧問服務 (C)把紙本百科轉為數位資料庫 (D)放棄汽修百科全書業務。

( ) 3. 卡爾世達推行的「訂閱服務」為 (A)汽修技術顧問加贈汽修雜誌 (B)客戶訂閱汽修百科數位資料庫的定期服務方案 (C)一通電話卡爾世達到府服務 (D)提供電話客服服務。

( ) 4. 卡爾世達透過科技串起數位服務平臺的服務內容不包括 (A)收錄保養資料、故障案例 (B)車輛線路的AI資料庫 (C)汽車旅遊路線圖 (D)提供歐亞車系「修車人創育學院」線上課程。

( ) 5. 在卡爾世達不斷轉型創新的商業模式中，持續進行與重視的是 (A)團隊合作 (B)客製化服務 (C)異業結盟 (D)以上皆是。

二、問答題

1. 請簡短列示本文所整理卡爾世達不同階段的轉型創新策略。

HINT

- 注重細節的SOP導向
- 從技術顧問轉型增加耗材銷售
- 數位轉型取得市場先行者優勢
- 從ERP經驗學會先調整流程再導入新系統
- 透過科技平臺提供汽修顧問的完全解決方案
- 注重外部創新與內部的創新支援

4-1 策略管理程序

本書在第三章介紹計畫體系時，曾定義策略（strategy）是決定組織長期績效的計畫方案，亦即爲了達成組織的基本目標，所進行對組織重大資源的配置與部署。所以，策略是影響組織成敗很重要的指導方針，必須進行適切的策略管理。再者，策略影響的是企業長期的績效，所以組織策略多爲中高階主管所規劃與制定，然後指導基層管理者執行與達成重要的策略目標。

一、策略管理的意義與程序

策略管理是決定組織長期績效之管理決策與行動之集合，涵蓋所有基本之管理功能，亦即策略管理包含策略的規劃、執行與控制等過程，且控制過程後也須回饋到策略規劃的修正，以形成策略管理循環之完整流程，如圖4-1所示。

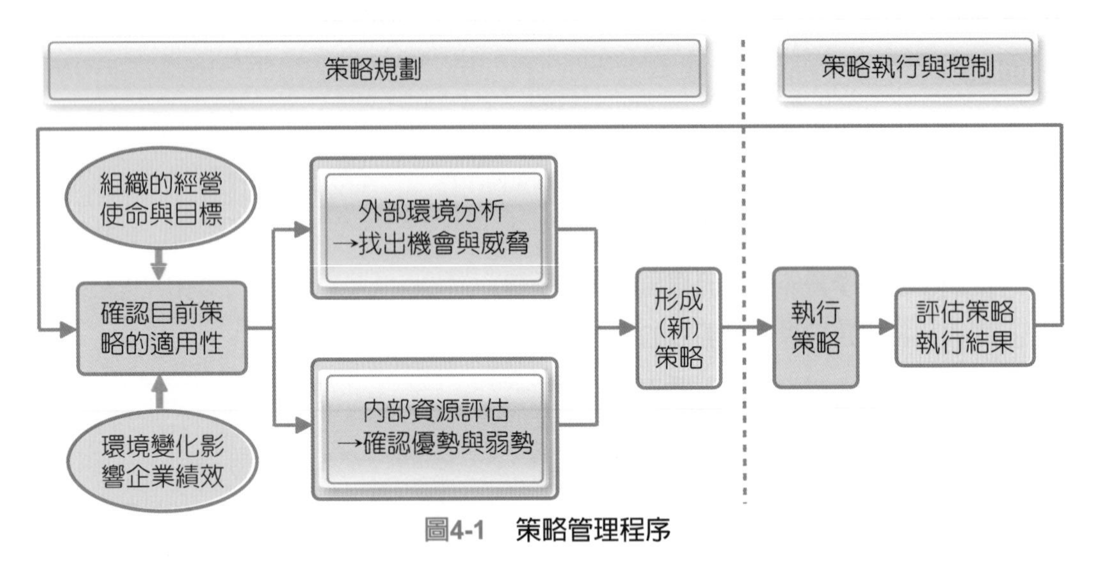

圖4-1 策略管理程序

策略管理的基本程序包括以下：

1. 確認組織的經營使命、基本目標與目前的策略，以作爲策略發展與管理的基礎。
2. 外部環境分析，評估與確認環境所帶給組織可利用的「機會」與可能面臨的「威脅」。機會（opportunities）是外部環境因素中的正面趨勢，而威脅（threats）則是外部環境因素中的負面趨勢。

3. 內部資源分析，找出組織的資源與能力以確認組織的「優勢」與「弱勢」。優勢（strength）是組織可以有效執行的活動（能力表現較強之處），或組織所擁有之特殊資源；弱勢（weakness）是組織表現較差的活動（能力較弱之處），或組織需要但卻未擁有的必要資源。
4. 形成策略：建立組織不同層級的策略，包括高階主管的總體策略、中階主管的事業策略、基層主管的功能策略。
5. 執行策略：將策略決策化為行動，透過策略所延伸的行動方案之執行以達成策略目標。
6. 評估結果：衡量組織所執行的實際策略績效並與績效標準比較，根據績效差距提出策略的修正與調整方案，回饋至策略規劃的程序，作為未來策略規劃調整的基礎。

策略管理程序始於策略的形成，而初始策略形成常來自於組織的經營使命與基本目標所指導，再隨著環境的變化進行策略的修正。或者依策略執行後的結果評估是否需要修正策略，以提升策略的可行性，達成組織目標與創造組織績效，此一策略的修正調整又稱為策略彈性（strategy flexibility）。

Robbins與Coulter認為可以透過以下幾種方式，發展更適當的新策略方案，維持策略彈性[1]：

1. 透過績效評估，了解現行策略的執行狀況。
2. 鼓勵員工分享不成功的經驗。
3. 從組織外部蒐集新的點子和想法。
4. 決策時集思廣益產生多個替代方案。
5. 從錯誤的決策中記取教訓，亦即從錯誤中學習。

二、策略管理的重要內涵

在策略管理程序中，有四個重要觀念需再加以說明。

觀念1：策略規劃

策略規劃為發展有效策略決策及行動計畫的過程。亦即策略規劃的程序包括：在組織目標的指導下，透過外部、內部環境的分析，擬定因應環境情勢、達到組織目標的策略與行動方案。因此，策略規劃過程的結果，會形成

1. Stephen P. Robbins and Mary Coulter, 2009, Managemant, 10th Ed., Pearson Education Inc.

組織不同層級的策略，高階策略指導中階、基層策略方案的執行，而基層策略方案的有效執行才能達成中階、高階策略目標，而形成策略方案的體系。

觀念2：核心能力

從內部分析可以發掘組織所擁有的某些能力或資源是很卓越或獨特時，則稱之爲組織的核心競爭能力（core competency）或核心能力，換言之，核心能力是可以創造組織主要價值的資源與能力：

1. **組織資源**：組織所具備的有價值的資產，如財務資源、先進製程設備、專業技術、人力資源（專業技能員工、經驗豐富的管理者）等。
2. **組織能力**：組織所執行績效卓越的技能，如行銷、生產與製造、研發、資訊系統運用能力、人力資源管理能力等。

觀念3：SWOT分析

外部環境分析與內部環境分析合起來，包括組織的優勢（Strength）、弱勢（Weakness）與環境的機會（Opportunities）、威脅（Threats）之評估，此四者的分析即總稱爲SWOT分析。策略發展者或組織策略規劃人員根據SWOT分析結果發展因應策略，SWOT分析之策略形成矩陣如下圖4-2所示：

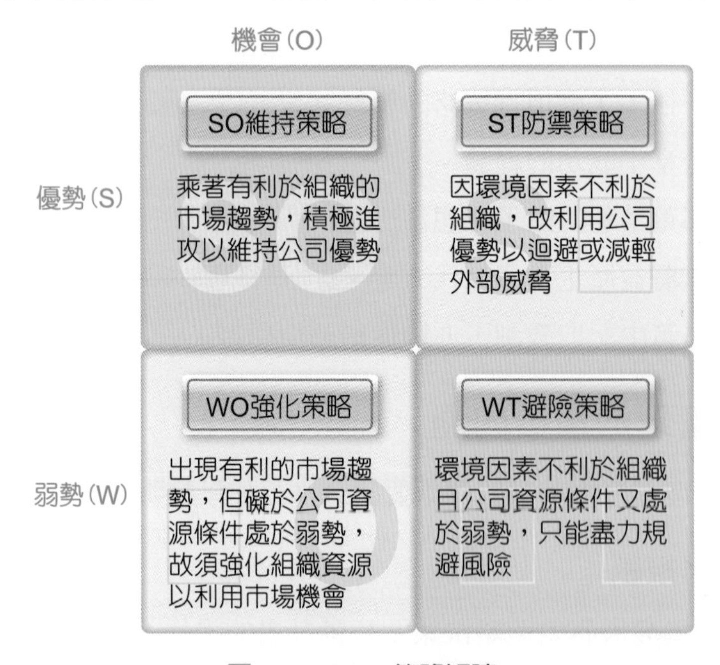

圖4-2 **SWOT策略矩陣**

觀念4：執行策略

策略如何有效執行，依照麥肯錫顧問公司提出可促進組織績效的「7S模式」（McKinsey's 7S Model）：企業的「策略」（Strategy）要成功，需要其他組織要素的配合，包括結構（Structure）、制度（System）、管理風格（Style）、人員（Staff）、技能（Skill）、共享價值觀（Shared value）等，此七個S即爲7S模式之組成要素。其中，代表主導組織績效的組織文化之「共享價值觀」即爲7S模式的核心要素。另外，包希迪（Bossidy）與夏藍（Charan）[2]也提出只有偉大的策略方案是不夠的，還需要執行力！而「執行」是一套系統化的流程，嚴謹地探討「如何做」與「做什麼」、不斷地檢視方案是否可達成目標與追蹤進度、確保權責分明，三大核心流程：策略流程必須與人員流程、營運流程互相配合、環環相扣，才能發揮執行力，並且讓執行變成組織文化的核心部分。

不論麥肯錫的「7S模式」或包希迪（Bossidy）與夏藍（Charan）的「執行力」，都強調策略執行之於策略規劃的重要性，而且同樣地，融入組織文化都是成功的策略執行之核心要件。

管理 Fresh

統一企業董事長羅智先的減法經營哲學

2013年接下統一企業董事長並兼任總經理的羅智先恪守自訂的總經理60歲退休規定，於2016年6月股東會後正式卸下9年的總座職務，未來專任董事長職務。羅智先表示，統一在東南亞經營食品業20年，語言仍是很大障礙，但東南亞近6億人口，對食品公司是很具有吸引力的市場。其中，菲律賓7-ELEVEn近2,000店，帶動製造業銷售的機會，人口超過1億也是年輕市場，比越南更出色。整體而言，東南亞還有2~3倍的成長空間。

一直以來，羅智先奉行以減法經營的哲學，將企業經營聚焦在核心事業，再從核心事業去找尋熱銷商品，他以核心經營來擺脫包山包海的產品群策略。這樣的經營哲學反而帶動集團的營收與獲利成長。

羅智先認為，只要能夠推出夠強的產品，就能夠抓住市場。這也就意味著可以減少投資或淘汰掉不適合市場的產品。他以中國著名的王老吉涼茶為

2. Larry Bossidy and Ram Charan, 2002, Execution: The Discipline of Getting Things Done, Commonwealth Publishing Co., Ltd.

例，正確定位與經營就可以使一個飲料市場中極小的品類銷售量贏過可口可樂。

但要放棄十分之九的品項，仍需要強大決心，因為最直接的影響就是：沒有量就不會有利潤。從統一的財務報表來看，該年度淨利下滑近兩成。接著產能過剩、固定費用過高等問題都會浮現。還有通路問題，由於銷量瞬間下滑，使部分經銷商因業務量不足而流失。

在同業看來，只專注在某幾項單品的投資風險極高，但羅智先卻認為專心做單一個品項才能夠降低風險。因為什麼都做卻不專精，出錯的風險反而更大。

在羅智先接掌統一集團重任時，第一年就因為食安風暴營收衰退1%，讓羅智先背負沉重壓力。但美式風格鮮明，凡事講求績效的羅智先立刻集中火力經營人氣商品，只要營收不及5000萬門檻的產品就砍掉，一度有三千種商品減少到如今剩下三百種。

2015年統一合併營收4,161億臺幣，稅後純益141.1億元，年增26.8%創下歷史新高，也寫下統一集團新的里程碑，羅智先用實力、用績效走出自己的接班路，也證實了自己的減法理論。

2018年全年合併營收4314億元，年增7.91%，又再刷新歷史新高紀錄，不僅統一企業穩坐臺灣食品龍頭，也再次印證羅智先減法經營哲學的亮眼成績。

資料來源：
1. 黃玉禎（2012/09/24）。商業周刊，1296期，P.064。
2. 林海（2016/06/23）。羅智先60歲讓位侯榮隆掌統一總座。蘋果日報。2016/06/23。
3. 蔡依芳、吳奎炎（2016/04/01）。食安風暴衝擊統一獲利　羅智先採「減法策略」挽頹勢，三立新聞網。http://www.setn.com/News.aspx?NewsID=134867

問題與討論

一、選擇題

(　) 1. 專注投資在一項核心產品上的主要目的是？　(A)降低投資風險　(B)將雞蛋放進同一個籃子裡　(C)使經營目標明確，保持產品品質　(D)為未來企業結構調整之準備。

(　) 2. 羅智先的減法經營哲學指的是較屬於何種策略觀點？　(A)低成本領導策略　(B)差異化　(C)聚焦經營　(D)適應策略。

(　) 3. 羅智先指出，王老吉之所以能成功是因為哪一項做得好？　(A)市場區隔　(B)目標市場　(C)產品定位　(D)網路行銷。

(　) 4. 為何王老吉只以單一品項就能夠創造高銷售額，主要原因為？　(A)成本低　(B)市場大　(C)通路多　(D)不須廣告。

( )5. 統一不斷創新，希望開發符合其他地區當地化的商品，目的是為了？(A)抓住當地的市場核心需求 (B)以當地市場做為測試對象 (C)希望做出在地特色的食物 (D)脫離紅海市場。

二、問答題

1. 你如何看待羅智先的減法經營哲學？

HINT 了解經營者想法。

4-2 策略層級

組織每天要制定許多策略決策，而在組織分工的體系下，組織內不同層級的管理者也會進行各種不同的策略規劃，而使得策略之層級（hierarchy of strategy）明顯區隔開來。

(一)總體策略

總體策略（corporate-level strategy）是由高階主管決定公司營運的產業範圍，包括決定成立哪些事業群、事業部，或決定裁撤哪些事業群、事業部，決定一個最適的營運事業組合。亦即公司整體策略決定組織未來的方向，以及組織每個事業單位在朝未來方向前進時所扮演的角色。

(二)事業策略

事業策略（business-level strategy）決定的是組織的各事業群、事業部該如何在產業內與其他競爭者競爭，屬於事業單位層級的策略，通常由事業部的主管（例如事業部的協理或處長）制定。例如：某公司顯示器事業群的事業策略即是決定如何在顯示器產業中與其他競爭廠商競爭。

對於只有單一事業部的小型組織，或專注某特定類別產品或市場的大型組織而言，事業單位層級的策略通常就是組織的總體策略。然而，對那些擁有不同事業部的組織而言，當每個事業部都有其所提供的特定產品或服務、目標顧客群等，且各事業部間彼此獨立、可自定其發展策略時，我們即稱這些事業部爲策略事業單位（strategy business units, SBUs）。

（三）功能策略

功能策略（functional-level strategy）屬於功能部門層級主管（例如部門經理或課長）制定的策略，決定各功能部門（例如生產、行銷、人力資源、研發、財務等部門）如何向上支援事業單位層次策略的決策。又因為功能部門一般會制定兼具原則與彈性的部門政策，故功能策略又被稱為功能性政策。對一個擁有製造、行銷、人力資源、研發與財務等傳統功能部門的組織而言，這些功能的策略必須能支援事業單位層次策略。

以下將介紹各個不同層級的策略內涵以及形成策略的分析工具，以使讀者更了解不同層級策略對組織的差異貢獻。

圖4-3　策略層級

4-3 總體策略

一、總體策略類型

組織通常包括三種主要的總體策略（corporate strategy）：成長策略、穩定策略、更新策略。

（一）成長策略

藉由積極擴張組織所提供的產品品類數或服務的市場，尋求增加組織的營運範圍者，稱為成長策略（growth strategy）。例如：不斷的快速擴張營運範圍、不斷尋求發展新商業模式與創新銷售模式等。

組織採行擴張營運範圍的成長策略亦有四種方式，包括集中成長、垂直整合、水平整合、多角化：

1. **集中**：組織專注在主要的事業範圍之經營，並藉由擴張組織對主要的事業範圍所提供的產品品類數或服務的市場，來達到集中成長（concentration growth）。除了藉由企業本身的營運來成長外，並沒有涉及收購或合併其它公司。例如飲料公司專注生產飲料產品即是一例。

2. **垂直整合**：涉及與上、下游廠商的聯盟或整併者，即屬於垂直整合（vertical integration）成長，其方式是藉由掌控企業的投入端（上游）或產出端（下游）的運作，或兩者同時整合來達到成長的目的。

   當組織為了掌控企業的投入端，藉由建立自己可掌控的供應體系、成立自己的供應商，來獲得投入的控制權，即稱為向後垂直整合（backward vertical integration），或稱為向上垂直整合。當組織為了增加產出端的控制權，避免受到通路商的壓制，而藉由建立自身的配銷體系、成立通路商等，來達到對於產出（產品或服務）的控制權，即稱為向前垂直整合（forward vertical integration），或稱為向下垂直整合。

3. **水平整合**：公司透過結合相同產業中的其它組織來成長，稱為水平整合（horizontal integration），亦即和競爭者策略聯盟、共同營運，或是合併同產業的競爭廠商，以擴大生產的經濟規模、立即增加客戶數、達到迅速提升市場佔有率的目的。

4. **多角化**：組織可透過從事相關產業的營運或非相關產業營運的多角化（diversification）方式來達到成長目的。企業若想長期成長，成為百年老店，多角化常是必須採取的策略。

   (1) 相關多角化（related diversification）：指公司藉由合併或購入相關但不同產業的公司，來達到成長的目標。例如啤酒商併購機能飲料公司，就屬於相關多角化。

   (2) 非相關多角化（unrelated diversification）：藉由合併或購入不同或非相關產業的公司，來達到成長的目標。例如啤酒商併購事務機器公司，就屬於非相關多角化。美國奇異公司與台灣的旺旺集團，都是非相關多角化成功的企業案例。然而此類成長的風險也最大，因為資源分散於不擅長的產業，且跨產業的營運需要的產業知識最多元也最難學習。若牽涉到組織合併的文化問題，就更難處理。

（二）穩定策略

並不積極尋求改變之公司總體層次策略，只求固守市場佔有率者，稱為穩定策略（stability strategy）。例如：持續以相同產品或服務提供給同樣的顧客、維持原有市場占有率、維持組織以往的投資報酬率等。例如許多食品大廠專注在食品本業經營，並不尋求進入其他食品類別。

企業採行穩定策略者，多是因爲該產業具有以下的特徵或該公司經營的特定情境：

1. **外部環境變動快速**：未來不確定性高，採穩定策略以靜觀其變。
2. **產業無成長**：當產業面臨緩慢成長或無成長的環境機會，就不適合擴張營運，因爲無利可圖。
3. **追求長期穩定的小企業**：許多小企業滿足於小規模利益，認爲他們的事業已夠成功，且也已經符合個人的目標，不求大幅擴張營運範圍。

(三) 更新策略

當組織面臨績效下降、產業營運狀況不佳時，調整策略方向以因應導致績效低落的情勢，稱爲「更新策略」（renewal strategy）或稱「退縮策略」。此種策略調整方式也有二種策略作法。

1. **緊縮策略（retrenchment strategy）**：當組織績效下降尚非嚴重問題時之短期策略，通常致力於降低成本，提昇效率以穩定營運，以及重新調整組織的資源與能力，作爲下次競爭的準備。
2. **轉型策略（turnaround strategy）**：當企業營運績效銳降甚至虧損時，組織可能採行大幅度的變革、大幅縮減預算，甚至部門裁撤或清算，爲變更幅度劇烈的策略作法。

二、總體策略分析工具

(一) BCG矩陣

由波士頓顧問公司（Boston Consulting Group, BCG）提出依「相對最大競爭者市場佔有率」與「預期未來成長率」二構面，將企業內事業群分爲四種：問題、明星、金牛、苟延殘喘（狗），稱爲BCG矩陣，或稱爲佔有率－成長率矩陣，如圖4-4所示。事業群的分類將決定其採行的事業群策略，與決定企業資源的最適分配，以支援某些事業單位的積極成長與維持某些事業單位的穩定經營。

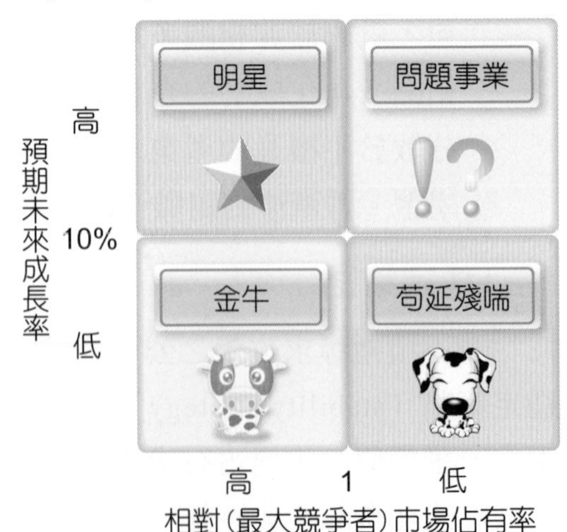

圖4-4 BCG矩陣

BCG矩陣分析劃分不同事業群後，針對不同事業群可採行的四種策略如下，代表企業對各不同地位的事業群之資源配置。

1. **建立（build）策略**：或稱獲取（gain）策略，適用於問題事業。透過增加投資支出，以期望提高問題事業之市場佔有率，變成明星事業；或用於明星事業，維持高市場佔有率。
2. **維持（hold）策略**：藉由維持投資支出預算，目的在維持市場佔有率。適用於強壯的金牛事業。
3. **收割（harvest）策略**：不論是否有長期效果，只求增加短期的現金流量，因此會採行減少投資支出之作法。通常採刪除研發支出、不再購置工廠機器設備、不補足業務人員及減少廣告支出。適用於弱勢的金牛事業、問題事業與苟延殘喘事業。
4. **撤資（divest）策略**：幾乎不會有任何投資支出，因爲將資源運用至其他事業將更爲有利，故規劃將事業單位出售或清算。適用於苟延殘喘與不看好的問題事業。

（二）GE矩陣

美國奇異公司所發展之GE模式爲一決定組織各策略事業單位（SBU）策略的「多因子投資組合矩陣」。模式中二個構面爲「市場吸引力」（或稱產業吸引力，有9個衡量指標）與「事業地位」（或稱公司優勢，有12個衡量指標），各分高、中、低三個程度，而形成GE模式的九個方格，並分成三大區塊，以決定應採行的不同策略，如圖4-5所示：

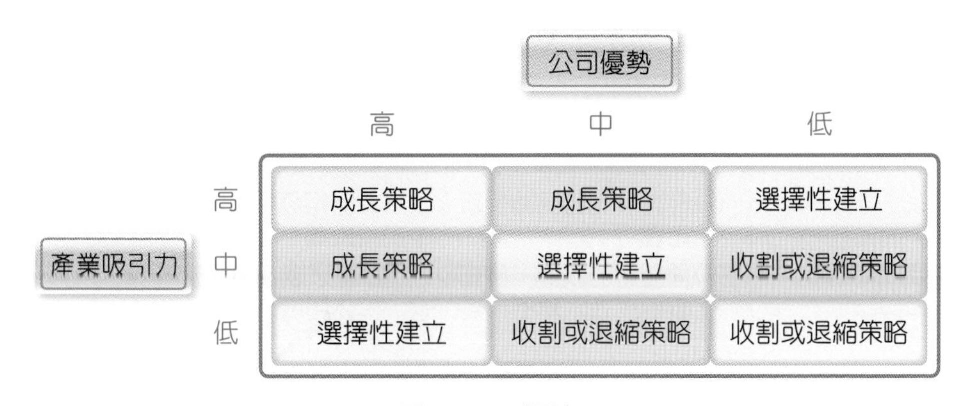

圖4-5　GE矩陣

1. 左上三個方格表示強勢的SBU（市場吸引力強、事業地位高），應採成長策略。

2. 中間三對角方格為中等優勢的SBU，應採選擇性建立策略。
3. 右下三個方格表示弱勢的SBU（市場吸引力低、事業地位低），應採收割或退縮策略。

（三）Ansoff產品市場擴張矩陣

安索夫（Ansoff）所提出的產品/市場擴張矩陣（product/market expansion grid），透過產品面向與市場面向，圖示說明企業或事業單位在追求成長時可運用的四種策略：

1. **當產品為現有產品、在現有市場經營時**：稱為市場滲透策略。
2. **當產品為現有產品、在新市場經營時**：稱為市場開發策略。
3. **當產品為新產品、仍在現有市場經營時**：稱為產品開發策略。
4. **當產品為新產品、且進入新市場經營時**：稱為多角化策略。

上述四者之中，最保守之成長策略當屬在本業經營的市場滲透策略，風險較低，潛在利潤也較低。如圖4-6以餐廳經營為例說明。

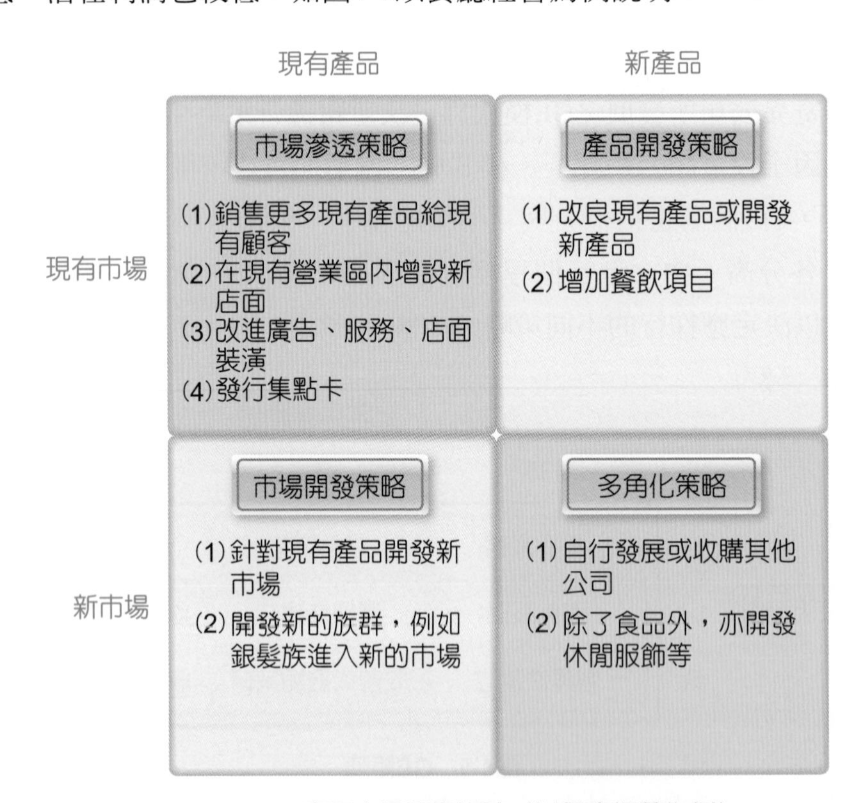

圖4-6 Ansoff產品市場擴張矩陣（以餐廳經營為例）

4-4 事業策略

事業策略屬於在總體策略指導下，爲達在產業內競爭時之競爭優勢極大化，所從事資源配置活動之集合。因此，事業策略又稱爲競爭策略（competitive strategy），通常以麥可波特（Michael Porter）的策略理論爲主。

一、競爭策略

麥可波特（Michael Porter）在1980年所出版的《競爭策略》一書提出策略分析模式，稱爲五力分析，藉以分析影響產業吸引力與獲利力的五種因素，並透過分析此五種因素，以決定企業的競爭策略。因爲分析的是產業層次，故五力分析被視爲一種產業分析工具。五力分析模式如圖4-7所示。

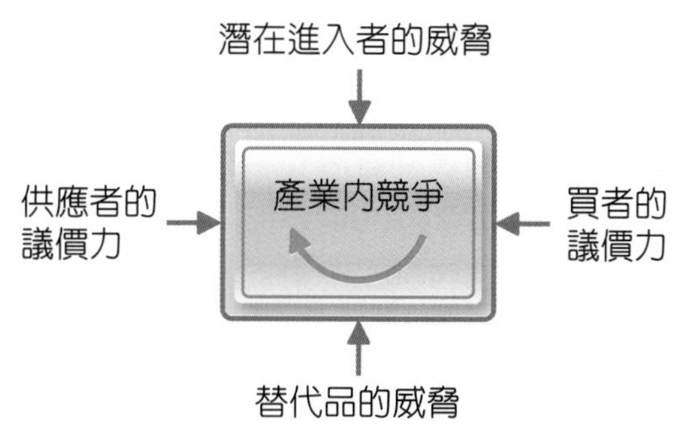

圖4-7　五力分析模式

資料來源：Michael E. Porter.（1980）.Competitive Strategy. New York: The Free Press.

1. **供應者的議價力**：假使供應者規模大、獨家供應、或原物料供應上具差異性或已建立高度的轉換成本（顧客轉換供應來源的難度高），則供應者的議價力大。
2. **買者的議價力**：假使買者規模大（例如統一超商）、買者有替代產品可用、或買者的轉換成本低（買者可輕易轉換購買品牌，快速適應新品牌），則買者的議價力大。
3. **潛在進入者的威脅**：假使產業進入障礙高（例如資金大、技術層次高），則潛在進入者的威脅相對較小。
4. **替代品的威脅**：假使替代品替代性高、替代品價格低等，替代品的威脅大。

5. **產業內的競爭**：產業競爭結構零散或集中、產業是否高度成長、產業的退出障礙等，都會影響產業競爭者是否續留產業中，維持競爭態勢。

五力分析模式的分析結果，在決定企業可採行的競爭策略，麥可波特（Michael Porter）提出三種一般性競爭策略（generic competitive strategy）以及可採行的策略作法如下表4-1所說明：

表4-1　一般性競爭策略種類

一般性競爭策略	策略意義	可採行的策略作法
成本領導策略	以規模經濟降低成本，並以較低價格提升在產業的競爭優勢。例：臺灣的資訊電子代工廠的策略。	1. 透過增加生產規模產生的「規模經濟」效果，使生產成本降低，提供低廉價格，達到成本領導優勢。 2. 透過與供應商的協同合作，取得長期合作關係，以降低原料供應成本。
差異化策略	藉由創新的研發設計，提升產品或服務的附加價值，並提升企業價值與獲利基礎。例：Volvo最安全的汽車之產品定位，捷安特則是不斷創新研發各式自行車種打入國際。	1. 透過產品設計、獨特技術等生產研發方向，塑造產品的卓越與獨特性，提高產品價值。 2. 透過品牌形象建立、配銷通路的設計、或高度的顧客服務品質，來創造服務的差異化價值。
集中策略	焦點集中於某一產品、某一市場、或某一類型消費者的生產與行銷。例：高檔巧克力品牌Godiva即是聚焦在高品質、高價巧克力產品範圍。	將企業有限資源專注在某一種產品（例如高檔巧克力）或某一個小市場區隔（例如身障人士所使用的物品），以達到專精的利基策略優勢。

企業為創造差異化的競爭優勢，應著重於「未開發的市場空間」與創造市場的「新需求」，即秉持創新提高差異化價值之藍海策略，但秉棄成本的互相競蝕、殺價的「紅海策略」。專注創新、提高差異化價值之「藍海策略」，才能創造企業的競爭優勢。

管理 Fresh

承億文旅異軍突起的差異化策略　承億文旅島鏈計畫

面對新冠肺炎疫情，即使在國際觀光旅遊業的低潮中，承億文旅集團董事長戴俊郎仍堅持打造「島鏈計畫」，以旅行目的地為旅遊課題，做出有別於傳統飯店的差異化經營。

承億文旅至今創立10年，集團年營收逾10億元，平均住房率約七成。承億文旅以「打造每座城市文化縮影」聞名，目前旗下據點橫跨臺灣東西南北，兼具六家城市型文創設計飯店及度假休閒感飯店等。

從第一間飯店嘉義商旅開始，旗下淡水吹風、臺中鳥日子、桃城茶樣子、花蓮山知道、墾丁雅客小半島，以及即將營運的承億文旅潭日月、高雄承億酒店，合計總房間數超過900間。

承億文旅憑藉主題風格特異的文創設計力，擅長經營全客層旅客，家庭旅遊、國際型旅客觀光度假、商務會議、深度城市探訪尤以散客為主。旗下桃城茶樣子更二度蟬聯全臺最美飯店冠軍。過去承億文旅以捕捉自各城市的美學視角及創新旅遊規劃，突破傳統飯店制式住宿體驗。

承億文旅最近在高雄亞洲新灣區打造「承億酒店」，戴俊郎希望以新型態旅遊體驗，呈現高雄人文底蘊、港都熱情，為南臺灣創造全新的旅遊風潮。

承億文旅目前規劃要成立的第三個品牌「疊」，切入度假villa市場後，集團營運規模將迅速擴大，也在為股票上櫃做好準備。

沉浸式旅遊，重新發掘臺灣之美

承億文旅是從嘉義起家的在地企業，首間嘉義商旅透過設計賦予舊建物新生命，由此展開，承億文旅每一間旅店都有不同的在地樣貌，「淡水吹風」是馬偕博士的時光記旅，「桃城茶樣子」則是亞洲首創茶主題設計旅店，還有臺中鳥日子、花蓮山知道、墾丁雅客小半島也各有主題，副董事長戴淑玲說：「承億文旅一直在做的事情，就是我們把飯店不當作是一個旅行過程的休憩地，而是當一個旅行的目的地。」

承億文旅持續進行島鏈計畫，即使在疫情期間，仍然在南投日月潭新開幕了「潭日月」，一開放訂房隨即造成網路塞車，可見疫情關住了人，卻關不住人心。以潭景配早餐的畫面，堪比網美照，吸引許多人的眼球，連旁邊文武廟的在地人都說從來不知道這個地方原來這麼美。戴副董說，因為疫情的關係，讓他們在拓點上有了不一樣的想法，重新審視臺灣所有的風景勝地，用一種比較深度的觀看方式，會發現臺灣真的有很多地方非常美麗。

疫情期間大眾對於旅遊的需求不減反增，甚至反而更珍惜旅行的機會，承億文旅思考未來拓點是不是能帶著新的觀點，於是產生了曇系列。拆解「曇」這個字，就是與日月雲彩做朋友，她把未來的旅遊型態定義為天涯海角的旅行，可能是與土地親近的、生態的、節氣飲食的，可能是非常有主題性，也可能只是和自己做朋友的一趟旅行。她提出「越風土，越前衛」的概念，一種全景式浸潤旅宿，透過對土地的領會，設計生活。

疫情影響了即將開幕的高雄承億酒店的規劃，然而戴副董認為未來人類要長治久安有困難，只能選擇與病毒共存，因此在建構新飯店上也有了一些新思維，包括加強空調的清淨功能，雲端廚房存在的價值，外帶外送包材的設計，在數位轉型上開發會員APP做精準行銷。而在很多的創新上也需要跨界整合，例如善用通路優勢；家事代行讓服務效能最大化；跨界結盟旅行社和旅遊設計師；掌握主題式旅遊契機；以及飯店專業開發管理服務。

戴副董指出，當代旅館業應該超脫原有的窠臼與範疇，從「單純住宿提供」轉化為「旅宿體驗的啓發者／教育者」，為旅人描摹各種旅遊想像，更甚於形塑形而上的品牌體驗，讓品牌永遠保持新鮮，永遠保持被探索的可能。

資料來源：

1. 秦雅如（2021/11/8）。逆風前行，臺灣觀光要的是KPI？還是DNA？。天下雜誌整合傳播部廣告企劃製作，《RING RING Project永續觀光計畫》線上座談會系列2。https://smiletaiwan.cw.com.tw/article/4964。
2. 宋健生（2021/8/31）。承億文旅島鏈計畫⋯差異化經營。經濟日報。https://udn.com/news/story/7241/5710568。

問題與討論

(　) 1. 承億文旅「島鏈計畫」指的是　(A)各地方特色旅宿串聯形成島鏈　(B)在島上改旅館　(C)全臺大旅館串聯小旅宿的計畫　(D)與全臺旅宿串聯成聯盟。

(　) 2. 承億文旅提倡的「沉浸式旅遊」指的是　(A)介紹各地景點深度旅遊　(B)在各個著名景點設立承億文旅　(C)承億文旅飯店作為旅行目的地　(D)拓點計畫結合深度的觀看方式重新審視臺灣的景點。

(　) 3. 承億文旅的差異化策略在於　(A)主題風格特異的文創設計力　(B)以捕捉各城市美學視角及創新旅遊規劃，突破制式住宿體驗　(C)不斷開發具地方文化底蘊的新型態旅遊體驗　(D)以上皆是。

(　　) 4. 根據本文，承億文旅的數位轉型將採用　(A)社群網站行銷　(B)開發會員APP做精準行銷　(C)全網路訂房　(D)全自動入住退房系統。

(　　) 5. 以下何者非承億文旅未來建構新飯店的創新思維？　(A)與航空業者進行跨界整合與結盟　(B)家事代行讓服務效能最大化　(C)飯店專業開發管理服務　(D)雲端廚房。

二、競爭優勢

麥可波特（Michael Porter）在1980年所出版的《競爭優勢》一書提出價值鏈（value chain），指企業創造一連串的「價值活動」（value activities），以提供給顧客有價值的商品或勞務，並創造公司的價值（利潤）。亦即，價值鏈是由許多價值活動所構成，而企業在分析價值鏈的個別價值活動之後，就可以了解企業本身所掌握競爭優勢（competitive advantage）的潛在來源。而麥可波特（Michael Porter）認爲競爭優勢係爲透過競爭策略規劃所產生的具有持續性競爭的優勢態勢條件，其基本在於企業所創造出的價值超過在創造價值的過程中所付出的成本代價，而價值則表現在購買者所願意支付的價格上。因此，競爭優勢亦可簡單分爲成本領導優勢或差異化優勢。

麥可波特（Michael Porter）將企業價值鏈作業活動區分爲主要活動（primary activities）與支援活動（support activities）兩大項，如圖4-8：

圖4-8　企業價值鏈

資料來源：Michael E. Porter.（1985）Competitive Advantage. New York: The Free Press.

若以飲料食品製造業爲例，可說明價值鏈分析的主要活動與支援活動內涵如下。

1. 主要活動

(1) 進貨後勤：製造飲料的原物料進貨、檢驗、倉儲、存貨控制、運輸排程，以及檢驗異常的退貨等。

(2) 生產製造：飲料原物料的傾倒、攪拌、充填、包裝等作業，以及機器的維護等。

(3) 產出配銷：將製成品移至成品倉庫、配銷、訂單處理、運輸排程、出貨運送作業。

(4) 行銷與銷售：透過各種電視或平面媒體廣告、通路促銷、通路銷售活動、經銷商促銷競賽、價格調整等活動，提升顧客購買動機。

(5) 售後服務：產品瑕疵品退貨、設置客戶申訴專線、客服部門玻璃瓶退瓶回饋等，亦透過顧客意見回餽進行產品配方或包裝調整等。

2. 支援活動

(1) 公司基礎設施：一般管理制度建立、組織結構規劃、財務會計，又如資訊系統建置則可促進企業運作效率以及協助客戶與經銷商意見快速反應。

(2) 人力資源管理：人員招募、甄選、任用、薪酬管理等。

(3) 技術發展：與產品相關的技術與基礎研究、製程設計、瓶裝的改善。

(4) 採購：飲料原物料採購活動、零組件的外購與維護管理。

競爭優勢指一個企業擁有優於競爭者的能力，能使其利潤高於產業的平均水準。因此，當該企業經營獲利於產業內名列前茅，且賺取高於產業平均水準之利潤，可謂該企業具有競爭優勢，則可進一步以價值鏈模式分析該企業競爭優勢的來源，就爲哪一些主要活動或支援活動所促成。

以組織擁有之競爭優勢，針對進入之產業或市場範圍，形成策略類型如圖4-9：

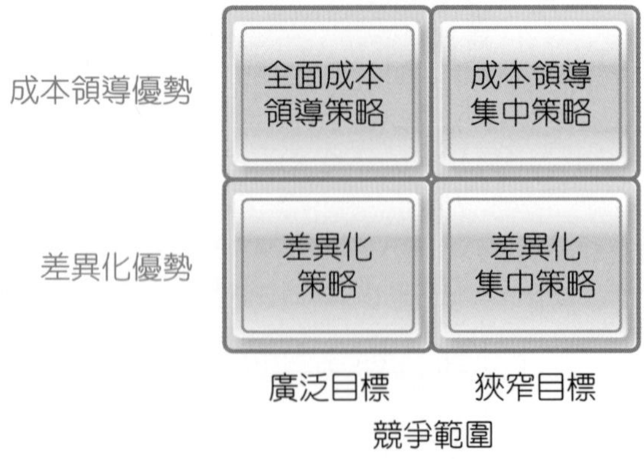

	廣泛目標	狹窄目標
成本領導優勢	全面成本領導策略	成本領導集中策略
差異化優勢	差異化策略	差異化集中策略

競爭範圍

圖4-9 競爭優勢與策略類型

選對策略還不夠，更要有對的人

企業面臨的環境急遽變化，愈來愈難以單一策略去面對所有改變。BCG 韓德森智庫（BCG Henderson Institute）開發了一款經營檸檬水攤位的 App 遊戲，將不同玩家分配到 5 種策略情境，並且運用認知神經科學（cognitive neuroscience）分析卓越玩家的特質，結果發現每個策略所需的人才不全然相同。

因地制宜的 5 種策略原型，安排最適合的執行人才

在針對企業所處的商業環境，研擬了相對應的策略之後，企業應該進一步思考人才配置，促成策略的落實。

1. 傳統型（classical）策略：注重細節、善於計畫的人才

在「可預測、難改變」的市場裡，必須分析既有的成功邏輯，仔細計畫並執行。能夠專注於眼前任務，制定策略目標、執行計畫，並在時間內緊盯 KPI，穩定產出一定成果的人，會是此策略的要角。

2. 願景型（visionary）策略：能自我批判、自信投資的人才

身處「可預測、有機會改變」的市場，主事者必須自我批判和懷疑，找出組織該走的方向，同時要具備足夠的自信，才能大膽投資，將方向變成現實。

3. 適應型（adaptive）策略：擅長多工、積極嘗試的人才

因為市場「難以預測和改變」，只能不斷測試和調整，適合直覺靈敏、積極嘗試的人才。

4. 可塑型（shaping）策略：懂得互惠合作、思考謹慎的人才

面對「不能預測，但能夠改變」的環境，應該要能夠安然面對不確定的情境，懂得協商。 App 產業當初就是個前景模糊、但有機會樹立標準的市場，參與者必須有互惠合作的能力，讓許多廠商願意加入你建立的遊戲規則，才能形成 App Store 這種生態系。另外，為了將合作模式想得清楚明確，謹慎也是不可或缺的特質。

5. 重生型（renewal）策略：性格強韌、能快速執行的人才

當「企業資源嚴重受限」，企業需要撙節開支、另尋出路，一等到增長機會出現就馬上應變。因此，不怕失敗又能快速執行的人是首要條件。

沒有人能夠精通所有策略，企業應儲備、培育多元人才

對企業來說，想要儲備策略人才，首先要評估公司身處的外在環境，再選出對應的人才「派兵」。微軟執行長薩蒂亞．納德拉（Satya Nadella）在自己所寫的《刷新未來》一書中提到，雲端市場的早期發展難以預測，他決定採用「適應型」策略，做了各種嘗試，有成功的 Azure ，也有許多失敗的案子。嘗試得多了，他發現微軟有機會不斷重塑市場，建立一個完整的生態系，才轉向「重塑型」策略，開啓後續與蘋果等公司的合作案。

史蒂夫．賈伯斯（Steve Jobs）執掌蘋果公司的時期，也是很好的例子。現任執行長提姆．庫克（Tim Cook）當時就是供應鏈管理的好手、推展傳統型策略的人才；而負責 iCloud 和 App Store 的艾迪．柯爾（Eddy Cue；現為網路軟體與服務資深副總裁）則以擅長面對失敗、懂得試誤聞名。

從上述例子可以看出，環境瞬息萬變，企業必須同時具備靈活的策略布局與多元的人才。如果你以往聘的員工，都偏向於專注細節、擅長規劃和執行，一旦市場變得難以預測，公司勢必會轉不過來。為了培育未來領導者，企業可透過職務輪調，讓人才經歷不同策略情景，從中訓練他們具備「跨策略類型」的能力。

任何公司都可能面臨產業環境改變，有些產品需採取傳統型策略、有些則要以適應型策略不斷試誤。研究發現，沒有哪一種人才可以在所有策略情景裡都表現卓越，因此公司必須為不同的策略情景，部署對應的人力，保持調度的彈性。

資料來源：徐瑞廷（2019.04.15），選對策略還不夠，更要有對的人！這 5 種策略，哪種員工最能幫到你？，經理人月刊網站，https://www.managertoday.com.tw/columns/view/57518?utm_source=line&utm_medium=message--&utm_campaign=57518&utm_content=19/4/14-。

註：徐瑞廷爲全球知名之波士頓顧問公司（BCG）臺北辦公室負責人、合夥人暨董事總經理。

問題與討論

(　) 1. 依據BCG 韓德森智庫研究，為何每個策略所需的人才不全然相同？ (A)因為市場環境不同　(B)因為負責的主管不同　(C)因為策略影響了環境的改變　(D)因為環境改變、策略隨之調整，於是需要不同的人才以落實策略執行。

(　) 2. 哪一種策略需要注重細節、善於計畫的人才？　(A)傳統型　(B)適應型　(C)願景型　(D)可塑形。

(　) 3. 懂得互惠合作、思考謹慎的人才較適合哪一種策略？ (A)傳統型 (B)適應型 (C)願景型 (D)可塑型。

(　) 4. 根據本文，在不增聘人才的情況下，企業儲備培育未來多元領導人才的策略作法是 (A)增加教育訓練 (B)透過職務輪調訓練「跨策略類型」的能力 (C)調查企業內人才具有何種能力 (D)提早規劃接班計畫。

(　) 5. 「當環境改變，公司必須為不同的策略情景，部署對應的人力，保持調度的彈性」，此為本章所提到何種策略概念？ (A)策略規劃 (B)策略執行 (C)策略控制 (D)策略彈性。

4-5 核心能力

一、核心競爭能力

核心能力又稱核心競爭能力（core competencies），是以知識、技術爲基礎，經由組織學習、發展、培養而形成的特有資產與能力，包括三項特徵[3]：

1. 能提供公司進入多元市場的潛能。
2. 能讓顧客顯著肯定該公司提供的產品。
3. 該項能力很難被競爭者模仿。

核心能力一旦形成，能爲企業賺取超額利潤且不易被模仿，更能形成進入障礙，維持企業持久性競爭優勢。

二、獨特競爭能力

根據資源基礎理論觀點，「獨特競爭能力」（distinctive competencies）爲一個企業擁有的優勢核心資源（resource）或能力（capability），可以有效促進企業建立低成本或差異化優勢[4]。擁有獨特競爭能力的企業可以差異化優勢，收取超額的價格，或具有遠低於競爭對手的成本優勢，能夠賺取遠高於產業平均水準的利潤。超額利潤愈多，則顯示企業的競爭優勢愈大。

3. C.K. Prahalad and Gary Hamel, The core competence of the corporation, Harvard Business Review, May-June 1990, 79-91.
4. Charles W. L. Hill and Gareth R. Jones, 1995, Strategic Management Theory, Boston: Houghton Mifflin.

企業想要擁有獨特的競爭能力，必須至少：(1)具有一項獨特且有價值的資源和運用這個資源所必須的能力，或者(2)要具有獨特的能力來管理普通的資源。「資源」是指企業的財務、實體、人力、技術、組織等資源，可分為有形與無形資源兩種。「能力」是指企業用於協調整合其資源，並將資源做有生產力的運用之技能，用於決策及管理內部活動的方法，包括企業的組織結構、管理控制系統、以及組織協調能力等。

國內學者吳思華在《策略九說》[5]之資源說中，亦提出組織能藉由創造、累積並有效運用不可替代的核心資源，以形成策略優勢。資源則包括了資產（有形資產、無形資產），與能力（個人能力、組織能力）；而有價值的資源，須具備3種特性：

1. **獨特性**：組織擁有的資源為有用且少量的。
2. **專屬性**：組織擁有的資源不易為他人所用。
3. **模糊性**：競爭者無法學習的內隱性、以及由其他資源互賴、組合所形成的複雜性，而讓競爭者無從學習。

三、核心能力與競爭優勢

企業是否具有競爭優勢，可從二方向來看。當一個企業擁有優於競爭者的能力，能使其利潤高於產業的平均水準，我們可說此企業擁有成本優勢；當企業透過策略規劃產生具持久性的企業優勢，而其價值表現在購買者所願意支付的更高價格上，而使企業獲得超額利潤，則可稱為具有差異化優勢。

核心能力以及資源的整合是競爭優勢的前提，廠商藉由重要的資源組合建立優越的競爭優勢。另一層面來看，企業競爭優勢也有賴於所擁有的獨特能力（distinctive competency）。企業的獨特能力可以是產品差異化或產品成本低於競爭者，且此能力來自於兩項要素之互補：組織的資源（resources）和運用資源的潛能（capabilities）。

綜上所述，組織建立自己的核心競爭能力，甚至是獨特競爭能力，就能建立自己的持久性競爭優勢，免於被競爭者抄襲或模仿的威脅，維持高於產業平均水準的利潤。

5. 吳思華，2000，策略九說（三版），臺北：臉譜文化出版社。

4-6 經營模式

經營模式（business model）簡單而言就是創造公司利潤的營運方式，內容涵蓋策略規劃面以及策略執行面。所以，經營模式提供未來行動方案的藍圖。

一、經營模式觀點

從實務點來看，經營模式就是公司運作的機制，企業會在創立時建立經營模式，也依據經營模式決定企業資源配置、向客戶提供更大的價值、並獲取利潤。所以，成功的經營模式是影響企業績效的重要因素。然而，成功的經營模式首要須著重二個因素：顧客是否認同、公司是否能因此而獲利。面對現今產業的劇烈變化以及顧客需求偏好的不斷轉變，企業總是不斷尋求新的經營模式來滿足顧客的需求、以及因應日益增加的競爭。

經營模式也包含了事業計畫的主要核心要件以及營運流程的細節。企業在建立經營模式時常須面臨以下六個決策問題[6]：

1. 企業如何創造價值？

例如產品線決策、通路決策、提升產品附加價值決策（決定自行生產、外包或授權等）等。

2. 企業為誰創造價值？

焦點於企業競爭所在的市場特性與範疇，包括顧客類型、目標市場範圍、市場涵蓋地理範圍、顧客在產業供應鏈中的位置等。

3. 企業內部優勢的來源為何？

企業須了解自身優於競爭對手的核心能力（core competence），作爲建立經營模式的中心。企業內部優勢的來源包括透過生產與作業系統、財務操作、供應鏈管理、行銷或銷售、科技創新或企業網絡關係建立等。

4. 企業如何在市場中定位自己？

企業需找出可以長久維持且不易被模仿的傑出能力，例如成本、效率、差異化、創新、營運可靠度、產品或服務品質等方面的定位。

5. 企業如何獲利？

經營模式的主要核心爲一個一致性的獲利邏輯。有四個子項目可以用來

6. Morris M, Schindehutte M, and Allen J. The entrepreneur's business model: toward a unified perspective. Journal of Business Research, 2005, 58(6): 726-735.

衡量：營運槓桿、企業著重在市場機會和內部能力的比重、企業能取得相對利潤的高低、以及企業的收益模式。

6. **企業的存續時間（time）、範疇（scope）、規模（size）野心為何？**
企業經營的投資模式（investment model）著眼於存活且維持基本的財務要求、產生持續性穩定收入、或是以長期的資金收益爲原則。

企業可以從上述六個決策問題的檢視，循序漸進以建構企業適合的經營模式。

二、經營模式架構

企業不應僅靠技術創新來獲得競爭優勢，而是要不斷地爲顧客創造新價值，尋求差異化的資源，才能建立持續成功的經營模式。哈默爾（Hamel）[7]提出一個全面的經營模式架構，包含四大構面：核心策略、策略性資源、顧客介面、價值網絡。

1. 核心策略（core strategy）爲企業如何競爭的基礎，訂定出公司的事業使命、產品及市場範圍、差異化策略等。
2. 策略性資源（strategic resources）包括「核心能力、策略性資產及核心流程」，爲企業競爭優勢的後盾。
3. 顧客介面（customer interface）爲廠商如何接觸顧客的方式，建構出顧客服務與市場行銷體系。
4. 價值網絡（value network）爲界定企業經營模式需投入的範圍與程度，尋求合作或結盟以彌補或放大公司的現有資源。

此四大構面連結起來，並由四個決定利潤潛力的因素：效率（efficient）、獨特性（unique）、相互搭配（fit）、利潤推進器（profit boosters），來建構經營模式，其中任何一個構面都將影響整體企業的經營策略與營運的成效。建立創新的系統、運用新的經營模式、改變特定產業內競爭的根本基礎，在現有市場競爭中建立新規則，以整體經營模式爲出發點。策略規劃與經營模式互相搭配，則企業競爭優勢與獲利就能被創造出來。

7. Gary Hamel, 2000. Leading the Revolution, Harvard Business School Press.

管理 Fresh

小米手機、掃地機器人迅速攻占市場的關鍵：小米生態鏈

「我不需要你用黃金的價格把稻草賣出去，」小米創辦人雷軍說。他在 2010 年創立的這家企業，以「永遠維持 5% 毛利率」、「創造高性價比產品」為宗旨，不斷打破各種產業規則，每推出一款商品，就可能造成該商業領域爆炸性的改變，例如當他們所做的行動電源、延長線、小米耳機，都在在改變了該產品領域的定價，以及消費者對於產品質量的要求程度。

從賣手機起家，眾人曾以為「又是一間山寨企業」的小米，在短短 8 年內一路轉型，竄入小家電、生活消費品、電腦與電視產品，在做電腦的同時，也一樣生產掃地機器人、牙刷、延長線。這些分散於不同領域的眾多商品，命運出奇雷同：在小米生產商品時沒人在意、小米宣告進軍時被眾人訕笑，在小米確定拿下大量市場分額時，又博得眾人的注意和好奇。小米究竟是怎麼辦到的？雷軍如何能不斷創造大量高性價比的爆品，構成專屬於小米的新商業模式？答案就在——「小米生態系」。

「小米生態鏈」是什麼？

時間回到2013年中，雷軍交辦小米科技聯合創始人暨副總裁劉德，「到市場上去搶一批創業團隊，用小米價值觀孵化一批企業。」當年選定的第一項產品就是手機周邊商品——行動電源，背後的生產製造公司是「紫米」。再來陸續出現做小米耳機的「萬魔聲學」（1 MORE）、做小米手環等智能穿戴式裝置的「華米」、做淨水器的「雲米」及平衡車的「納恩博」等，逐步攻占各個市場領域，形成小米生態圈。

這個生態圈以手機為圓心，向外慢慢發展成三大圈，頭兩層是小米的老本行、雷軍認為還大有可為的手機周邊商品及智慧硬體產品；最外層則是擁有巨大市場的生活耗材類產品。在小米的公開招股書中載明，截至 2018 年 3 月 31 日為止，小米透過投資和管理，建立了由超過 210 家公司組成的生態鏈，其中，有高達 90 多家專注於研發智慧硬體設備與生活消費用品。根據艾瑞諮詢根據2017 年及 2018 年第一季的統計，行動電源、空氣清淨機與電動滑板車出貨量全球第一的企業，皆隸屬於小米生態鏈：

1. 第一層手機：智慧型手機
2. 第二層手機周邊：行動電源（紫米）、耳機（藍米、萬魔聲學）、自拍棒（悅米）
3. 第三層智慧硬體：空氣清淨機（智米）、智能手環（華米）、電視（峰米）、掃地機器人（石頭科技）、電飯鍋（純米）
4. 第四層生活耗材：牙刷（貝醫生）、毛巾（最生活）、背包與行李箱（90分）

對雷軍與小米高層而言，小米生態系的主要定義是「這是一個基於企業生態的智慧硬體設備孵化器」。小米提出三大主張：

1. 小米只投資、不控股。
2. 小米完全輸出產品方法論與價值觀，主導設計、協助研發與尋找供應鏈，並且在自營通路上上架販售。
3. 生態鏈企業全數是獨立企業，可獨立研發與銷售自有商品。

也因此，小米與小米生態系旗下衆多企業不是單純的代工關係、也不是單純的投資，更不是母子企業的從屬關係，他們更像是在 IoT （internet of things, 物聯網）生態下，一群圍繞著「小米精神」、擁有共同思維與企業文化，快速生產、製造與研發各種領域商品的戰略夥伴。在小米生態系出現之前，這種商業模式前所未見，自然無人可以仿效。雷軍為什麼要這樣做？這對小米的市場地位有什麼樣的幫助？主要來自於他的兩個判斷：

下一個市場在物聯網（IoT）

小米創立時是中國的互聯網（internet）元年，當時正巧趕上中國大陸從一般型手機，轉換至智慧型手機的換機潮，也因此才能在 3 年間飛速成長。雷軍認為，物聯網是下一個風口，小米不能錯過。

速度、速度，還是速度

但要趕上這波熱潮，單靠小米之力絕對做不到。雷軍判斷，當年小米有 8000 名員工、其中 2000 名工程師專注於研發手機，卻仍舊趕不上市場速度。單是手機如此，遑論要往外擴展到手機周邊、生活消費硬體設備，人力、專業度、效率與成本，都不能單押在小米一家企業身上。因此，雷軍才有了「去投資一批企業」的想法，意即：小米要以「投資加孵化」的方式找一堆公司組團打群架，一起布局市場。

雷軍想像，當小米生態鏈有 100 間企業，那就有可能會有 100 個產品進入不同的產業「抱團打拚」，這不只會改善市場，也會改善供應鏈結構，雷軍甚至認為，建構了這個複雜的生態鏈系統，有機會在新零售、AIoT（人工智慧結合物聯網）的環境下，出現一個能超越 BAT（中國三大品牌百度、阿里巴巴、騰訊）三座大山的彎道。

小米 2018 年第 3 季財報，或許證實了雷軍當初的想像。集團季營收將近 508.46 億人民幣，較去年同期增長 49.1%，其中手機商品銷量達 3 億 3300 萬支，約進帳 350 億元人民幣，較去年同期增長 36.1%，但更值得注意的是其 IoT 與生活消費產品營收為 108 億元人民幣，占總營收 21.3%，相較去年成長 89.8%，幅度相當驚人。

資料來源：陳書榕（2019/01/25），不只因為便宜！小米做手機、掃地機器人都大賣，迅速攻占不同市場的關鍵是？經理人月刊，https://www.managertoday.com.tw/articles/view/57157。

問題與討論

(　　) 1. 雷軍說：「我不需要你用黃金的價格把稻草賣出去」的意思是：　(A)小米公司沒有稻草產品　(B)小米公司要用平實的價格銷售稻草　(C)維持5%毛利率、高性價比產品　(D)小米公司將改採高價策略。

(　　) 2. 小米所做的行動電源、延長線、小米耳機，都在在改變了該產品領域的定價，以及消費者對於產品質量的要求程度。小米的市場策略較偏向　(A)低價搶市　(B)差異化　(C)集中化　(D)低價且差異化。

(　　) 3. 小米生態系的概念是　(A)一群供應商的網絡連結　(B)一群顧客的網絡連結　(C)一群供應商與顧客的網絡連結　(D)擁有共同思維與企業文化，快速生產、製造與研發各種領域商品的戰略夥伴。

(　　) 4. 雷軍建構小米生態系著眼在未來的　(A)互聯網市場　(B)物聯網市場　(C)手持式裝置市場　(D)頭戴式裝置市場。

(　　) 5. 雷軍建構小米生態系除了打群架、團結力量大的概念外，另一個掠奪市場的策略考量就是　(A)價格　(B)資本　(C)速度　(D)行動資訊。

重點摘要

1. 策略（strategy）是決定組織長期績效的計畫方案，亦即為了達成組織的基本目標，所進行對組織重大資源的配置與部署。
2. 策略管理是決定組織長期績效之管理決策與行動之集合，涵蓋所有基本之管理功能，亦即策略管理包含策略的規劃、執行與控制等過程，且控制過程後也須回饋到策略規劃的修正，以形成策略管理循環之完整流程。
3. 策略形成常來自於組織的經營使命與基本目標所指導，再隨著環境的變化進行策略的修正，或者依策略執行後的結果評估是否需要修正策略，以提升策略的可行性，稱為策略彈性。
4. 策略規劃為發展有效策略決策及行動計畫的過程；策略規劃過程的結果，會形成組織不同層級的策略，包含高階主管的總體策略，中階主管的事業策略，以及功能部門主管的功能策略，並形成策略方案的體系。
5. 從內部分析可以發掘組織所擁有的某些能力或資源是很卓越或獨特時，則稱之為組織的核心競爭能力。
6. 外部環境分析與內部環境分析合起來，包括組織的優勢（strength）、弱勢（weakness）與環境的機會（opportunities）、威脅（threats）之評估，此四者的分析即總稱為SWOT分析；策略發展者或組織策略規劃人員根據SWOT分析結果發展因應策略。
7. 組織通常包括三種主要的總體策略（corporate strategy）：成長策略、穩定策略、更新策略。組織採行擴張營運範圍的成長策略有四種方式：包括集中成長、垂直整合、水平整合、多角化；穩定策略為不積極尋求改變之公司總體層次策略；當績效下降時採取的更新策略包括緊縮策略、轉型策略二種。
8. 由波士頓顧問公司（Boston Consulting Group）提出依「相對最大競爭者市場佔有率」與「預期未來成長率」二構面，將企業內事業群分為四種：問題、明星、金牛、苟延殘喘（狗），稱為BCG矩陣，屬於總體策略分析工具。
9. 事業策略屬於在總體策略指導下，為達在產業內競爭時之競爭優勢極大化，所從事之資源配置活動之集合。因此，事業策略又稱為競爭策略。

10.麥可波特（Michael Porter）提出五力分析模式的分析結果，在決定企業可採行的三種一般性競爭策略：成本領導、差異化、集中策略。而企業在分析價值鏈的個別價值活動之後，就可以了解企業本身所掌握競爭優勢（competitive advantage）的潛在來源。

11.組織建立自己的核心競爭能力，甚至是獨特競爭能力，就能建立自己的持久性競爭優勢，免於被競爭者抄襲或模仿的威脅，維持高於產業平均水準的利潤。

12.經營模式（business model）是創造公司利潤的營運方式，提供未來行動方案的藍圖。經營模式是公司運作的機制，企業會在創立時建立經營模式，也依據經營模式決定企業資源配置、向客戶提供更大的價值、並獲取利潤，所以，成功的經營模式首要須著重二個因素：顧客是否認同、公司是否能因此而獲利。

分組討論實作

G公司是一家經營電子商務的新創公司，公司主要建置一個買賣交易平台，網友註冊後即可在G公司網站上進行網路拍賣與企業團購。G公司亦開發app（行動應用程式，mobile application，簡稱app）供網友直接在手機進行網拍與團購交易。目前G公司的網拍會員數持續成長，營收亦穩定成長，而團購為較新建立的事業群，仍處在持續開發合作廠商的階段。

為將本章理論嘗試應用於管理實務上，請全班分組，每一組先選出團隊主持人，從市場分析角度，分析G公司的網路拍賣與企業團購二大部門可能屬於BCG矩陣的何種事業群，並嘗試提出二事業群的策略作法。最後各組報告對該公司的分析與策略想法。

CHAPTER 05 組織結構與設計

本章架構

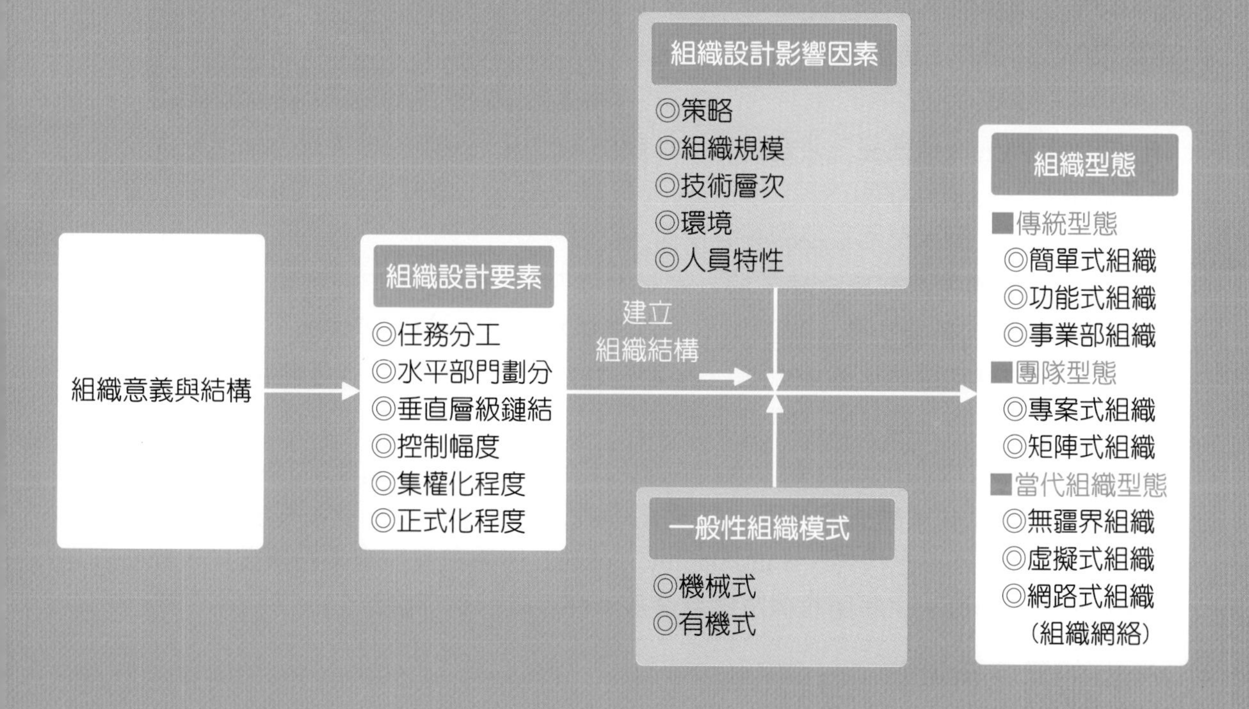

學習目標

1. 了解組織結構與組織設計的意義。
2. 了解組織設計的六個基本要素。
3. 了解影響組織設計的情境因素。
4. 了解機械式與有機式組織設計模式的差異。
5. 了解各種組織型態的意義與特性。

組織的目的在於讓平凡的人做不平凡的事。

Peter F. Drucker(彼得・杜拉克)

Meta元宇宙計畫的組織設計概念

什麼是元宇宙？

元宇宙（metaverse）由「meta」（超越）和「verse」（宇宙）組成，可簡稱為MVS，用來描述未來全場景虛擬網際網路的環境，在共享、持久的3D虛擬空間組成一個可感知的虛擬宇宙，元宇宙包含硬體、黏著度高的常駐使用者、用戶產生的內容，以及用戶間的互動關係，簡單來說，長時間登入網路世界、用戶產生的內容，以及如現實生活的互動關係，是元宇宙構成的三大要件，更濃縮簡化就是未來的網路社群型態。

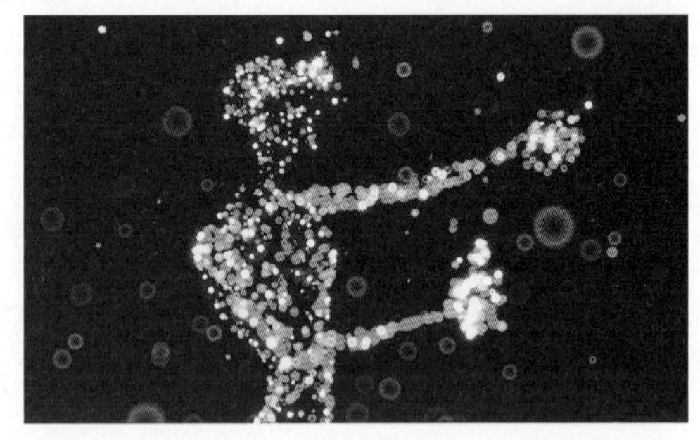

2020年新冠疫情爆發，帶動遠端工作趨勢，也讓元宇宙的多人線上角色扮演重新被提及。打造元宇宙的技術則由人工智慧（AI）、虛擬實境（VR），以及區塊鏈的發展，被視為元宇宙的關鍵技術。

隨著半導體先進製程發展，加上演算力提升，AI加值應用已普遍部署，而VR眼鏡等頭戴式裝置也進入第二代，宏達電在2016年切入VR領域後，2021年再度推出新款可攜式輕量化的VR眼鏡，預期在2023年Apple也會跟進量產後，VR成為更普及化的消費性電子終端將可期待。

區塊鏈除去中心化特色外，應用在數位內容（包含虛擬貨幣）的儲存與防偽現金流重點及商業模式的基礎，在網路中買地、買商品所有交易紀錄均會記錄，且NFT（非同質化代幣，Non-Fungible Token）也將在元宇宙中扮演要角，網路中買高級訂製服，全宇宙超級限量款僅限一件，就只有你能穿上。

Meta的元宇宙計畫

進入2022年，元宇宙概念依然持續火熱，VR／AR、遊戲公司，甚至房地產和酒商，都把自己往元宇宙概念靠，生怕自己錯過了蹭熱度的機會。

2021年10月更名為「Meta」的前Facebook公司，計畫在幾年內建立元宇宙團隊，卻在最近遇到了發展瓶頸。

Meta元宇宙計畫核心成員出走，軟體開發計畫面臨停滯

根據The Information的消息，Meta公司已經在2021年11月停止開發一款新的軟體操作系統，這個系統是為VR和AR設備設計。這個操作系統的開發已經進行了5年，有3百人的研發團隊，有未經證實的消息傳出：這個團隊可能面臨解散。

這個計畫可以追溯到2019年，當時的Facebook任命微軟Windows NT聯合開發者盧科斯基（Mark Lucovsky）為操作系統總監，幫助Facebook從零開始打造虛擬實境（VR）和擴增實境（AR）的自主操作系統。

盧科斯基此前在微軟工作了16年，是微軟的操作系統Windows NT的聯合開發者之一。值得注意的是，盧科斯基在2021年10月份離開了Meta，12月火速加入Google，負責類似的操作系統計畫：擔任Google AR操作系統資深總監。

然而，目前面臨核心員工出走，加上計畫擱置，有分析人士指出，這標幟著Meta公司試圖掌控其Oculus VR頭戴式顯示器，以及未來的擴增或混合實境設備底層軟體的努力遭遇了挫折。

我認為，這個計畫頂多只能算一個小挫折，不會對Meta公司帶來滅頂之災。短期來看，即使沒有自己的操作系統，Meta公司還可以憑借VR眼鏡繼續擴張，比如2021年就賣出了超過1千萬台，已經占據了先機；長期來看，Meta公司創辦人馬克祖克伯（Mark Zuckerberg）一定不會甘心放棄操作系統的開發，還會繼續佈局建立開發團隊。

Meta為何非得做自己的軟體操作系統？

一直以來，打造VR和AR生態，構建一個龐大的元宇宙帝國，實現對蘋果的彎道超車，是祖克伯的長期目標和野心，也是科技圈裡公開的秘密。那麼，新聞裡提到的「軟體操作系統」，為什麼對Meta公司來說非常重要呢？

任何AI硬體設備都需要一個軟體操作系統，從而讓開發者完成應用開發，然後把產品完整交付給用戶。智慧型手機時代，蘋果的iOS、Google的安卓（Android），取代了原來諾基亞的Symbian系統，成為了主流。

Meta在2014年收購了VR設備開發商Oculus，現在它們的VR頭戴式顯示器Oculus Quest已經發展到第二代，使用的軟體操作系統就是安卓，準確的說，是安卓的修改版本。

使用安卓系統可以在短期內節省Meta的研發資金和資源，但長期來看存在風險，因為會受到很多限制：安卓最初是Google為智慧型手機開發的，用它來開發別的硬體自然不是那麼順手，經常會發現新的技術問題。每次Google更新安卓系統的核心代碼或發布新功能時，Meta也需要花費大量時間來升級和匹配。

更重要的是，虛擬和擴增實境眼鏡的操作邏輯跟智慧型手機完全不同，不僅僅是一個螢幕，而且會涉及到肢體的互動、動態捕捉等以前從來沒有的交互式人工智慧，一旦有新想法需要去實現的時候，誕生於智慧型手機時代的安卓系統就捉襟見肘了。

這就是為什麼Meta一直希望擺脫安卓，不被「卡脖子」。2021年6月，祖克伯就在公司會議裡跟開發團隊強調自主操作系統的重要性。因為他很清楚，要想直面蘋果的競爭，靠僅僅修改安卓系統、套用到VR設備上是遠遠不夠的，一定要把硬體和軟體都掌握在自己手裡。

2022年，Meta至關重要的一年

要打造一個繁榮的產業生態，除了構建一個全新的操作系統，還需要大量開發者和用戶聚集的生態環境，這也是一個漫長的，需要一步一步去實現的過程：比如，截至2021年8月，蘋果公司App store上聚集了3千萬名開發者，為全球10億用戶提供服務，這個過程花了13年。

Meta目標在培育自己的內容與生態系統

為了培育生態，蘋果有iOS操作系統，Meta也在開發自主操作系統；蘋果有app store，Meta也建立了一個Oculus VR設備獨有的應用商城，叫做Oculus Store，與另外兩大平臺steam和索尼的PS VR直接競爭。因為Meta的硬體賣得不錯，很多中小開發者因此直接選擇率先上線Oculus Store。

祖克伯在2019年的開發者大會提到：「1千萬用戶是一個臨界點，達到這個數量，VR內容和生態系統將會爆發。」而去年高通透露，Meta的VR眼鏡已經賣出了1千萬台。看來，2022年對Meta公司來說至關重要，還需要跑馬圈地，持續培育開發者，打造出更多的爆款應用程式，留住更多的用戶。這樣才能在元宇宙時代真正到來的時候，建立起一座生態高牆。

祖克伯描繪的元宇宙願景裡，使用VR眼鏡就像吃飯睡覺一樣平常，人們在VR裡遠距開會、辦公、朋友聚會，用VR玩遊戲、健身。目前來看，這樣的未來不是一蹴而就就能完成的，元宇宙實現之路也絕非坦途。

既然這麼難，為什麼Meta公司一定要做這件事？這就是彎道超車的決心和能力。當一個產業出現顛覆性的重大新技術變革的時候，就有機會打破原有的技術壟斷，產業生態也有機會得以重構，這恰恰給後發者提供了絕佳的超越機會。

Meta進軍的這個顛覆性產業，就是虛擬和擴增實境，或者說元宇宙。Meta的目標很明確：在VR和AR產業剛起來的時候，構建操作系統、培育產業生態，未雨綢繆，提前佈局下一個大機會。當風口到來的時候就能乘風翱翔。

相比撿現成的技術，像Meta這樣自己去開發底層操作系統、維護生態的事吃力不討好，還要承受失敗的風險，自然很少有人願意做。更何況，元宇宙不僅僅是一個VR設備，包括AI技術、交互技術、引擎技術等等，是一個複雜的產業生態，構建這個產業生態的難度，比當年的智慧型手機大多了。

新興產業出現的時候，是彎道超車的絕佳時機。不管Meta公司未來的成敗如何，這種彎道超車的思維值得每一位企業家借鑒。

資料來源：

1. 王煜全（2022/01/10）。Meta元宇宙計畫，將擱淺？關鍵成員跳槽、部門傳解散…發生什麼事。商業週刊網民肥皂箱。https://www.businessweekly.com.tw/business/blog/3008814。
2. 陳俐妏（2021/10/23）。懶人包丨元宇宙在夯什麼？《蘋果》整理4大QA讓你一次看懂。蘋果新聞網。https://tw.appledaily.com/property/20211023/DSBYKWG2ERG2ZGVPH4N4CSPR6I/。

問題與討論

一、選擇題

( ) 1. 「元宇宙」較完整的說明是　(A)科學家新發現的宇宙　(B)一種VR商品　(C)遊戲商開發的虛擬遊戲內容　(D)透過AR擴增實境、VR虛擬實境等裝置打造的虛擬世界。

( ) 2. 為了宣誓開發元宇宙計畫的決心，而於2021年10月更名為Meta的公司為　(A)蘋果公司　(B)宏達電　(C)臉書　(D)微軟。

( ) 3. 根據報導，Meta公司為了元宇宙計畫，進行何種組織發展計畫？　(A)買下軟體公司　(B)與蘋果公司合作　(C)建立自己的300人研發團隊　(D)建立安卓系統研發團隊。

( ) 4. 為了實現元宇宙計畫，Meta培育產業生態的組織設計概念為　(A)產業間合作　(B)產業內競爭廠商合作　(C)建構與安卓系統基礎合作的操作系統　(D)建構自主操作系統，持續培育開發者，共同打造出更多的應用程式，充實元宇宙內容。

( ) 5. Meta的自主操作系統開發團隊為公司內部員工，而應用程式的內容開發者，對Meta公司而言屬於　(A)外部團隊　(B)協力廠商　(C)下游客戶　(D)以上皆是。

二、問答題

1. 文內提到Meta元宇宙計畫的明確目標為培育完整產業生態，請簡要說明其概念。

HINT 文內提到，要打造一個繁榮的產業生態，除了構建一個全新的操作系統，還需要大量開發者和用戶聚集的生態環境。

Meta的目標很明確：在VR和AR產業剛起來的時候，構建操作系統、培育產業生態。

2022年對Meta公司來說至關重要，持續培育開發者，打造出更多的應用程式內容，留住更多的用戶。這樣才能在元宇宙時代真正到來的時候，建立起一個完整的產業生態系統。

5-1 組織結構

在前二章討論管理功能透過規劃（planning）過程擬定各種策略與計畫方案以後，必須協調人力的分派來執行這些方案。而組織由眾人所組成，如何安排眾人的職位、職權以及歸屬，即為組織結構與設計之重點。

一、組織與特性

本書的主軸圍繞在組織機構的管理，每一個組織的建立都來自於「具有明確的目標」、一個「系統化的結構」，以及「一群成員」，促使組織據以運作、發展及成長。換言之，組織（organization）即為實現某些特定目的所建構的特定形式之人員配置。依上述說明，組織的特性主要包括以下之內容：

1. **特定目標（goals）**：組織所欲達成的主要特定目的稱之為組織目標。組織目標則再細分至各個部門的特定目的，乃至於細分到每個員工的工作目標。
2. **組織結構（structure）**：組織結構以「層級」、「部門」為經緯，而層級多寡及部門繁簡等，則因組織規模不同而異，這就是組織結構[1]的差異 。
3. **成員組成（people）**：組織由群體所組成，群體亦由個別成員所組成。組織目標的達成，均為所有員工群策群力、共同合作的展現。

近年來，組織設計的發展出現了以外包人力為主的虛擬組織。聘僱非正職的組織成員除了具有人力調配的彈性外，退休金制度的規避也成了組織運作的成本考量。甚至景氣的持續低迷，造成許多美式企業開始流行外包聘任制度，意即以大量臨時工執行主要工作任務。現代組織的人員組成因而產生了結構性的改變。

二、組織特性

以下介紹形成組織的特性之不同觀點：

1. 1970年代赫吉與強生（Hodge & Johnson）提出組織構成要素包括：(1)人員；(2)目標；(3)責任分配；(4)設備及工具，以及最重要的(5)協調，以發揮最大效果，達成組織目標。
2. 實務上，對於形成組織的特性亦有「企業構成的五大要素」，包括：生產、管理、利潤、風險、效率。

3. 依我國民法規定，企業的經營主要有「獨資」、「合夥」、「公司」三種型態，且不同型態有不同的組織特性（如表5-1）。

表5-1 民法規定企業的主要三種經營型態

經營型態	組織特性
獨資	由一人出資，並擔負經營責任者。
合夥	由二人以上投資者共同出資、共同經營，且共同承擔無限責任；當公司清算 時，各合夥人須負「連帶無限清償責任」。
公司	依公司法設立，具有獨立法人地位之企業型態。公司法也規定，公司係以營利為目的，依照公司法所組織、登記、成立之社團法人。

4. 依我國經濟部之中小企業認定標準，依法辦理公司登記或商業登記之企業，具下列組織特性者即為中小企業：
   (1) 製造業、營造業、礦業及土石採取業等產業之企業，其前一年營業額在新臺幣八千萬以下。
   (2) 製造業、營造業、礦業及土石採取業以外之其他行業，前一年營業額在新臺幣一億元以下。
   (3) 製造業、營造業、礦業及土石採取業等產業之企業，其經常僱用員工數在200人以下。
   (4) 製造業、營造業、礦業及土石採取業以外之其他行業，經常僱用員工數在100人以下。

例如，一家汽車零件製造業公司員工數有300人，不符合上述認定標準之第(3)點，不能視爲中小企業。但一家貿易公司員工數僅有30人，即符合上述認定標準第(4)點，則屬於典型的臺灣中小企業。

三、組織結構

組織活動（organizing）爲進行任務、人員、設備之分配，以及建立組織結構的過程。組織（organization）則是爲實現某些特定目的所構成之人員配置，這些特定的配置關係即形成了組織結構（organization structure）。

每一個組織都具有明確的目標（goals）、一個系統化的結構（structure）、以及一群成員（people），而建立起組織結構，使得組織據以運作、發展、成長。組織結構即代表在組織內特定型式的結構中，各個部分的成員皆在各個特定位置上各司其職，以「層級」爲經、「部門」爲緯，使得組織結構的特定型式可能有層級多寡或部門繁簡的差異。我們可以定義組織結構（organization structure）即爲描述工作任務的劃分、集群與協調的正式架構。

組織結構的組成與連結關係具體描繪於組織圖上。組織結構的組成，因爲每一組織具有不同的組織特性、目標與工作任務，而有不同組織結構，並呈現出每一組織特有的組織圖。

以下以臺灣塑膠工業股份有限公司的組織圖爲例說明，如圖5-1。在台塑公司組織圖中可以明顯看到二個主要部門：塑膠事業群、化工事業群，顯示塑膠與化工爲該公司二個主要事業範圍，每一個事業群下的事業部各自負責產品的生產製造與業務銷售等企業功能，其他企業功能如管理組、人事組歸屬於總經理室下、研究開發組與會計組則於直屬部門下。

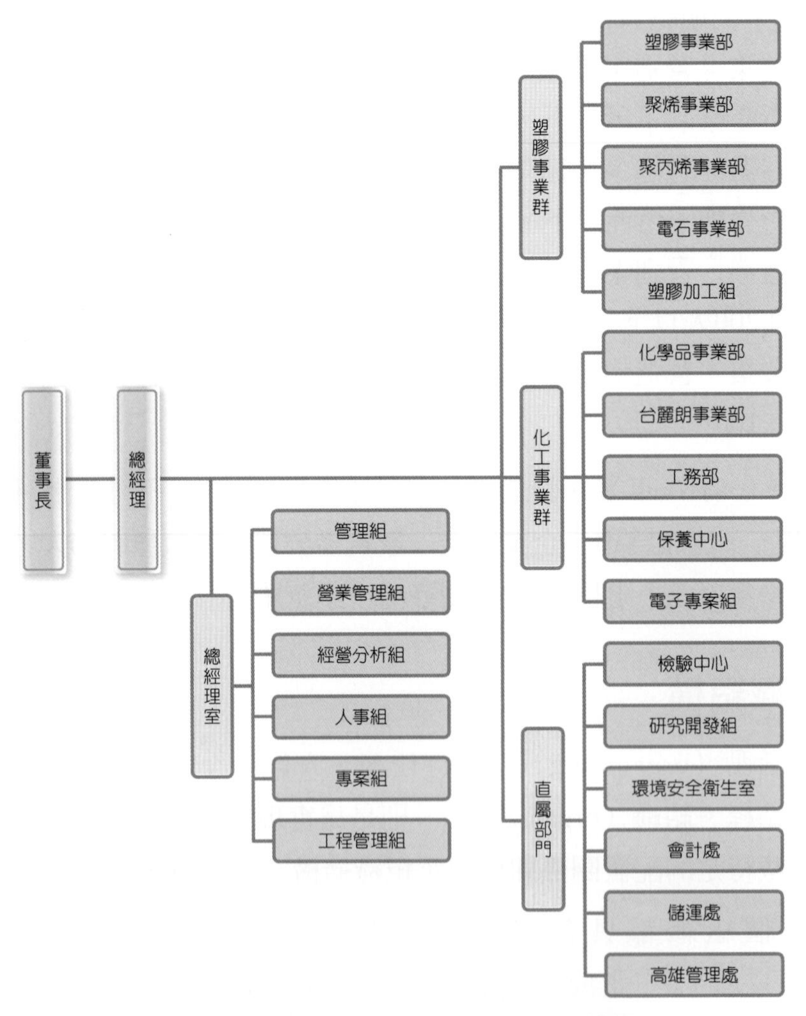

圖5-1　臺灣塑膠工業股份有限公司組織圖
資料來源：台塑公司網站

再以中國信託金融控股（股）公司（簡稱中信金控）的組織圖為例說明，如圖5-2。在中信金控組織圖中可以看到總經理轄下設有行政長、法遵長、風險長、投資長、技術長、日本跨國金融策略長，金控旗下的銀行、保險、證券等各事業群發展回歸各子公司總經理肩負經營責任，並向金控報告，中信金控扮演集團母體、投資機構之角色。

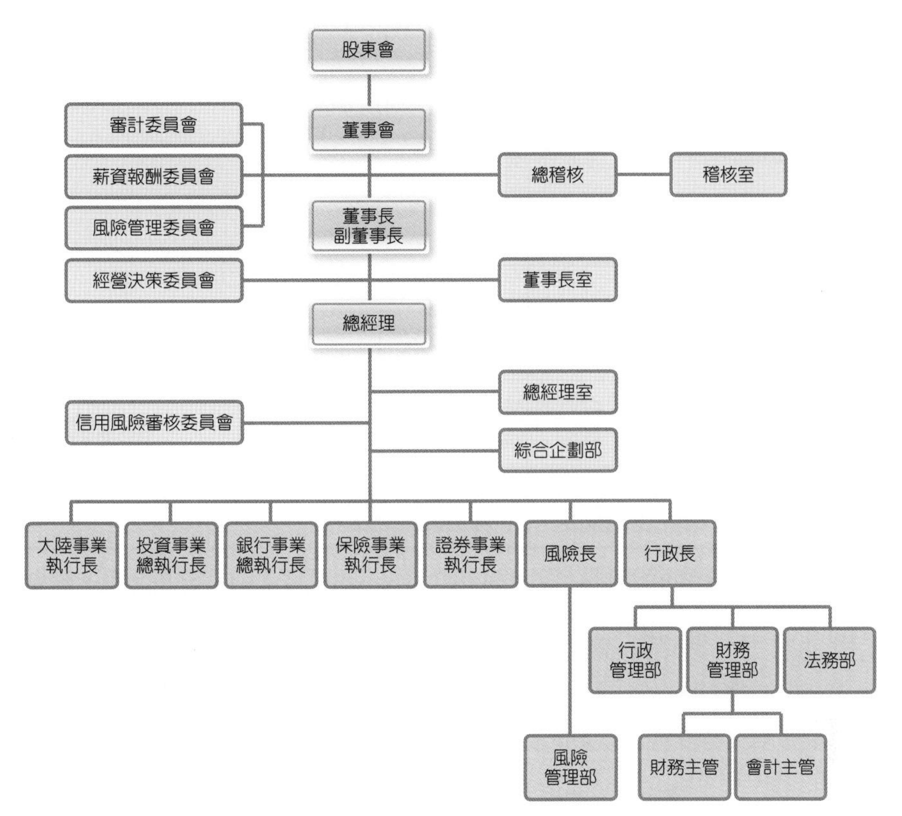

圖5-2　中國信託金融控股（股）公司組織圖

資料來源：中信金控網站

再者亦可以遠東百貨股份有限公司組織圖爲例，如圖5-3。劃分營運本部、商品本部與管理本部三個主要部門，各地百貨公司的開設與營運屬於營運本部管轄，商品統一規劃與管理屬於商品本部管轄，其他幕僚部門則隸屬於管理本部。

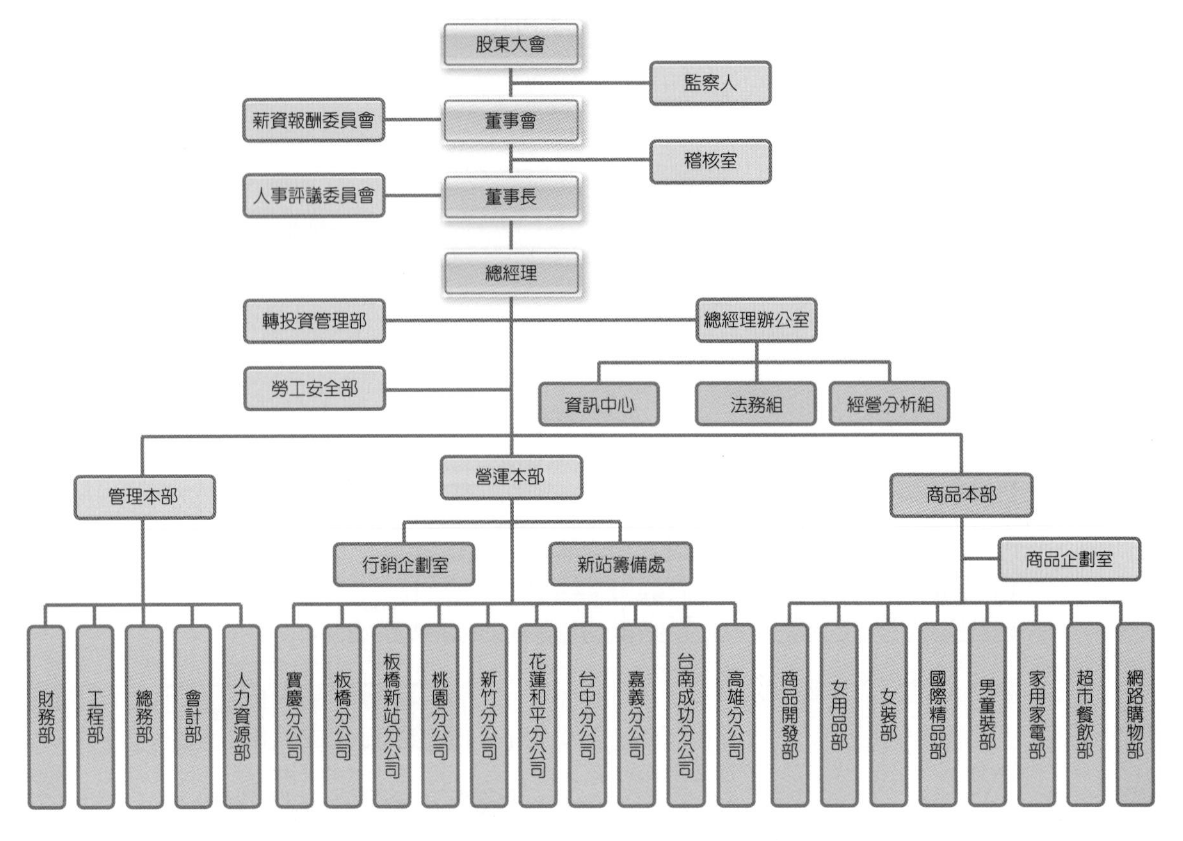

圖5-3　遠東百貨股份有限公司的組織圖
資料來源：遠東百貨公司網站

由上述組織圖的實例，可以看到一企業的組織圖所呈現關於組織工作任務的正式分配，體現組織結構的設計。具體而言，組織圖的結構可顯示以下資訊：

1. 組織所建立的正式職權體系。
2. 部門與職位的工作任務分配。
3. 事業部或部門所包括的工作任務。例如百貨公司的商品本部包括所有商品大分類的規劃與管理。

4. 垂直層級的職位間之工作分派與責任歸屬。例如中信金控的行政長管轄行政管理部、財務管理部，而財務管理部轄下包括財務主管與會計主管。
5. 描述部門間、團隊間的關係。例如台塑公司塑膠事業群下四個事業部，同屬於塑膠事業群，共同分擔塑膠事業群的績效目標。
6. 組織資源的分配。例如台塑公司塑膠事業群下有四個事業部，化工事業群下有二個事業部與一個工務部、一個電子專案組，可顯現二個事業群的資源分配差異。

另外，組織結構以垂直向的「層級」爲經、水平向的「部門」爲緯，加上書面表章規定對組織結構運作的說明，組織結構亦可以三個指標來描述組織結構的型式差異：

1. **集權化（centralization）**：以垂直向的「層級」區分，組織決策權集中在組織中某一層級位階以上之程度。
2. **複雜化（complexity）**：以水平向的「部門」劃分來看，部門劃分愈詳細、明確，代表組織結構複雜化程度愈高。
3. **正式化（formalization）**：組織內工作標準化的程度、員工行爲受正式書面規則與程序引導的程度。當組織運作的書面規定與程序愈多，表示組織結構的正式化程度愈高。

以組織章程、組織圖、工作說明書等正式書面文件來加以規定組織結構的運作，此一組織型態稱爲正式組織；相反地，如果當一組織群體非因正式章程規定所建立與形成，而是因爲成員之間頻繁的自然互動所形成之社會關係（social relationship），則此一社會關係結構即稱爲非正式組織（informal organization）。通常，在一企業內，非正式組織對於成員行爲、群體績效之影響，更甚於正式組織的影響。

轉型辦公室在組織層級中的角色

隨著企業重視數位轉型，愈來愈多組織嘗試建立「轉型長」和「轉型辦公室」。BCG顧問公司研究發現，有一個好的轉型長，能讓轉型成功率提升8成。不過這個單位的角色究竟是什麼？

如果高層的期待，是由轉型長「提交轉型策略報告」或是「執行轉型策略和產出成果」，可以預言的是，計畫將走向失敗。BCG顧問公司觀察到，成功的轉型辦公室不是策略單位，更不是成果的負責人，他們更像協調者和促成者，助攻公司內部各個計畫。

比如當公司邁向數位化，通路部門決定門市改用iPad結帳，卻苦無預算購買平板時，轉型辦公室就可出手協助，協調採購資源或其他解決辦法。換句話說，轉型辦公室要設計出過程中問題回報和解決的機制、追蹤轉型計畫的執行進度、遇阻礙時協調跨部門資源。

轉型長的主要任務，大概分為5種：

1. 執行長的分身

   有時候轉型辦公室的領導者，會由執行長兼任，但如果執行長有太多要務在身，可以指派一名轉型長。指派後要明確公告，轉型長就是執行長在轉型任務中的分身，具有參與各部門重要會議、瀏覽所有資料的權限。

2. 塑造急迫感

   轉型前期，需要針對不同的事業單位、職級傳遞轉型的危機感。面對高層，得提出數據和論述說服事業單位急需改變；但面向基層則要有一套更有願景的說法，不能讓同事覺得公司轉型是因為沒有未來遠景，而馬上想要跳船、遞辭呈。

3. 制定追蹤和解決問題的機制

   定期追蹤轉型專案進度，並建立一套問題回報機制，比如規定專案預算增加超過50萬元，就須上呈轉型辦公室，討論遇到哪些問題，在計畫卡關時，及時出手釐清權責、分析困難。

4. 協調資源

   有的部門可以獎金驅動，有的部門在乎轉型的意義，轉型長需要掌握組織內的權力關係和工作習性，找出與各部門合作的模式，最大程度減少團隊對轉型的疑慮，才能調動相應部門協助。

5. 驗證財務效果

掌握各事業單位的轉型計畫，預期達到的財務成果，並在確認進度時，一邊驗證成果，確保轉型有創造經濟價值。

轉型長要說動人心，背後有授權的執行長

可以發現，轉型長的技能包含2個層面。

首先是專案管理的硬實力，像是拉出甘特圖追蹤專案進度、控管預算、識別專案利害關係人、協調高階管理者的加入等。

另一方面，更偏向轉型所需的軟實力，像是內部溝通的機制、評估和激勵員工士氣、在轉型時一併考慮員工需求制定支援方式、培訓轉型所需的相關技能、提高主管階級的領導能力等。唯有兼顧2個方向的轉型長，才可以站在轉型的至高點，促使員工和基層管理者願意且有能力改變。

根據我的觀察，轉型長就像負責協調搬動乳酪的人，在轉型的要求下，當各事業部發現自己原先得以飽餐的乳酪要被掠奪，一定會出現各種反抗。當下，執行長需要明確表態，力挺並充分授權轉型長搬動乳酪，組織的各大山頭才可能被撼動，進而邁向新做法。

轉型長自己也要堅持一致的目標，並以身作則。比如當組織訂下讓團隊更「敏捷」的方向，轉型長不能對外堅稱敏捷很重要，對內卻要求團隊開各種不必要的會議，拖慢決策速度，讓人感覺說一套做一套，就不容易驅動他人改變。（口述/徐瑞廷，整理/韋惟珊）

資料來源：徐瑞廷（2022/2/7）。「轉型長是做什麼的？肩負5大任務，但並非轉型成果總負責人」。經理人月刊第207期。https://www.managertoday.com.tw/columns/view/64556。

問題與討論

(　　) 1. 本文提到，愈來愈多企業為了提升數位轉型的成功率，而在組織內建立何種新的角色或部門？　(A)執行長　(B)數位長　(C)資訊長　(D)轉型長。

(　　) 2. BCG顧問公司觀察到，成功的轉型辦公室在企業內應扮演何種角色？(A)策略單位　(B)轉型成果負責人　(C)協調者和促成者　(D)內部計畫執行者。

(　　) 3. 以下何者不是文內建議的轉型辦公室應執行的功能？　(A)要設計出過程中問題回報和解決的機制　(B)制定轉型策略與方案　(C)追蹤轉型計畫的執行進度　(D)遇阻礙時協調跨部門資源。

(　　) 4. 以下何者不是轉型長的主要任務？　(A)塑造急迫感　(B)制定追蹤和解決問題的機制　(C)協調資源　(D)驗證轉型效果。

(　　) 5. 以下何者不屬於轉型長應具備之專案管理的硬實力？　(A)拉出甘特圖追蹤專案進度　(B)控管預算　(C)評估和激勵員工士氣　(D)協調高階管理者的加入。

5-2 組織設計要素

組織結構（organization structure）為描述工作任務的劃分、集群與協調的正式架構。組織設計（organizational design）則是指對此一組織結構的建構或改變過程，而組織設計的進行需要基本要素的準備，就如同興建或改建房屋建築需要準備鋼筋、水泥、木板、磚塊等基本材料一般。建構組織結構的組織設計基本要素，通常包括任務分工、部門劃分、指揮鏈與授權、控制幅度、集權與分權、正式化等。

一、任務分工

一個組織的運作需要完成許多的工作任務，工作任務需要許多人員來完成。因此，建構組織結構，首先需將組織所需要執行的工作任務予以分類，區分為各種類型的工作任務，分配組織成員特定的工作任務，專事執行某任務，故任務分工又稱為專業分工（division of labor）。例如組織需要有人執行生產製造任務，以製成產品；組織也需要有人執行行銷業務工作，將產品銷售給顧客。

二、部門劃分

當組織許多必要的任務活動（tasks）被分派以後，相同屬性的任務活動集結成一個工作單元（job），而數個相關的工作單元又可被整合爲完成某一企業功能必要的工作集合，而形成部門（department）。所以，某一部門內含部門應該要執行的工作任務，以及執行這些工作任務的組織成員，部門間的區隔與部門間的連結關係即建構出了組織結構的雛形。換言之，將工作任務分類並予以群集與組合成部門結構，即爲部門劃分（departmentalization）。我們並以圖5-4之釋例來顯示部門劃分方式，在部門之下有工作單元，例如在部門下有各個課室，負責不同的工作，而每個課室亦有各自的任務活動需要執行，因而形成如圖5-4之結構關係。

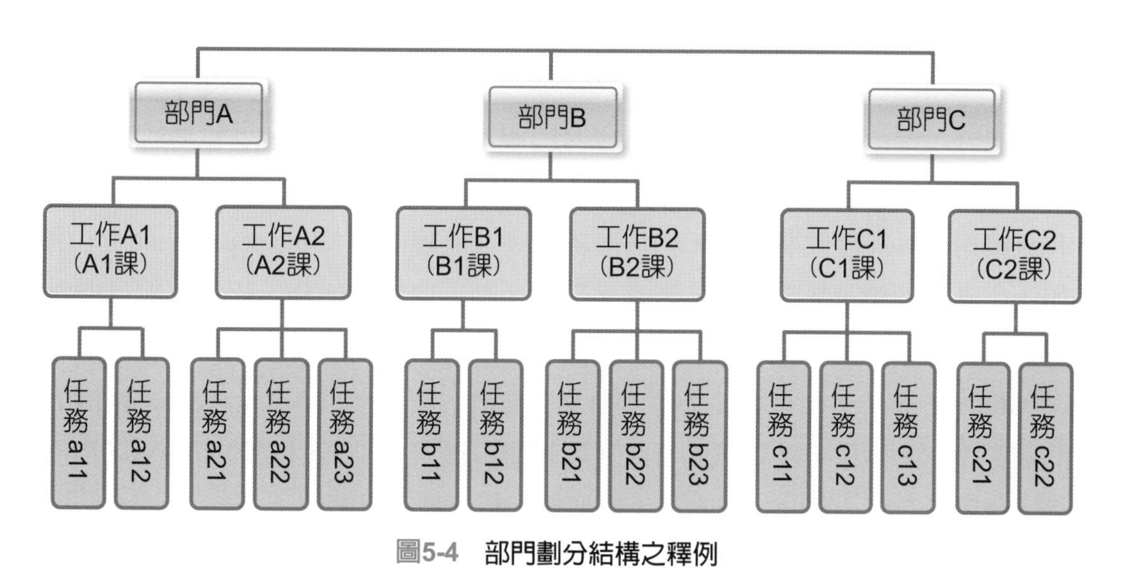

圖5-4　部門劃分結構之釋例

在實務上，每個組織會依其不同的組織特性、目標與需執行的企業活動，而採用不同的部門劃分原則。其中，五種常見之部門劃分型式如下：

1. **功能別**：按企業功能別將工作歸類，例如生產部、行銷部、人力資源部（或人事部）、研發部、財務部、會計部等，爲最常見的部門劃分方式，在前一節的台塑公司、中信金控、遠東百貨公司的組織圖中，幾乎都可以看到這樣的功能部門。

2. **產品別**：按產品類別（或服務類別）或產品線來區別工作任務的分配，例如台塑公司塑膠事業群下有四個事業部，化工事業群下亦有二個事業部，爲典型的產品事業部的部門劃分。
3. **地區別**：按地理區域進行工作劃分，例如中華電信股份有限公司組織圖區分臺灣北區電信分公司、臺灣南區電信分公司、國際電信分公司。又如遠東百貨公司的組織圖中營業本部下的各個地區分公司之結構，即屬於地區別部門劃分。
4. **顧客別**：以相同需求的顧客群爲基礎來區別工作劃分，例如經銷部、特販部（大型客戶如量販店、連鎖超市）等；又如中華電信股份有限公司組織圖包括企業客戶分公司以及其非企業客戶分公司（例如行動通信分公司、數據通信分公司），亦屬於顧客別部門劃分。
5. **程序別**：按產品的流向或顧客服務的流向來區別工作劃分，例如生產部門下可能有進料課、生產課、包裝課、物流課、客服課等部門劃分。

依上述企業組織圖實例說明，現代化組織常常是混合式的部門劃分方式，而不一定只採用單一的部門劃分方式。

另外，部門間的關係也存在直線部門與幕僚部門的差別。若依傳統上對於直線部門與幕僚部門的區別，某部門活動「與組織任務、組織績效目標達成具有直接相關、高度攸關性」，稱爲直線活動或直線部門（line department），例如：生產、行銷、營業部門。若是某部門活動「與組織任務、組織績效目標達成僅具有間接相關、純爲支援直接活動之達成者」，稱爲幕僚活動或幕僚部門（staff department），例如：人事、財務、會計、研發部門等；台塑公司組織下的總經理室，中信金控組織的行政長所轄屬行政管理部與財務管理部，以及遠東百貨股份有限公司的營業本部所轄部門，都屬於幕僚部門。

若將幕僚再予以區分，包括：

1. **個人幕僚**：無實質指揮職權，僅爲協助高階主管任務者，例如：主管特助、祕書。
2. **專業幕僚**：則是憑藉專業與豐富經驗，爲組織提供服務者，例如：企業法律顧問。

三、指揮鏈與授權

指揮鏈（chain of command）定義爲從組織最高階層延伸至最基層的職權之連續線，且此一職權連續線的結構亦明確描述了層級指揮與報告體系。

在指揮鏈中，在某一管理職位上所具有告知、指揮下屬待執行任務的權利，稱爲職權（authority）；在某一職位上所具有執行被賦予的任務責任之義務，則稱爲職責（responsibility）；而每個職位均需行使職權以及履行職責，並將其工作的進度與成果向上級報告，即爲負責（auountability）的表現。

有時管理者因爲事務繁重，或爲了培養訓練接班人，可能需要將本身職權授予下屬代爲執行，即形成授權（delegating）的管理行爲。授權的基本定義爲「主管將原屬於本身之職權與職責交予某位下屬負擔，使其能行使原屬於該主管之管理工作及作業性工作之決策，並要求下屬對其報告、負責。」授權重點在於降低主管負擔，也在基於部屬經驗能力尚需培養與訓練，讓部屬多一些工作歷練。然而，管理者不一定願意授權，或授權程度不足，或員工不一定願意接受，實質授權不一定發生。

我們可以歸納影響授權的情境因素如下：

1. 下屬因素

(1) 下屬能力或經驗是否足夠擔當較大的職責。

(2) 下屬害怕犯錯或成效不佳：寧可由上司決策，自己奉命行事，才不致犯錯。

(3) 缺乏必要的資源提供：下屬無法眞正發揮被授予之職權。

(4) 下屬拒絕被授權：下屬可能由過去經驗發現，授權常是有名無實，一切仍由上司決定，因此傾向拒絕接受授權；或缺乏激勵的配套，不願承擔無實質激勵的授權。

2. 主管因素

(1) 主管有較大的權利需求，傾向一切由自己發號施令。

(2) 主管對自己的地位缺乏安全感，不敢有太大程度的授權。

(3) 主管仍必須向上司隨時報告情況：當主管常須隨時接受上司詢問工作的進度，自然事必躬親，不敢授權。

(4) 主管自認本身在組織之重要性：管理者認爲管得愈細，愈顯自己的重要性。

3. 工作因素

(1) 工作具有重要性：主管常需親自處理，而不能眞正授權。

(2) 工作具有緊急性：緊急的工作任務須立即執行，難以授權。

四、控制幅度

控制幅度（span of control）指的是一位管理者能有效指揮監督、管理直接下屬的人數。指揮管理的下屬人數多，表示控制幅度大；指揮管理的下屬人數少，則表示控制幅度小。

組織的管理者可能因爲許多因素而影響其控制幅度，這些影響因素稱爲控制幅度之情境因素，主要有以下四大類。

1. **組織層級因素：**在以同樣員工數的比較基礎下，組織層級愈多者，表示每一位管理者有效管轄部屬的人數愈少，愈形成高塔式組織結構，控制幅度愈小；組織層級愈少者，表示每一位管理者有效管轄部屬的人數愈多，愈形成扁平式組織結構，控制幅度愈大。亦即，控制幅度之大小恰與組織層級多寡成反比。

2. **個人因素**

   (1) 主管個人偏好：若主管有較強的「權力需求」，該主管希望有較大的控制幅度；若主管有較強的「社會需求」，控制幅度較小，因爲他會想和直接下屬有較多的互動與了解的機會，因而無法管轄太多部屬。

   (2) 主管的能力：主管的能力愈高，愈足以管轄更多部屬，控制幅度愈大。

   (3) 部屬的能力：部屬的能力愈高，每位部屬能夠自發地將工作完成並向主管報告，則主管自能管轄較多下屬，控制幅度愈大。

3. **工作因素**

   (1) 主管本身之工作內容：若主管常須花相當多時間於規劃、部門溝通、非管理性工作上，則其監督下屬時間減少，控制幅度較小。

   (2) 下屬之工作性質：若下屬工作需常常和主管討論，則主管耗費在與部屬討論時間長，即無法帶領太多下屬，控制幅度較小。

   (3) 下屬工作相似程度與標準化程度：當下屬工作相似程度與標準化程度愈高，主管可以制式規定與程序管轄較多執行相同任務的下屬（例如影印店、印刷廠），則控制幅度愈大。

   (4) 下屬彼此工作的關聯性：若下屬彼此工作的關聯性較大，則主管需監督、協調下屬工作的時間較多，控制幅度較小。

4. **環境因素**

   (1) 技術因素：當生產技術屬於大量生產標準化產品時，生產流程皆依標準程序進行，管理者能管轄較多部屬，控制幅度大。若生產技術屬於手工生產，則控制幅度較小。

(2) 地理因素：下屬所在地點分散，控制幅度較小；下屬所在地點較集中者，控制幅度大。

近來因爲管理思想的演進，管理者與下屬的階級距離不一定如傳統般嚴明，管理者可能體認到部屬的經驗與能力皆足夠，只是缺乏更多歷練機會，於是傾向給予更大授權，我們稱之爲賦權（empowerment）或灌能。賦權的基本定義爲提升員工的決策自主權，以滿足較低層級員工快速決策的需求。透過賦予員工更多之決策自主權，讓員工參與規劃與控制的程度提高，且可提高部屬潛能的發揮，反而更增進組織績效。所以，很多組織管理者也會考慮這種進一步的授權行爲。

五、集權與分權

集權化（centralization）代表決策權集中在組織中某一位階以上之程度，例如組織中大部分決策權都集中於高階主管，代表集權化程度高，相反地，如果決策權下放給較基層員工也能作一般作業性的決策，則代表集權化程度低、分權化程度高。所以，分權（decentralization）指的是大部分較低階員工都能在決策前提供相關資源與能力之程度或能實際制定決策的程度。

集權與分權都屬於組織運作的結果，呈現爲組織運作的型態。當組織中所有階層管理者都傾向於授權下屬制定具體的作業性決策時，整個組織的運作就會形成分權的組織形態，所以，理論上討論授權其實爲主管個人的管理行爲，而分權則是組織整體運作型態。

組織採取集權或分權的運作型態，主要受到主管本人、下屬、任務決策、環境與組織文化特性所影響：

1. **主管**：當主管皆認爲策略一致才能使策略被有效執行，則傾向集權；當主管皆認爲策略有效執行依賴的是彈性，則傾向分權。
2. **下屬**：當下屬不具決策之經驗、能力與意願時，則組織運作傾向集權；當下屬具有充足的決策經驗、能力與意願時，則組織自然形成分權結構。
3. **任務決策**：組織內多爲重大決策時，組織傾向集權；若組織內決策多爲非重大決策時，組織傾向分權。

4. **環境**：環境穩定時，傾向集權；環境動態時，傾向分權。

5. **組織文化**：組織文化習於集權式領導，則傾向集權；若在開放的組織文化下則傾向分權。

六、正式化

正式化（formalization）指的是組織內以正式書面文件規範工作行爲的程度，亦即員工行爲受規則與程序引導之程度。小組織或新創企業往往因爲彈性的運作，相對少的規則、制度、程序而成長，正式化程度低；然而當組織規模大，需要的細節規定愈多，正式化程度就愈高。

當組織愈龐大，使得組織正式化程度愈高時，也愈可能產生一些組織之病態現象，包括會議議題被討論的時間與其重要性成反比、主管任用私人、任用能力較差者以求確保自己職位、組織冗員增多、組織建築外觀華麗、預算花用無度等現象，被稱爲帕金森定律（Parkinson's law）。

管理 Fresh

司徒達賢：家族企業的優缺點與家族治理

1980年代，臺灣正逢經濟起飛、股市首次衝破萬點，造就國內自二戰後新一波創業潮，諸如大立光、廣達電腦、台積電等企業巨擘都是在這波浪潮興起。

但歷經30、40年的成長期後，許多企業逐漸面臨第一次的傳承與接班，近10年來，如何讓家族企業邁向永續經營，成為上一代創業家最頭疼的問題。

臺灣有六成企業是家族企業

根據臺灣董事學會2018年報告，家族企業占國內企業總市值達55%、占企業總家數65%。家族企業可說是臺灣經濟不可或缺的核心。然而，當家族企業規模成長時，家族成員涉入程度可能下降。一般而言，當公司初期草創時，多數管理階層和股權都在家族手上，是標準的家族企業。當公司裡沒有家族成員任職，甚至執行長都是自外部聘請的專業經理人，當初創業的家族只握有部分股份及部分董事任用權，則家族企業的影子最式微。

家族企業初期小而美，壯大後面臨4危機

家族企業有哪些不同於一般企業的優勢與難處？以下分4面向討論。

1. 供應商與經銷商的網絡關係牽絆

家族企業形成早期，通常仰賴創業家個人的信譽、魅力及政商人脈等社會網絡資源，來與供應鏈上下游廠商互動。而這些供應商可能是好友或親戚，這種人情網絡，容易有更穩定、長久的合作，還可能降低交易、採購成本。

缺點則是企業規模擴大、業務上有新策略方向時，企業可能受限於舊供應、經銷商的人情包袱，無法引進條件更好的合作廠商，限制發展。

2. 決策速度快但決策品質下降

創辦初期，產業知識與經營技能幾乎集中在創業家身上，好處是當創業家一旦掌握商機或了解問題後，能快速帶領組織行動，且決策能彈性調整。

缺點則是當經營領域擴大、產業環境更迭，創業家的知識能力若未同步更新，決策可能失準，且過往成功率高，可能較難聽取不同觀點或授權。

3. 目標與價值觀契合程度下降

創業初期，企業能否存活是首要任務。加上創業家身邊的初期成員，多半是至親，成員間想法通常較單純，也容易產生共通的理念、價值觀。

但當企業獲利逐漸成長，成員間對於如何分配新資源，逐漸出現分歧。尤其家庭成員對事業版圖的野心不一，容易產生衝突。

4. 職責劃分不均與監督不力

家族企業初始時，長輩負責核心任務，晚輩則從基礎工作開始學起。通常還會基於對家族成員的了解，提供符合對方興趣與能力的職位。

但隨企業擴大，業務及職掌日趨繁瑣，易出現勞逸不均的工作分配制度，甚至可能有人仗著輩分偷懶、舞弊。

從上述家族企業的特點分析可知，家族企業優勢通常集中在早期、小規模階段，一旦時間拉長，隨著組織成長，家族企業的原有優勢往往成為劣勢。

成立控股公司，解決利益相剋問題

要讓企業永續經營，政治大學講座教授司徒達賢認為，把家族治理（制度面）做好才是長久之計。他建議在創立初期，公司股權大部分仍掌握於創業家手中時，便成立「家族控股公司」（Family Holding Company，簡稱FHC），由家族成員擁有FHC的股權，再由FHC以法人身分，擁有該家族企業或掌控該上市公司的股權（家族成員不直接持有家族企業股權，而是透過持有FHC股權，然後再由FHC持有家族企業全部股權，或達可掌握董事會的股權比例），並依照公司法規定，成立董事會以及決定董事的派任。

且FHC成立時，最好依公司法登記為「閉鎖型公司」，也就是股份轉讓有一定條件限制的股份有限公司，公司發起人可在一開始就規定，股權只能在家族成員或下一代直系親屬間互相移轉，而每一代間的股權轉讓或遺贈，可在規定範圍內（家族共同制定的憲法章程），依個別股權擁有者的意願決定。

由於FHC股權屬於家族成員，不能將股權轉售外人，在選舉董事時，家族外的人也無法干擾。這種做法，對內有「選賢與能」的功用，對外則有「集中」家族之力監控企業營運的效果。

資料來源：劉燿瑜（2021/10/22）。臺灣6成公司是家族企業！常見的家族內鬥、市場派奪權，有解嗎？。經理人月刊。https://www.managertoday.com.tw/articles/view/63923。

問題與討論

(　) 1. 一般而言，標準的家族企業通常出現在公司成長週期的哪一個階段？(A)初期草創時　(B)快速成長期　(C)規模擴大時　(D)成立控股公司。

(　) 2. 家族企業壯大後面臨決策速度與決策品質的特徵是　(A)決策速度快且品質佳　(B)決策速度快但決策品質下降　(C)決策速度變慢但決策品質高　(D)決策速度變慢且決策品質下降。

(　) 3. 當企業獲利逐漸成長，成員間對於如何分配新資源，逐漸出現分歧，此時目標與價值觀契合程度　(A)提升　(B)一樣　(C)方向相同　(D)下降。

(　) 4. 家族企業出現勞逸不均的工作分配，通常起因來自　(A)職責劃分不均　(B)目標不一致　(C)決策程序冗長　(D)社會網絡關係牽絆。

(　) 5. 政治大學講座教授司徒達賢認為，要把家族治理（制度面）做好，他建議在創立初期即成立　(A)基金會　(B)家族控股公司　(C)控股公司　(D)股權移轉外部專業人士。

5-3 二種一般性模式：機械式與有機式

組織設計的二種一般性模式包括機械式與有機式，亦即組織設計模式可概分爲二種模式的傾向，亦即組織設計可能偏向機械式組織（mechanistic organization）的模式，也可能偏向有機式組織（organic organization）的模式。以下說明二種模式的差異。

一、機械式組織

機械式組織指的是一種僵化運作與嚴密控制之組織設計方式，有如高效率的機器運作，需要高度依賴各種規定、規範、標準作業程序之潤滑來促進組織運作的效率。因此，當一個組織具有非常詳細的規定、標準作業程序等各種僵化的制度運作，來規範與嚴密控制員工的日常作業，就屬於機械式組織模式，其目的就是在將人員特性作標準化的一致性看待，將人視爲重覆性機器運作的必要組件，以儘量降低組織運作的無效率，提高生產績效。

這種機械式組織模式常見於大型組織或政府機構的運作。而透過制度、規定、程序的僵化運作之組織特性，也屬於官僚學派所提倡的官僚組織的特性。

二、有機式組織

有機式組織指的是一種具有高度適應性與彈性之組織設計方式。其組織特性包括：最少的正式規定與少數的直接監督、強化訓練以授權（賦權）員工處理多樣化工作、強調團隊運作與互相協助、組織所執行的常是非標準化工作。當組織的工作大部分爲非標準化工作或非程序化的工作，規定與程序的效率運作難以彰顯，只能靠團隊運作的模式以及頻繁的訓練以提升技術層次，彈性與創新地因應組織面臨的各個不同問題，提出解決方案，提升組織運作績效。

這種有機式組織模式常見於高科技企業或產業環境劇烈變動的企業機構之運作。而且爲了能夠彈性因應環境變化，組織結構有時需要隨著策略而調整，最極端的狀態下組織結構可能沒有固定型式，故有機式組織又被稱爲變形蟲組織。

三、一般性模式之比較

機械式與有機式代表二種極端的組織設計模式，一個是高效率的機器運作，另一個強調創新與彈性運作，二者在組織特性上有諸多差異，以下列表5-2表示二者之差異比較。

表5-2　機械式組織與有機式組織之比較

機械式組織	有機式組織
高度專業化分工與僵固的部門結構	打破功能領域限制的跨功能整合團隊
明確的指揮鏈與層級關係	指揮鏈不明確
組織內資訊循正式溝通管道流通，資訊溝通方式較為僵化	組織內資訊自由流通，不一定經由正式溝通管道
偏向集權，以提高組織運作效率	偏向分權，強調彈性因應
多書面規定與管制措施以確保工作按標準方式效率化運作	以諮商代替命令，無嚴密之規定與制度控制
透過制度嚴密控制	強調團隊運作、自我控制
追求穩定、效率	追求創新、彈性

機械式組織與有機式組織之比較，亦可以本章第一節內描述組織結構特性的三個指標：集權化、複雜化、正式化，來區分二者的差異，如表5-3所示。機械式組織偏向集權組織形態、高度專業化分工的部門結構、多書面規定與管制措施，因此，機械式組織的集權化程度高、複雜化程度高、正式化程度亦高。相反地，有機式組織偏向分權組織形態、打破專業領域限制的跨功能整合團隊、無嚴密之規定與制度控制，因此，有機式組織的集權化程度低、複雜化程度低、正式化程度亦低。

表5-3　機械式與有機式的集權化、複雜化與正式化

組織結構特性三指標	機械式組織模式	有機式組織模式
集權化	高	低
複雜化	高	低
正式化	高	低

5-4 組織設計之情境因素

組織以不同方式進行結構組合，此種組織設計決策常因「情境因素」的不同，而產生適合的不同組織形態。影響組織設計的情境因素，通常包括策略、組織規模、技術、環境、人員特性等。

一、策略

陳德勒（Chandler）研究許多美國大型公司長達五十年，推論出「公司策略的改變會導致組織結構的改變」。依陳德勒（Chandler）「結構追隨策略」學說（structure follows strategy），組織結構會隨著策略的改變而調整。而策略改變的前提，可能來自於環境劇烈變化。

例如，當新創公司只有單一產品或生產線時，組織型態可能爲結構較鬆散的簡單式組織；當公司策略爲持續擴增爲多產品或多生產線時，可能需要制度與規定皆較嚴謹的機械官僚組織或事業部組織，來提升生產效率與管理績效。所以策略是改變組織結構的顯著影響因素。

二、組織規模

Robbins與Coulter整理查爾德（Child）等學者的研究論點指出，研究調查雇用2000人以上的大型組織，相較於小組織而言，這些大型組織多半會比較傾向分工更細的工作專業化，使得部門劃分也趨於複雜，爲維持龐大組織的協調運作，以及更大程度的集權以使公司策略目標能施行於全組織[1]。

以描述組織結構特性的三個指標：集權化、複雜化、正式化來看，部門劃分也趨於複雜就是複雜化程度高，更多的制度控制、規定與標準作業程序就是正式化程度高，更大程度的集權就是集權化程度高，亦即這類大型組織愈傾向「機械化組織」的組織設計模式。因此，這個研究論點內涵爲：當組織規模愈大，愈朝向機械化組織設計的傾向。

三、技術因素

技術類型也是影響組織設計的情境因素。英國一位女性管理學者吳沃（Woodward）研究英國100家製造廠商組織結構的影響因素，將廠商以生產

1. Stephen P. Robbins and Mary Coulter, 2009, Managemant, 10th Ed., Pearson Education Inc.

技術水準，由簡單而複雜分爲三類：(1)批次小量生產（unit production）；(2)大量生產（mass production）；(3)程序生產（process production），其中程序生產因爲屬於連續不間斷的生產流程，因此其技術程度與複雜性最高，又稱爲連續性生產（continuous production）。

依學者吳沃（Woodward）研究發現，不同技術類型的廠商因爲其不同的組織特性，因此適合的有效組織結構亦不同；大量生產適合機械式組織，批次小量生產、程序生產則適合有機式組織。三種生產技術成功廠商的組織特性整理如表5-4所示：

表5-4　吳沃研究三種技術成功廠商之組織特性

生產技術	批次小量生產	大量生產	程序生產
技術特性			
生產技術特徵	小批量或單個生產	大批量生產	連續運轉生產設備
生產實例	如陶瓷、訂製汽車	如裝配線生產車、五金器具	如造紙、煉油、石化廠
組織特性			
垂直分化（層級區分嚴明）程度	低	中	高
授權程度	高	低	高
水平分化（專業化分工）程度	低	高	低
直線與幕僚劃分	不清楚	清楚	不清楚
部門劃分方式	目的區分	程序區分	目的區分
法規制度正式化程度	低	高	低
最有效的組織結構	有機式	機械式	有機式

四、環境因素

前述介紹策略爲組織設計的重要情境因素時，一個明顯的管理邏輯是導因於環境變化，使得策略需要隨之改變以因應環境變化，連帶地組織結構亦會隨著策略的改變而調整。於是學者亦提出依環境特性的不同，最有效的組織結構也會有所差異的研究論點。

學者彭斯（Burns）與史托克（Stalker）從環境特性探討不同產業廠商的最佳組織結構。其研究產業別依調查的20家廠商，分爲19家電子公司歸類於動態產業環境，1家人造絲公司則歸類於較穩定產業環境。針對此二種產業的研究結果，發現組織特性的差異可能來自於環境的差異，如表5-5所示。

表5-5　彭斯與史托克研究二種產業環境下組織特性之差異

產業別	人造絲	電子公司
組織特性	▸ 直線和幕僚劃分清楚 ▸ 高度集權 ▸ 各種政策、規定、程序完備 ▸ 分工細密，詳細的工作說明 ▸ 依照生產程序基礎部門化	▸ 沒有明確指揮鏈 ▸ 授權、分權程度較高 ▸ 沒有固定的工作程序 ▸ 沒有嚴密分工 ▸ 員工可依工作需要請求適當的人員（不論何階層或部門）協助解決問題
追求目標	高度效率與低成本	彈性與創新
適合環境	穩定的環境	市場及技術迅速變動的環境
適合組織	機械式組織	有機式組織

研究結論指出，有機式的組織不見得比機械式組織效能更佳，而是視市場和技術環境而定。亦即若環境越穩定時，組織追求效率與低成本，組織結構適合採用機械式組織；當環境動態時，組織宜追求創新與彈性，故較適合有機式組織。

五、人員特性

當下屬人員特性大多屬於積極主動的工作態度，且勇於承擔責任，傾向擁有決策自主權且有能力制訂作業決策，則適合的組織結構爲有機式組織。但若下屬人員特性大多屬於較爲被動、需要制度規定加以約束的工作態度，且不願承擔責任，沒有足夠能力制訂作業決策，則適合的組織結構爲機械式組織。

管理新視界

影片連結

傳產的組織學習大創意—福記鐵蛋

真空包裝的滷蛋、鐵蛋，方便又衛生，當初研發出這個新技術的，就是高雄路竹的這家工廠，它們每年生產真空包裝的雞蛋和鵪鶉蛋一共4千萬顆，市占率高達7成，是臺灣第一大蛋品加工廠，跳脫傳統產業的保守思維，老字號工廠在3年多前導入線上學習機制，開設點子銀行，積極鼓勵員工創意發想，還因此開發出常溫類產品，同時改善了生產流程，提升生產效率。

問題與討論

1. 為何福記的創新多來自第一線人員而非研發部門？

   HINT 研發人員多專注於產品細節，而一線人員則可從生產線與工作中觀察到產品的製造與問題，因此對於生產流程中的改善與需要也較明瞭，故創意與想法也較多，並能夠較有效的實現在產品的創新上。

2. 試論點子銀行設置的目的？

   HINT 點子銀行的成立主要是為了激勵員工，從組織制度的建立去形成組織文化，藉此提高組織的創新能力，並強化員工的思維。

3. 從本個案中，可看出哪些因素對傳產轉型的重要？

   HINT 傳產轉型時，領導者必須要有先見之明，並懂得評估自身的優勝劣敗。透過環境的觀察，選擇適合的市場並有效的建立組織制度，從新的技術、觀念的導入，以內部文化建立去影響組織的行為，進而提高績效。

5-5 組織型態

每個組織都有各自的組織架構，都採用相似的基本元素來設計組織架構，但各個企業仍須發展最適合自己的組織型態才能使企業有效運作。我們以傳統組織型態、團隊結構的型態、以及當代組織形態的分類，介紹以下具體的組織型態。

一、傳統組織型態

(一) 簡單式組織

簡單式組織（simple organization）是一種低度部門化、高度集權化、與低度正式化的組織設計方式。簡單式組織的優點是快速、彈性、成本低、責任明確，因爲常爲一個人的決策，但缺點亦爲容易產生個人決策的盲點與風險。

當新創公司只有單一產品或生產線時，組織型態可能爲結構較鬆散的簡單式組織，組織命令由負責人直接下達決策，直接監督決策達成績效，屬於一人決策的管理風格。所以，大組織的結構事務複雜，較不會建立簡單式組織的架構。

(二) 功能式組織

功能式組織（functional organization）是將性質類似或攸關的專業人員群集共事的組織設計方式。簡單而言，功能式組織就是依照生產、業務行銷、人力資源、研發、財務等基本企業功能進行部門劃分的組織型態，所以同一部門人員皆爲具有相同功能領域專長的人員。例如，財務部門皆爲具有財務專長的成員所組成。

功能式組織的優點是專業人員共事，可獲得專業化效率提升以及成本下降的優勢。缺點是每一個功能部門主管常只重視自己部門績效，而忽視組織整體目標的協調，亦即部門本位主義明顯影響組織整體績效。

(三) 事業部組織

事業部組織（divisional organization）是由獨立自主的事業單位或事業部所組成的組織結構，每一個事業部擁有個別的產品、客戶、產業競爭者，且通常利潤分權、盈虧自負的獨立單位。在事業部組織下，可能依產品別或客戶別建立各個不同的事業部。

事業部組織的優點是依目的建立事業部門、事業部績效容易評估，缺點是活動與資源重置、成本增加，因爲各個龐大事業部下可能都需重複建置各事業部的功能部門，功能部門的設置就是明顯的資源重複浪費。

二、團隊型態

組織是由執行組織工作的一些工作群體（work group）與團隊（team）所組成之組織結構。可能組織主要爲團隊形式所組成，也可能團隊爲組織組成的重要部分。

（一）專案式組織

員工持續投入於專案工作之組織結構，專案單位形成對組織績效有直接貢獻的直線部門，專案完成後也不歸建於特定的幕僚功能單位，而是建立或投入於另一個專案部門。

一般的研究機構主要由許多「研究所」組成，每個「研究所」負責某一特定專案的研究，即屬於專案式組織（project organization）。專案組織不適合執行例行性工作任務的組織機構或企業。

（二）矩陣式組織

組織內有傳統之垂直功能部門或程序部門，如製造、工程、行銷、財務等，另一方面又有直屬於高階主管之專案經理帶領專案成員，下達水平方向的專案指派工作。因此，組織成員可能需要接受除了原有功能部門主管之縱向的職權行使，另一方面又有專案經理超越各功能之橫向的職權行使，形成棋盤式的職權與指揮鏈關係，即稱爲矩陣式組織（matrix organization）。

組織結構設計結合了功能式組織與專案團隊結構的優點，並於垂直式結構中融合水平式結構的特性，彙集組織內不同部門專家共同負責特殊專案，使管理者對外在環境的變化能迅速回應，爲現代化的國際企業常採用的方式。因此，矩陣式組織的成功運作，有賴功能主管與專案管理者必須經常溝通、協調員工工作、並協助解決工作衝突。

三、當代組織型態

(一) 無疆界組織

組織與組織、組織內的部門間均有溝通的界限與隔閡，有時難以達成無障礙的訊息溝通與工作協調。無疆界組織（boundaryless organization）是一種打破組織內水平的部門疆界、垂直的層級疆界、以及組織與其他組織的外部疆界所限制之組織設計方式。此種由前奇異公司總裁傑克威爾許（Jack Welch）所推行之「無疆界組織」，認爲此種沒有固定或預設的結構，就是最理想的組織結構。

無疆界組織嘗試消除指揮鏈、維持適當的控制幅度，並藉由授權的團隊來取代部門的編制，而科技本身的進步也是促成無疆界組織出現。

(二) 虛擬式組織

虛擬式組織（visual organization）是以少部分的全職員工爲核心，專注於某些特定核心價値活動上，並將非核心任務外包（outsourcing），或雇用臨時的外部專業人員的組織。透過核心員工與外包人員共同工作、追求成功機會。

因爲資訊與通訊科技進步、網路與通訊軟體普及運用，促使實際的工作場所變成虛擬的工作場所，工作成員透過虛擬的資訊網路連結進行工作指派與報告，而形成虛擬式組織運作。產業環境的轉變，虛擬式組織逐漸變成組織運作常態，SOHO（Small Office, Home Office）族就是透過網路承接企業專案的虛擬組織成員。大環境的趨於保守或衰退，雇用臨時工的雇用成本降低，但工作績效並未較差的情況下，也造成虛擬式組織的盛行。

(三) 網路式組織（組織網絡）

以主要經營群體或小型核心組織（small core organization）爲中心，透過契約的方式，將某些價値活動（value activities）或主要功能活動外包（outsourcing）予其他組織，使其獲得競爭優勢的營運模式，即稱之爲網路式組織（network organization）。透過與企業間的合作及策略聯盟關係，來提升企業本身優勢，就屬於網路式組織的型態；而共同協力運作的企業間形成的合作網路，則被稱爲組織網絡（organization network）。

管理 Fresh

外包人才大趨勢

2016年底，國內「一例一休」新制正式上路，由於加班費與年假調整，勞動部估計，全臺企業一年約增加476億元成本，不少企業因此表示，將減少聘雇正職員工，改用派遣或外包人員以降低開銷。

專業工作，開始外包執行！亞馬遜找外部研發人才設計產品

老爺酒店集團執行長沈方正說，「以前企業把勞務工作委外，未來是連專業工作都可能外包。」但是面對制度改變，企業可以拿出更彈性的雇用策略，乘機檢視內部人力配置是否有可調整之處。事實上，面對人力外包的大趨勢，全球各大企業早已展開一場挖掘外部金礦型人才的管理變革。

全球第一大電商業者亞馬遜（Amazon），2016年開始在內部成立了十多人的小團隊，從外部招聘計時的研發人才，參與新產品設計，他們每週工時不過30個小時，卻是點燃亞馬遜未來創新能量的火把。

已創立30年的中國電訊巨擘華為，業務涵蓋電信設備、網路通訊和雲端運算等，它之所以能橫跨不同產業，關鍵在於從1998年開始，華為便和全球各大學、締造豐碩的研究機構合作，每年甚至斥資人民幣上百億元聘請外部顧問，引進跨產業資源，研發成果從此開枝散葉。華為創辦人任正非形容此舉是「炸開金字塔」，「塔尖有多寬的視野，金字塔就有多大」。

曾被有選為全球前十大商業思想家的馬歇爾．高德史密斯（Marshall Goldsmith）指出，當產業競爭加劇，為了駕馭新科技、促進組織轉型，「企業領導人必須把眼光放在外面廣大的世界，重新布局，建立外部合作人脈。」《財星》（Fortune）全球市值前五百大企業中，包括蘋果、寶僑、可口可樂，到中國的科技大廠華為、騰訊也都積極建立全球人才庫。

企業變革，也要靠外包人才

當企業開放組織疆界，改採更彈性的人才雇用制度，外部人才也將群集，為企業創造新的價值。

2016年10月麥肯錫全球研究院（McKinsey Global Institute）發布報告指出，工作具自主性、收入來自論件計酬、只和客戶維持短期合作關係的獨立工作者，目前美國、英國等歐洲5國，竟多達一億三千萬人，形成一群不可忽視的企業傭兵。

將核心業務或關鍵任務交付「外人」來執行，對於許多企業來說仍不容易，但卻是未來競爭激烈的產業環境中必然的趨勢。

資料來源：
1. 康育萍，20%企業外包取代正職，商業週刊，1522期，2017年1月11日。
2. 本書作者摘錄整理。

問題與討論

(　) 1. 企業決定多加雇用外包人才屬於哪一層級的策略？ (A)公司整體層級 (B)事業部層級 (C)功能部門層級 (D)作業層級。

(　) 2. 企業決定多加雇用外包人才屬於哪一種組織型態？ (A)功能別組織 (B)事業部組織 (C)團隊型組織 (D)無疆界組織。

(　) 3. 依本文，外包人力帶來的最大優勢是 (A)成本 (B)差異化 (C)創新動能 (D)易於管理。

(　) 4. 配合外包人力時代的來臨，公司首先需要調整的管理制度應該是 (A)組織結構 (B)薪資福利 (C)更彈性的僱用制度 (D)工作分配。

(　) 5. 企業是否將「核心業務或關鍵任務」交付「外包人員」執行，考量重點不包括： (A)擔心機密外洩 (B)增加管理難度 (C)外包人員不易受控制 (D)創新的困境。

重點摘要

1. 每一個組織都具有明確的目標（goals）、一群成員（people）以及一個系統化的結構（structure）等組織特性，並依此使得組織據以運作、發展、成長。
2. 組織活動（organizing）為進行任務、人員、設備之分配，以及建立組織結構的過程。組織（organization）是為實現某些特定目的所構成之人員配置，這些特定的配置關係即形成了組織結構（organization structure）。
3. 組織結構（organization structure）以「層級」為經、「部門」為緯，為描述工作任務的劃分、集群與協調的正式架構。
4. 組織結構可以三個指標來描述組織結構的型式差異，包括集權化（centralization）、複雜化（complexity）、正式化（formalization）。
5. 建構組織結構的組織設計基本要素，通常包括任務分工、部門劃分、指揮鏈與授權、控制幅度、集權與分權、正式化等。
6. 五種常見之部門劃分型式包括功能別、產品別、地區別、顧客別、程序別。
7. 指揮鏈（chain of command）定義為從組織最高階層延伸至最基層的職權之連續線，且此一職權連續線的結構亦明確描述了層級指揮與報告體系。若主管將原屬於本身之職權與職責交予某位下屬負擔，使其能行使原屬於該主管之管理工作及作業性工作之決策，並要求下屬對其報告、負責，則稱為授權。
8. 控制幅度（span of control）指的是一位管理者能有效指揮監督、管理直接下屬的人數。控制幅度之大小恰與組織層級多寡成反比。
9. 機械式組織指的是一種僵化運作與嚴密控制之組織設計方式，有機式組織則是指一種具有高度適應性與彈性之組織設計方式。
10. 影響組織設計的情境因素，通常包括策略、組織規模、技術、環境、人員特性：
    (1) 依陳德勒（Chandler）「結構追隨策略」學說（structure follows strategy），組織結構會隨著策略的改變而調整。而策略改變的前提，可能來自於環境劇烈變化；
    (2) 當組織規模愈大，愈朝向機械化組織設計的傾向；
    (3) 大量生產的技術，穩定的環境，人員特性屬於被動需要制度規定約束者，採機械式組織設計愈有效。

11.簡單式組織是一種低度部門化、高度集權化、與低度正式化的組織設計方式。

12.功能式組織是將性質類似或攸關的專業人員群集共事的組織設計方式，簡言之，就是依照生產、業務行銷、人力資源、研發、財務等企業功能進行部門劃分的組織型態。

13.事業部組織是由獨立自主的事業單位或事業部所組成的組織結構，每一個事業部擁有個別的產品、客戶、產業競爭者，且通常利潤分權、盈虧自負的獨立單位。

14.組織內有傳統之垂直功能部門或程序部門，如製造、工程、行銷、財務等，另一方面又有直屬於高階主管之專案經理帶領專案成員，下達水平方向的專案指派工作，形成棋盤式的職權與指揮鏈關係，即稱為矩陣式組織。

15.無疆界組織（boundaryless organization）是一種打破組織內水平的部門疆界、垂直的層級疆界、以及組織與其他組織的外部疆界所限制之組織設計方式。

16.虛擬式組織（visual organization）是以少部分的全職員工為核心，專注於某些特定核心價值活動上，並將非核心任務外包（outsourcing），或雇用臨時的外部專業人員的組織；透過核心員工與外包人員共同工作、追求成功機會。或是透過虛擬的資訊網路連結進行工作指派與報告，而形成虛擬式組織運作。

17.以主要經營群體或小型核心組織（small core organization）為中心，透過契約的方式，將某些價值活動（value activities）或主要功能活動外包（outsourcing）予其他組織，使其獲得競爭優勢的營運模式，即稱之為網路式組織（network organization）。

分組討論實作

本章分組討論實作將演練新創企業如何發展組織結構，這是一個很有趣的嘗試，對於未來有創業動機者也是一次有意義的模擬訓練。

首先全班分組，每一組以某一產業或產品為主，討論某一產業或某類產品在市場上還沒有出現或還沒有成熟的產品功能（例如AI人工智慧物件，或是手機螢幕直接投影至各種平面觀看的AR擴增實境技術，也可以發揮各種天馬行空的想像），然後每一組規劃以此技術或產品進入市場。請模擬寫出簡要的經營企劃，為公司命名，並規劃短期、中期、長期的組織結構，由小組各成員分別擔任CEO與其他主要經營幹部，並由選任的CEO嘗試說明你們的營運計畫。

CHAPTER 06 組織行為

本章架構

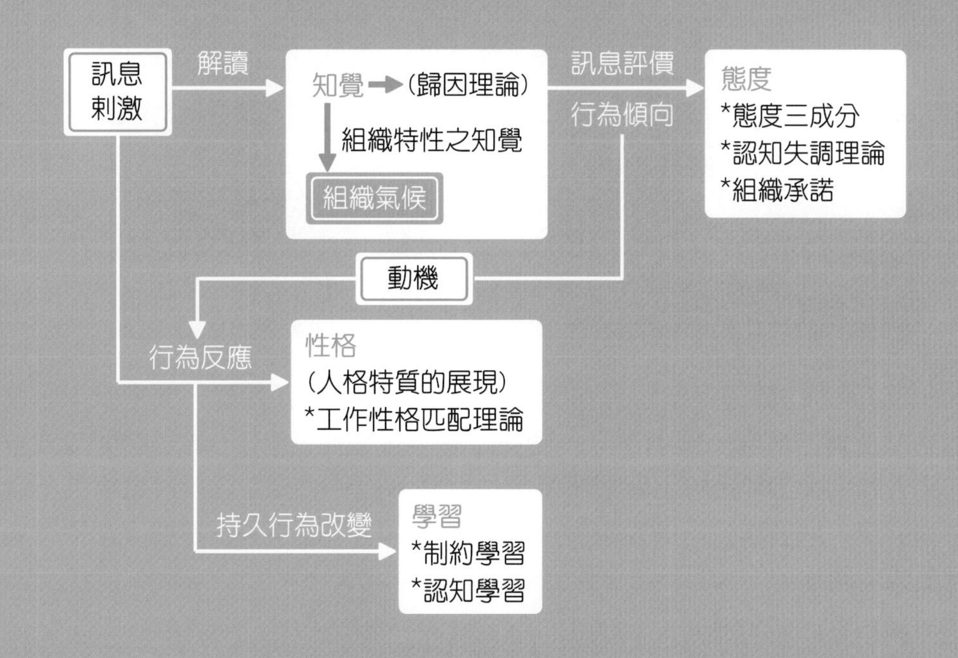

學習目標

1. 了解組織行為的意義。
2. 解說認知、歸因理論與組織氣候的關係。
3. 探討性格的類型。
4. 了解學習對行為改變的影響。
5. 闡述動機的成因。
6. 確定態度的成分與測量。

行為是由行為產生的結果所決定。
Burrhus F. Skinner (伯爾赫斯・史基納)

開放式辦公室可能導致生產力降低

整個辦公室空間沒有隔板或小隔間，員工坐在一排排長桌前，啄木鳥般敲著鍵盤，全都呼吸著同樣的回收循環空氣：歡迎來到開放式辦公室。

2020年2月，由韓國疾病管理本部進行的研究，追蹤了首爾一間客服中心爆發新冠病毒疫情的情況，顯示在第一個員工感染後僅僅2週內，同一間開放式辦公室的另外90名員工也被驗出新冠病毒陽性反應；但受這種空間設計危害的不僅限於生理健康，許多辦公室員工感覺彼此疏離，其中一個原因正是整天都待在寬敞的開放式空間裡。

這可能有點違反直覺。

開放式辦公室是目前最普遍的格局，歐洲半數辦公室以及美國2/3的辦公室，都採用這種設計，但卻特別容易造成疏離感。

哈佛商學院最近發表了一項指標性研究，追蹤當員工從隔間轉換到開放式辦公室時，會發生什麼狀況？研究者發現，開放式辦公室非但沒有「促進越來越多朝氣蓬勃的面對面協作與更深入的關係」，反而似乎「觸發社交退縮反應」，大家反而都選擇以電子郵件和文字訊息取代說話。

人們之所以退縮，部分原因出在人類對過度的噪音、干擾或不受歡迎的打斷的自然反應，而這些都是開放式辦公室的基本狀況。

有問題的不只是音量，亞馬遜的語音助理Alexa隨時都豎起耳朵，等著回應

你給的指令；我們的大腦在開放式辦公室的運作模式和Alexa類似，時時刻刻都在監控我們周圍的聲響：某人敲打鍵盤、隔壁辦公桌的對話、響起的電話。

不間斷噪音，更難專心

結果，我們不但更難專心，而且得費更大的力氣才能完成工作，因為我們要試著同時聽到並忽略所有周遭的聲音。唯有隔絕那些持續不斷的噪音，我才能夠專注在工作上，即使那會讓我對周圍工作場所的事比較狀況外，我覺得如果我要達到工作成效，把任務完成，我就別無選擇，只能將自己與同事隔絕。

心理學家尼克．波漢（Nick Perham）深入研究過這種現象，他的解釋相當中肯：「大部分的人在安靜狀態下工作成效最佳，不管他們自己怎麼認為。」確實，一些研究發現，只要附近有一場對話在進行，都可能使員工的生產力下降達66%之多。

缺乏隱私，充斥著不安全感

我們或許將進入一個「單位人口密度較低的開放式辦公室成為常態」的時代。不過儘管這可能表示噪音會減少一些，但會令我們想退縮的因素不只是持續不斷的噪音轟炸而已；還包括缺乏隱私。

開放式辦公室的「不安全感」降低工作效率

有研究者提到開放式辦公室普遍瀰漫著「不安全感」，因為每個人都能看到和聽到你在做什麼。他們發現這會導致充分表達的對話變少；當你知道旁邊的人都能聽到你說話，便很難跟同事深入討論正事，更別說打電話約診或是關心一下另一半了。開放式辦公室的員工也因為知道有人在看，而改變行為。辦公室成了舞台，你在那裡時時都被注視，時時都得表演，永遠不能卸下防備。

辦公桌輪用制，更增強孤立感

如果你的辦公室信奉「辦公桌輪用制」，異化感還會更嚴重。雇主試圖兜售這概念，說這是職場的自由和選擇，每天都能自己決定要坐在哪裡。

然而現實是，當你沒有自己的工作空間，沒有地方可以貼你孩子或伴侶的照片，沒辦法坐在任何人旁邊久到足以建立友誼，而且每天要像打仗一樣爭奪自己能坐的位置，那也可能成為一種頗為孤立的生活。

經濟考量下，開放式辦公室是很多企業不得不的選擇

然而，跟傳統辦公室布局相比，開放式辦公室在每個員工身上投入的成本減少了50%，因為每個員工占用的面積都變少了。所以，當企業因為新冠肺炎造成的經濟損害與cost down的壓力，需要減少經常性費用並維持在很低的數字，不但

更不可能增撥預算、重新設計辦公室，而且辦公桌輪用制反倒更可能再度流行起來，哪怕這會因為社交距離變短而使新冠病毒傳播的風險增加！

對雇主的管理建議

有遠見的雇主需要認知到這一點，即使是在這個預算受限和經費縮減的年代。忽視員工需求的公司很可能會嘗到苦果，包括受吸引而來的員工品質良窳，以及員工願意付出多少努力。員工如果認為雇主不在意員工的基本需求或身體安全，便很難心甘情願多加把勁工作，汰強扶弱可能就變成企業老闆自食的惡果了。

資料來源：
1. 諾瑞娜・赫茲（Noreena Hertz）著，聞若婷譯，《孤獨世紀：衝擊全球商業模式，危及生活、工作與健康的疏離浪潮》，先覺出版社，2021年3月3日出版。
2. 2021/03/10。工作效率低？開放式辦公室惹的禍。商業周刊第1739期。https://www.businessweekly.com.tw/magazine/Article_mag_page.aspx?id=7003396。

問題與討論

(　) 1. 辦公室孤獨感容易造成　(A)缺乏安全感與隱私　(B)工作投入降低　(C)生產效率降低　(D)以上皆是。

(　) 2. 辦公室孤獨感是員工的一種　(A)認知　(B)動機　(C)性格　(D)態度。

(　) 3. 依本文，開放式辦公室為何讓員工無法專心？　(A)辦公空間太大　(B)員工與主管坐在同一辦公室　(C)同仁更容易聊天　(D)因為要花更多心力阻絕與忽略不間斷噪音。

(　) 4. 依本文論述，新冠病毒疫情後，為何開放式辦公室更成為許多企業不得不的選項？　(A)為了滿足員工需求　(B)為了降低營運成本壓力　(C)為了達成更高績效　(D)為了與顧客更容易互動。

(　) 5. 本文最後對管理者的建議是？　(A)大舉施行開放式辦公室　(B)盡量降低營運成本以度過後疫情時代　(C)認知員工需求進行辦公室的重新規劃　(D)採用辦公桌輪用制提升職場的自由度。

6-1 組織行為的意義

前一章所探討的組織設計（organization design）係在進行組織結構的建立與改變，屬於組織活動（organizing）中較硬的層面，而本章組織行爲（organization behavior, OB）討論則是屬於組織活動（organizing）中較軟性的層面，藉由探討組織成員個人行爲背後的心理歷程，管理者將得以解釋、預測與影響組織成員的行爲，以遂行組織人員管理的目標。

基本上，組織行爲是指組織成員於工作中表現之行爲與活動之集合，例如組織成員的工作投入程度、團隊合作程度、工作學習態度、工作動機高低、員工生產力、工作滿意程度等。這就是爲什麼管理學者也要和心理學者一樣探討個人心理層面的行爲歷程。

管理學者以冰山的水平面以上代表明顯可見的部分、水平面以下代表不易觀察的部分，說明組織內成員可能表現出的行爲模式與影響因素。組織的目標、策略、政策、程序、結構、技術、正式職權關係等，正式且明確的指導員工在組織表現的行爲，如同冰山上可見的部分。而組織行爲因素包括個人行爲之影響因素、群體互動行爲之影響因素，同樣的會影響員工在組織中表現的行爲，但卻如同冰山下未可觀察的部分。

然而，眞實狀況往往是難以觀察的部份之影響力有時反而較大，也就是非正式的個人行爲影響因素往往比正式職權命令更具有影響力與說服力。例如組織公民行爲（organizational citizenship behavior, OCB），被定義爲一種個人自主的行爲，雖不是正式工作規範中所要求的行爲，卻能增進組織的運作效能。現代組織常以團隊運作爲常態作法，因此具有組織公民行爲的員工亦是大部分組織所偏愛的。組織公民行爲的表現包括：協助團隊裡的其他成員、自願投入額外的工作、避免不必要的衝突、針對工作團隊與組織提出具有建設性的建議等。例如主管自發性的組成讀書會或討論會，在非上班時間召開並提供個人整理的資訊，鼓勵員工參與提出有益於工作績效的作法，以激發員工服務熱忱或提升服務動機，即屬於一種組織公民行爲。

本章主要探討的個人心理層面議題包括認知、性格、學習、態度、動機，也包含個人對組織屬性知覺之組織氣候。

6-2 認知

一、認知的意義

認知（perception）是個體對於接收到的外部訊息予以選擇、組織、賦予意義的程序，也就是個人對訊息的解釋與解讀過程，或稱為知覺。個人的訊息解釋過程，將影響個人對於訊息呈現的觀感與價值判斷；以較為抽象的概念來說，個體其實是對認知的世界作反應，而非對眞實的世界反應。

從管理學上常看到與認知有關的概念，我們即可了解認知的意義或因對訊息解釋所可能產生的偏誤：

1. **投射（projection）**：把別人假想為具有某種個人不希望擁有的特質，誇大他人具有這種特性，以保護自己或維護自己的自尊感。例如，假使你認為公司同仁都是不友善的，你可能不會認為是因為你對他人不友善所造成的；你所認為同仁的不友善，其實是一種心理上掩飾自己不友善特質的一種合理化作用（rationalization）。
2. **假設相似（assumed similarity）**：個體因為不了解他人，而假設他人與自己雷同，或和自己同樣具有的特質。或譯為「像我」。來自同樣成長背景、系出同校、或同一社團組織，個體對彼此的認知就容易出現「假設相似」的效果。
3. **對比效果（contrast effect）**：對比（contrast）是讓某一個刺激或訊息可明顯也容易的被知覺到的重要因素。當個體評估他人特質時，常會基於對其他具有同樣特質的個體之比較評價，來評估優劣。例如：管理者想要尋找接班人選，只要讓二位以上候選人進行相同專案或帶領類似部門，在考核期間結束後即可判斷管理績效高低。
4. **選擇性知覺（selective perception）**：個體只對特定的、有限的訊息加以解釋、反應，或根據自己的態度、信念、動機和經驗來解釋訊息，甚至是扭曲解釋，即稱為選擇性知覺。
5. **刻板印象（stereo type）**：個體常認為某人來自該特殊的團體，也必具有該團體的特質。這種現象來自於個體通常會簡化解釋所獲得的有限資訊，來判斷他人的特質。屬於「以全概偏」效果。例如面試時對於名校畢業的求職者，認爲也會具有該名校學生的一般特質，即屬於刻板印象。

6. **暈輪效果（halo effect）**：個體常以某人部分或只是某一項特徵，就擴大認定爲該人具有的整體特徵。因爲是將少數特徵放大爲整體特徵，屬於「以偏概全」效果，或稱爲「月暈效果」。例如主管很重視員工出勤狀況，就容易認爲公司全勤獎得主在其他方面也都表現得很好，這就是一種「暈輪效果」的認知偏誤。

知覺是一種對外在刺激或訊息的解釋或解讀，個人因爲立場、角色改變、態度、經驗、或背景的差異，對訊息的解釋或有不同，而形成不同的認知結果或認知偏誤，亦即實務上常聽到的認知差異。以管理者角度而言，應該盡力避免組織訊息在組織成員間傳遞與解釋的失真，以求組織目標的一致性與組織績效的有效達成。

二、歸因理論

當我們觀察個體行爲時，常會將其區別爲由內在（internal）、或由外在（external）因素所引發的行爲，稱爲行爲歸因。當判斷行爲是由內在因素所引發、是個體可以控制的行爲，稱爲「內在歸因」；而當判斷行爲是由外在因素引發、是個體受制於外在環境壓力而產生的行爲，稱爲「外在歸因」。而對某一特定行爲的解釋，會影響對於該行爲個體的判斷，這種解讀判斷過程，即爲一種知覺。基於此，歸因理論（attribution theory）屬於判斷個體行爲的影響前因之一種知覺理論。

對某行爲之歸因，判斷其究爲內在歸因或外在歸因，可以下列三項特性因素來評估，包括獨特性、共通性、恆常性等。例如以某員工今天上班遲到的行爲來判斷其前因爲何：

1. **獨特性（distinctiveness）**：係指個體是否在不同情境下表現不同的行爲，或稱爲情況特殊性。假如個體在不同情境的行爲具一致性，例如不論上班、開會、交案等都不會遲到，則表示行爲歸因的獨特性低。以此員工上班遲到爲例說明：
   (1) 獨特性高：表示以往都不會遲到，今天卻遲到了，今天行爲的獨特性高，有可能是因爲交通堵塞嚴重所致，故可判斷爲外在原因所致之外在歸因。

(2) 獨特性低：如果同仁司空見慣，因為該員工本來就常常在各種場合遲到，今天遲到一點都不奇怪，表示獨特性低，屬於個人問題（可能不夠積極）所致之內在歸因。

2. 共通性（consensus）：每個面對相同（類似）情境的人都表現出相同（類似）的行為，或稱團體共識性。假如每個人的行為結果背後原因都一樣，即為共通性高。以此員工上班遲到為例說明：

(1) 共通性高：例如同樣交通路線的同仁都遲到了，表示該員工遲到的行為之共通性高，顯示同一交通路線堵塞的外在原因導致該員工跟其他同仁均遲到，即屬於外在歸因。

(2) 共通性低：假若同樣交通路線的同仁均未遲到，而該員工卻遲到了，表示該員工遲到的行為之共通性低，屬於該員工個人因素（可能昨晚熬夜）所致之內在歸因。

3. 恆常性（consistency）：係指個體行為是否具有一致性，或稱為個體一致性。假如個體經常表現同樣的行為，即為恆常性高。以此員工上班遲到為例說明：

(1) 恆常性低：如果該員工平時都很早到公司，今天卻遲到了，顯示該員工遲到的行為之恆常性低，判斷應為某種外在因素引發遲到之外在歸因。

(2) 恆常性高：如果該員工上班經常遲到，今天照例又遲到了，顯示該員工遲到的行為之恆常性高，判斷為個人因素（例如懶散成性）引發遲到之內在歸因。

歸因理論為判斷個體行為為何種原因所引發，既然為對某一特定行為的判斷，就必然會有誤差或偏誤，而衍生所謂歸因誤差或偏誤，包括：

(1) 基本歸因誤差（fundamental attribution error）：意指當我們判斷他人的行為時，會有低估外在因素影響和高估內部或個人因素影響的現象；

(2) 自利誤差（self-serving bias）：意指個人傾向於把成功歸功於自己的能力或努力等內部因素，而將失敗歸咎於運氣不佳等外部因素。

三、組織氣候

組織氣候（organizational climate）的定義為組織成員對於組織內部環境的特性之一種知覺（perception），來自於組織制度或成員長久的行事經驗，而使組織成員對組織運作與行事經驗產生一致的知覺，並可以一系列的組織屬性來描述此種知覺，且此組織氣候的特性可改變成員的行為模式。

常用以描述組織氣候的屬性包括員工認爲公司是權威的、民主的、或放任的，保守的或開放的等。

簡而言之，組織成員對組織的整體知覺，就是組織氣候；而員工知覺到組織的一般行事風格，就會跟隨表現一致的行爲。因此，了解組織氣候，管理者就能掌握員工行爲動機之影響因素，也可提出各種提升績效的改善方案。

整體而言，組織氣候也屬於一種知覺，代表組織成員對於組織的制度、程序、行事風格的共同知覺，且具有以下的主要特性：

1. **描述性的觀點**：組織氣候代表組織成員所知覺的組織特性，而非對於組織運作方式的好惡或評價。
2. **行為影響觀點**：組織成員所知覺的組織氣候，會影響其在組織任事的行爲模式；而不同的組織氣候知覺，也將影響成員表現出不同的行爲。例如，組織高階主管主導一系列的變革方案，組織成員感受到管理當局對於變革的決心，組織上下形成積極行事的氣氛，自然也會影響與提升組織成員在行事上積極度。
3. **總體分析觀點**：組織氣候可以一系列的組織屬性來描述，而組織氣候的分析單位通常爲部門或組織整體，而非個別員工，亦即組織氣候通常指的是某一部門或整個組織的運作風格。例如，行銷部門的組織氣候通常較爲活潑與開放，而生產部門因爲有諸多作業規定與程序需遵守，可能部門氛圍就較爲嚴謹與保守。

四、知覺理論總結

不論爲何種知覺理論或概念，都屬於對現象或原因的解釋與推論，都可能有所偏誤，然而卻也都能指出一個問題解決的方向。對於管理實務而言，管理者均應密切注意員工對其工作和組織管理做法的知覺，才能了解員工的行爲動機與可能的行爲，作爲人員管理的依據或提出更適切的管理方案。

李開復：企業領導者的自覺與自控

企業領導者要能自我認知並做到自我控制，控制自己的情緒與脾氣，才能做出正確的決策判斷。以下是前Google全球副總裁受訪時提出了一個自我控制的自我管理心法。

追求改變世界的影響力，也要克制內心

李開復長久以來的人生信仰就是：一個人能在多大程度上改變世界，就看自己有多大的影響力；影響力越大，做出來的事情就越能夠發揮效應。所以李開復總希望從事足以影響人類生活的工作，而李開復堅信AI是影響未來人類生活的最重要科技，並全心全意投入AI的研究與實際應用上。

然而，李開復也曾分享感悟：拼命工作，克制貪婪，是世界上最笨也是最高明的辦法。拼命工作不易，克制內心的貪婪更難。人很難控制自己的欲望，就像有時候明明知道不應該發脾氣，不應該衝動，不應該出口傷人，也明明知道事後會後悔，可就是控制不住。

怎麼做到控制脾氣呢？

李開復說：要學會自律（self-regulation），也就是掌握自我控制和自我調整的能力。包括：自我控制不安定的情緒或衝動，在壓力面前保持清醒的頭腦，隨時都能清楚地知道自己的行為可能會對他人造成正面或負面的影響。

當怒火中燒的時候，需要依靠「自覺」和「自控」，克制住自己的情緒，並轉化成理智、平和的話語。

透過「自覺」和「自控」來緩和怒氣與解決問題

自覺不只是認知自己的潛能、素質，還包括認知自己的感情、態度。自覺的人知道自己何時會有喜、怒、哀、樂的表現，也能認知到喜、怒、哀、樂的宣洩會造成怎樣的後果。

當自覺的人感到憤怒時，他不會在瞬間爆發，因為他知道這種突然爆發可能造成負面的影響，但他也不會壓抑自己的感情，因為那會造成很大的心理傷害，他通常會儘量控制住自己的情緒，選擇最有建設性的方式處理問題。在雙方針鋒相對的時候，正面的、感性的溝通可以起到緩和氣氛的作用。人的感情是最富有感染力的，你完全可以用有建設性的、寬容的態度與他人溝通並影響他人。

領導者要做到自我控制的身教領導

李開復認為企業領導者自律尤其重要，否則就可能讓員工或自己難堪。

李開復曾提到當他還在蘋果公司工作，有一次開會時有一位員工因為自己的妻子和朋友被裁員，對公司的政策非常不滿，就把怒氣都發在他的身上，當面說出了一連串很難聽的話。當時，李開復的第一個感覺是氣憤，因為這種侮辱謾罵的做法非常惡劣。但他隨即想到：「人難免會在親人受到傷害時失去理智，難免會在被災難驚嚇時失去風度。」他努力克制自己不馬上回答，深呼吸了一口氣。想到另一個層面，雖然這個員工表現異常粗魯，但一定有不少員工持有同樣的想法，只是不敢表達出來罷了。最後李開復想到，作為這個部門的總監，他代表的是公司的利益，不能因為一時的憤怒而影響了正常工作的進展。於是，他冷靜地告訴這位員工他理解其心情，希望等該名員工冷靜下來後，再建議最合適的做法，可以仔細再聊一聊。後來，那個員工私下向李開復道歉，並感謝李開復沒有在整個團隊面前讓他難堪。

企業或部門的領導者通常是大家做事的目標和榜樣。作為領導者，不但不能隨意發脾氣，而且要重視自己每一次舉手投足給員工留下的印象。

資料來源：

1. 李開復（2018/5/9）。會議中，被下屬當面用最難聽的話辱罵…李開復：脾氣來時這樣做，讓我不落入失態陷阱。商業週刊專欄。https://www.businessweekly.com.tw/careers/blog/22684。
2. 2020/9/18。李開復：我希望20歲就知道的7件事。天下雜誌/大師觀點。https://www.cw.com.tw/article/5101982。

問題與討論

(　) 1. 李開復堅信何者是影響未來人類生活的最重要科技？ (A) Internet (B) AR (C) VR (D) AI。

(　) 2. 李開復認為的「自覺」是 (A)認知自己的潛能、素質 (B)認知自己的感情、態度 (C)自我特質的認知 (D)不只是認知自己的潛能、素質，還包括認知自己的感情、態度。

(　) 3. 文內李開復指出要如何控制脾氣？ (A)靜坐 (B)要學會自律 (C)埋首工作 (D)透過統計深度學習。

(　) 4. 當怒火中燒的時候，李開復建議如何克制住自己的情緒？ (A)把情緒轉變成理智、平和的話語 (B)先深呼吸然後冷靜解釋 (C)要「自覺」和「自控」 (D)以上皆是。

(　) 5. 李開復說領導者要能夠控制情緒，需要先學會自律（self-regulation），自律的內涵不包含 (A)一種安撫他人和緩和氣氛的能力 (B)自我控制不安定的情緒或衝動 (C)在壓力面前保持清醒的頭腦 (D)隨時都能清楚地知道自己的行為可能會對他人造成正面或負面的影響。

6-3 性格

性格（personality）爲個體接受外在刺激時所表現出的一致性行爲反應，或稱爲人格特質。提到性格，常見的相關概念包括：

1. **內控與外控**：以個體認爲其命運是否受環境左右的程度來看，當個體認爲可以掌控自己命運時，稱爲內控性格；當個體認爲其命運受環境左右、自己難以掌控，稱爲外控性格。
2. **權威主義**：個體相信階級及權力的程度，亦即個體認同階級及權力的程度愈深，表示愈傾向權威主義的性格，個體也愈嚮往能夠擁有權威。
3. **馬基維利主義**：在性格上表現出「爲達目的不擇手段、現實且保持情感距離」者，即爲馬基維利主義（Machiavellianism）的特質。
4. **風險傾向**：作決策時需要參考資訊的程度。決策時需要參考資訊的程度高，表示風險傾向低，愈不喜歡冒風險；如果決策時不需參考太多資訊即會行動，表示風險傾向高，愈勇於冒風險。
5. **自尊與自律**：自尊爲喜歡或討厭自己的程度；自律則爲個體調整自我以適應外在環境的能力。二者都屬於對自我行爲的評價。

心理學家透過許多對自我行爲的評價模式，嘗試了解人格特質（性格）類型如圖6-1所示，一個人的人格特質構成其不同之內在潛能的因素。MBTI性格評量測驗（myers-briggs type indicator）則爲最常用的性格評量測驗，由上百個問題組成，主要問人們在不同情況下的反應或感覺，並根據每個人的答案將所有人類歸類爲下列四種性格：

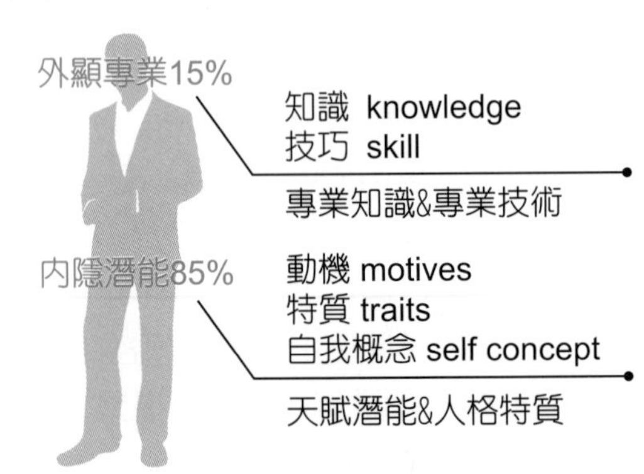

圖6-1　人格特質

1. **社會互動**：外向（E）或內向（I）。外向型的人開朗、主動、喜歡多變的環境、樂於接觸人群；內向型的人害羞、內斂，喜歡集中的工作環境。
2. **對資料蒐集的偏好**：理性（S）或直覺（N）。理性者遵循常規，擅於蒐集細節資料；直覺者不喜歡重複、單調，很快下結論，不願花時間於蒐集細節資料上。

3. **對決策制定的偏好**：感覺型（F）與思考型（T）。感覺型喜歡和諧的人際關係；思考型則喜歡分析與邏輯的程序，較不在乎他人感受。
4. **決策的風格**：認知型（P）與判斷型（J）。認知型會了解整個工作的細節，嚴謹地決策；判斷型傾向果斷的快速決策，只蒐集與任務相關的資訊。

綜上四種分類的各種組合（例如：ESFP、ESFJ、INTJ），形成16種不同的人格特質；受訪者依此模式塡答問卷問題，即能評估自身的性格類型。

另一個人格特質五大模式（big five model）則提供一個評斷性格的架構，包括了五個構面：

1. **外向性（extroversion）**：評斷個人善於交際、健談、獨斷的程度。
2. **親和性（agreeableness）**：評斷個人和善、合群、可信任的程度。
3. **勤勉審愼性（conscientiousness）**：評斷個人負責任的、可靠的、堅持的、成就導向的程度。
4. **情緒穩定性（emotional stability）**：評斷個人冷靜的、熱心的、安定（情緒穩定性高）或緊張的、神經質、不安（情緒穩定性低）的程度。
5. **開放性（openness to experience）**：評斷個人富想像力的、藝術的、知性的程度。

賀蘭德（Holland）的工作與性格匹配理論（job personality fit theory）提出個人性格類型與相對應的工作類型之六種分類，說明員工滿意與否以及是否可能離職，端視個人性格與職場環境是否匹配而定；亦即當個人性格與工作類型匹配時，工作滿意度最高，愈不易發生離職現象。六種人格類型與相對應的工作類型之匹配如表6-1所示。

表6-1　人格類型與相對應的工作類型

人格/工作類型	人格特徵	職業實例
研究型（investigative）	喜愛需要思考、組織與理解的活動	經濟學家、數學家、生物學家、新聞記者
社會型（social）	喜愛與他人互動、協助他人的活動	社會工作者、老師、顧問、心理諮商師
傳統型（conventional）	喜愛有固定規範、制度、明確目標的活動	會計師、行政人員、銀行行員、文書管理員
進取型（enterprising）	喜愛藉由影響他人、獲取權力的活動	律師、業務員、房地產經紀、公關人員、小公司負責人

人格/工作類型	人格特徵	職業實例
藝術型（artistic）	喜愛可以自由表達創作、不受限制、沒有明確規範的活動	畫家、音樂家、作家、室內設計師
務實型（realistic）	喜愛從事需要技術、勞力的活動	生產線作業員、機械操作員、農民

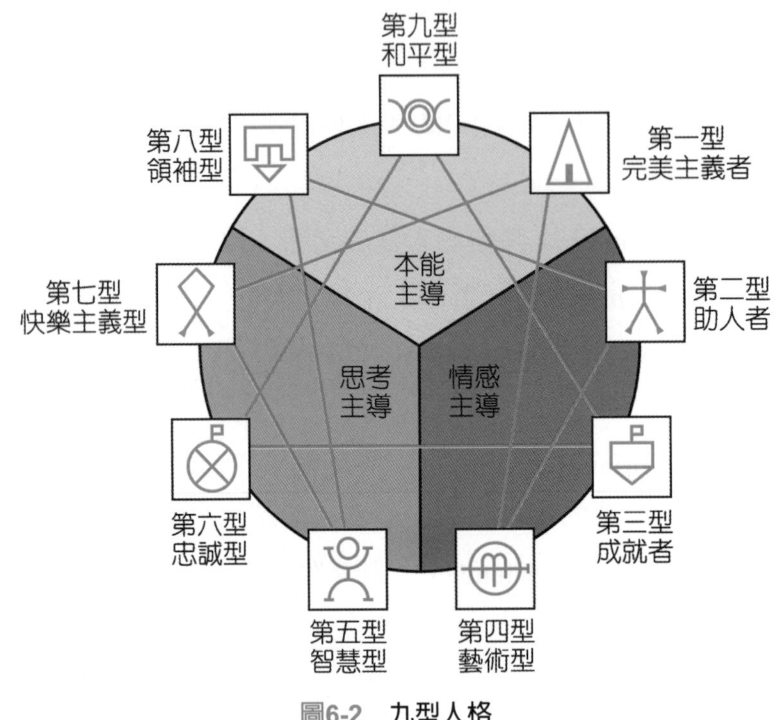

圖6-2　九型人格

九型人格（enneagram of personality，或enneagram），或稱作九柱性格學。此爲一種性格標籤型分類，其基本上把人的性格分成九類，而表現九型人格相關的圖稱爲：九形圖、九宮圖、九柱圖、九芒星等，是由圓形、六角形、三角形組合的複合式圖案[1,2]，如圖6-2。九種人格類型：

- 第一型完美主義者（the reformer）：完美者、改進型、捍衛原則型、秩序大使
- 第二型助人者（the helper）：成就他人者、助人型、博愛型、愛心大使
- 第三型成就者（the achiever）：成就者、實踐型、實幹型

1. 九型人格並非一個正統的人格心理學理論。在當代，它只是在商業文化下，常用於了解職場文化的一種測試，給予人格一個片面標籤化的分類 Clarke, Peter Bernard. Encyclopedia of new religious movements. Psychology Press. 2006. ISBN 976-0-415-26707-6.
2. Kemp, Daren. New age: a guide : alternative spiritualities from Aquarian conspiracy to Next Age. Edinburgh University Press. 2004. ISBN 976-0-7486-1532-2.

- 第四型藝術型（the individualist）：浪漫者、藝術型、自我型
- 第五型智慧型（the investigator）：觀察者、思考型、理智型
- 第六型忠誠型（the loyalist）：尋求安全者、謹愼型、忠誠型
- 第七型快樂主義型（the enthusiast）：創造可能者、活躍型、享樂型
- 第八型領袖型（the challenger）：挑戰者、權威型、領袖
- 第九型和平型（the Peacemaker）：維持和諧者、和諧型、平淡型

管理者若能了解性格差異對管理的意義，確認員工在問題解決、決策、工作互動上有不同的行爲特質，管理者將更能解釋與預測員工行爲。也就是了解並運用性格差異，可以減少工作與性格不配合的情況，提高工作的穩定性和滿意度。總之，與他人互相了解、接受個體差異的事實，管理者更能與他人合作共事、達成目標。

管理新視界

影片連結

成功是天生的？還是因為性格特質

成功是天生的，還是具有特殊的性格與特質？！而美國視覺行銷大師理察・聖約翰，歷經10年的研究來了解。透過親訪問全球500位成功人物，包括：賈伯斯、柯麥隆、比爾・蓋茲、唐納・川普…等人。當這500位各行各業的成功人士被問到究竟要怎樣才能成功？怎麼結合工作和自我實現？他們都口徑一致地說出8個不可缺少的特質：

- 熱情（passion）：不顧一切就是要找到你有熱情的事物。
- 勤奮（work）：投入你想做的事情，不計任何代價。
- 專注（focus）：專心在你有熱情的事物上，直到變成達人。
- 突破（push）：自我砥礪，借助外力來鞭策自己。
- 想法（ideas）：不放過任何觸發靈感的機會。
- 進步（improve）：追求完美，更進一步。

・服務（serve）：用你熱愛的事情，去解決別人的問題。

・堅持（persist）：撐過失敗、批評和長時間的考驗。

當你對日復一日的工作感到迷惘、疲憊時，眼看著夢想與現實逐漸產生差距，讓你感到失望。記住，其實你和成功者只差這八個特質，當你具備了之後，自然能扭轉局勢。

問題與討論

1. 成功者究竟是天生的還是學習而來的？

   HINT 對大多數成功者來說，成功並非一蹴可幾，他們必須透過不斷的學習與經驗的累積來強化自身能力，當然個人特質也佔有一定的因素，但是主動學習與吸收才是造成競爭力差異的關鍵。

2. 試問這八個特質有何共通點？

   HINT 從這八個特質來看，其共通點即為主動積極，也就是正向的思考與執行力的展現。

3. 試論特質與行為的關係？

   HINT 特質是個體行為差異的來源，不同的思考模式與特質即造成競爭力的落差，因此，透過特質的培養與學習，有助於行為與競爭力的改善。

6-4 學習

學習（learning）的定義爲個體經由經驗或練習，而在行爲上產生較爲持久性改變的歷程。學習理論可區分爲行爲學習理論與認知學習理論二大類。

一、行為學習理論

行爲學習理論建立在「刺激-反應」導向的基礎上，亦即學習發生來自於對環境中的外界刺激的反應，又稱爲制約學習。

(一) 古典制約

古典制約(classical conditioning)主要以俄國心理學家巴夫洛夫(Pavlov)研究，強調學習皆是在某種情況(被施予制約刺激；Conditioned Stimulus, CS)，使舊行爲(本來無反應)改變成新行爲(有反應)。

巴夫洛夫(Pavlov)對動物所做的研究，注意到狗在進食時間看到食物時就會分泌唾液。食物和唾液之間的關聯是一種先天的反射作用，食物被視爲「非制約刺激」，而唾液分泌是「非制約反應」。而後巴夫洛夫在放置食物時同時發出鈴聲，以了解此種刺激是否引發唾液分泌反應。在多次試驗後，發現狗在只有聽到鈴聲時也會分泌唾液，鈴聲變成制約刺激(conditioned stimulus)，並引發類似於原始非制約反應的制約反應(conditioned response)，如圖6-3所示。

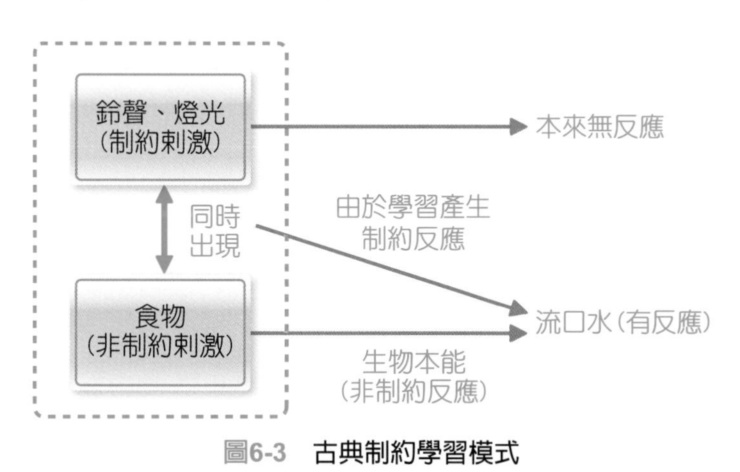

圖6-3 古典制約學習模式

(二) 操作制約

操作制約(operant conditioning)以史金納(Skinner)強化理論(reinforcement theory)爲基礎，強調一個人的行爲受其行爲結果所影響，亦即人們會因受到「該行爲結果」之強化而受到鼓勵，進而重複令其產生愉悅的行爲；或因受到「該行爲結果」之負強化，而不願重複令其產生不愉悅的行爲。強化作用產生的重複性，即爲個體的學習效果，稱爲「操作制約」，又稱爲「工具制約」；會產生強化作用之行爲結果，即爲強化物(reinforcer)。

（三）社會學習理論

社會學習理論（social leaning）指出人們會藉由觀察與直接經驗而學習，產生特定的行爲表現。社會學習所產生行爲的改變會經過四個過程：

1. **注意歷程（attentional processes）**：知覺到行爲楷模的存在；行爲楷模亦即行爲學習的對象。
2. **記憶歷程（retention processes）**：當行爲楷模出現過後，仍能記憶其行爲特徵。
3. **重複行為歷程（reproduction）**：對行爲楷模之「行爲知覺」轉換爲自己表現的「行爲」。
4. **強化歷程（reinforcement processes）**：自己因學習行爲楷模的行爲受到認同與喜愛，獲得令自己愉悅的結果，將會更強化自己重複表現這樣的行爲。

某些組織定期選拔員工楷模並加以表揚與獎勵，就是希望透過社會學習歷程，鼓勵員工學習與持續表現組織讚許的行爲。

二、認知學習理論

由於行爲學習理論認爲消費者是完全被動的，且太過強調外部刺激因素，忽視內部心理過程，如動機、想法和知覺，部分心理學者並不同意此種簡化的解釋，而提出另一種認知學習的過程。認知學習過程諸如知覺、信念的形成、態度發展和改變等，對了解各種類型的學習與自我決策過程來說是很重要的。認知學習過程如圖6-4所示：

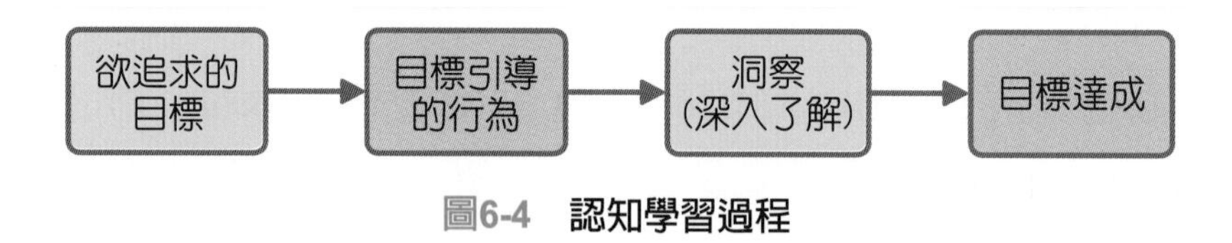

圖6-4　認知學習過程

6-5 動機

心理學的定義指出，引起個體的行爲活動，並維持導引該行爲活動趨向某一目標進行的一種內在歷程，稱爲動機（motivation），故動機根本上爲一目標導向的行爲傾向。當管理者援引心理學上的動機定義，在組織管理的情境下，組織成員的動機則表現爲在滿足個體目標下，爲達成組織目標，而願意更加努力的意願。願意更加努力工作的意願，即爲管理學上所談的動機。

動機或稱爲激勵，表現爲在有能力滿足某些個人需求的條件下，爲達組織目標而更加努力工作的意願。是一種需求滿足的過程，其作用機轉可表現如圖6-5。

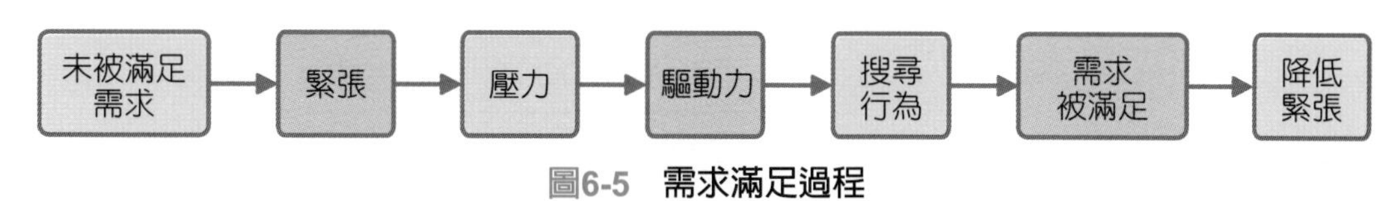

圖6-5 需求滿足過程

沒有被滿足的需求會產生緊張，緊張、壓力會產生降低緊張的趨動力，驅使個體搜尋可降低緊張、滿足需求的行爲或行動。例如，想升遷、加薪的員工，發現努力工作能達成個人目標。因此，受激勵的員工會更努力工作、更堅持；唯其需求必須與組織目標一致，才能得到報酬。

至於如何滿足未被滿足需求，可能有哪些需求類型，個體又可能進行哪些搜尋行爲，形成各種不同的激勵理論，將於第9章專章討論。

6-6 態度

一、態度的意義

態度（attitude）爲個體對人、事、物的好惡評價，而產生情感性反應與行爲傾向。從行爲背景角度來看，態度主要可經由個人經驗或學習他人行爲而形成；若從成分觀點來看，態度形成則包含三種成份：

1. **認知的成份**：由一人所抱持的信念、觀念、知識或資訊所組成。
2. **情感的成份**：情緒表現或情感抒發的部分。
3. **行為的成份**：以某種方式表現對某人或某物的行爲意圖。

二、態度的評量

許多公司會定期進行員工態度調查，透過一連串的敘述或問題，來獲得員工對其工作、團隊、上司或組織的感覺，以衡量員工對公司的整體滿意度；這種員工對自己的工作所抱持的一般性態度，稱爲工作滿足（job satisfaction）。而衡量員工對工作認同、積極參與、關心工作績效表現的程度，則稱爲工作投入（job involvement）。

另一個與員工態度有關的重要觀念爲組織承諾（organizational commitment），指的是員工認同組織和其目標，並希望繼續留任組織的程度。

圖6-6 人生態度

Meyer and Allen（1987）從三個方面定義組織承諾，後來發展爲組織承諾的三因素模型（three-component model）：

1. **情感承諾（affective commitment）**：因對組織目標、價值觀認同之心理因素，而願意留在組織服務的意念。
2. **持續承諾（continuance commitment）**：因考量離開組織之成本或可能犧牲的利益，而產生持續留在組織內的意願。
3. **規範承諾（normative commitment）**：經由組織獲得利益，而在成員心中產生回報組織的道德義務。

三、認知失調理論

當個體對某件事的前後態度不一致、或態度與行爲間的不一致時，而產生心理不平衡的現象，稱爲認知失調，將影響態度的改變。費斯汀格（Festinger）的認知失調理論（cognitive dissonance theory）指出個體對態度對象的認知與行爲若失去協調，則會形成矛盾、緊張、不愉快，因此必須尋求去除認知失調的方法，以去除緊張，因而產生態度的改變。個體能否降低失調，則取決於三項因素：

(1)引起失調的原因是否重要。

(2)個人對原因的掌控度。

(3)降低失調能否獲得補償。

「認知失調理論」亦指出個體爲了降低認知失調，可能從事之處理策略，目的在追求「降低認知失調後」的穩定狀態。三種處理策略包括：

1. **故意忽略**：合理化態度的不一致。例如：爲了留任公司、保住工作，而順從難以接受的公司制度或老闆的命令。
2. **蒐集資訊，支持舊態度**：自己難以接受現況下應有的新態度（例如：接受新制度），只能找出一些資訊、或他人的共識，來作爲支持舊態度（例如：抗拒舊制度）的證據。
3. **改變行為（支持新態度）**：例如執行具有高挑戰性的工作，可能會感受到預料外的高度壓力；若是管理者適時宣布諸如加薪之獎勵辦法，或許能降低員工心中的認知失調，而接受工作的壓力。

從管理實務來看，管理者應設法降低員工的認知失調，例如公平的薪酬制度、加薪。當員工對工作投入、工作滿意程度高時，缺勤率與離職率均能有效較低。也唯有透過高工作績效的實質獎勵，讓高生產力的員工具有高工作滿意，提高員工對工作的正面態度，即能產生績效提升的正向循環。

管理 Fresh

管理者採支持部屬的態度，更有助於解決問題

李開復，曾任職於Google、微軟、蘋果等世界頂尖科技公司，美國哥倫比亞大學電腦系畢業、美國卡內基梅隆大學電腦學博士、美國電氣電子工程協會院士。2009年9月在北京創立「創新工場」，立足AI人工智慧、互聯網和雲端計算等領域，幫助青年創業。目前為創新工場董事長兼首席執行官，《時代週刊》評選李開復博士為2013年全球最有影響力100人。

李開復從1980年代即投入人工智慧（AI）相關研究，從博士班就學期間，直到在Google、微軟、蘋果任職時期，涉獵的技術橫跨語音辨識、演算法、深度學習、類神經網路等。李開復創立的創新工場陸續投資了幾十家AI公司，其中包括五家獨角獸，也創建了AI工程院，並從中培育出了AI賦能與技術方案公司創新奇智。

在解決企業創立與經營管理的問題上，李開復顯然也是箇中專家。

「我不同意你，但我支持你去做」的信任態度

李開復曾經分享在卡內基梅隆大學研究期間，導師瑞迪教授（Raj Reddy，圖靈獎得主、卡內基・梅隆大學電腦系終身教授）對他的人格養成影響。

當時AI研究形勢並不好，雖然導師瑞迪教授希望他採用「專家系統」，但李開復卻不是很認同。李開復認為，機器學習應該讓電腦發揮長處，而不是跟著人的想法亦步亦趨。於是他鼓起勇氣，對瑞迪教授說「感謝您的指導，但我不想再繼續研究專家系統了，我希望用基於統計學的機器學習。」

他以為瑞迪教授會有些失望，沒想到他卻一點都沒有生氣。教授仔細聽完解釋之後跟他說：「開復，你對專家系統和統計的觀點，我是不認同的，但是我可以支持你用統計的方法做，因為我相信科學沒有絕對的對錯，我們都是平等的。而且，我更相信一個有激情的人是可能找到更好的解決方案的。」

「我不同意你的看法，但我支持你」這句話影響李開復很大。在李開復進入企業界之後，每當同事們有不同意見時，他都會鼓勵他們勇敢嘗試自己的想法：當這個想法成功時，對他個人和對企業都會帶來益處；而當這種想法失敗時，這種被信任和支持的感覺也會讓他們越挫越勇。

下屬對主管「我不同意你的看法，但我支持你」的態度可能是種服從，但主管對部屬「我不同意你的看法，但我支持你」的態度，就是一種信任與氣度了！

資料來源：

1. 李開復（2018/5/9）。會議中，被下屬當面用最難聽的話辱罵...李開復：脾氣來時這樣做，讓我不落入失態陷阱。商業週刊專欄。https://www.businessweekly.com.tw/careers/blog/22684。
2. 2020/9/18。李開復：我希望20歲就知道的7件事。天下雜誌/大師觀點。https://www.cw.com.tw/article/5101982。

問題與討論

( ) 1. 由本文可看出，李開復創辦的創新工場為何種公司？ (A) AI製造公司 (B)創業投資機構 (C) AI顧問公司 (D)專業創新研究機構。

( ) 2. 李開復最主要的專長領域為 (A)文字創新 (B)專家系統 (C) AI人工智慧 (D)資訊系統。

( ) 3. 「我不同意你的看法，但我支持你」是一種 (A)逃避 (B)失望 (C)威嚇 (D)信任。

( ) 4. 從本文可看出AI的理論基礎應為 (A)機器學習 (B)專家系統 (C)自我學習 (D)資訊系統。

( ) 5. 依本文，以下敘述何者錯誤？ (A)下屬對主管「我不同意你的看法，但我支持你」的態度可能是種服從 (B)主管對部屬「我不同意你的看法，但我支持你」的態度，就是一種信任 (C)下屬對主管「我不同意你的看法，但我支持你」的態度可能是種信任 (D)主管對部屬「我不同意你的看法，但我支持你」的態度，表現出一種主管的氣度。

重點摘要

1. 組織行為是指組織成員於工作中表現之行為與活動之集合，例如組織成員的工作投入程度、團隊合作程度、工作學習態度、工作動機高低、員工生產力、工作滿意程度等。

2. 組織公民行為（organizational citizenship behavior, OCB）是一種個人自主的行為，雖不是正式工作規範中所要求的行為，卻能增進組織的運作效能。

3. 認知（perception）是個體對於接收到的外部訊息予以選擇、組織、賦予意義的程序，也就是個人對訊息的解釋與解讀過程，或稱為知覺。

4. 假若個體只對特定的、有限的訊息加以解釋、反應，或根據自己的態度、信念、動機和經驗來解釋訊息，甚至是扭曲解釋，稱為選擇性知覺（selective perception）。個體常認為某人來自該特殊的團體，也必具有該團體的特質，稱為刻板印象（stereo type）。個體常以某人部分或只是某一項特徵，就擴大認定為該人具有的整體特徵，則稱為暈輪效果（halo effect）。

5. 歸因理論（attribution theory）指出當我們觀察個體行為時，常會將其區別為由內在、或由外在因素所引發的行為，稱為行為歸因。當判斷行為是由內在因素所引發、是個體可以控制的行為，稱為「內在歸因」；而當判斷行為是由外在因素引發、是個體受制於外在環境壓力而產生的行為，稱為「外在歸因」。

6. 組織氣候（organizational climate）的定義為組織成員對於組織內部環境的特性之一種知覺（perception），來自於組織制度或成員長久的行事經驗，而使組織成員對組織運作與行事經驗產生一致的知覺，並可以一系列的組織屬性來描述此種知覺，且此組織氣候的特性可改變成員的行為模式。

7. 性格（personality）為個體接受外在刺激時所表現出的一致性行為反應，或稱為人格特質。

8. 行為學習理論建立在「刺激-反應」導向的基礎上，亦即學習發生來自於對環境中的外界刺激的反應，又稱為制約學習，包含古典制約與操作制約。

9. 引起個體的活動，維持並導引該活動導向某一目標進行的一種內在歷程，即為動機（motivation）；在管理理論，動機或稱為激勵，表現為在有能力滿足某些個人需求的條件下，為達組織目標而更加努力工作的意願。

10. 態度為個體對人、事、物的好惡評價，而產生情感性反應與行為傾向。組織承諾（organizational commitment）則是一種員工對公司的態度，指的是員工認同組織和其目標，並希望繼續留任組織的程度。

11. 當個體對某件事的前後態度不一致、或態度與行為間的不一致時，而產生心理不平衡的現象，稱為認知失調，將影響態度的改變。費斯汀格（Festinger）的認知失調理論（cognitive dissonance theory）指出個體對態度對象的認知與行為若失去協調，則會形成矛盾、緊張、不愉快，因此必須尋求去除認知失調的方法，以去除緊張，因而產生態度的改變。

分組討論實作

組織行為討論個人在組織內工作可能表現或受到影響的行為構面，繼而影響生產力與工作績效。所以，管理者必須瞭解組織成員的行為構面，並設法解決偏差或組織不希望看到的行為。

為將本章理論嘗試應用於管理實務上，請全班分組：每一組作為某一部門（例如：生產、業務行銷、人力資源、研發、或財務會計部門）的人員編制，先選出部門經理一人，以本章任一個組織行為變數（認知、性格、學習、態度）為主軸，以「行動短劇」呈現：

(一) 某一員工或多位員工的組織行為對工作的影響（例如一位員工常以負面認知解釋公司欲推動的新政策，進而影響其他同仁的共同抗拒想法）。

(二) 部門經理如何解決此一問題。

CHAPTER 07 群體、團隊文化與衝突管理

本章架構

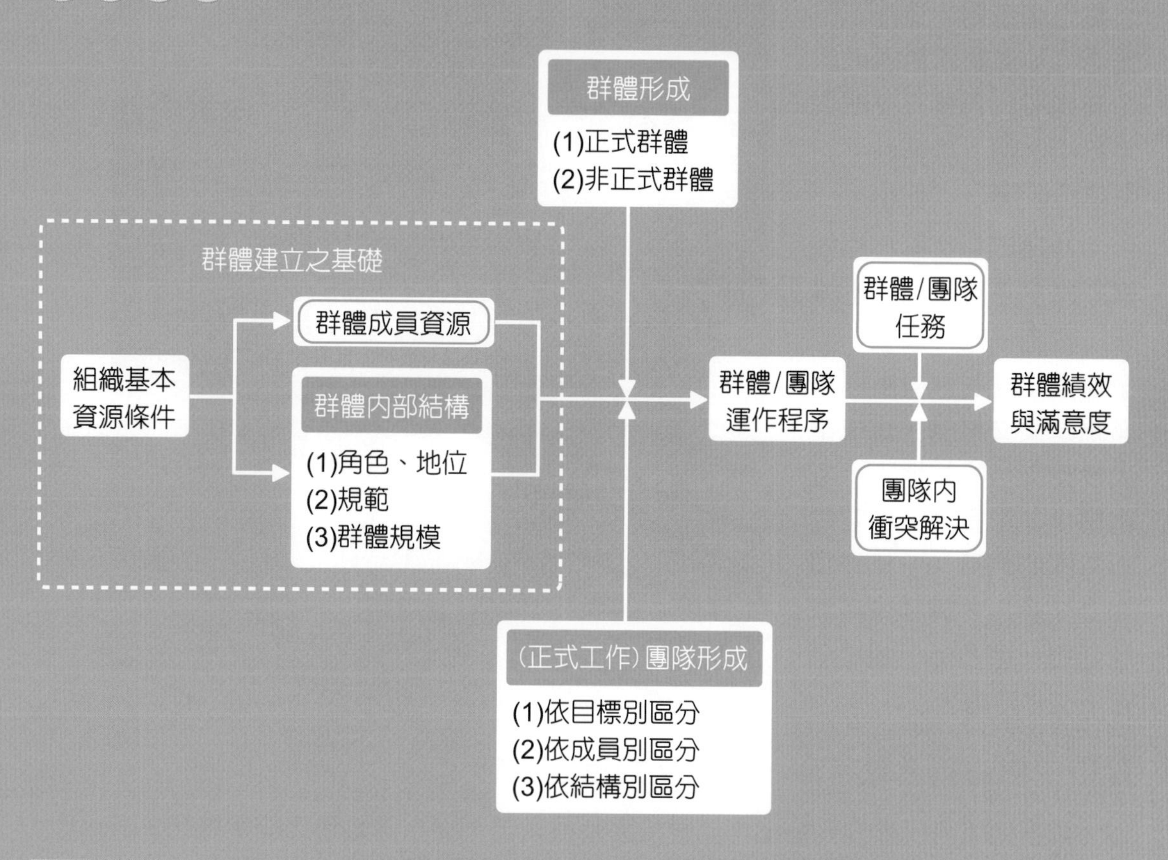

學習目標

1. 了解群體的建立過程與群體的類型。
2. 了解群體運作的行為模式與角色衝突。
3. 如何管理高效率的團隊運作。
4. 何謂組織文化。
5. 學習衝突管理的步驟與解決策略。
6. 了解群體的建立過程與群體的類型。
7. 了解群體運作的行為模式與角色衝突。

（組建團隊必須）找到適合的人上車，請不適任的人下車。

Jim Collins（詹姆．柯林斯）

管理探報

舊振南的文化傳承

平日的下午，走進位於高雄大寮的舊振南漢餅文化館，原以為人煙稀少，卻沒想到，不僅漢餅手作體驗課程滿堂，館內展覽也被包場。這裡不只是老字號漢餅店舊振南的企業總部，更是外交部指定接待地點，疫情前平均每年超過7萬人次體驗。

2016年，董事長李雄慶有感於品牌做到某個層級，要有一個「家」，建築背景出身的他設計了一座綠建築文化館，當成華人漢餅文化的基地。「文化傳承非常重要，但它需要時間的累積，」總經理李立元表示，舊振南商號能延續一百多年，關鍵就在於文化傳遞。

從街口餅店到進駐百貨，名人結婚指定要它

舊振南第五代李立元指出，父親接手時很辛苦，從街邊麵包店開始做起，直到1996年高雄SOGO百貨邀請他們進櫃，才開始拓展百貨通路，也正式從喜餅跨足伴手禮市場。目前喜餅營收占4成，每年超過15萬個家庭吃過舊振南的喜餅，獲得不少名人指定，如老虎牙子董事長、藝人Ella與許孟哲等；伴手禮占6成，每年銷售140萬顆綠豆椪、超過1,400萬顆鳳梨酥，是機場免稅店銷售第一名。

鳳梨酥有碳足跡標章、與異業聯名吸引新世代

如果說李雄慶是確立舊振南的品牌定位，李立元則是把百年品牌的核心價值，擴散到社會大眾，與年輕人連結。

2016年開始，舊振南每年自主公布企業社會責任報告書，甚至做出全國第一顆有碳足跡標章的鳳梨酥。

此外，舊振南近年積極與其他品牌聯名，如蜷尾家、麻古茶坊、杜老爺、初鹿牧場等，在社群時代想辦法讓新世代年輕人認識漢餅，「漢餅比較傳統，需要開發一些大家平常會接觸到的休閒食品，可以讓消費者認識我們。」

聯名替舊振南帶來新客群、新商機。舉例來說，與金車噶瑪蘭酒廠聯名做威士忌月餅，接觸到平常會買酒贈禮的客戶；而2021年8月跟初鹿牧場聯名的鮮奶綠豆沙包，也讓他們正式跨足冷凍食品。由於舊振南食品沒有添加防腐劑，效期多半只有7到10天，與初鹿合作讓他們跳脫既有烘焙，納入新的技術。

不過，對李立元來說，最困難的不是對外溝通品牌，而是內部溝通。舊振南已超過130歲；近2百人的公司，員工平均年齡僅33歲，「怎麼讓所有人認同我們做的事，讓他們覺得在一間百年企業上班是件驕傲的事？」

一直以來，保存漢餅文化是舊振南能持續存在的原因，但要怎麼把這件事內化到組織？李立元認為，「厚禮數」（台語，指禮數周到）這個精神，能讓漢餅文化融入生活中，透過公司內部舉辦共識營、工作坊，讓員工發想，例如「你怎麼在自己的工作崗位實踐厚禮數？」

李立元解釋，厚禮數背後的意涵其實是「多付出一點」，這就是他們想傳遞的文化，「禮尚往來這件事要不斷去說，送禮的價值不在於禮品，而是心意。」

創「祕書團隊」整合電商，即時回應顧客需求

共識營的成效，在2020年COVID-19疫情下，完全顯現。原本設點在百貨、高鐵等人流較高的地方，疫情爆發後，人流瞬間蒸發。但靠著員工發想新服務、長期的顧客關係經營，舊振南2021年1到6月業績比2020年高出近2千萬，成長約18%。

首先，推出代客送禮服務，幫助疫情間沒辦法辦喜宴的新人，把喜餅宅配到府；沒辦法親自拜訪客戶的公司行號，還能在糕餅印上不同的企業名。

其實，早在2018年，舊振南就成立白金祕書商務團隊，不只提供客製化服務，也跟電商團隊整合，當客戶從臉書、LINE、Instagram或其他管道提出問題，團隊能即時回應。

能如此洞察客戶需求，是因為李立元2012年就導入CRM系統，教導業務人員把握每一次跟客戶的接觸，思考怎麼把銷售行為推向最後一步。他們協助前端人員轉型成「禮品顧問」，解決企業或新人結婚訂餅過程中的瑣碎問題。新人可能不清楚盒數、文定儀式要準備什麼，有些銷售人員就會額外做婚顧角色，幫新人

把所有東西買齊，「不只賣產品，我們也扮演新人與長輩間的潤滑劑。」

舊振南還在2021年7月首次推出「素三牲訂閱制」（以烏豆沙、棗泥、香茗豆沙，製成雞豬魚外型的糕餅），打中企業主每逢初一十五、初二十六祭拜的需求，可以依需求選擇固定頻率收到。售價雖是市面2倍，但1個月內就達成銷售目標，「這些都不是我想出來的，當品牌內化到企業裡，員工就會開始有想法。」

主攻喜餅、伴手禮市場的舊振南，透過與異業聯名拓展新客、訂閱制、會員機制不斷與顧客接觸，「顧客任何時間點都可以看到舊振南的產品，以此創造多元的儀式感。」李立元最後說道。

資料來源：林庭安（2022/01/12）。「舊振南永續經營的法則！百年漢餅店如何變新潮，被年輕世代買單？」，經理人月刊。https://www.managertoday.com.tw/articles/view/64467。

問題與討論

一、選擇題

(　) 1. 舊振南推出的「素三牲」售價是市面2倍，卻在1個月內達標！舊振南的秘訣是 (A)廣告 (B)高業績獎金 (C)產品創新 (D)打中企業主需求的訂閱制。

(　) 2. 漢餅舖舊振南已超過130歲，近年積極與其他品牌聯名，如蜷尾家、麻古茶坊、杜老爺、初鹿牧場等，目的是 (A)建立社群網站 (B)讓年輕人認識漢餅以開拓新商機 (C)開發多元化的異質商品 (D)進軍飲料冰品市場。

(　) 3. 近2百人的公司，員工平均年齡僅33歲，舊振南最困難的是 (A)員工流動率高 (B)商品一成不變 (C)內部溝通，讓年輕人也認同品牌價值 (D)建立企業形象。

(　) 4. 何者不是舊振南為了讓漢餅文化融入生活中所採取的做法？ (A)提倡「厚禮數」企業文化 (B)內部舉辦共識營、工作坊 (C)鼓勵員工發想如何在自己的工作實踐厚禮數 (D)設計不一樣的漢餅。

(　) 5. 何者不是因為品牌內化到企業裡，舊振南員工自然迸發的想法 (A)社群廣告 (B)疫情期間代客送禮 (C)前端人員轉型禮品顧問 (D)推出訂閱制。

二、問答題

1. 請問文內提及舊振南提倡「厚禮數」企業文化的涵義為何？

HINT 厚禮數背後的意涵其實是「多付出一點」，這就是他們想傳遞的文化，「禮尚往來這件事要不斷去說，送禮的價值不在於禮品，而是心意。」也就為了滿足客戶需求所進一步設想的作法，例如「素三牲訂閱制」，可以讓顧客依需求選擇固定頻率收到，打中了企業主每逢初一十五、初二十六祭拜的需求。

7-1 工作群體

組織由數個群體所組成，群體亦由一群個體所組成。組織目標的達成以群體目標達成爲基礎，而群體目標的達成，則有賴群體成員共同合作、戮力完成，形成個體、群體與組織的結構。其中，管理的目的在達成組織目標，而管理者對於群體行爲的掌握與預期，才能有效協調組織成員的合作以達組織目標。因此，本章首先即要帶領大家了解群體內的行爲，此亦屬於組織行爲研究的領域範圍。

一、群體的建立

群體（group）的定義是，兩個以上彼此相互依賴的個體，爲達成特定的目標，所形成之集合；亦即，組織內群體即兩個以上的組織成員爲了某特定目的所建立的集合體。因爲是爲了特定目的而組成，所以當特定目的被達成了，群體可能不需要持續建立而走向解散之路。因此，群體的建立、完成目標、解散，就構成了群體發展的歷程，通常包括以下五個階段：

1. **形成期（forming）**：各成員加入群體，並且定義群體之共同目標、群體結構與群體領導方式。
2. **風暴期（storming）**：由於組成成員來自於各個背景，有各自獨立的思考與動機，因此，群體形成初期常會有群體內衝突的現象，形成各個組成分子抗拒被控制的行爲。此階段屬於各成員行爲模式的磨合期。
3. **規範期（norming）**：各成員的思考方向與行爲模式經過磨合後，形成一致的努力方向，此時群體成員開始具有密切關係與內聚力的特性，並形成指導群體成員行爲的群體規範。
4. **表現期（performing）**：當群體規範被完全接受，此時群體的功能也能被完全發揮，展現出工作績效，並有效達成群體目標。
5. **解散期（adjourning）**：當群體被建立的特定目的達成後，此群體可能不再需要運作時，群體可能就會解散，此即稱爲臨時性群體。而不會被解散的，群體功能永遠爲組織所必需的，就稱爲永久性群體。

二、群體的類型

組織需要完成各種任務來達成目標，所以組織會由各種不同功能的群體所組成，因而形成各種類型的群體。

(一) 正式群體

群體所賴以建立之特定目的常是爲了正式的工作目標，因此由組織所建立的工作群體，有指派的正式工作或特定的任務，稱爲正式群體（formal group）。換句話說，爲了達成正式的組織目標所形成的群體，就是正式群體。

1. **命令群體**：命令群體（command group）是最基本、傳統的正式群體，由正式的職權關係所組成，並描繪於組織圖；指揮鏈上的管理者與其直接部屬，即構成命令群體。因爲是相同功能專長人員所組成的群體，又稱爲功能群體。例如行銷部、生產部，即屬於命令群體。
2. **任務群體**：任務群體（task group）是爲達成某特定任務而成立的臨時性群體，一旦該任務完成後，群體即解散。例如功能部門內爲了某特定的暫時性任務，所形成的臨時性專案編組，提出各種解決方案並執行者，故又稱爲任務團隊（task force）。例如企業推行變革管理，在組織組成變革管理小組，當變革的階段性任務完成，則此一任務群體可能也會跟著解散。
3. **跨功能團隊**：跨功能團隊（cross-functional team）屬於由不同功能部門的成員所組成之正式工作群體，群體組成係結合來自不同領域成員的知識與技能，以解決一些複雜的、必須整合跨部門專長的作業性問題。

(二) 非正式群體

相較於上面二者皆屬於爲了正式工作目標而形成的正式工作群體，非正式群體（informal group）不是爲了正式工作目標所組成，而是在工作環境中，因應社會接觸而發生，基於友誼與共同利益而形成的社會關係。

三、群體運作行為模式

群體內部的運作將決定群體績效與群體成員的滿意度，稱爲群體運作行爲模式。此行爲模式包含以組織基本資源條件爲基礎、繼而群體成員資源與群體內部結構的決定、進行群體運作程序，以完成群體任務，達成群體績效目標。模式內涵說明如下。

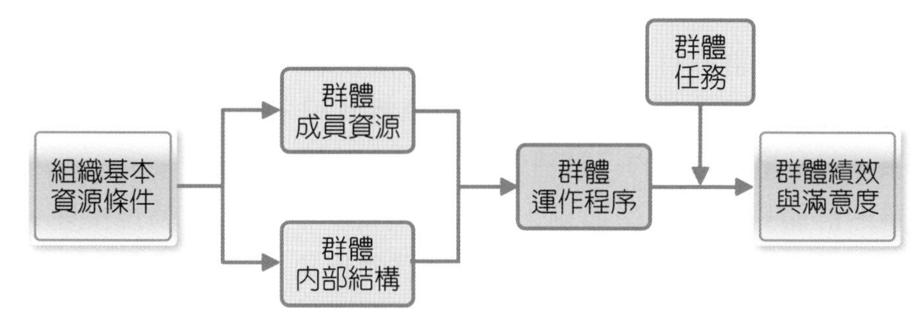

圖7-1 群體運作行為模式

1. **組織基本資源條件**：組織因策略與政策的制定所給予工作群體的資源投入，與群體內部運作較無直接相關的外部條件，例如：高階主管訂定之組織整體策略、職權結構、正式規章制度、組織整體資源多寡、員工甄選任用的人力資源管理政策、組織績效管理系統、群體工作場所的實體佈置等。這些資源條件為群體外部所建構的限制條件，限制了群體是否建立以及如何建立的基本規定。

2. **群體成員資源**：群體的建立需決定由哪些成員所組成、群體成員的資源條件為何。群體成員資源包括群體成員的知識、能力、技術、與人格特質等資源條件，以及人際關係技能、衝突的解決方式等能力條件，都是影響群體績效之因素。

3. **群體內部結構**：群體內部結構是由許多結構元素所構成的，包括角色、地位、規範、群體規模等，構成了群體所維持的型態。

   (1) 角色與地位：角色（role）是個體在群體中位於某位置，所被期望表現的行為型態之組合。主管有主管所被期望表現的行為型態，例如指導、激勵員工等；作業員工也有被期望表現的行為型態，例如努力工作。地位（status）則是群體成員在群體中所位處的位階，所表現其在群體內的威望、地位或階級。所以，群體成員有不同地位也代表有不同角色的期望。

   (2) 規範：規範（norm）是群體成員所共同遵守的標準或期望，代表一種被認可的價值觀及行為模式。所有群體皆會建立規範，例如群體的產出水準、成員缺勤率的標準、工作中被允許的社交活動量（例如很多公司或工廠有固定的休息時間）等。

   當群體成員皆希望被群體接受，則順從群體規範的壓力就會影響到對個體之判斷與態度。而在順從的壓力下，群體成員容易產生附和群體的現象，放棄個人想法，遵從群體領袖、群體規範的意見方向，如此將易形成群體思考症（groupthink）之病態現象。

(3) 群體規模：群體目標與群體最適人數規模有關。例如群體的目標如果是要發想出更多創意方案或調查出事實眞相，12人以上大群體較有效果，若是追求短期的行動績效，7人以下小群體最佳。

雖然群體目標與群體最適人數規模有關，但是當群體規模變大，個體成員會傾向減少其努力與貢獻之群體現象，稱爲社會閒散（social loafing），或稱爲群性虛耗。一般個人通常傾向在群體作業時較在獨立作業時投注較少的努力，亦即個體工作效率隨團體人數增加而下降，而出現「搭便車傾向」。從管理角度而言，爲了降低群體成員搭便車傾向，群體領導者應建立一方式確認工作團隊內個體努力之衡量方式。

4. **群體運作程序**：當群體資源、內部結構確立之後，即可進入群體運作的過程，此過程的決策包括群體運作所採行的溝通型態、群體決策流程、群體有效的領導方式、衝突解決方式等。

群體建立了適當的結構，以及群體運作程序的各項決策制定之後，一旦群體被賦予工作任務，即能順利進行群體的各項機能運作，達成群體績效以及提升成員的滿意度。就如同球隊打球一樣，主力球員各有攻守區域範圍，進攻策略也經過多次沙盤推演與演練，則待正式上場比賽時，必能勝利贏得球賽，球員也能更增信心。

四、群體內角色結構與衝突

群體內的每個成員皆各有任務與角色，當群體結構愈趨複雜時，群體角色間的結構關係即更趨複雜，更易產生各種角色的矛盾與衝突。本節即在統整群體內的角色結構、角色模糊與衝突等。

1. **角色結構**：角色結構（role structure）指團隊內爲成員所接受的一套界定完整的角色，以及角色與角色之間的關係。角色結構有四個基本的結構特性：

(1) 團隊規模：團隊規模愈大，角色結構愈複雜。

(2) 成員多樣性：當團隊成員組成多樣性愈高，則角色結構也愈複雜。

(3) 角色分工：角色分工的明確與模糊，也影響角色結構的複雜性。然而，在無疆界組織的趨勢下，角色分工將愈來愈模糊，角色結構也將愈來愈複雜。

(4) 地位差距：群體成員位階高低的差距與角色結構的複雜性亦成正比。

2. **角色模糊**：角色工作內容、期望行為、職責或從屬關係不明確。例如，組織中一個新設職位的工作內容尚無法正確釐清時，或組織新進人員尚未確認正式職位時，都容易產生角色模糊（role ambiguity）。

3. **角色衝突**：當群體成員所承擔的角色需要面對來自於角色的矛盾與互斥，即稱為角色衝突（role conflict）。角色衝突常見的有四種類型[1]：

   (1) 角色間衝突：當一個人同時承擔許多不同工作角色，且這些角色彼此所面臨的角色期望互相矛盾與互斥時，即產生角色間衝突。例如中階主管常需扮演高階主管的突發任務承接者，在完成任務的高度壓力下，又需扮演安撫下屬對於任務的抱怨之協調者。

   (2) 角色內衝突：某一角色因為不同來源的工作指派彼此互相矛盾與互斥時，即產生角色內衝突。例如球員兼裁判的角色，或是矩陣式組織內同時負有功能任務與專案指派的員工，因為雙重指揮鏈，就易產生角色內衝突的壓力。

   (3) 來源衝突：同一來源所傳遞的訊息與指令彼此間互相衝突，而造成任務承接者的無所適從。例如主管朝令夕改，即為一例。

   (4) 個人與角色的衝突：角色本身的需求與個人的價值、態度、需求上的差異。例如某人的人格特質不適合服務性工作，卻在服務業工作，就容易產生個人與工作角色的衝突。

4. **角色過荷**：角色的期望超過個人能力；可能單一工作角色超過個人能力範圍，或一人承擔過多角色，即為角色過荷（role overload）。

五、改善群體決策績效

群體決策乃是由群體成員共同討論而得出決策方案，各有優點與缺點。優點包括：

1. **集思廣益**：群體決策在眾人討論之下，可產生更多資訊與方案，具有集思廣益的效果。
2. **增加解決方案之接受度**：群體成員共同參與的群體決策較易被成員接受。
3. **增加正當性**：群體決策為眾人討論之結果，較單一個人決策更具合法性。

群體決策的缺點則包括：

1. 林建煌，管理學，第三版，新陸書局，2010年1月。

1. **曠日費時**：群體決策往往耗時。
2. **群體思考症**：群體成員具有支配、主導力量者，具有決策影響力，而群體成員爲了附和主導人物或依附群體的隸屬感，而產生個人意見的妥協，不敢提出不同的意見或缺乏創意思惟，易成唯唯諾諾的決策依附者，產生群體思考症（groupthink）的病態現象。
3. **責任劃分模糊**：群體決策爲共同參與決策，責任歸屬較難釐清。

群體決策雖然具有集思廣益的效果，但也因爲曠日廢時、少數壟斷的特性，而容易喪失群體思考的效率。在實務上，有許多改善群體決策的技術與方法，包括腦力激盪、名目群體技術、德爾菲法等。

1. **腦力激盪**：腦力激盪（brain storming）指的是鼓勵成員提案，但對各方案不做任何批評的創意產生流程。
2. **名目群體技術**：名目群體技術（nominal group technique）不但有群體討論，亦有個人的獨立思考空間，又稱名義群體技術。其運作方式如下：
   (1) 給每位成員一個問題，並要求他們各自寫下對問題的看法；
   (2) 每個成員一次提出一個看法，直到所有的看法都被提出；
   (3) 然後開始討論。
   (4)最後由各成員獨立投票，得票數最多的方案即獲採用。
3. **德爾菲法**：由各專家成員獨立寫下意見，意見經彙整後再提供各專家成員，再由各專家成員修正意見，再經彙整，反覆此動作，直至專家意見趨於一致爲止。因此，德爾菲法（Delphi's method）又稱「專家意見法」。

管理 Fresh

減少衝突，強化效率

團隊成員彼此間的競合關係，既微妙又棘手。一個不小心，夾雜著個人情緒、私下較勁抗衡的內鬥，就會星火燎原。即便團隊再好，陣容再堅強，只要無法處理衝突，就很難發揮效能。內部衝突是團隊工作中的一部份，雖然常讓人感到不自在，但對團體而言，卻是健康的現象。而在衝突管理上，常會有許多誤解，如以下三點：

誤解一：順其自然，希望衝突自行消失

誤解二：正視問題會捲入爭端

誤解三：組織中存在衝突是管理者無能的表現

如果團隊成員，想要好好地化解團隊衝突，就必須透過下列五點來改變團隊衝突，並好好的領導團隊運行。

關鍵一：共同願景、目標的確立

把事情攤開來說，是治癒雙方最好的方法。但前提是身為一個領導者，你要能夠清楚地指出團隊的願景與方向。

關鍵二：介入的時機點，越早越好

當爭鬥開始醞釀，情緒也隨之高漲，任由衝突惡化，只會讓負面的憤恨持續地破壞團隊情誼。

關鍵三：對事不對人

應該避開感情用事，處理人事的衝突，越明確具體越好。回歸到團隊早已具備的共識下討論，但若之前團隊並沒有明白的默契規範，現在正是凝聚的好時機。

關鍵四：尊重

主動傾聽是團隊成員最能直接感受到平等對待的基礎。當意見獲得重視，就會加強對領導者的信任基礎，才有直話直說的可能。

關鍵五：整隊再出發

協商衝突的結果，各方也許都會有妥協和退讓。整隊後，分擔責任給各個

成員，讓各方重新打起團隊的共同目標，不要在過去的癥結中逗留。要將目光放遠，有助於重建團隊共事的運作模式。

資料來源：陳竫詒（2012）。天下雜誌，491期，2012/02/22。

問題與討論

一、選擇題

(　) 1. 下列何者不是衝突時的誤解做法？ (A)正視問題會惹禍上身 (B)組織衝突的產生是管理者的問題 (C)對事不對人 (D)順其自然。

(　) 2. 衝突的產生是在於組織成員間有？ (A)競爭關係 (B)合作關係 (C)情緒及誤解 (D)以上皆是。

(　) 3. 下列關於處理衝突的作法，何者有誤？ (A)介入時間越晚越好 (B)學會尊重他人 (C)提出共同願景 (D)對事不對人。

(　) 4. 關於衝突與效率的關係，下列敘述何者正確？ (A)衝突和效率呈正相關 (B)減少衝突會使組織內沒有競爭力 (C)衝突越高，效率越低 (D)只要有效率，根本不需要管衝突。

(　) 5. 若要整隊再出發，下列何者不適合是處理衝突的方法？ (A)妥協 (B)開創一個新的團隊合作模式 (C)學會相互尊重 (D)據理力爭。

二、問答題

1. 團隊的內部衝突，為何是組織健康的現象，請說明？

HINT 了解衝突對組織的幫助。

7-2 團隊運作

一、團隊的意義

工作團隊（work teams）乃是由負責目標達成任務之相依（interdependent）個體所組成的正式群體（formal group）。企業組織

中的各項活動，善用團隊幫助組織達成目標已非常普遍；團隊的運作被視爲提高效率的象徵。

從群體到團隊，二者都屬於組織內的成員以特定型式組成的集合體，然而，團隊更被視爲較群體更具效率。群體與團隊的異同點比較如表7-1所示：

表7-1　群體與團隊異同點比較

	群體	團隊
相同點	二者皆基於特定目標之達成而形成。	
組成正式性	組織內的群體分為正式群體與非正式群體，群體不一定是為了工作目的而形成。	組織內的團隊一般是指工作團隊。工作團隊是由負責達成某項「正式工作目標」，且彼此相互依賴的個人所組成的「正式群體」。
正式群體與團隊的比較（Katzenbach & Smith, 2005）	1. 有強有力的領導者，如同部門主管 2. 群體目標源自於組織使命 3. 注重個人獨立作業之工作成果與個人責任 4. 有效率的會議執行，如同部門會議的召開 5. 以間接方式衡量績效：績效的評估決定於對他人工作的影響（例：產品面績效需待市場數據的回饋） 6. 經常授權個人完成任務	1. 通常不需主管監督，由團隊獨立運作 2. 團隊常具有獨特的目標，例如臨時性的任務 3. 注重集體工作成果，兼顧個人與彼此間責任 4. 鼓勵公開討論並召開問題處理會議 5. 以直接方式衡量績效：績效的評估決定於整體的工作產出（例：創意的產出數量） 6. 經會議討論、團隊成員共同完成

群體與團隊的形成原因（基於特定目標）、目的、互動過程相似；但團隊要求的成員關係更爲正式與緊密。

二、團隊的類型

團隊的組成有各種類型，依各種不同特性可將團隊分類如下。

1. 依團隊目標區分

(1) 產品開發團隊：是最常見的團隊，透過創意發想，提出許多新產品開發的構想與提案。

(2) 問題解決團隊：品管圈即爲一種問題解決團隊。品管圈（quality control cycle, QCC）於每一段期間針對一個管理問題，定期檢討解決方案執行成效，並予以修正或繼續執行。常採用PDCA循環（plan→do→check→action）作爲品質改善的程序。

(3) 其它組織目標：例如因企業再造、知識管理或標竿管理等目的而形成團隊。

2. 依組成成員區分

(1) 功能團隊：同一功能部門的管理者及其下屬所組成之工作團隊。

(2) 跨功能團隊：不同功能部門的成員組成之工作團隊，結合來自不同領域成員的知識與技能，以解決一些作業性問題，稱爲跨功能團隊（cross-functional teams），包括群體成員被訓練接替彼此工作者。

3. 依結構區分

(1) 監督團隊：團隊運作具有更高層級管理者指揮監督之團隊。

(2) 自我管理團隊：除了作業性工作外，團隊成員尙須自行承擔管理責任，包括聘僱、規劃與排程、績效評估，亦即承擔完整管理功能者，稱爲自我管理團隊（self-managed teams）。團隊運作沒有高層次管理者指揮，且自行負責完整的工作流程。

三、團隊的發展與管理

公司運用團隊進行組織規劃與控制活動時，能享有較大的生產力、增加利潤、較少的缺陷、較低的人員流動率、較少的浪費，甚至能增加市場價值。對於一個成功團隊而言，團隊的建立，必須考慮到完成工作與滿足成員需求。有效率的團隊通常兼顧兩者的需要。

然而，如何發展高效率的團隊，可從管理功能面向來著手。

1. **規劃**：訂定團隊明確的目標。當團隊成員對於所欲達成的目標都能清楚了解，且相信此目標具有重要意義，則團隊運作會更有效率地達成目標。

2. 組織

(1) 攸關的技能：鼓勵成員學習達成目標所需的技術與人際關係能力，和諧共事。

(2) 互信與承諾：建立團隊成員之間高度互信，並使成員展現強烈的忠誠與對團隊的貢獻。

(3) 良好的溝通：成員以清楚易理解的方式彼此傳遞信息，包括言辭及非言辭的方式。

(4) 有效協調機制：設立工作說明書、規定、程序與書面文件等，使組織成員據以建立明確的角色認知。此外，團隊成員能夠互相協調、彈性調整工作分配，使團隊運作更有效率。

3. 領導

(1) 適當的領導：透過團隊主持人適當的領導，能夠有效激勵團隊，讓成員們願意追隨他們度過最困難的處境。

(2) 政策溝通：向團隊成員與下屬解釋決策與政策，並提供正確回饋。

(3) 建立信任：鼓勵與支持團隊成員各種有建設性的想法，實質授權於團隊成員，言行一致且不吝讚美，並展現技術、專業能力與商業能力，以贏得成員的欽佩與尊重。

4. 控制：在群體內部，透過技能訓練、建立公正合理的績效評估系統與獎勵方案、給予各種人力資源方面的支持性作法，讓團隊成員能夠無後顧之憂的執行團隊任務。而對外，管理者應充分尋找與提供團隊成員必要的資源。

管理新視界

影片連結

獨舞！群舞！無與倫比的精彩！

弗萊明的舞碼—火焰之舞其中一個情節「勇士們」，以及回教國家的一支影片。都表現出即使是個人能力非常強，但是群體所表現的效果更是驚人。

影片中火焰之舞中「勇士們」這一段展現出個人獨舞的靈活與細緻，也從群舞的角度看到整齊劃一的磅礡場面。這可以讓我們看出個體與群體的表現，其實都有其不同的重點與功用，而如何去拿捏表演與特色的展現，其實就是組織成員要各司其職的重點。

問題與討論

1. 試問獨舞與群舞的差異與重點？

   HINT 獨舞在於個人的表現，因為目光聚在個體身上；而群舞則在於整體的流暢程度與整齊度上。因此，不同的形式有不同的要求，個人必須針對目標去做調整與改變。

2. 試論個體行為與組織的關聯？

   HINT 個體行為強調自我的績效，但對組織而言，整體的績效才是重要的。若各部門進度不一，則組織當然無法順利完成任務。但如果個體在組織底下能夠適時的去調整行為，以使組織績效最大化，這才是個體對組織產生有利影響的重點。

3. 最後一段影片中可以看到變化多端的圖形，其突顯的意涵為？

   HINT 最後一段影片中可以看出圖案的變換是經由很多人不斷變換位置所展現出來的效果，這突顯出團體任務必須各司其職，在專業分工下才能達到目的。

7-3 組織文化

一、組織文化的定義

組織文化（organization culture）指的是組織成員間所形成有形與無形之共享的意義體系（system of shared meaning）與信念（beliefs），且相當程度決定了員工的行爲。組織文化亦代表組織成員共同的認知（common perception）、行爲準則與共享價值。組織的共享價值觀（shared values）代表組織成員應該追求何種目標、達成此目標應該採取的適當行爲之想法與規範。因此，基於共享價值觀的規範，組織文化亦影響員工如何定義、分析組織議題以及問題解決方式。

因爲文化是一種知覺、共享的觀點或描述性的觀點。延伸至組織文化的概念，則形成組織成員對組織共同的知覺，以及組織的價值傳承，並能相當程度決定組織成員當行或不當行的行爲準則，故組織文化有時也是一種規範性觀點。

二、組織文化的構面

組織文化的形成使組織有別於其他組織，而構成組織文化的意義體系則包含組織有別於其他組織之重要特質，這些不同特質形成了組織文化的構面。查特門（Chatman）之組織文化剖面圖（organization culture profile, OCP）研究，提出組織文化的構面如下。

1. **注重細節**：員工被期望對細節展現正確分析、詳加注意的程度。例如作業流程被要求精確性的文化特性。
2. **產出導向**：管理者著重結果、產出的水準，稱為產出導向或結果導向；相反地，組織若是較重視產出如何達成的過程，則稱為過程導向。結果導向低即屬於重視過程導向。
3. **人員導向**：管理決策常會考量對組織人員影響之程度，即屬於人員導向。若是管理決策以達成組織目標為唯一考量，則人員福利或心理觀點常會被忽略，就屬於人員導向程度低的文化特性。
4. **團隊導向**：組織工作傾向採團隊運作的方式完成，屬於團隊導向；若組織工作偏好由個人獨立作業完成的，則屬於團隊導向程度低的文化特性。
5. **進取性**：員工之間是彼此競爭或彼此合作之程度，進取性高又代表具攻擊性的文化。在業績導向的公司，業績競爭為日常營運重點，組織文化自然就趨向於進取性高的特質。
6. **穩定性**：組織決策和行動注重維持原狀之程度，意即組織決策保守、不輕易改變原有作法的，即屬於穩定性程度高的文化特性。
7. **創新與風險傾向**：員工被鼓勵創新與承擔風險之程度愈高，即屬於創新與風險傾向高的文化特性，又稱為創新與冒險性。

組織在這些構面表現的程度高、低，組合起來即形成每一個組織的不同特質，而形成不同的組織文化。例如國營事業組織對於細節注重的程度高、穩定性的重視程度高、而創新與風險傾向相對較低，明顯體現為與私人企業較為不同的組織文化特徵。

三、組織文化的形成

一般組織文化的起源，是源自於創辦人的願景或使命，或是早期工作者的經驗與行事方法，而傳承下來成為組織成員的成為準則。因此，組織文化的形成主要受組織創始人的領導方格與管理方式影響，再透過組織的用人決策、新進人員的輔導與融入組織文化的社會化過程，而逐漸形成組織文化及其演進。因此，組織文化的建立與維持過程體現如下圖7-2所示：

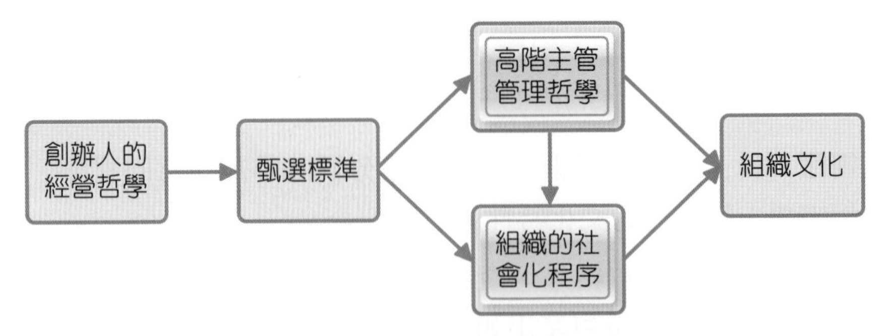

圖7-2　組織文化的建立與維持過程

1. **創辦人的經營哲學**：創辦人的願景或使命建立了組織的目標與行事方法，建立了組織文化。
2. **甄選標準**：透過人力資源管理程序制定用人政策，甄選合適的員工，維繫組織文化的傳承。
3. **高階主管的管理哲學**：高階主管對於組織文化的支持，若能化爲日常營運的實際行動，當能更深化組織文化的強度。
4. **社會化的程序**：組織透過故事、儀式、實體符號強化新進人員了解組織所重視的價值觀，協助員工適應組織文化。
5. **形成組織文化**：透過創辦人願景、用人政策、高階主管支持、員工社會化程序，潛移默化的形塑所有員工的行爲準則，員工共同認知的組織文化得以維持與延續。

四、組織文化的學習與傳承

組織文化是組織成員對於組織的共同認知，這種認知可透過幾種方式來學習，包括故事、儀式、符號、語言等方式。

1. **故事（stories）**：組織的成功創立總有前人的胼手胝足、努力奮鬥，因此包含創辦人傳奇故事、過去錯誤事件的解決方式，都成爲員工避免重蹈覆轍的範本教材，也成爲指導員工行爲的準則。
2. **儀式（rituals）**：重複性的活動程序表達組織的價值觀、重要目標、重要人物。例如新官上任的佈達儀式、年度或每個月的優秀員工表揚、重要專案的宣誓儀式等，都可讓員工了解組織所重視的價值。

3. **符號（symbols）**：員工對企業場所之感覺可能是正式的、休閒的、娛樂的或嚴肅的，而員工對這些企業場所內的實體符號（material symbols）之感覺即建立了對組織個性的認知。實體符號包括：組織的設施、制服、高階主管座車、辦公室規模、員工休閒的設施。這些實體符號亦傳達給員工：誰是重要人物、高階主管所欲之公平、被期望與適當的行為類型（風險承擔、保守、獨裁、參與、個人主義等）的訊號。

4. **語言（language）**：學習組織特定語言係組織成員證明其對組織文化之接受與傳承此文化之意願，例如製造業、服務業與零售業的專業語言一定不同。而國營事業、電子資訊產業與外商企業也都有不同的語言溝通習慣，代表不同的組織文化特性。

管理 Fresh

科技與人文兼具的高鐵文化

相信大家一定都看過高鐵的企業識別標誌，它的設計靈感來自飛舞中的旗幟，由輕盈的線條組成，卻充滿旺盛的張力與活力。台灣高鐵標誌不只傳達先進交通科技所帶來的速度感，更展現台灣高鐵關注每一個服務細節的人文關懷，從視覺上表達了高鐵公司經營理念所考慮的「科技」與「人文」二個面向，也代表了企業文化的二個主軸。

台灣高鐵率先其他運輸業，首創的網路訂位系統、ibon機台進行高鐵訂位與取票、T Express手機購票系統、QR Code車 票快速註記系統、T Express「訊息推播」功能、全線車站驗票閘門設備功能更新等新興科技應用，不僅提升高鐵旅運服務品質，更多次榮獲智慧運輸應用獎、服務業科技創新獎等殊榮，展現了台灣高鐵公司充分運用科技的服務創新。

在台灣高鐵企業社會責任白皮書中也揭示，台灣高鐵將履行企業社會責任（Corporate social responsibility, CSR）的核心價值，融入於經營管理中，讓永續發展的觀念，深耕在日常營運中，成為高鐵公司特有的經營理念和企業文化。例如：高鐵公司藉由日常訓練，時時刻刻要求員工的儀態、工作效率和紀律；穿著制服的清潔員工也必須在班車到達終點站後，在月台列隊等待客人下車後，再進入車廂整理，並且每人都會分配自己的負責區域。由此可知高鐵公司，不斷地在改善、進步，只為達到完美，講求服務的質感。

台灣高鐵為加強產學互動、增進青年學子對高速鐵路的認識，更為國內鐵道產業培育優秀人才。自2014年起，連續三年舉辦「大學生暑期體驗實習計畫」。2016年共有50位來自全國20所大專院校學生，利用二個月的暑假期間，親身見習台灣高鐵對營運安全與旅客服務的堅持和用心。

除了安排同學們見習站務員與車勤人員的工作外，更安排參觀素有「高鐵心臟」之稱、負責全線列車運行調度的行控中心，並在燕巢總機廠親眼見證將高鐵列車上每一個零件拆解、測試、保養，再重新組裝的車輛「大修維護」（GI）及「轉向架維護」（BI）等浩大的維修工程。此外，同學們還有機會一窺肩負旅客服務重任的運轉中心與整備中心，除了見證高鐵公司環環相扣的營運安全鏈，以及在服務細節上的用心投入，實習生們也藉由這個體驗，體會到高鐵人的辛勞與敬業，留下深刻的印象。

高鐵從業人員必須面對全年運輸服務不打烊的工作壓力，犧牲、付出與努力，將每一位殷切返鄉的遊子，亦或是滿懷期待出遊的旅客，平安、快速的送抵目的地，創造一段又一段美好的高鐵旅程。強調高感度服務品質的高鐵企業文化，就是展現高鐵經營績效的重要催化劑。

資料來源：

1. 台灣高鐵公司新聞稿（2016/8/30），「2016台灣高鐵大學生暑期體驗實習計畫豐收滿載圓滿結訓」。
2. 台灣高鐵公司網站。
3. 部落格http://210.243.21.2/~happygo/person/person-1.htm。

問題與討論

一、選擇題

(　) 1. 台灣高鐵的企業識別標誌展示了 (A)經營使命 (B)企業活動 (C)企業文化 (D)以上皆是。

(　) 2. 何者不屬於台灣高鐵旅運上導入的科技創新？ (A) ibon訂位與取票 (B) T Express手機購票系統 (C) Bar Code購票通關入場 (D) QR Code車票快速註記系統。

(　) 3. 由上述個案，台灣高鐵企業文化的人文面向並未表現在哪一項的要求上？(A)員工的儀態　(B)工作效率　(C)紀律　(D)藝術欣賞。

(　) 4. 企業文化對台灣高鐵企業績效的主要影響應是　(A)一致的提供顧客高度服務品質　(B)服從公司的規定　(C)科技應用技術的更新　(D)高度壓力創造高度績效。

(　) 5. 高鐵與台鐵的企業文化外在表徵明顯的差異在　(A)制服　(B)科技應用　(C)車體設備　(D)以上皆是。

二、問答題

1. 當社會主流價值觀、生活型態改變，造就高鐵乘坐率的提升。請問台灣高鐵的管理者應該如何建立企業文化以適應環境趨勢？

HINT 社會主流價值改變時，企業管理者也要跟著改變產品的行銷或服 務流程等。

7-4 團隊衝突

一、衝突的意義

衝突係指兩個以上之個人或團體間，由於不同之利益、目標、期望所產生不一致與不和諧的狀態。衝突也不一定都具有負面效果，衝突也可能帶來正面功能，包括提高衝突雙方的互動與了解、發掘潛藏問題與解決問題、甚至刺激創新變革等。

衝突起始於不一致與不和諧的意見，然而衝突不一定一觸即發，有些時候衝突可能是潛藏內心，而不一定爆發。例如，Pondy以人際模式觀點（interpersonal model perspective）提出團體衝突五個階段：

1. **潛伏期**：雙方意見略顯不一致。
2. **知覺期**：雙方意識到意見不一致。
3. **感覺期**：因意識到意見不一致，而出現內部的緊張、焦慮、不安等感覺，而以言語表達出此感覺。衝突的一方開始以「雞蛋裡挑骨頭」的方式，用言語表達其不一致的想法。

4. **衝突外顯期**：衝突公開化，敵對、爭論、攻訐、造謠、冷漠、不合作態度等表現。至此，衝突行爲眞正表現出來。
5. **結果期**：經過外顯衝突階段，衝突可能被圓滿解決，改善雙方關係；但衝突也可能更加擴大，導致更嚴重的衝突。

衝突思想之演進，從傳統認爲衝突一定不好的觀點，到行爲觀點認爲衝突是不可避免的自然現象，一直到現代的互動學派觀點，開始注重有效運用衝突，來改善團隊運作績效。

表7-2　衝突觀點比較

衝突觀點	傳統觀點	行為觀點（人際關係觀點）	互動學派觀點
年代	1900~1940	1940~1970	1970~迄今
假定	不利於組織	自然現象，不可避免	衝突有好、有壞
處理	完全消除（避免衝突）	強調管理（接受衝突）	刺激或降低水準（運用衝突）

現代衝突思想認爲衝突有好有壞，好的衝突，稱爲「功能性衝突」，該類衝突支持群體目標，可改善群體績效，有助於企業任務、目標的達成。壞的衝突，阻礙團隊達成目標，則稱爲「反功能性衝突」或「非功能性衝突」。而當團隊具有適中的衝突水準，則團隊績效能達到最適水準。而團隊是否處於適中的衝突狀態？必須刺激或減少衝突？均有賴管理者的經驗判斷。

二、衝突的類型

在工作團隊中，衝突多來自於對完成工作任務的意見不一致所致，也因此衍生三種衝突類型。

1. **關係衝突**：當工作任務互有交集的雙方若是因爲一言不合，而產生人際關係衝突，則幾乎全爲極可能阻礙團隊目標達成的「非功能性衝突」。
2. **任務衝突**：與工作目標及內容有關之衝突稱爲任務衝突。低度的任務衝突屬於可支持團隊目標達成、可改善績效之「功能性衝突」。
3. **程序衝突**：與工作完成之步驟有關之衝突稱爲程序衝突。低度程序衝突屬於「功能性衝突」。然而如果是任務角色不確定、目標混亂，則爲「非功能性衝突」。

人類心理衝突（mental conflict）皆屬於心理動機的不一致，又稱爲動機衝突，亦包含三種類型。

1. **雙趨衝突（approach-approach）**：個體具有兩個皆喜愛的目標。
2. **雙避衝突（avoidance-avoidance）**：個體具有兩個皆厭惡的目標。
3. **趨避衝突（approach-avoidance）**：個體對於某一目標同時具有又喜愛、又厭惡的矛盾。例如：承接某一重要專案將有機會展現能力，卻又害怕能力不足難以完成專案或是擔憂將犧牲許多休閒時間。

管理 Fresh

策略化解對立危機，不再怕衝突

面對衝突時，釐清你在衝突中真正想要的是什麼、願意捨棄什麼，再針對當下的情境做出選擇，才能順利引導衝突走向你想要的結果。

衝突肇因於雙方對需要、價值觀念和利益所求不同，而產生不同意見或結果。我們習慣向外界求助、拖延或乾脆無奈接受，但這些行為對組織毫無助益。事實上，我們討厭的是停留在人身攻擊的「關係衝突」，而非能讓討論愈變愈好的「工作衝突」。當組織之間，針對議題而產生的工作衝突越來越多，所生產的建設性將會越來越高；相反地，若組織充斥著以人身攻擊為主的關係衝突，對組織的貢獻則會幾近於零。

事實上，與領導者間的管理衝突是必要的，相較於一般工作者而言，其實更應該學習如何管理與主管之間的衝突。面對衝突時，向上管理成功的關鍵在於，你能否在不愉快的情況下，仍適時地「了解主管的想法」並想清楚這時你能做什麼？你應該要站在什麼樣的位置，給予主管更多幫助？從他的角度出發為彼此的衝突解套。當你能夠「想到主管想不到的事情」，追隨者就可能轉變成為領導者的角色，主動出擊、成功做到衝突管理。

面對衝突，我們的心態是需要改變的，我們必須接受在組織內衝突、和平與建設是可以同時存在的；其次，在行為上我們要嘗試信任對方，讓衝突停留在「事」而非「人」身上；最後，要學會在不同的時機，運用更多的練習與技巧，選擇正確面對衝突的態度，巧妙地化解衝突於無形。

資料來源：陳書榕（2013）。經理人月刊，2013年4月號。

問題與討論

一、選擇題

(　) 1. 衝突的產生可能來自於下列哪些原因？ (A)利益不同 (B)價值觀不同 (C)需要不同 (D)以上皆是。

(　) 2. 面對衝突的最好方法是？ (A)改變心態 (B)正面回擊 (C)避而不答 (D)以上皆非。

(　) 3. 學習衝突管理的重要精髓是在於要學會？ (A)服從上級 (B)設身處地的理解他人想法 (C)懂得稱讚他人 (D)會拍馬屁。

(　) 4. 大多數衝突的產生是在於？ (A)對事不對人的言論 (B)部門間的惡鬥 (C)對人不對事言論 (D)主管的角力。

(　) 5. 下列何種做法才是對組織內衝突的處理有幫助？ (A)無奈接受對方的意見 (B)溝通與協調 (C)忍讓再找機會報仇 (D)習慣向外界求助。

二、問答題

1. 試問如何處理團隊內的衝突才是最好的方法？

HINT 了解處理衝突的最佳模式。

三、衝突的管理

上述的「管理Fresh」個案在告訴我們，要學會在不同的時機，運用更多的練習與技巧，選擇正確面對衝突的態度，巧妙地化解衝突。換言之，衝突管理的目標是以正面的態度，維持「最適」的衝突水準。而如何維持最適的衝突水準，我們勢必須了解衝突管理的步驟，如下說明。

- **步驟1：**了解管理者本身「衝突管理風格」。
- **步驟2：**確認須處理的衝突項目。不須處理的衝突項目包括：不具解決價值者、團隊無能力解決者、無重大影響者、以及對組織績效有幫助的功能性衝突。
- **步驟3：**評估各方涉入對象以及立場差異，包括：目標、利益、價值、資源、個性等的差異，以有效尋求解決衝突的方向。
- **步驟4：**評估衝突的來源：溝通差異（溝通上的誤解）、結構差異（部門結構設計不當）、個人差異（成長背景、經驗、訓練的差異）。

○ **步驟5：**選擇可行解決方案：以布雷克與莫頓（Blake & Mouton）衝突格道理論（conflict grid theorem）五種代表型來顯示衝突解決可採行的方式。

布雷克與莫頓（Blake & Mouton）之衝突格道理論以產生衝突時所採決策獨斷的或與對方合作的程度，區分五種代表型衝突解決方案，如圖7-3。

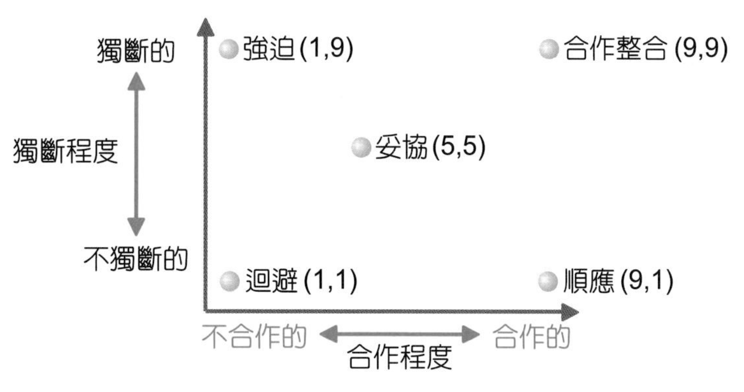

圖7-3　五種代表型衝突解決方案

1. **構面定義**：「獨斷」是指衝突解決是以堅持自己的意見爲主；「不獨斷的」指常不會堅持自己的意見爲主，甚至退縮。「合作程度」則是與衝突對方合作的程度。

2. **五種衝突解決方案**

(1) 迴避（avoiding）：屬於「獨斷程度低、合作程度低」，也就是未堅持自己意見，亦不與對方合作，藉由退縮或壓抑來解決衝突；此時己方損失最大。

(2) 順應（accommodating）：屬於「獨斷程度低、合作程度高」，亦即會優先考量他人需求與利益、與他人合作，但未堅持自己意見；此時相較衝突方而言，己方損失較大。

(3) 妥協（compromising）：屬於「獨斷程度中等、合作程度中等」，亦即衝突雙方皆放棄部分堅持；此時衝突雙方採互相退讓來解決衝突。

(4) 合作整合（collaborating）：屬於「獨斷程度高、合作程度亦高」，亦即衝突雙方尋找互利方法，以雙贏策略解決衝突。

(5) 強迫（forcing）：屬於「獨斷程度高、合作程度低」，亦即傾向犧牲別人利益來滿足自己的需求；此時傾向以我方考量爲主，我方全贏、對方全輸的策略。

此模式應用於實際案例，上述五個方案為代表性策略，如果是（9,1）型衝突解決方案，屬於「獨斷程度低、合作程度高」的「順應」型衝突解決方案。但若是（8,2）型衝突解決方案，亦屬於「獨斷程度低、合作程度高」，所以偏向於（9,1）型「順應」型衝突解決方案。

引用此模式時，我們不禁要思考，模式皆為簡化狀況，但眞實是動態的，多數為偏向中庸觀點的非極端狀態，吾人應如是觀，才能應用衝突解決模式於各種不同的眞實狀況，廣義而言，這就是一種情境觀點。

管理 Fresh

台積電以企業文化落實制度建立

研究歐美優秀百年大企業的管理學者，大都會歸納這些企業成功的法則，其中一個關鍵元素就是：企業文化。

張忠謀在創立台積電的頭10年，經過募資、技術移轉、人才培養、開發訂單等等逐漸穩定之後，除營運上產銷人發財制度逐漸成形外，他念茲在茲最關注的就是台積電的「企業文化」。這方面他非常用心以英文構思寫成，字字逐步推敲，再翻譯成中文。

創辦人帶領高階主管以身作則

有很多專家學者比較臺灣電子業領導廠商，為何台積電在營運、制度、利潤及技術人才都相對高出許多，越深入分析，發覺最關鍵的核心價值其實就是「企業文化」。

創立越久規模越大的企業，都會強調他的企業核心價值理念，大多時候，就集中在一、二句話，讓公司內外琅琅上口。

要檢驗企業文化，從創辦人、高階主管到基層員工，都能由內心認同、長期徹底實踐，尤其是創辦人帶領高階主管處處以身作則，久而久之，才能將企業核心價值落實成為「企業文化」。

優秀的企業文化，仰賴長期徹底實踐

張忠謀創立台積電前5年，如同大多數新創企業一樣，主要的精神在確立它的營運模式、生產製程，還有幹部人才。光是把這3項重點搞定，就要注入多大的心力。可是很多老闆在企業進入相對成長穩定之後，還是把心思花在擴張與成長，即使有心建立起久久遠遠的企業文化，卻也虎頭蛇尾，做了一陣子後，

重心又擺到其他營運關心項目。或者，因自身職場初期養成重營收輕制度的習性，以至於難以維持制度文化的客觀與實踐。其實深入分析，營運制度與企業文化兩者呈正相關，在各部門營運進入穩定性的良性循環後，若是有厚實的、行之有年的企業文化在背後支持著，就會讓企業這條大船正確航行而不偏，且呈良性高成長態勢。

一如台積電成立以來的表現，接班的團隊若是內升，也因為被創辦人薰陶多年，骨子裡已熟悉了這個企業制度文化下的運作，不僅不會背離，更加深文化的廣度。舉個例子，台積電的核心價值有4大塊，那就是：誠信正直、承諾、創新與客戶信任。為了真正落實這4大核心理念，就要透過討論並制定許多辦法來貫徹，這些辦法經過不斷的運作、修正、試驗，就成了公司約定俗成的企業文化，執行久而久之後，就成為制度。

以誠信為基礎的企業文化

誠信是相對的，董事長、董事會，上級主管對部屬，不同功能部門業務、生產、研發、人資彼此之間，更重要的是同仁和客戶、供應商之間，都要建立誠實、信用，也才能落實成企業文化。

其次，制度化建立的早期，最高領導人對剛建立制度的尊重與堅持，也是企業能否制度化的一個關鍵。張忠謀在他回臺創業之前，已經親身參與了三家公司的運作，尤其在德州儀器25年從帶領20人的工程師小團隊，到領導3,000人的總經理，看到周遭半導體產業各個大小公司競爭力的強弱，追根究底，就是公司治理與企業文化的優質與否。所以，當台積電進入高成長穩定期的2,000年前後，他扮演專職董事長時，特別花相當的時間關注公司治理與企業文化，一點一滴的探討與修正。

資料來源：王百祿（2021/12/3）。一年採購上千億，張忠謀如何防貪弊、避免員工收回扣？拆解台積電的管理手段。經理人月刊。https://www.managertoday.com.tw/books/view/64249。出自《台積電為什麼神》，時報出版，2021年9月21日出版。

問題與討論

(　) 1. 張忠謀創立台積電前5年，如同大多數新創企業一樣，主要確立的3項重點，何者為非？ (A)營運模式 (B)生產製程 (C)產品擴張 (D)幹部人才。

(　) 2. 張忠謀在創立台積電的頭10年，經過募資、技術移轉、人才培養、開發訂單等逐漸穩定之後，他念茲在茲最關注的就是 (A)營運制度 (B)製程研發 (C)產品擴張 (D)企業文化。

(　) 3. 檢驗企業文化時，公司尤其要如何做才能將企業核心價值落實成為「企業文化」？ (A)創辦人帶領高階主管處處以身作則 (B)制度建立強調所有員工奉行的規定 (C)不同功能部門之間的業務協調 (D)要求同仁和客戶、供應商之間建立誠信。

(　) 4. 台積電的核心價值經過不斷的運作、修正、試驗，成了公司約定俗成的企業文化，以下何者非台積電強調的核心價值？ (A)誠信正直 (B)承諾 (C)創新 (D)客戶服務。

(　) 5. 本文提到營運制度與企業文化兩者的關係 (A)兩者獨立建立 (B)營運制度支持企業文化 (C)公司愈制度化愈能強化企業文化 (D)營運制度與企業文化兩者呈正相關，且企業文化支持營運成長。

重點摘要

1. 群體是兩個以上彼此相互依賴的個體，為達成特定的目標，所形成之集合；亦即，組織內群體即兩個以上的組織成員為了某特定目的所建立的集合體。
2. 群體從建立、完成群體目標到解散的一系列群體發展的歷程，通常包括五個階段：形成期、風暴期、規範期、表現期、解散期。
3. 為了達成正式的組織目標所形成的群體，就是正式群體，一般包括命令群體、任務群體、跨功能團隊。而在工作環境中，因應社會接觸而發生，基於友誼與共同利益而形成的社會關係，則屬於非正式群體。
4. 群體內部的運作模式，決定群體績效與群體成員的滿意度，稱為群體運作行為模式。此行為模式包含以組織基本資源條件為基礎、繼而群體成員資源與群體內部結構的決定、進行群體運作程序，以完成群體任務，達成群體績效目標。
5. 群體內部結構是由許多結構元素所構成的，包括角色、地位、規範、群體規模等，構成了群體所維持的型態。
6. 角色結構則是指團隊內為成員所接受的一套界定完整的角色以及角色與角色之間的關係，內含四個基本的角色結構特性：團隊規模、成員多樣性、角色分工、地位差距。當群體成員所承擔的角色需要面對來自於角色的矛盾與互斥，即稱為角色衝突，通常包括四種類型：角色間衝突、角色內衝突、來源衝突、個人與角色的衝突。
7. 群體決策雖然具有集思廣益的效果，但也因為曠日廢時、少數壟斷的特性，而容易喪失群體思考的效率。在實務上，有許多改善群體決策的技術與方法，包括腦力激盪、名目群體技術、德爾菲法等。
8. 工作團隊乃是由負責目標達成任務之相依個體所組成的正式群體。群體與團隊的形成原因（基於特定目標）、目的、互動過程相似；但團隊要求的成員關係更為正式與緊密。
9. 團隊的組成依團隊目標的不同可區分為產品開發團隊、產品開發團隊、其它組織目標等；依組成成員的多樣性可區分功能團隊、跨功能團隊；依團隊結構的差異則區分為監督團隊、自我管理團隊。
10. 組織文化指的是組織成員間所形成有形與無形之共享的意義體系（system of shared meaning）與信念（beliefs），且相當程度決定了員工的行為。組織文化亦代表組織成員共同的認知（common perception）與行為準則，其所形成之一

重點摘要

種知覺、共享的觀點或描述性的觀點。

11. 組織文化的構面分為七個面向：注重細節、產出導向、人員導向、團隊導向、進取性、穩定性、創新與風險傾向。這七構面表現的程度高、低，組合起來即形成每一個組織的不同特質，而形成不同的組織文化。

12. 組織文化是組織成員對於組織的共同認知，這種認知可透過幾種方式來學習，包括故事、儀式、符號、語言等方式。

13. 衝突係指兩個以上之個人或團體間，由於不同之利益、目標、期望所產生不一致與不和諧的狀態。衝突也不一定都具有負面效果，衝突也可能帶來正面功能，包括提高衝突雙方的互動與了解、發掘潛藏問題與解決問題、甚至刺激創新變革等。

14. Pondy以人際模式觀點（interpersonal model perspective）提出團體衝突五個階段：潛伏期、知覺期、感覺期、衝突外顯期、結果期。

15. 衝突思想之演進，從傳統認為衝突一定不好的觀點，到行為觀點認為衝突是不可避免的自然現象，一直到現代的互動學派觀點，開始注重有效運用衝突，來改善團隊運作績效。

16. 在工作團隊中，衝突多來自於對完成工作任務的意見不一致所致，也因此衍生三種衝突類型：關係衝突、任務衝突、程序衝突。人類心理衝突（mental conflict）皆屬於心理動機的不一致，又稱為動機衝突，亦包含三種類型：雙趨衝突、雙避衝突、趨避衝突。

17. 衝突管理的步驟包括：確認管理者本身「衝突管理風格」、確認須處理的衝突項目、評估各方涉入對象以及立場差異、評估衝突的來源、選擇可行方案。布雷克與莫頓（Blake & Mouton）之衝突格道理論以產生衝突時所採決策獨斷的或與對方合作的程度，區分五種代表型衝突解決方案：迴避、順應、妥協、合作整合、強迫。

分組討論實作

團隊內總是充斥各種不同特質的團隊成員，團隊主持人必須有效管理團隊的合作關係，才能創造團隊的高績效。

團隊內總是充斥各種不同特質的團隊成員，團隊主持人必須有效管理團隊的合作關係，才能創造團隊的高績效。

本實作將從角色扮演的方式，演練團隊內多樣化成員的管理方式。首先請全班分組，每一組為包含至少5個人以上的團隊，一位團隊主持人將負責報告，團隊內成員包括四種特質者：

(1) 學有專精，勇於任事，但也因為承擔太多事務而使效率低落。

(2) 有背景的資深人員，有經驗，但常倚賴權勢不做事。

(3) 會做事，但也很會推諉塞責，決不做份外的事。

(4) 不積極任事，分派工作給他才做，平時則盡力裝忙躲藏，但其實能力不差。

四種人員看來都有工作能力，但卻難以相互扶持合作。請各小組討論後，以行動劇方式表演上述四種人員的行為特質，並由團隊主持人說明如何能夠協調四種人的合作共事。

管理實務並無一定的管理原則，故本實作亦無標準答案，只是對於未來可能面臨的團隊管理問題，預先思考可行的解決方案。

提示 本實作各組可先行討論擬出行動劇腳本，再利用課餘時間排演，於下一次上課分組演出或採「微電影」方式呈現。

NOTE

CHAPTER

08 領導理論

本章架構

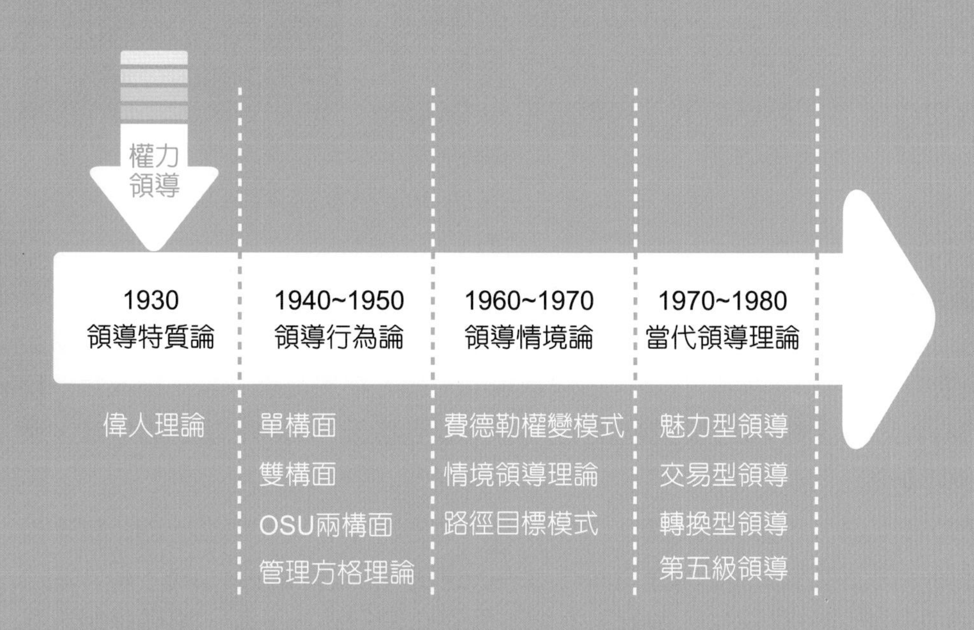

學習目標

1. 區別領導與管理之差異。
2. 理解權力的基本定義與權力的來源。
3. 了解領導特質論的內涵與相關理論。
4. 了解領導行為論的內涵與相關理論。
5. 了解領導權變論的內涵與相關理論。
6. 認識當代領導觀點。

領導者聰明與否不重要；重要的是能否認真做事。

Peter F. Drucker（彼得·杜拉克）

「面對、修正、優化」—吳昕陽疫情下的領導學

2021年5月15日，指揮中心宣布全臺灣進入三級警戒。在信義區坐擁四館的新光三越，原本共有177個出入口，但為精確控管人數，封閉到僅剩17個，剩1/10。每關上一道門，就形同將一大群消費者拒之門外。

當上帝關了十分之九的門，新光三越選擇自己在「雲端」整出一扇窗。疫情剛爆發時，新光三越副董事長兼總經理吳昕陽，當機立斷寄出兩封信，一封給所有員工，以SARS爆發時的應戰經驗，感性鼓舞大家繼續努力；另一封給品牌廠，清楚說明即將上線的數位藍圖，包括：購物不受限（電商App）、美食免出門（外送）、服務無距離（移動式結帳機）等三大項。一來可讓廠商安心，感受應變的誠意，二來也預先為承辦人員的後續聯繫鋪好路。

接著，吳昕陽召開集結安控、營業、商品、數位行銷等全公司所有部門，一次橫跨十五位一級主管的「應變會議」，平均一週一次。在疫情最緊繃時，甚至一天一次，每場都由他親自主持。這場會議的主軸，在於凝聚共識，確保每一個部門都得到相同資訊，以共同做出最佳判斷。直到今天，應變會議仍未中斷，累計已召開109場。

因疫情所迫，各種乍看陽春、不夠成熟、過去絕不可能貿然推出的系統，被推上了線。例如美妝電商Beauty Stage，上架日期原為該年度的第三季，但2020年2月疫情加速進程，短短11天系統即上線。而且當時的新光三越，還硬是祭出了三種不同的宅配流程。第一種是接到訂單後，由百貨統倉出貨；第二種是經過轉單，由供應商倉庫出貨；第三種則被內部戲稱為「階段性半自動」—消費者下單後，由百貨後台整理出報表，將產品資訊、送件地址等傳送給櫃姐，櫃姐整理包裝商品後，再由各店專櫃直接出貨，過程是非常迂迴。

但後來，公司調整得不錯，不求先有交易，而是希望先多上架衝出品項，讓更多人知道。目前，全臺已有超過兩萬名專櫃人員使用。這類先求有、再求好，邊做邊修的案例不勝枚舉。連吳昕陽都笑著自嘲，當初skm online上線時，甚至連購物車系統都還沒做好，消費者想買三個商品，就得分三次結帳。雖然很陽春，但先做再說！

另一位高層透露，多數系統上線當天，都是最兵荒馬亂的時候。賣場服務台、系統客服、專櫃人員等，都要協助統計消費者意見、回報，能修改的就當天解決。其後，「系統性的大問題，每週固定開會優化」。無法當天解決的顧客意見，會在一週一次、由吳昕陽親自主持的數位策略會議中，被提出來一一檢視，並分配後續改善由誰執行。

在2021年臺灣疫情嚴峻的時刻，更僅花14天，將原有的Beauty Stage升級為skm online，品項數從兩萬一舉拉升至超過八萬，業績較轉型前成長七倍，帶進五成新客，客單價更是一般電商的兩倍之多。

運用「面對、修正、優化」三步驟，把六十分上線的產品逐步修成九十分。使得新光三越不只今年週年慶營收再創新高，它的數位成績叫人驚豔。吳昕陽身為領導者，勇於面對現實，不顧慮面子，也不坐困愁城。一個人帶領一個團隊，在逆境中力拚新路。

資料來源：
1. 劉佩修、蔡茹涵、林靖珈、李佳靜（2021/12）。〈新光三越 我們學著不完美〉。商業週刊1777期。
2. 周頌宜（2021/12/20）。〈專櫃人員助攻電商！新光三越「熟客系統」，如何讓業績漲七倍、吸五成新客？〉。經理人。https://www.managertoday.com.tw/articles/view/64269。

問題與討論

一、選擇題

(　) 1. 根據本文內容，主要在闡述管理功能中的那項？　(A)規劃　(B)組織　(C)領導　(D)制控。

(　) 2. 吳昕陽在這次成功的領導之下，「勇於面對現實，不顧慮面子，也不坐困愁城」是具備那些成功領導者特質。　(A)自信　(B)成熟度與寬性　(C)任務相關知識　(D)以上皆是。

(　) 3. 而吳昕陽在新光三越主要是具有什麼樣的權力來源。　(A)法統權　(B)脅迫權　(C)獎酬權　(D)參考權。

(　) 4. 在疫情一爆發當下，吳昕陽立刻寄出二封信以做緊急應變，此為那種領導風格？　(A)獨裁式　(B)民主式　(C)放任式　(D)以上皆非。

(　) 5. 就費德勒之領導權變模式，本次因應變疫情產生領導模式為那個導向？(A)以下皆是　(B)以下皆非　(C)任務導向　(D)關係導向。

二、問答題

1. 請試想，領導者在面對困境時需要那些特質？為什麼？

提示　勇於面對現實、不顧慮面子、也不坐困愁城。

8-1 領導與權力來源

組織內的主管不同之領導型態，將影響部屬的士氣與工作態度，以及工作滿意度。部屬之所以會接受主管的領導，是來自於主管發揮其本身擁有的權力之影響力，而使部屬願意依主管所指向的目標邁進。

一、領導的基本觀念

領導（leading）是指領導者能夠影響部屬趨向目標達成的過程，而領導者（leader）是影響他人且具有管理職權者。管理者（manager）是指那些與他人共事且透過他人，藉由協調工作活動與分配以達成組織目標的人。由於管理功能包括規劃、組織、領導、控制，所以每位管理者應該都是領導者（會扮演正式領導者角色）。但團隊中也會有非正式領導者的出現，例如：因爲高度專業技能、特質而受到他人擁戴，而能扮演影響他人的領導者角色。但本章所講述的領導理論，仍是以具管理職權的領導者爲主。

管理與領導的差異如表8-1所示：

表8-1　管理與領導之差異

	管理	領導
定義	協調組織資源配置，集合衆人之力達成目標	影響他人趨向目標達成
職權關係	具正式職權	不一定具正式職權（例如因為高度專業技能、特質而能影響他人）
焦點	1. 管理的重點在建立制度 2. 管理者是問題解決方案的決策者	1. 領導的重點是人心的影響，是對部屬心理層面影響力的發揮 2. 領導者提出問題並完成使命的實踐者
功能程序	包括規劃、組織、領導、控制等四大功能，追求穩定與績效控制	領導是管理程序四大功能之一，透過提出願景與激勵，將部屬目標趨向與組織目標一致

二、領導的基礎—權力

權力（power）是人際互動的社會關係。權力結構是動態的，當權力轉移，權力結構會發生本質上的變化。而領導是透過權力取得、維持與運用爲基礎來達成目標，權力與領導的差異如表8-2所示。

表8-2　權力與領導之差異

	權力	領導
本質	影響他人的能力	（管理）功能、程序
目的	影響行動者執行某行為	與組織目標一致
特性	使他人順從	達成組織目標、獲取效能
焦點	是否發生影響及影響程度的大小	趨向目標達成

領導能夠發揮影響力，乃來自於權力的行使。而權力能行使也基於以下的權力來源：

1. **法統權（法定權）**：由組織正式任命領導部屬的權力。
2. **脅迫權（強制權）**：強制部屬服從命令、否則予以懲戒的權力。
3. **獎酬權（獎賞權）**：對部屬有獎賞的權力。
4. **專家權（專技權）**：領導者本身擁有高度專業知識和技術，爲人敬重。
5. **參考權（歸屬權）**：領導者本身特質受到部屬喜愛和尊敬。

前三個法統權、脅迫權、獎酬權乃來自於正式職權所賦予的權力，而使領導者能夠任命、懲戒、獎賞部屬的權力。專家權、參考權則是來自於非正式職權所賦予的權力。

三、領導理論

領導理論依時間演進，可劃分爲幾個階段：第一階段爲領導者的特質理論；第二階段爲領導行爲模式理論，重點在強調有效領導者所表現的行爲；第三階段爲領導情境理論，強調領導者與其所領導之人、事、情境之間的互動關係；第四階段爲新近領導理論階段。

鴻海集團郭台銘與信義房屋周俊吉的領導者特質

要在職場成功，正向積極的特質與企圖心相當重要，而環境的困頓也可能造就對成功所抱持的必勝決心。成功企業家的特質與職場態度造就了他們的卓越企業，正是我們可以加以學習的模範。臺灣首富郭台銘白手起家創辦鴻海集團，則是得自於其領導決策上的霸氣特質；信義房屋創辦人周俊吉的求學路很不順遂，卻樹立了他想要創業幫助他人的強烈動機。

郭台銘：沒野心代表你不夠窮

臺灣首富郭台銘白手起家創辦鴻海集團，曾說過兩句名言：「品質就是客戶願意用兩倍的價格來跟你買，而且還很高興」、「品質是價值與尊嚴的起點，也是公司賴以生存的命脈」，對於消費者而言，產品品質重於一切，也該是各大企業與公司應該謹記在心的初衷。

從郭台銘的中心理念來看，企業製造產品要做到加值的「品質」，將眼光放長遠來看，因此他說，鴻海沒有品牌，「品質是我們的品牌、科技是我們的品牌、人才是我們的品牌」，把虛實合一，才是鴻海真正販賣的產品。

將創業職場哲學拉回做人道理，郭台銘直視自己的個性「霸氣只是我在領導決策上的特質」，很多人形容接觸後，才發現他其實身段柔軟，人也樸實，這就是他人生的「品質」。白手起家的他當初一張張訂單親力親為，沒有所謂「高大尚」的貴氣，如今鴻海客戶都是世界級企業，正顯示了他人生的座右銘：「你沒有野心，就說明了你不夠窮，你本來就還沒成功，那麼你怕什麼失敗？」

周俊吉：企業的存在無法帶來貢獻，才是真失敗

信義房屋創辦人周俊吉的求學之路，看似很不順遂，念了三年高中還在念高二，最終補校結業，大學重考了好幾年，還到養雞場、書店打工。但他回想當時，「若沒有那段看似徬徨的求學歲月，或許就不會有日後的信義房屋。」

周俊吉相信一切都是積累，包含失敗與成功、痛苦與挫折、跌倒與站起，才讓人成為最終的模樣，這樣的他體驗了人生冷暖，更加樹立了幫助他人的想望。因此，信義房屋在創業第一日，便清楚寫下「立業宗旨」：「吾等願藉專業知識、群體力量以服務社會大衆，促進房地產交易之安全、迅速與合理，並提供良好環境，使同仁獲得就業之安全與成長，而以適當利潤維持企業之生存與發展。」

周俊吉認為，創新，當然有可能會失敗、有風險，但是讓他更在意的，是「存在卻沒有貢獻」，無論任何人、任何公司，都該對社會與接觸者帶來好的影響，「企業的存在如果沒辦法帶來貢獻，那這樣才是真正的失敗」。

因此，他堅信永恆價值就是能夠熱情實現家業夢想，分享每個獨特的故事，「所有的作為，都應該讓好生活能夠持續下去」，共同成就豐富人生，和諧成長、生生不息。

資料來源：

1. 施佩儀（2021/12/16）。張忠謀：在最壞發生時也要輸得起！臺灣三大頂尖企業家親揭成功心法。經理人月刊。https://www.managertoday.com.tw/articles/view/64327。
2. 施佩儀（2021/12/2）。「存在卻沒貢獻」才是眞失敗！臺灣三大頂尖企業家公開揭秘必勝心法。網路溫度計。https://dailyview.tw/popular/detail/12725。

問題與討論

(　) 1. 郭台銘說過：「品質就是客戶願意用兩倍的價格來跟你買，而且還很高興」，何者不是郭台銘所認為品質的意義？ (A)價值 (B)企業尊嚴的起點 (C)公司賴以生存的命脈 (D)產品的二倍價格。

(　) 2. 以下郭台銘對鴻海品牌的論述何者錯誤？ (A)鴻海沒有品牌 (B)品質是我們的品牌 (C)產品是我們的品牌 (D)人才是我們的品牌。

(　) 3. 郭台銘在領導決策上的特質是一種 (A)能力 (B)身段柔軟 (C)霸氣 (D)經驗。

(　) 4. 周俊吉想要創業幫助他人的想望是基於 (A)求學之路不順遂 (B)曾到到養雞場、書店打工 (C)體驗了人生冷暖 (D)以上皆是。

(　) 5. 周俊吉認為企業真正的失敗是 (A)營運虧損 (B)沒有對社會有所貢獻 (C)創新能量不足 (D)未提供人才創新環境。

8-2 領導特質論：領導者特質觀點

領導特質論著重於領導者的「人格特質」，成功的領導者本身特質與非領導者不同，則基於領導者具備「特定人格特質」才能成爲領導者的人選。

一、成功領導者的特質

成功的領導者特質與被領導者有所不同，常被提及的是，領導者的「身高」與「智力」均高於被領導者，以及領導者相對比較「外向」，這些都是一個成功領導者應具有的特質。另外，Davis亦指出四種人格特質和成功的領導有所關聯：

1. **智力**：領導者智力略高於平均智力。
2. **成熟度與寬容性**：領導者具有處理極端問題的能力。
3. **內在激勵與成就感**：領導者有強烈完成任務的內在驅力。
4. **重視人際關係**：領導者重視人際關係的建立和培養。

Robbins與Coulter整理諸位學者的研究，也提出七個有效領導者的特質，包括：

1. **內驅力（drive）**：主動積極、旺盛的精力與企圖心，能堅持到底。
2. **領導慾（desire to lead）**：亦即領導者具有領導眾人的動機。
3. **誠實和正直（honesty and integrity）**：待人誠信、一致，能被信任。
4. **自信（self-confidence）**：領導者對自己的能力具有自信，才能領導他人。
5. **智力（intelligence）**：領導者具有高度的認知能力。
6. **任務相關知識（job-relevant knowledge）**：領導者具有高度的專業知識或企業相關知識。
7. **外向（extraversion）**：活力、合群、強烈自信、不沉默、不與人群疏離。

二、領導特質論缺失

領導特質論有時也被視爲偉人理論（great man theory），代表具有偉人般的人格屬性者，才是具有領導者特質。然而領導特質論只考慮到領導者的面向，且各理論所探討的因素不盡相同且不盡齊全，彼此間亦常互相矛盾，例如：高智力且外向者，不一定具有旺盛的領導慾。

管理新視界

影片連結

不被限制的女性領導者

桑德伯格（Sheryl Kara Sandberg）現任Facebook營運長（2008年-），同時也是臉書第一位女性董事會成員（2012年6月-），加入臉書前，桑德伯格曾經擔任Google副總裁，負責全球線上銷售和運營，在加入Google前，曾經任職於美國財政部。在桑德伯格加入臉書前，公司「主要興趣在於建設一個非常酷的網站，他們認為利潤也會隨之而來。」臉書的領導層同意依靠廣告來獲利。2008年時，原本每年虧損高達5,600萬美元的臉書，逐漸轉虧為盈，2018年，臉書的總營收達到558億美元，其中廣告收入在整體營收中，占比超過94%以上。

而在Google、Facebook這兩段成功的經歷，讓桑德伯格被《時代》雜誌選為年度百大人物之一。此外，為鼓勵在企業中的女性，放手追求屬於自己的頂尖職位，發揮自己在工作場合的影響力，桑德伯格在2013年時，發行《Lean In》一書，並將該書所得，全數贈予她所成立的同名非營利組織Lean In.org。因為長期致力於為女性職場權益發聲，《紐約時報》也稱她為「女權主義的象徵領袖」。

2018年，Facebook深陷劍橋分析資安風暴，《紐約時報》指出，當媒體問起此事件時，桑德伯格都試圖輕描淡寫帶過，處理態度模糊。根據《華爾街日報》報導，桑德伯格後來被祖克伯指責處理不夠果斷，讓她一度擔心會丟失營運長之位。

不過至今，桑德伯格仍以身價16億美元之姿，穩坐Facebook營運長之位。

桑德伯格根據她自己二十幾年工作經歷中，提出一個關鍵性的問題，即：「為什麼到了今天，位居高階領導位置的女性，還是如此稀少？」

她觀察到，已開發國家女性大學畢業生已超過50%，就全球角度來看，女性在議會、企業高層、董事席次所佔的比例卻都不到20%。除了一些社會制度、女性生育的生理條件等因素外，女性是不是受制於自已，而因此限制了自己？因此，桑德伯格鼓勵女性「往桌前坐」、「接受挑戰」、並「積極追求各種目標」。

資料來源：

1. 維基百科。
2. 2020/10/17。Google、Facebook都愛她！科技界的女權鬥士，爲何能成功翻轉2大巨頭的財政營收？。數位時代。https://www.bnext.com.tw/article/59612/sheryl-sandberg-success-story?

問題與討論

1. 從影片中可知，為何高階領到位階的女性無法超越20%？

HINT 因為女性對於自身的成功較易歸功於大衆，使其無法突顯個人能力，而造成晉升的阻礙。

2. 女性之所以在領導位階受到限制的因素有哪些？

HINT 除了文化與制度外，其實是在於女性的特質與自信心上。由於男生的特質較容易具備高自信，因此在爭取晉升時相對獲得較好的機會。

3. 桑德伯格所要表達的意涵為？

HINT 桑德伯格要表達的是女性自我意識的抬頭是重要的，要勇敢對自我的成就進行爭取，並主動去追求與達到各種目標，改變這個男多女少的奇怪現象。

8-3 領導行為論：有效領導風格

領導特質論探討成功領導者之個人特質，領導行爲論則重視領導者所表現的領導行爲（或稱爲領導型態、領導風格），是否能帶來群體與組織的績效，也就是領導行爲與領導效能的關係。另外，領導特質論奉行偉人理論所強調的與生俱來個人特質，行爲學派學者則主張有效的領導風格可由後天訓練來達成。

領導行爲論焦點在具有領導效能的領導風格，故以下將從單構面、雙構面所決定的領導風格，說明領導行爲理論。

一、單構面理論

(一) 懷特與利比特的研究

懷特與利比特（White & Lippett）提出三種領導型態，以單構面將領導型態分爲獨裁式、民主式、及放任式三種：

1. **獨裁式（authoritarian）**：領導者以集權方式，制定各種政策性決策與精細的工作方法，員工參與程度幾乎爲零。
2. **民主式（democratic）**：領導者與部屬共同參與制定決策，亦即主管授權員工參與決定工作執行方法與目標，並使用績效回饋的方式作爲指導員工的機會。

3. **放任式（laissez-faire）**：領導者賦予部屬完全決策自由，下屬可以依自己決定的方式完成工作。

依據懷特與利比特（White & Lippett）的研究，認爲「民主式」的領導型態具有最適當的員工參與層次，爲最有效的領導型態。

二、雙構面理論

（一）OSU兩構面理論

俄亥俄州立大學（The Ohio State University Studies, OSU）學者所提出之兩構面理論認爲，領導行爲可利用「定規（initiating structure）」與「關懷（consideration）」兩構面來加以描述，並形成一個領導行爲座標；二種構面的不同程度之組合即構成不同的領導行爲（領導型態）。依此二構面的高低程度，形成四種領導行爲。研究結果發現：高定規、高關懷之生產力最高，二個構面爲：

1. **定規（initiating structure）**：領導者以明確的規章與程序，清楚界定員工的工作任務與角色。或稱爲體制。當任務變化性小時，領導者愈有制定明確規章的環境與誘因，定規程度高。
2. **關懷（consideration）**：領導者以友善、支持的態度關心部屬，並給予尊重與信任。

然而四種領導行爲的效果隨部門別而異，部門特性不同可能影響有效的領導型態，例如生產部門因爲必須確實執行許多標準作業程序，因此需要制定許多規定與程序以提高生產力。故生產部門的績效會與定規呈正相關，而可能與關懷呈負相關，亦即生產部門需要高定規、低關懷的領導型態。行銷部門倚賴創意，較不宜受制式規定的束縛，故行銷部門的績效會與定規呈負相關，而可能與關懷呈正相關，如圖8-1。

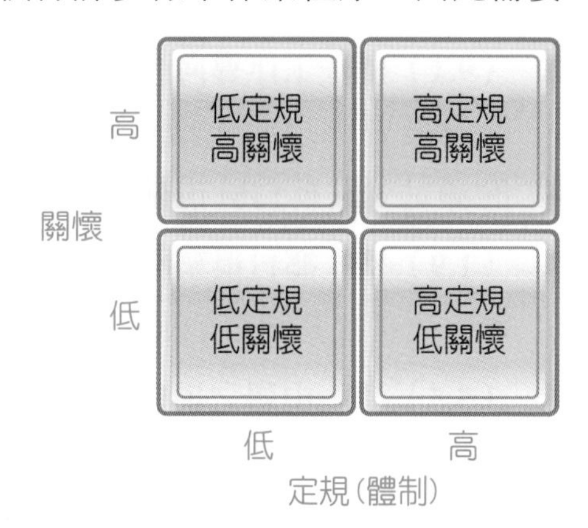

圖8-1　OSU兩構面理論模型

（二）布雷克與莫頓的管理方格理論

德州大學的布雷克與莫頓（Blake & Mouton）以「關心生產」、「關心員工」二構面描述領導風格。領導方式依此二構面，各九等級，交叉而成9×9=81種領導風格，稱爲管理方格理論（managerial grid theory）或管理格道理論。布雷克與莫頓特別指出其中五種代表型領導風格，如圖8-2：

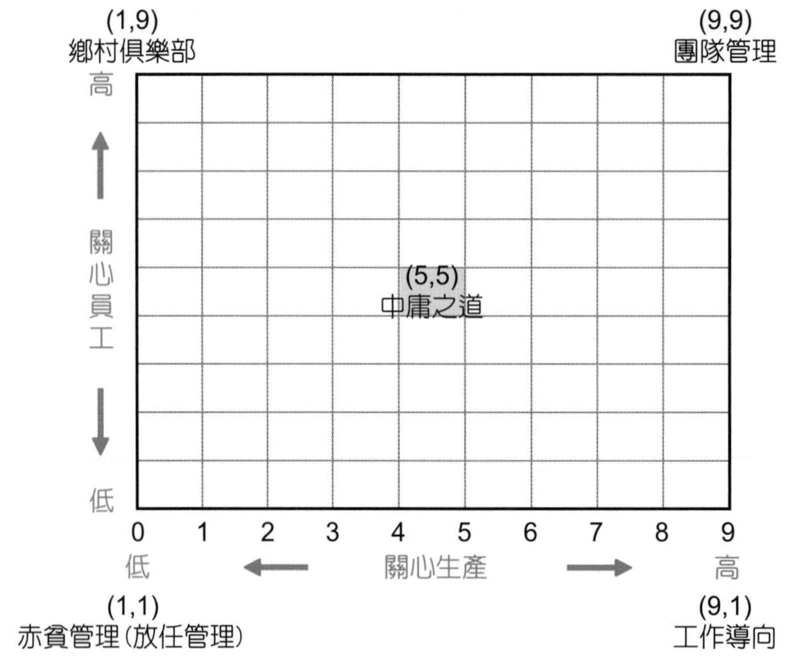

圖8-2　管理方格理論

五種代表型領導風格：

1. **（1,1）型—赤貧管理（impoverished management）**：對於生產與人員的關心程度皆很低。領導者做最少的領導行爲，對部屬僅維持基本工作要求；屬於放任式管理。
2. **（9.1）型—工作導向（task orientation）**：關心生產程度高，領導者對部屬高度要求達成任務。但領導者關心員工感受的程度低，疏於人員需求的滿足，又稱爲威權型領導（authority-obedience management）。
3. **（1.9）型—鄉村俱樂部型（country club）**：關心員工程度高，較不關心生產。領導者重視友誼與關係，領導風格係以創造舒適、安全的工作氣氛爲主。
4. **（5.5）型—中庸之道的管理（middle-of-the-road management）**：對於生產與員工的關心程度，維持在平衡「滿意的士氣水準」與「員工的休息需求」的程度，又稱爲組織型領導（organization man management）。

此一領導型態的特徵包括：(1)要求員工完成必要的工作（並未強制要求完成其他額外工作）；(2)維持滿意的工作士氣（並非追求最佳的士氣水準）；(3)要求達成組織一般績效水準。

5. **（9.9）型—團隊管理（team management）**：對於生產與員工均非常重視，藉由溝通、群體合作達成組織目標，領導者認爲工作的績效來自於高組織承諾的員工。布雷克與莫頓（Blake & Mouton）管理方格理論之研究結論指出，（9.9）團隊管理爲一最有效的領導方式。亦即關心工作程度愈高且關心員工程度愈高的領導型態，其展現的領導效能愈高，員工愈能發揮高度的生產力與工作績效。

我們可以發現布雷克與莫頓（Blake & Mouton）管理方格理論與俄亥俄州立大學（The Ohio State University Studies, OSU）兩構面理論皆認爲同時高度地關心工作與關心員工具有較高的領導效能。二個理論不僅構面類似，連結論都具有幾乎一致的觀點，堪稱經典的二個領導行爲理論。

（三）李克特之研究

李克特（Likert）提出「工作中心式」與「員工中心式」理論，將領導者分爲兩種型態，分別以工作或員工爲中心，採用「工作中心式」或「員工中心式」之領導行爲：

1. **工作中心式（job-centered）**：重視與達成工作任務有關的技術層面事務。
2. **員工中心式（employee-entered）**：重視關懷員工的社會層面事務；大多爲生產力高組織採行。

採用「工作中心式」之生產力與工作滿意度低，採用「員工中心式」之生產力與工作滿意度較高。由此可見，李克特（Likert）的主張與上述布雷克與莫頓（Blake & Mouton）管理方格理論、俄亥俄州立大學（The Ohio State University Studies, OSU）兩構面理論之結論不太一樣，李克特（Likert）認爲領導行爲關懷員工的程度愈大，領導效能愈高。

李克特（Likert）除了主張領導者採「員工中心式」之領導效能較高，亦提出參與管理系統的概念。李克特（Likert）認爲可以將組織管理方式依六個構面（領導、動機作用、溝通、決策、目標、控制），分爲四種類型，提出一最具效能的參與式管理組織，稱爲「第四系統」（System IV），代表一種最理想的管理系統。（許士軍管理學）

1. **第一系統**：剝削-權威方式：管理者對下屬不信任，極少讓下屬參與決策制定，決策大都由高階主管制定。
2. **第二系統**：仁慈-權威方式：管理者對下屬部分信任，高階掌控主要決策，容許基層主管在限度內決策。
3. **第三系統**：諮商方式：管理者對下屬相當信任，高階主管只做一般性政策及決策，具體決策授權下屬。
4. **第四系統**：參與方式：管理者對下屬完全信任，決策功能分布各層級，且有良好的整合。員工在目標、工作方法、績效評估、獎酬等各方面，都可參與決策並提供意見。員工獲較大工作滿足，生產力與績效亦提升。

管理 Fresh

沒有無能的團隊，只有沒能力的主管！

對經理人來說，最難的不是如何改善團隊的爛表現，而是如何面對表現平庸的團隊。有些員工是工作能力差強人意，卻又沒有到需要辭退的地步。但顯而易見的，再面試一次是不會錄取他。當下屬表現平平的時候，要怎麼做？社會科學家 Joseph Grenny 祭出四個步驟，幫助你一步步解決困境。

先把目前的結果呈現出來，讓員工感同身受

做為主管，你一定要讓團隊所有成員清楚知道他們要做什麼，以及為什麼要這樣做。通常團隊平庸的表現，就歸因於員工不知道自己的作為導致了最終的平庸。一個管理 3,000 名工程師團隊的經理人，決定派出幾名工程師支援客服，讓他們用自己開發的劣質軟體處理顧客來電，經歷一番「折磨」後，他們回去跟其他成員分享：這個軟體真的是糟糕到值得淘汰。幾星期後，這支原本毫無幹勁的團隊變了。因為他們知道自己的工作不只是寫程式，而是創造一個有用的工具，可以實實在在地幫助別人。

建立同儕問責制度，不讓老闆說了算

「平庸常常是監管太嚴的表徵。」Joseph Grenny 說，這聽起來好像不合邏輯，但他跟同事發現，表現差的團隊，一般沒有問責機制；表現平庸的團隊，由老闆問責；高表現的團隊，同儕彼此監督大部分同仁的表現；而表現最佳的團隊，當有問題發生時，馬上有團隊成員出面解決。

再怎麼厲害的管理者，都沒有辦法時時刻刻盯著團隊的一舉一動，管得越多，就越可能造就平庸。當你已經讓團隊清楚認知到他們該做什麼以及為什麼這樣做，並且制定明確審核目標後，就該建立一個良性的同儕問責機制，讓所有人可以彼此監督，確保可以達成使命。主管可以透過每周例行會議表達彼此意見，讓同儕問責制規範化。

扛起標準、以身作則

絕佳的表現會變成一種標準、模範，需要時時捍衛和被拿來警惕，但你可能需要為這樣的結果做點個人犧牲：不怕丟臉、面對衝突、扛起責任。例如，對於團隊裡長期表現不佳的成員，你對他執行前述所設定的標準，讓他也以高水準的表現為目標嗎？如果你沒有，那不僅幫不了這名員工，其他人也會覺得你沒那麼重視表現的好壞。

另外，當你要求團隊提高水平時，你同時也在拉他們進入一個充滿壓力的環境，在這個環境中，他們可能面臨失敗、人際衝突等，如果你不能以身作則、面對問題、持續高標準，他們就會看穿你的偽善，然後又逃離到舒適圈中。當你認為自己的團隊整體平庸，不妨試試以上四步，幫助大家一起提升，創建一個正向積極的工作氛圍。記得，只有沒能力的領導者，沒有永遠平庸的團隊。

資料來源：
1. 原文資料來源：Global Leadership Network。
2. 王德平（2019.04.08），沒有無能的團隊，只有沒能力的主管，經理人月刊網站，https://www.managertoday.com.tw/articles/view/57493?utm_source=line&utm_medium=message--&utm_campaign=57493&utm_content=019/4/6-

問題與討論

(　) 1. 「沒有無能的團隊，只有沒能力的主管！」其涵義是 (A)團隊都是很優秀的 (B)主管通常都是沒能力的 (C)員工績效不佳是主管的責任 (D)員工績效不佳是員工自己的責任。

(　) 2. 讓團隊所有成員清楚知道他們目前的結果，屬於一種 (A)目標設定 (B)績效回饋 (C)參與管理 (D)民主式領導。

(　) 3. 具體的審核機制指的是　(A)合理的標準　(B)有意義的審核標準　(C)明確量化的標準　(D)以上皆是。

(　) 4. 領導者實行同儕問責制度，讓團隊成員自行監督執行高績效工作成果，屬於哪一種領導方式？　(A)魅力式領導　(B)交易型領導　(C)轉換型領導　(D)領導者替代模式。

(　) 5. 領導者扛起標準、以身作則，較歸類於哪一種領導方式？　(A)團隊領導　(B)交易型領導　(C)身教領導　(D)領導者替代模式。

8-4 領導權變論：情境因素的調節

領導情境理論，強調領導者與其所領導之人、事、情境之間的互動關係，亦即有效的領導型態乃視情境而定。

一、費德勒之領導權變模式

費德勒（Fiedler）提出領導權變模式（Fiedler's contingency model），主張任何領導風格皆可能有效，端視情境而定。影響領導者效能的情境因素爲：(1)領導者與部屬間的關係；(2)任務結構；(3)領導者權力。

(一) 理論內涵

費德勒（Fiedler）認爲領導者的領導風格（任務導向與關係導向），配合領導者可控制和影響情境因素的程度，將表現出不同的領導效能（群體績效）。

(二) 理論基礎

依據一LPC問卷（最不受歡迎者量表least preferred coworker questionnaire），一份包含十八組相對形容詞的問卷，例如：愉快←→不愉快、冷漠←→熱絡、無聊的←→有趣的、友善的←→不友善的。填答者回想過去共事過的同事之評估、感受，並以八等尺度對每一題形容詞進行評比，8分代表最正向肯定、1分代表最負向肯定，愈正向肯定者分數愈高，以總和分數評量結果，判定個人的領導風格：

1. **任務導向（task orientation）**：重視生產力與工作任務的完成，屬於低LPC分數者（即上述問卷總和分數等於或低於57分）。
2. **關係導向（relationship orientation）**：重視與同事間良好的人際關係，屬於高LPC分數者（即上述問卷總和分數等於或高於64分）。

（三）情境因素（程度表現）

1. **領導者與部屬關係（好, 壞）**：員工對領導者的信心、信任與敬重的程度。
2. **任務結構性（高, 低）**：工作正式化和程序化的程度。
3. **領導者權力（強, 弱）**：領導者對聘用、解雇、規範、升遷和加薪等決策的影響程度。

（四）模式與結論

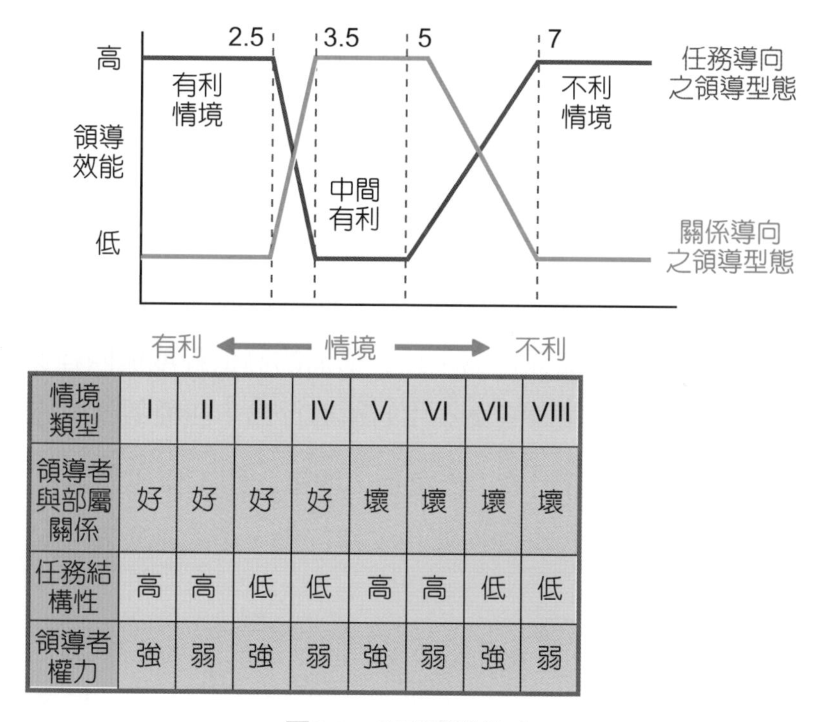

情境類型	I	II	III	IV	V	VI	VII	VIII
領導者與部屬關係	好	好	好	好	壞	壞	壞	壞
任務結構性	高	高	低	低	高	高	低	低
領導者權力	強	弱	強	弱	強	弱	強	弱

圖8-3　領導權變模式

由圖8-3模式的展現，本研究結論為：

1. 在最有利情境下，亦即領導者與部屬關係好、任務結構性高、領導者權力強的情境下，領導者採「任務導向」領導型態之領導效能較高；
2. 在最不利情境下，亦即領導者與部屬關係壞、任務結構性低、領導者權力弱的情境下，領導者採「任務導向」領導型態之領導效能也會較高；

3. 在中間有利情境下，則採「關係導向」領導型態可獲得較高之領導效能。

然而，後來學者對於費德勒之領導權變模式亦有許多批評，包括權變因素內容相當複雜，評估不易、難以界定。LPC的不實用，當然最重要的就是缺乏對「部屬」之描述。

另外，費德勒認為一人的領導方式乃受其人格特質影響，而此種人格特質是逐漸累積而形成（是固定的），故無法任意地隨情境而調整領導風格。然而，可視領導型態的不同，來調整情境使之有效。費德勒關於領導者無法改變領導風格以適應情境的假設，評論的學者亦認為與實際情形不符，主張有效領導者應該要能改變其領導風格。

二、赫賽與布蘭查之領導情境理論

赫賽與布蘭查（Hersey & Blanchard）之情境領導理論（Situational Leadership Theory, SLT），著重部屬成熟度的領導權變理論，由部屬決定接受或拒絕領導者，部屬的行為會決定組織的效能。

（一）理論內涵

赫賽與布蘭查（Hersey & Blanchard）採用費德勒（Fiedler）所提出二個領導構面：任務行為、關係行為，以二構面的高低程度與四種領導風格結合，再以部屬成熟度決定領導者應採用的領導行為。四種領導風格包括：

1. **告知（telling）**：領導者定義工作角色，明確告知工作如何進行。
2. **銷售（selling）**：領導者提供指導和支援行為，要求部屬提供建議，以促其成長和進步。
3. **參與（participating）**：領導者和部屬共同制定決策，分擔責任。
4. **授權（delegating）**：領導者提供很少的指導和協助，授予部屬決策權，以自行負責。

（二）情境因素

赫賽與布蘭查（Hersey & Blanchard）之情境領導理論（Situational Leadership Theory, SLT），其情境因素為部屬成熟度（Readiness，R），或稱為部屬工作準備度。「成熟度」是指人們有能力也有意願，去完成一件明確任務的程度。

以部屬的發展準備度決定領導者的領導行爲與領導型態。部屬成熟度（Readiness，R）的二個主要構成成分爲：(1)能力；(2)意願，亦即依部屬能力、意願程度決定部屬成熟度的四個層次（R1、R2、R3、R4），如圖8-4所示。

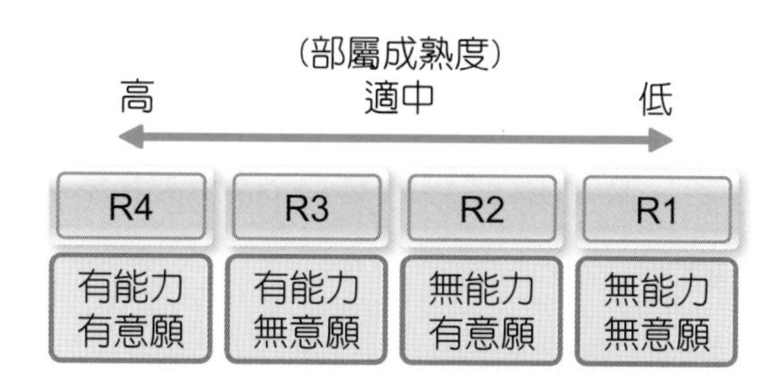

圖8-4 部屬成熟度的四個層次

（三）模式與結論

赫賽與布蘭查（Hersey & Blanchard）之情境領導理論（situational leadership theory, SLT）以其模式內的表現形態，類似生命週期曲線型態，故又稱爲「領導生命週期理論」（leadership life cycle theory），如圖8-5所示。

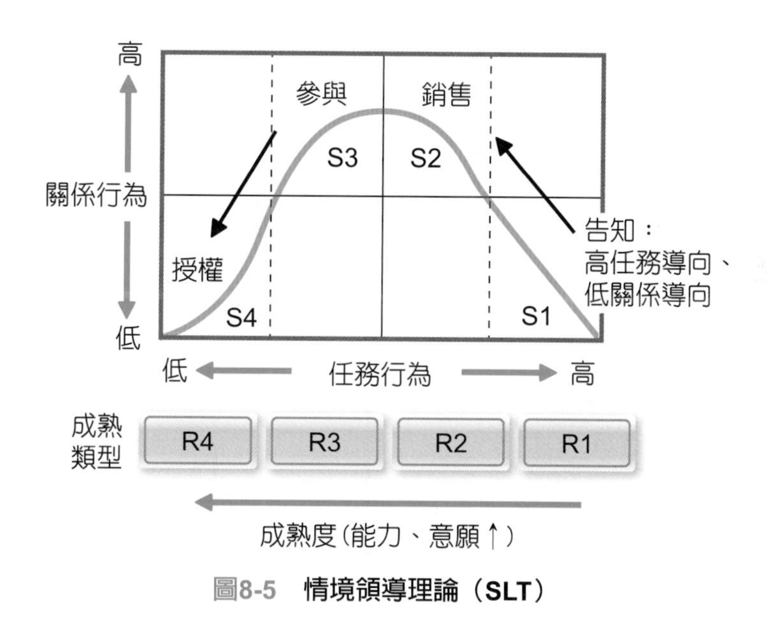

圖8-5 情境領導理論（SLT）

三、豪斯之路徑目標模式

豪斯（House）之路徑-目標模式（path-goal model）是以領導者可執行的領導行爲爲基礎，考慮部屬與環境情境因素，辨認出在特定情境下適當的領導行爲，堪稱爲典型的情境理論模式。

(一) 理論內涵

豪斯（House）之路徑-目標模式（path-goal model）係以設立達成任務的獎酬爲「目標」，協助下屬辨認獲取獎酬的方法爲「路徑」，例如部屬技能不足則給予指導，部屬技能充足則給予支持，這是一種領導者對部屬提供的協助。因此，有效的領導者須能指出達成目標的路徑，並減少路徑中的障礙，協助部屬達成目標。故領導者並不是只有清楚定義途徑，而是協助部屬辨認途徑如何順利通過。

四種領導行爲包括：

1. **指導式（direct）**：明確指導部屬工作內容、技術與方法。
2. **支持式（support）**：關心部屬的需求與內心感受。
3. **參與式（participate）**：決策前徵詢部屬意見，允許部屬參與決策制定。
4. **成就導向（achievement oriented）**：領導者設定具有挑戰性目標，激勵部屬追求最佳工作表現。

(二) 情境因素

情境因素包括部屬與環境二層面，如圖8-6所示：

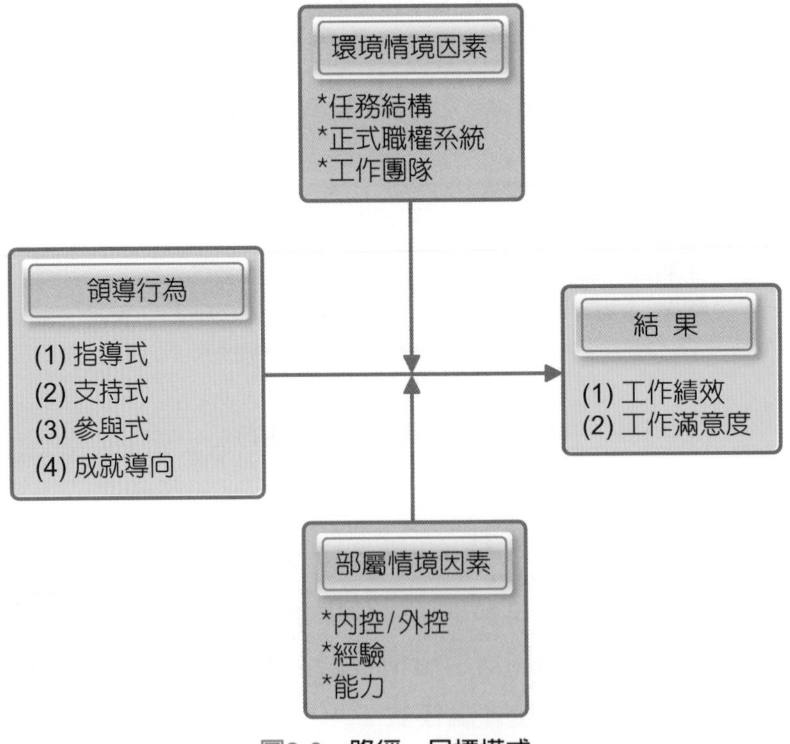

圖8-6 路徑－目標模式

1. **部屬情境因素**：包括部屬的內外控特質、部屬的經驗與能力。內控特質指的是部屬能夠自我控制、積極任事、願意承擔責任；外控特質則是被動的需要制度與規定的外部控制，才能完成工作。
2. **環境情境因素**：包括任務結構化程度、正式職權系統、工作團隊。

（三）模式與結論

該理論之研究結論為：

1. 任務結構模糊（結構性低）→指導式帶來工作滿意。
2. 任務結構性高→支持式帶來績效與工作滿意。
3. 部屬高認知能力與豐富經驗→指導式領導是多餘的。
4. 正式職權關係愈明顯與愈官僚化→支持式領導應增加，指導式領導應減少。
5. 工作團隊內部衝突→透過指導式領導，解決衝突，帶來員工滿意。
6. 內控→參與式領導帶來員工滿意。
7. 外控→指導式領導帶來員工滿意。
8. 任務結構不明確，成就導向型之領導行為會增加部屬對「努力可獲得績效」的期望。

因此，領導者所選擇的領導風格，可以彌補員工技能或職務安排上的缺失，員工的工作績效和滿意度也會受到正面影響。

8-5 當代領導觀點

新近的領導理論主要包含對於「魅力型領導」、「交易型領導」與「轉換型領導」三種領導型態的論述與比較。另外，亦有領導者替代模式、第五級領導等。

一、魅力領導理論

魅力領導理論（charismatic leadership theory）起源於Weber（1947），認為追隨者會受領導者的特質所影響，之後許多學者相繼提出一種魅力的、轉換的、願景的領導方式，這些新領導理論著重在他們對部屬乃至於社會系統的

「非凡效應」，包括：(1)轉變部屬的需求、價值觀、偏好和激發自我利益到集體利益；(2)使部屬對領導者的任務有高度承諾、能自我犧牲及有超標準的表現等。

由魅力型領導理論對上述效應，可知魅力型領導所表現的主要行爲特徵，包括：

1. 部屬對領導者的情感依附。
2. 部屬的情感與激勵的喚起。
3. 領導者明確表達使命所帶來部屬報償提升。
4. 部屬對領導者的自我尊重、信任與信賴。
5. 影響部屬的價值觀。
6. 影響部屬的內在激勵。

Conger and Kanungo（1998）認爲，領導者具有下列特質：闡明意象或願景的能力、對於成員的需求展現出敏感度、展現出異於常人的行爲、願意冒險、以及對環境的敏感度（限制、機會和威脅）。House（1977）提出領導者會展現願景、強調工作的概念、展現自信使追隨者學習、溝通高的績效期望、信任部屬、以身作則、強調一致性等。

二、交易型領導理論

交易型領導（transactional leadership）重點在於以價值交換來進行領導工作，是針對不同員工的需求，給予不同的滿足，適合用在較穩定的組織，是以建立獎賞的關係來激勵部屬，以獎勵換取工作績效。

交易型領導是領導的一種基本實務，領導著透過確認工作角色、期望表現與工作績效，且管理部屬而達成。Bass（1985）將交易型領導分爲權變報酬與例外管理：

1. **權變報酬（contingent reward）**：權變報酬是指領導者應給予員工適當的獎勵而避免使用處罰，以增加員工的工作誘因。當員工完成領導者所指示工作時，可獲得獎賞。權變報酬可分爲兩個次要因素：一爲承諾的權變報酬，即領導者向部屬保證，會按其表現情形給予可得知獎賞；另一爲實質之權變報酬，領導者按部屬之表現情形，提供其應得獎酬。

2. **例外管理（management by exception）**：可分為：主動例外管理和被動例外管理。主動例外管理指領導者隨時觀察員工並採取修正的行為，以確保任務能有效達成；被動例外管理是指當員工未能達成預定行為時，領導者使用處罰及其他修正行為來調整實際與預期標準的偏差。

由以上可知交易型領導者任務即為替員工設定工作標準，並界定員工角色，當員工達成目標時即給予獎酬，並隨時給予指導、提供資源以協助員工達成目標。

三、轉換型領導理論

轉換型領導（transformational leadership）應以交易型領導為基礎，且表現出魅力領導的特徵，影響到部屬對領導者的信任、工作滿意度以及組織公民行為。

(一) 轉換型領導定義

轉換型領導係領導者與成員相互激勵，彼此將動機提升至較高層次，以激發員工潛在能力，使部屬能承擔更大責任而成為自我引導者，進而達成組織目標和自我實現（Burns, 1978）。所以轉換型領導者不僅激勵部屬跟隨其命令，更要部屬堅定相信組織轉換的願景，並全力支持組織的願景。

(二) 轉換型領導內涵

Johnson（2002）整理出轉換型領導者七項特質：

1. 定義自己為改變中介者，並對改變負責。
2. 有勇氣、喜冒險。
3. 信任組織成員。
4. 清楚價值觀，價值導向。
5. 終生學習者。
6. 有能力處力複雜，不確定性高的問題。
7. 有遠見並分享願景。

Bass與Avolio（1989）提出轉換型領導內容可分為四主要部分，包括理想化的影響、心靈的鼓舞、智力的啓發及個別化的關懷，如下所列：

1. **理想化的影響（idealized influence）**：轉換型領導者透過設定高標準願景來鼓舞、激發部屬，除非有需要，否則不會運用權力來獲得自己想要的東西。
2. **心靈的鼓舞（inspirational motivation）**：轉換型領導者藉由指派有意義且具挑戰性的工作給其部屬以啓發、激勵部屬熱誠且樂觀的團隊精神；領導者與部屬充分溝通彼此期望，並讓部屬共同分享未來具吸引力的願景。
3. **智力的啟發（intellectual stimulation）**：爲了能激發部屬創新性與創造力，轉換型領導者以詢問一些假設性問題、重新定義問題以及嘗試新思維來解決舊有狀況等方式，來鼓勵部屬思考，即使部屬想法和領導者不同，部屬也不會受到責難。
4. **個別化的關懷（individualized consideration）**：轉換型領導者特別重視每一位部屬成長及成就感的需求，並扮演教練及助教的角色，轉換型領導者會創造出新的學習機會、營造出支持性的組織氣氛，也會考慮到不同部屬的狀況，並協助部屬激發更高層次的潛能。

綜上所述，轉換型領導強調領導者須先洞悉組織目標、平衡環境變動、擬定願景、並透過溝通、支持與啓發的方式來引導部屬朝目標努力。而一個魅力型領導者其所執行的領導行爲應強調啓動部屬的自我概念，以激勵部屬超越個人私我利益，提升對組織的承諾，並努力奮發達成領導者所提出之願景與目標，以使組織得以脫胎換骨。如此，魅力型領導眞正能夠對部屬發揮出意義深遠而非凡之影響力。

但重要的一點仍應以情境因素爲考量。領導者須對領導情境有一定的了解，對任務有一定的知覺、澄清角色、協助員工了解使命與目標、多予指導或支持，使彼此有良好互動關係。在此將魅力型、交易型與轉換型領導之比較如表8-3。

表8-3 魅力型、交易型與轉換型領導之比較

類型	定義	領導行為	領導型態
魅力型領導	具有熱情與自信的領導者，且其個性與行為會深深影響他人在某方面之行為表現。	常表現異於常人的行為，或非常專注於某項技能的研究，且極力鼓吹其願景，願意承擔達成願景的風險。	獨特魅力

類型	定義	領導行為	領導型態
交易型領導	澄清角色及任務要求，基於對任務的知覺，從事激勵、領導。	管理者須讓部屬了解，各自的任務目標與行動，若達成目標，管理者將給予部屬獎勵，形成一種交易關係。	交易關係
轉換型領導	建立在交易型領導的基礎上，進而激勵部屬，並且能夠對部屬發揮意義深遠而非凡之影響力。	管理者先讓部屬了解任務內涵，並進一步激勵部屬，使其能夠超越個人私利，以組織目標為優先。	心智激勵

四、領導者替代模式

當員工背景或員工的工作狀況特性，能夠替代領導人影響的狀態下，領導者是可以不需要的，稱爲領導者替代模式（leader substitutes model）[1]。這個模式建議，在某些狀態下，管理者不需要扮演領導者的角色，組織成員有時可以在沒有管理者向他們施展影響力的狀態下，自行執行高績效的工作。

領導權變理論認爲，在特定情境下而特定的領導模式是有效能的。但是領導卻不一定永遠重要。研究發現，在部分情境下，領導者展現的領導行爲可能不攸關（irrelevant）的。某些部屬個人特質變數、工作變數與組織變數，可能替代領導行爲的展現，領導者的領導行爲可能對部屬無法發揮影響力。造成領導替代的情境主要包括：

1. **部屬個人特質變數**：部屬具高度專業能力，或部屬具足夠經驗與訓練，此時就可能產生領導替代。
2. **工作變數**：當工作任務具高度結構化，或工作任務本身能提供自我回饋，此時就可能產生領導替代。
3. **組織變數**：當組織具有明顯的正式目標、嚴密的規定與標準作業程序、以及高凝聚力的工作群體，此時就可能產生領導替代。

五、第五級領導

《從A到A+》這本書指出企業如何從「優秀」轉型到「卓越」的秘訣，如圖8-7。其中，領導人就是非常重要的因素。第四級領導人爲有效能的領導者，但第五級領導人謙沖自牧、重視專業，才能建立長青的基業。

1. 摘自S. Kerr and J.M. Jermier, "Substitutes for Leadership: Their Meaning and Measurement," Organizational Behavior and Human Performance, December 1978, p. 378.

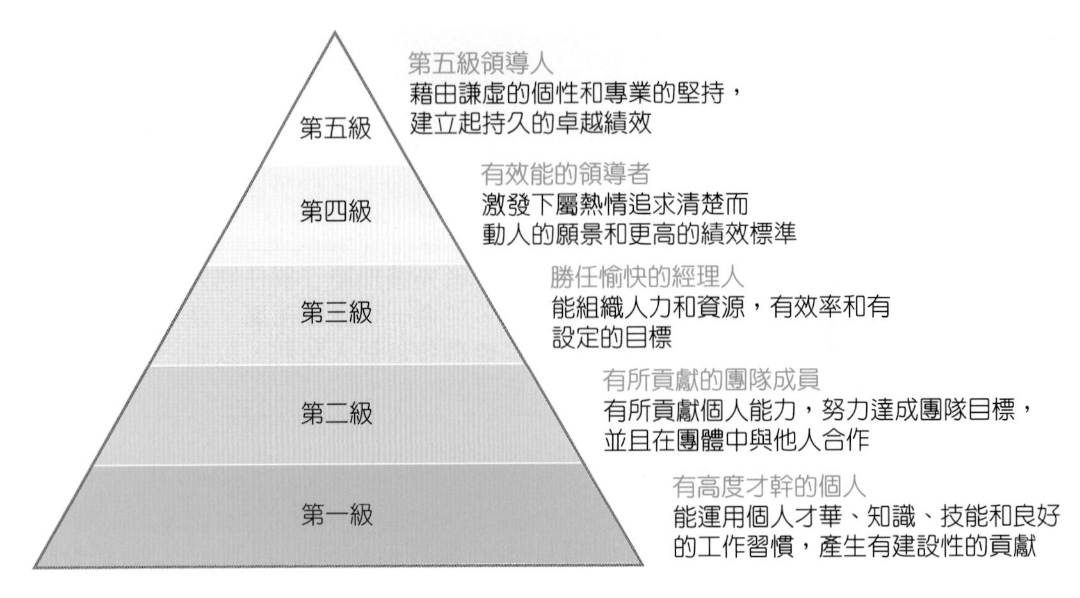

圖8-7　第五級領導

資料來源：柯林斯（Jim Collins），《從A到A+》

管理 Fresh

領導，改變組織：我能為你做什麼

臺灣成長速度最快的直銷企業，美商賀寶芙（Herbalife）為其中之一。從2006年的20億營收，一路直線攀升到2009年的61.4億，三年增加兩倍，在臺灣直銷產業動盪、下滑的年代，更顯得難能可貴。2006年時台灣賀寶芙在業界還是第四名，三年後竟一舉打敗第二名的雅芳，直逼安麗的龍頭寶座。

賀寶芙總裁組直銷商曾竹君記憶猶新地說，過去幾年她代表臺灣參加全世界年度大會，其他國家直銷商只要知她來自臺灣，劈頭就好奇地問，「臺灣到底發生了什麼事？」「其實也沒什麼，只不過我們2006年換了總經理」曾竹君總是這樣笑著回答。2006年當賀寶芙台灣總經理和三位高階主管出走，陸菪函臨危受命接下扭轉公司業績和形象的重責大任，第一步就是打破直銷商總經理高高在上的印象。

一般而言，外商直銷總經理的管轄範圍僅限於臺灣總公司，而基層直銷商的教育訓練，則由各據山頭的直銷商領袖全權負責。重視溝通的陸菪函，卻北中南走透透，親臨各教育訓練會場，協助組織按部就班培養直銷商實力，並對直銷商領袖釋出善意、敞開心胸，甚至把手機號碼給了全臺40多位總裁組成員，讓溝通更即時、沒有距離。

「陸莙函竭盡所能想透過我們知道，我們的下線好不好？她可以為我們做什麼？」一位總裁級直銷商直言，前幾任總經理對直銷商的建議，常會出現「沒辦法，就是這樣」的冷漠回應，但陸莙函卻總是努力滿足每個人的需求。

陸莙函當然也曾碰壁，但她不氣餒，透過一次次的溝通與努力實現建言，始終把直銷商利益放在最前面，並要求員工以同理心感受直銷商辛苦。最終，陸莙函還是讓組織領袖心悅誠服，在給予高度認同下，順利在短時間內穩定軍心。

賀寶芙近年來積極訴求品牌年輕化，結合運動強化營養俱樂部的功能融入年輕人喜愛的活動，吸引年輕人體驗賀寶芙健康的生活方式。雖然賀寶芙在2018年營收落至42億元、業界排名第6名，陸莙函對基層直銷商的服務式領導仍是賀寶芙的典範。

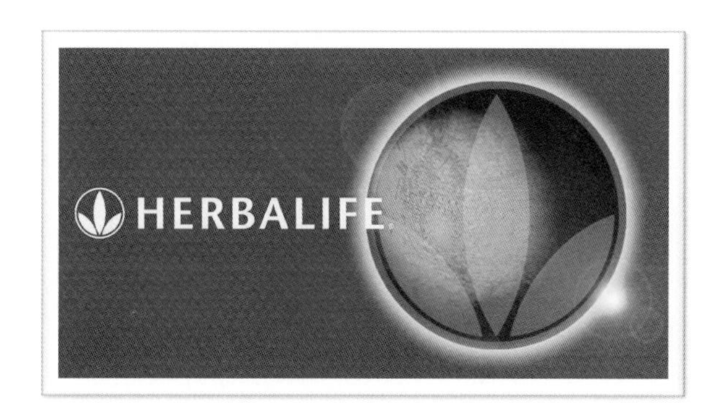

資料來源：
1. 常子蘭（2019/01），臺灣前10大直銷公司業績搶先報，直銷世紀。
2. 王一芝（2011/02），不斷問直銷商 我還能為你做什麼？遠見雜誌。

問題與討論

一、選擇題

(　) 1. 陸莙函之所以能領導整個組織的關鍵因素在於？　(A)態度　(B)技術　(C)知識　(D)人脈。

(　) 2. 打破直銷商印象中總經理高高在上的姿態，這說明陸莙函的領導風格在於？　(A)專業領導　(B)嚴明領導　(C)無為的領導方式　(D)親和的領導方式。

(　) 3. 「沒辦法就是這樣」，這突顯過去領導者的？　(A)態度消極　(B)無處理能力　(C)思想及對談能力不夠周全　(D)以上皆是。

(　　) 4. 「透過溝通，始終把直銷商的利益放在最前面」，這說明了陸薈函掌握了哪些細節？ (A)了解績效的關鍵 (B)具備說服與分析能力 (C)擁有實踐力 (D)以上皆是。

(　　) 5. 關於當今社會的領導模式，下列敘述何者有誤？ (A)越來越注重員工的心態與行為 (B)對員工的福利與心諮議題越來越重視 (C)走向集權的領導是管理 (D)組織權力慢慢分散。

二、問答題

1. 試問，陸薈函之所以成功的關鍵在於？

HINT 了解領導者之所以成功的因素。

重點摘要

1. 領導（leading）是領導者能夠影響部屬趨向目標達成的過程，而領導者（leader）是影響他人且具有管理職權者。每位管理者應該都是領導者（會扮演正式領導者角色），但團隊中也會有非正式領導者的出現，例如：因為高度專業技能、特質而受到他人擁戴，而能扮演影響他人的領導者角色。
2. 權力（power）是人際互動的社會關係。權力結構是動態的，當權力轉移，權力結構會發生本質上的變化。而領導是透過權力取得、維持與運用為基礎來達成目標。
3. 權力能行使來自於五個權力來源：法統權、脅迫權、獎酬權、專家權、參考權。前三者乃來自於正式職權所賦予的權力，而使領導者能夠任命、懲戒、獎賞部屬的權力；專家權、參考權則是來自於非正式職權所賦予的權力。
4. 領導特質論尋求說明何為領導者的「人格特質」，成功的領導者本身特質與非領導者有何不同，以作為選擇符合「特定人格特質」之領導者人選。
5. 領導行為論則重視領導者所表現的領導行為（或稱為領導型態、領導風格）是否能帶來群體與組織的績效，也就是領導行為與領導效能的關係。
6. 領導行為論焦點在具有領導效能的領導風格，故可從單構面、雙構面、三構面來決定領導風格之三種角度。
7. 領導情境理論，強調領導者與其所領導之人、事、情境之間的互動關係，亦即有效的領導型態乃視情境而定。
8. 新近的領導理論主要包含對於「魅力型領導」、「交易型領導」與「轉換型領導」三種領導型態的論述與比較。另外，亦有領導者替代模式、信任領導、第五級領導。

分組討論實作

假設一家專業雜誌社，最近剛經過改組，新組成的經營團隊中不乏在專業領域10年或15年以上的資深從業人員，包括出版技術專業、市場行銷專業、文字編輯專業等，各有專業的堅持與執著。

此分組實作中，每一組成員須分配包括上述專業人員以及新進入團隊的總編輯與副總編輯，請分組討論後，從「交易型領導」、「轉換型領導」、「團隊領導」等三種方式，說明新任總編輯與副總編輯如何領導專業團隊。

提示 出版社為專業領域，同學可以課前先行網搜相關資訊。

CHAPTER

09 溝通與激勵

本章架構

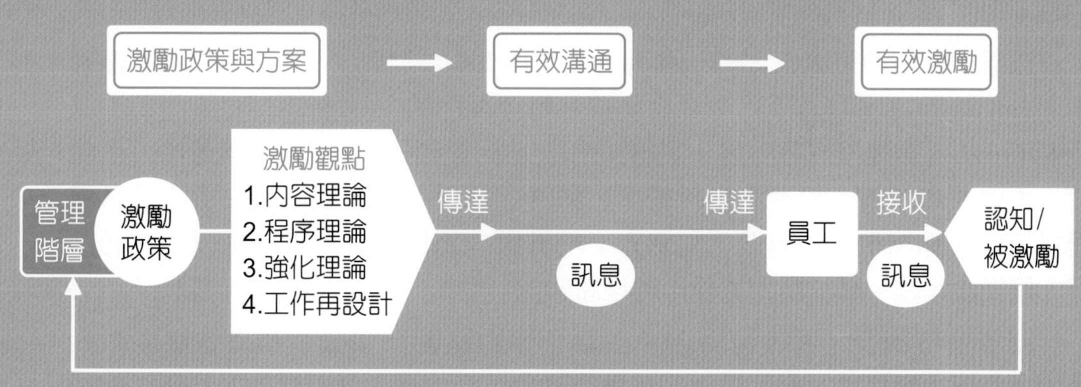

學習目標

1. 認識組織溝通類型與有效溝通方式。
2. 了解激勵的意義。
3. 認識內容觀點之激勵理論。
4. 認識程序觀點之激勵理論。
5. 認識強化觀點之激勵理論。
6. 了解具激勵之工作設計。
7. 學習激勵與溝通之整合。

管理就是溝通、溝通再溝通。
Jack Welch（傑克．威爾許）

運用「對話」帶領國泰金數位轉型

今年以來，國泰金創下三項紀錄：遠距投保市占率冠軍、金融業單一App下載量最高、行動銀行用戶流量和活躍度均居第一。旗下國泰人壽（以下簡稱國壽），成立將滿六十年，總人數近十萬人。他們是如何從身型龐大、形象保守的大象，躍變成數位金融的領頭羊呢？

國泰的數位轉型大計，有一套稱為「TOWER（燈塔）」策略。由蔡宗翰帶頭的Top down（由上而下），到參訪國外轉型案例的Outside in（由外而內）以及War room（戰情室）等，是一場內部由點到面的全面革命。燈塔策略中，最關鍵，也最根本的是：學習對話。去年，國泰副總以上的許多高階主管的進修課程名單中，都出現一堂叫做「對話力」的課程。這原本是副總經理以上的必修課，但從今年起，將推廣到協理、經理層級。

國泰金做轉型，為什麼得要求主管們學對話呢？過去，都是金融從業人員，才會加入金融業。但因國泰正在數位轉型，有很多不同產業的，甚至以前根本不會踏入這個集團的人才進入公司。每個員工思考邏輯完全不一樣，主管得要學著去與他們溝通、對話，否則數位轉型只會是表面功夫。

國泰的做法是：由總經理對所有協理級，做一對多溝通。各主管上過「對話力」的課程後，再舉辦「高峰小聚」一為期約兩個月的活動，每個梯次由不同高階主管上台，對各基層員工分享他們從課程學到的內容。透過這個分享課程，也讓員工知道，未來該如何與主管溝通。而且培養對話力，不只是要加強自信、學習傾聽，還有包括講話的表情、語調等各方面的訓練。主管在與員工對話時，要保持微笑、適時附和，至少花120秒把員工的報告事項聽完，才提出自己的意見，且透過詢問來不斷對焦。主管不論贊成或反對，都要讓員工知道理由。

對話力被列入國泰績效考核參考，評估主管有沒有確實做到與員工「對話」。若主管只會運用權威，沒辦法跟員工對話，且員工對此提出反應，績效考核時就會要求主管，每星期至少要與兩三位同事聊天，不要只談公事。為了促進對話，現在開會不是在線上，就是找塊白板，大家站著討論，被稱為「立會」。

而且主管被要求不能坐在前面，而要「混入」同事裡面，降低權威感，避免主管一人主導會議內容和結論。

「數位轉型不只是往數位轉，它底層轉的是文化。」國泰人壽副總劉上旗說：「這是一個長期工程，必須一點一滴做，才會有持續影響。」國壽在二十天內推出遠距投保，讓金管會第一個點頭上路，且動員旗下所有業務員投入，這些都是運用溝通對話的點滴功夫。以大樹做為品牌象徵的國泰深知，能否長成大樹，從最初的種子就決定了。而對話的力量，就是在國泰十萬人的心底，埋下那顆轉型的種子。

國壽是第一家推出遠距投保的壽險業，卻只花四個月，遠距投保件數超過六萬件，連南山也只有一萬件出頭。國壽的業務員有75%都使用過遠距投保，堪稱壽險業界最多；國壽App近四年多來，下載量成長超過三倍，也是壽險業最多；國壽的顧客滿意度調查，滿意比率今年衝上94%。蔡宗翰注重主管的溝通能力，藉此順利帶動數位轉型，帶領被外界戲稱是大象的國泰金，重新展現靈活舞姿。

資料來源：
1. 劉佩修、馬自明、林靖珈（2021/9）。〈國泰大象會跳舞！〉。商業週刊1768期。
2. 劉曉霞（2021/12/19）。〈蔡宗翰扛國泰金數位轉型 蔡宏圖深化永續經營布局〉。鏡週刊。https://www.mirrormedia.mg/story/20211214fin008/。

問題與討論

一、選擇題

(　) 1. 面對資訊科技化的浪潮，國泰做了什麼事？ (A)數位金融 (B)底層翻轉 (C)溝通對話 (D)以上皆非。

(　) 2. 國泰在全面轉型的革命中，為確實落實變革，將什麼列為控制的考核？ (A)金融力 (B)科技力 (C)對話力 (D)以上皆非。

(　) 3. 「高峰小聚」的成員層級主要是？ (A)高階─高階 (B)高階─低階 (C)低階─低階 (D)以上皆是。

(　) 4. 在案例中各種分享的課程中，對於主管有什麼要求？ (A)不能坐前面 (B)降低權威感 (C)混入同事間 (D)以上皆是。

(　) 5. 國泰在轉型中，為什麼強列要求全員溝通？ (A)老闆很閒 (B)公司好玩 (C)全員參與 (D)以上皆非。

二、問答題

1. 請試想，為什麼組織中的溝通會如此重要？

提示 議題對焦、避免主管一人主導、全員動起來。

9-1 組織溝通

依定義來說，溝通是由發訊者傳達出訊息，並確認收訊者能理解該訊息。簡言之，溝通即爲意義的傳達與理解。

一、人際溝通流程

人與人之間的溝通，即謂人際溝通。在人際溝通過程中，爲使訊息有效傳送到接收者並讓其正確解讀，必須要能了解溝通程序中的每個要素。如圖9-1，溝通程序從發訊者想要傳達訊息開始，並對訊息編碼，透過溝通管道傳達給收訊者接收訊息，然後收訊者對訊息解碼後產生回饋反應給發訊者，以讓發訊者確認訊息是否被收訊者完全理解。在此溝通過程中的各個要素主要包括：

1. **發訊者（sender）**：欲傳達某一種觀念或資訊給另一方了解者。
2. **編碼（coding）**：將觀念或資訊轉換爲符號的過程，這種符號可能是聲音、文字語言或表情等，其目的是要設計能讓對方理解的傳達方式。
3. **訊息（message）**：發訊者欲傳送的、經編碼後之一組符號。
4. **溝通管道（channel）**：將訊息由發訊者傳送至收訊者所經歷的通路媒介，例如面對面的口語傳播、音聲表達的媒介（如播音器、音響喇叭）、平面媒體、或網際網路傳送。
5. **收訊者（receiver）**：接收訊息的一方。
6. **解碼（decoding）**：收訊者對接收的訊息進行解釋、解讀、賦予意義的認知過程。
7. **回饋反應（feedback）**：收訊者接收到訊息後的回應，並反應給發訊者知道。
8. **噪音（noise）**：溝通過程中的干擾因素或訊息的扭曲傳達。

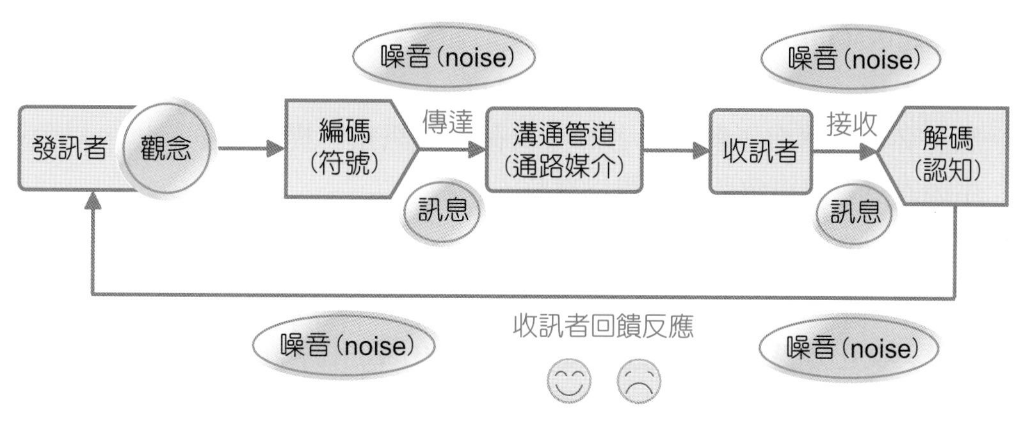

圖9-1　人際溝通過程

在上述的溝通過程中，因爲有許多干擾因素，被稱爲噪音（noise），使得訊息不一定被完完整整的傳達與理解，訊息的傳達可能會有失眞的現象。這些噪音包括溝通環境中的不相關的聲音、因爲發訊者不當編碼導致錯誤的意思表達、或是收訊者的認知偏誤或情緒影響，而使得訊息傳達不一定被完全與正確的理解。

二、有效的人際溝通

溝通如果只是意義的傳達，卻未確認對方是否眞正理解，可能導致對方誤解的結果而不自知，這就不是有效的溝通方式。有效人際溝通的障礙包括：

1. **過濾（filtering）**：發訊者以其主觀上認爲有利於接收者理解之溝通方式，而進行訊息的蓄意操弄。例如主管指派艱困工作時，可能不會說明完整專案內容，而只是告知下屬工作的部分，對於過程中會遭遇到的困境則未提及或簡單帶過，即屬於訊息過濾的溝通障礙。
2. **選擇性知覺（selective perception）**：收訊者對於訊息的解讀，可能因爲部分資訊內容被過濾掉，而產生選擇性知覺。當收訊者選擇性地集中注意在某一部份內容，則稱爲選擇性注意（selective attention）。若是收訊者選擇性的以其個人的興趣、背景、經驗、態度來解釋其所看到或聽到的訊息，稱爲選擇性理解（selective comprehension）。即使是在注意及理解之後，收訊者並無法記得所有他們看到、聽到、讀到的資訊，只記得記憶深刻的內容，稱爲選擇性保留或選擇性記憶（selective retention）。
3. **情緒（emotions）**：收訊者的心情起伏影響其解釋訊息的方式，當情緒高昂時可能會過於樂觀地看待事物，但是當情緒低落時可能又會過於悲觀。

4. **資訊超載（information overload）**：收訊者所接收到的訊息已超過個人處理能力所及，又稱爲資訊過荷。但每個人的資訊處理能力不同，所以發訊者必須觀察與了解收訊者的可負荷的資訊量，提供適量訊息，以免產生因過量資訊導致收訊者難以理解的窘境。
5. **防衛性（defensiveness）**：當收訊者感到受威脅時，會以阻礙有效溝通的方式來回應訊息傳送者。
6. **語言與文化差異（language and culture difference）**：群體成員彼此習於溝通之專業用語或技術語言，對於群體外成員可能產生理解上的障礙。而不同的文化與次文化族群（例如新興世代與熟年世代族群之間），甚至是跨國企業的會議中，不同國家文化間的語言、風俗民情、習慣性思維，也都會造成跨文化間的溝通隔閡。

爲了克服人際間的溝通障礙，必須先了解造成溝通障礙的原因，並善用促進雙方了解的方法，包括發訊者引導收訊者回饋以促進雙向溝通、簡化傳達的語言以利於對方理解。收訊者主動且專心地傾聽、控制情緒、保持開放心胸以避免防衛心理影響訊息的理解，另外就是在口語溝通同時善用非言辭暗示（nonverbal cues），例如肢體語言、語調等，作爲語言溝通的輔助作用。透過這些克服溝通障礙的方法，目的都是在提高意義傳達後被充分理解的程度，達到有效的人際溝通。

三、組織溝通類型

溝通爲意義的傳達與理解，組織溝通則指的是組織訊息之傳達與獲得理解所採用的各種溝通型態。

若依使用者的溝通媒介來區分組織溝通，包括言辭溝通與非言辭溝通。

1. **言辭溝通（verbal communication）**：包括口頭溝通與書面溝通二種。
   (1) 口頭溝通：面對面的口頭溝通，其優點是快速傳遞且能夠收迅速回饋之效。但缺點是彼此回應內容往往並未經過深思熟慮，加上大部分的溝通都沒有留下記錄，事後容易引發爭議。
   (2) 書面溝通：透過謹慎、小心地思考所記錄的書面訊息，不但意義傳達深思熟慮、不易被扭曲，且可供事後驗證。唯其缺點是此類溝通往往曠日廢時，缺乏立即回饋的機制、不易於進行雙向溝通。

以訊息的豐富性而言，具有雙向溝通與立即回饋優點的口頭溝通之訊息豐富性較高於書面溝通。

2. **非言辭溝通（nonverbal communication）**：不藉助語言傳達的溝通型式，包括肢體語言、表情、言辭語調、溝通場境等。

若依溝通的正式程度來區分組織溝通，則包括正式與非正式溝通：

1. **正式溝通**：經由組織圖與組織層級的正式程序，所進行的溝通。
   (1) 垂直溝通：經由組織正式報告程序，循組織層級所進行向上溝通（呈報資訊）與向下溝通（指揮命令）。
   (2) 水平溝通：位於組織同一層級的相同位階職位之間的溝通，屬於不同部門、相同層級之部門間的溝通協調。
   (3) 斜向溝通：跨工作領域、跨組織層級的溝通方式，通常指的是不同部門、不同層級之間的溝通。
2. **非正式溝通**：不循著組織層級的正式程序所進行的溝通，又稱爲葡萄藤溝通（grapevine）。葡萄藤不受正式組織的程序與規範限制，訊息傳播速度與衝擊往往遠比正式溝通大，因此，了解組織內的葡萄藤溝通並試圖影響它，是管理者的職責。

依Robbins與Coulter所整理，組織溝通主要欲達成之目的有四[1]：

1. **控制**：管理者透過正式溝通管道控制員工的行爲。例如組織成員皆須依循指揮鏈進行命令指揮與任務報告、員工必須依制度行事等。
2. **激勵**：藉由正式溝通可以讓員工知道工作內容、績效結果、以及如何改善，也有助於激勵員工對工作的投入。
3. **發抒情感**：員工可藉由溝通機制發抒其工作上的挫折或成就感，也滿足員工的社交需求。
4. **提供達成任務目標的資訊**：藉由組織溝通傳遞完成工作所必要的資訊，有助於組織任務與目標的達成。

1. Stephen P. Robbins and Mary Coulter, 2009, Managemant, 10th Ed., Pearson Education Inc.

管理 Fresh

團隊溝通時的否定思維，可能是雜訊也可能是建議

如果你經歷過成功的創業，或成功的公司轉型，你會發現一開始多數人總不看好，聽到你的想法反應就是NO。但一旦真的下手去做，且做出些成果，大家的想法會突然反轉，開始事後諸葛「這樣做好像挺不錯的」。於是，你聽到越來越多的YES。

這並不是大家要故意為難你，而是任何的idea，一開始聽起來真的都不太像會成功。而這些NO，並不全然沒有價值，有些NO非常有意義，它點出了這個計畫真正不可行的地方，可以幫助你即時煞車、免於撞上冰山。有些NO，卻是沒有必要的雜訊，它像壞掉的煞車系統，在打擊你想加速的決心。

用自己的經驗，否定別人的想法

當公司遇到困境，雖然人人都想找出解方，但你看到的那個方法，和我看到的那個方法，往往大不相同。基於你經驗想出的轉型方法，往往和我的很多想法牴觸，當它們踩到了我這些根深蒂固的信念，我能拋出的唯一回答就是NO。

人和人的溝通，存在著極大的資訊落差。你花了100個小時想過這個問題，但我只花了10分鐘來消化。你滿滿100分的資訊含量，傳到我腦裡剩下30分，你說的成功路徑我自然很難看到。但我可以用我滿滿的經驗，告訴你這個計畫的不可行性。於是，不管創業或轉型，我們一次次經歷被所有人說NO。

NO有兩種：有意義、無意義

聽到這些NO，你不用太過沮喪，你該做的是分辨它是否是一個正確的訊號。有些NO，是對方沒看到你所說的那個機會，他執著在他過去的經驗，這時候有可能是錯誤的NO。他們說NO，因為他們從來沒聽懂你在說什麼。

相反的，有些NO提出了你也無法解釋、說服自己的論點。這時候，你必須虛心接受這些真誠的NO，它可能幫助你即時煞車，免於更多錯誤。在我的工作經驗，也曾因為過度的自信，而把這些合理的質疑當成雜訊，吃過大虧，事後才後悔：這些問題，不是大家早都提過的嗎？

每個對你說NO的人，都是基於他的經驗所提出的判斷，他告訴你：為什麼在他眼中，這件事情看起來並不可行。即使你最後不顧這些NO，依然要執行計畫，最好的計畫往往是經過這些NO修正調整後的版本。

另外，對於這些跟你說NO的人，也該抱持感恩的心。否定別人不是一個很舒服的過程，感謝他們給出的意見，下一次他們才敢真誠地再對你說NO。一個團隊最可怕的就是打壓了大家敢說NO的文化，到最後沒有人敢說真話。

真正實踐，才會知道答案

即使事前有了再多資訊，唯一能知道YES或NO的最終答案，只有試過後才知道。如果你是公司的決策者，或你有幸說服決策者走向這個決定，那很棒，你會在計畫實行之後得到答案。但很多時刻，因為成本、時間、預算各方面考量，在一堆NO冒出來後，這個計畫就不會被實現，這時候也不用太難過，這是任何組織的常態。

這也是創業好玩的地方，因為創業者通常可以決定要做什麼題目、要不要做。就算聽到了再多的NO，你還是可以堅持去驗證那個答案。Google、Airbnb、Microsoft，這些你聽過的大公司，幾乎都是在人人說NO的情況下，硬去開出一條生路的。

資料來源：郭家齊（2022/2/25）。人人都想救公司，好點子卻沒人挺？企業轉型，爲何會陷入否定思維。商業週刊專欄。https://www.businessweekly.com.tw/management/blog/3009193

編按：本文作者郭家齊（Andy Kuo）爲創業家兄弟（旗下知名電商平臺有「生活市集」與「松果購物」）共同創辦人，Stanford University電腦科學碩士。過去14年來，曾創立超過20個不同的網路服務，最新創業題目是PopChill時尚轉售平臺，希望用可規模化的方式解決永續時尚議題。

問題與討論

(　) 1. 當你提案時，團隊成員點出了這個計畫不可行的地方，例如成本、時間、資源不足，這個否定思維屬於 (A)有意義的建議 (B)雜訊 (C)無意義的否定 (D)事後諸葛。

(　) 2. 當你提案時，團隊成員提出先前失敗例子反對你，卻不清楚你的提案內容，這種否定思維可視為溝通的 (A)建議 (B)雜訊 (C)先見之明 (D)事後諸葛。

(　) 3. 當提案者滿滿100分的資訊含量，傳到團隊成員腦裡可能只記得或只理解30分，稱為 (A)過濾 (B)選擇性知覺 (C)資訊超載 (D)防衛性。

(　) 4. 本文所指最好的計畫往往是經過否定思維修正調整後的版本，可能是因為 (A)接受別人經驗建議 (B)提案者否定自己 (C)主管決定的 (D)執行後發現錯誤。

(　) 5. 依本文，事前有了再多資訊，唯一能知道YES或NO最終答案的必須依賴 (A)溝通 (B)策略規劃 (C)主管領導 (D)執行結果。

9-2 激勵的意義

在管理領域而言，激勵（motivation）是指有能力滿足某些個人需求的條件下，爲達組織目標而更加努力工作的意願。

當個體產生被激勵的行爲作用，激勵表現爲一種需求滿足的過程。當個體有未被滿足的需求時就會產生緊張、壓力，個體因此產生降低緊張的驅動力，驅使個體主動搜尋可降低緊張、滿足需求的行爲或行動。例如，想升遷、加薪的員工，發現在公司的管理制度與政策下，努力工作將能達成個人目標，因此，受激勵的員工會更努力工作、更堅持，唯其需求必須與組織目標一致相容，才能得到報酬，如圖9-2所示。

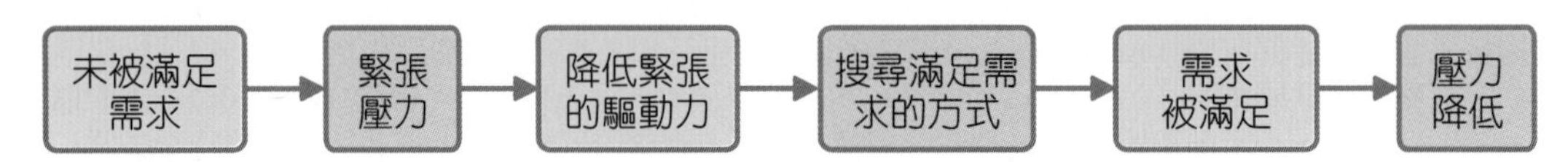

圖9-2　激勵表現與需求滿足的過程

從管理理論觀點，組織成員被激勵的原因可能有三種：

1. 組織成員可能因爲某種需求能夠被滿足，亦即追求需求內容本身的滿足而誘發某種行爲的動機，被稱爲內容理論觀點。
2. 組織成員可能因爲某種資源分配的程序能夠受到滿足，亦即因爲感到某種激勵程序的公正公平而引發需求滿足的行爲動機，稱爲程序理論觀點。
3. 組織成員可能因爲某種行爲的結果而感到被激勵，願意再重複此行爲以獲得想要的行爲結果，被稱爲強化理論觀點。

不論內容觀點、程序觀點或是強化觀點，激勵理論強調個體皆會因爲被激勵而產生需求滿足的行爲動機。後續，將會就各種激勵觀點的重要理論做說明。

9-3 內容觀點之激勵理論

內容觀點的激勵理論，主要探討引發激勵效果的實質內容，而引發激勵效果的實質內容則集中在個體追求的實質需求或工作內容本身。以下激勵理論幾乎都在說明個體所欲追求的需求內容。

一、需求層級理論

最普遍被應用的古典激勵理論，即爲馬斯洛（Maslow）需求層級理論（need hierarchy theory）。需求層級理論主張人的行爲動機是由具體的需求所引發，而各種具體需求處於一種累進的層級關係，低層次需求獲得相當滿足後，隱含被激勵以後，高層次的需求即會出現。

至於引發行爲動機的具體需求，馬斯洛認爲人類有五種層次的基本需求，如圖9-3，依需求的層次由低到高依序爲：

1. **生理需求（physiological needs）**：個人對食物、飲水、居住、性與其他金錢物質等實體需求。一份工作的基本薪資即屬於生理需求。
2. **安全需求（safety needs）**：個人對人身安全以及免於身體與情緒傷害的需求。一份安穩的工作保障、免於被裁員解雇的危機，即屬於安全需求。
3. **社會需求（social needs）**：個人對隸屬感、接納、友情與愛情的需求。在工作中能夠被同事接納、和樂共處，即屬於社會需求的滿足。
4. **尊敬需求（esteem needs）**：分爲內在因素與外在因素的尊敬需求。內在因素如自尊、自主權、自我成就感。外在因素如升遷、地位、認同與被他人尊重。
5. **自我實現需求（self-actualization needs）**：達成心目中的理想狀態之需求，例如自我成長、潛能發揮、工作上或人生生涯的自我實現。

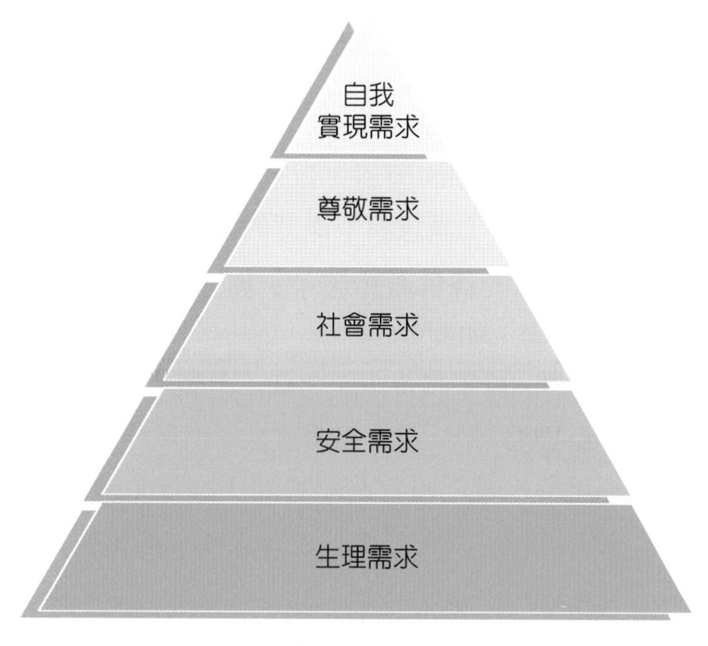

圖9-3　人類五層次基本需求

個體的低層次需求滿足後，就會感受到被激勵的驅動力，往上追求高層次需求。所以，當員工有基本工作機會、薪資收入時，依馬斯洛（Maslow）需求層級理論，生理需求被滿足後，即會想要往上尋求安全需求、社會需求的滿足，甚至職位升遷的尊敬需求，以及超越薪資升遷的期望、只想在工作上提供最大貢獻價值的自我實現需求。很多大企業家幾乎都是到達需求層級的頂端，追求的是企業永續生存、提升社會福祉、照顧廣大員工生計的自我實現需求。

二、雙因子理論

心理學家赫茲伯格（Frederick Herzberg）所提出的雙因子理論（two-factor theory）是另一個常見的古典的內容激勵理論。雙因子理論指出能讓創造個人工作滿意的「激勵因子」（motivation factors）與「保健因子」（hygiene factors）二因素，故又稱激勵保健因子理論。

（一）理論要旨

造成員工「工作滿意」的因素與造成員工「工作不滿意」的因素，爲二類不同的因素。與工作滿意的因素稱爲「激勵因子」，與工作不滿意的因素稱爲「保健因子」。公司（管理者）提供員工足夠的保健因子只是讓員工沒有不滿意，只有提供激勵因子才能眞正促進員工滿意。

（二）理論內涵

1. **研究方法**：赫茲伯格針對工程師與會計人員的調查研究，請他們回想在公司內感到滿意與受到激勵的因素、以及感到不滿意與未受到激勵的因素，分析結果發現影響員工滿意與不滿意的因素明顯分爲二類。
2. **模式**：與工作滿意的因素稱爲激勵因子，與工作不滿意的因子稱爲保健因子，爲二類不同因素，如圖9-4。
   (1) 當保健因子不足時，員工將會明顯感到「不滿意」。然而當提供足夠的保健因子時，員工也只是「沒有不滿意」，但無法眞正感到工作滿意。
   (2) 當激勵因子不足時，員工將會明顯感到「沒有滿意」，但也不會感到不滿意。當提供足夠的激勵因子時，員工才會眞正對工作感到滿意。

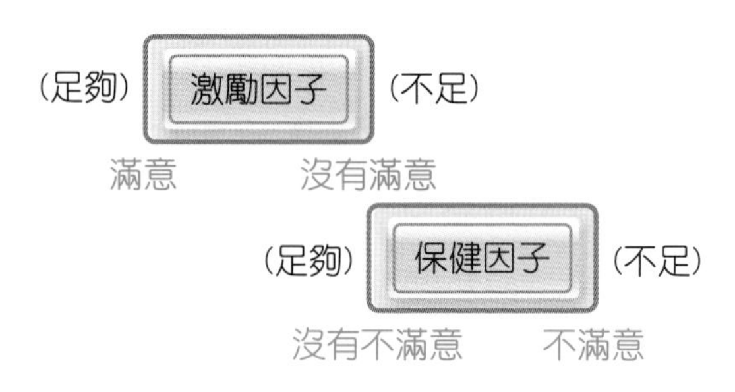

圖9-4　激勵與保健因子

3. 激勵與保健因子內涵

表9-1　激勵與保健因子內涵

	激勵因子	保健因子
意義	造成工作滿意的因素，與工作內在因素有關。	與工作不滿意的因素有關，與工作外在因素有關。
內涵	工作本身 成就感 認同感 責任感 升遷發展機會 成長	監督方法（上司） 公司政策/制度 與上司關係、同事關係、部屬關係 工作環境 薪資福利 個人生活 地位、安全

如表9-1所示，雙因子理論的管理意涵在說明，薪資、工作環境之類的保健因子只是防止員工產生工作不滿意的方法。但眞正要讓員工感到工作滿意、激發工作動機，必須提供與工作相關的激勵因子，例如獎勵、表揚、暢通的升遷管道等，才能眞正提升工作績效。

三、Y理論

麥格理高（McGregor）提出的Y理論（Y theory）人性基本假定，說明管理者對人性的基本看法，爲另一個重要的古典激勵理論。

依照麥格理高（McGregor）提出的人性基本假定觀點，Y理論的人員具有以下特點：

1. 會自動自發、喜歡發揮創意。
2. 享受努力工作所獲得的成就感。

3. 能夠自我控制，不需別人提醒或規定加以鞭策，就能達成工作目標。

相對於Y理論的人性基本假定觀點，麥格理高（McGregor）亦提出X理論的人性基本假定，具有以下特點：

1. 不喜歡工作。
2. 被動消極。
3. 會想辦法逃避責任。
4. 需要被督促、以制度與規定約束才能達成工作績效。

融合東西方管理觀點而言，Y理論假定人性是性善的，且因爲人性喜歡承擔責任且能夠自我控制，強調民主的參與管理制度。X理論假定人性是性惡的，且因爲人性傾向逃避責任，強調必須透過制度與法規的嚴密設計控制人員行爲。

管理者必須體認，Y理論與X理論代表組織內可能並存的不同人性假定之人員，針對各種不同特性人員設計不同的激勵制度，以滿足不同人員的需求。例如，生產線上的作業人員習於例行性的作業，制度上的設計應該採X理論觀點，以標準工時的設計或量化生產績效控制，做爲激勵獎勵標準；對於創新要求比較高的行銷與研發部門，人員要求自我控制，故宜採Y理論觀點設計彈性的管理與激勵方案之制度。

後續學者延伸Y理論觀點提出其他的人性假定觀點，皆在強調激勵制度的設計必須因人而異，例如：

1. **M理論**：爲艾倫（Allen）所提出，認爲「有的員工偏X理論，有的員工偏Y理論」，管理者應充分了解員工的個別差異，以有效管理與激勵，又被稱爲人性中庸觀。
2. **Z理論**：爲威廉大內（William Ouchi）所提出，認爲X理論和Y理論皆爲極端現象，應「重視個人差異」，以X理論和Y理論並重，設計管理制度，又被稱爲人性系統觀。
3. **超Y理論**：爲墨斯與洛斯奇（Morse and Lorsch）所提出，認爲應「重視個人差異」，當組織工作與個別工作者動機能夠配適可有效激勵，又被稱爲人性權變觀。

四、三需求理論

繼古典激勵理論之馬斯洛（Maslow）需求層級理論後，麥克里蘭（David McClelland）提出三需求理論（three-needs theory），認爲人們皆會追求三種需求的滿足，包括成就需求、權力需求與隸屬需求：

1. **成就需求（need for achievement）**：把事情做得比別人更好的慾望，追求更高的工作成就感之責任。高成就動機者係指喜歡具挑戰性工作，傾向承擔風險與責任。
2. **權力需求（need for power）**：想要影響他人表現的行爲，即使他人並不願意。高權力需求者追求地位，喜歡表現個人的影響力。
3. **隸屬需求（need for affiliation）**：追求和群體夥伴間的友誼以及親密人際關係的慾望。

該理論認爲需求無層級可言，且個體同時追求三種需求，只是隨著個體不同，每個人對三種需求有不同的需求結構比例，如圖9-5。

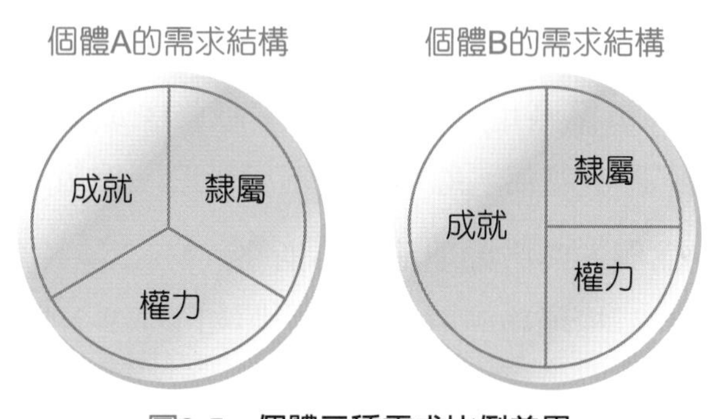

圖9-5 個體三種需求比例差異

針對管理者的研究，該理論提出高績效經理人的特性包括：具高權力需求、具低隸屬需求，惟成就需求不一定高。其理由係因在現代化組織中正式化程度高，分層負責的責任明確，管理者不一定有誘因想要表現得比別人更高的工作績效。

從理論觀點的對照，麥克里蘭（McClelland）提出的成就需求、權力需求與隸屬需求等三種需求恰能對照馬斯洛（Maslow）需求層級理論中的自我實現需求、尊敬需求、社會需求，偏向馬斯洛（Maslow）需求層級理論中高層次需求，未能解釋較低層次的需求。其次，馬斯洛（Maslow）需求層級理論主張需求的層級是漸進的，麥克里蘭（McClelland）三需求理論則主張需求無層級可言。

五、ERG理論

阿德弗（Alderfer）提出ERG理論（ERG theory），認爲需求是有層級性的，需求層級分爲3種，需求層級由低至高分別爲：生存需求（existence needs）、關係需求（relatedness needs）、成長需求（growth needs），理論命名係以三種需求字首字母E、R、G爲理論名稱。其主要的理論內涵包括：

1. 需求層級爲：
   (1) 生存需求：追求薪資福利等物質條件與愉快的工作環境，滿足個人生存與人身安全的需求。
   (2) 關係需求：追求與重要的人分享思想與情感之友誼關係的需求。
   (3) 成長需求：追求發展自己才能的需求。
2. 需求層級的累進與轉換，除了向上提升、追求高層次需求的「滿足-漸近」（satisfaction-progress）程序外，亦有退而求其次的、向下層級的「挫折-退縮」（frustration-regression）程序。
   (1) 各層次的需求獲得滿足後，則追求更高層級的慾望越強，稱爲需求層級的「滿足-漸近」程序。
   (2) 各層次的需求未獲滿足，追求的慾望越強；或者高層次需求較不滿足，則低層次需求愈強。此稱爲需求層級的「挫折-退縮」程序。

ERG理論被視爲與古典激勵理論之馬斯洛（Maslow）需求層級理論最相似的當代激勵理論，二種理論的需求層級對照如下表9-2所示：

表9-2 ERG理論與需求層級理論比較

ERG理論	需求層級理論	
成長需求	自我實現需求	高層次需求
關係需求	社會需求、尊敬需求	↕
生存需求	生理需求、安全需求	低層次需求

然而，ERG理論與需求層級理論最大的不同，在於ERG理論強調個體追求需求層級的轉換除了「滿足-漸近」程序，也有「挫折-退縮」程序。需求層級理論則只強調低層次需求獲得充分滿足後，會往上追求高層次需求之「滿足-漸近」程序。

管理新視界

影片連結

意想不到的激勵科學

個人事業發展專家Dan Pink探討激勵與工作動機的相關問題。他舉出了一些社會學家都知道，而企業管理階層卻不懂的道理 ；並認為傳統獎勵並非如我們所想的有效。因為從其案例中表明，傳統激勵只有在某些特定其況下的環境有效，而這種「因果」式的激勵法則會扼殺創意的產生，其主張內在動機的激勵，希望透過不同層面的激勵來改變二十一世紀的管理模式，並改變這個世界。

問題與討論

1. 傳統激勵方式之所以不能有效提高效率的問題點在於？

   HINT 傳統激勵方式是為因應特定績效去設計的，因此每個激勵制度並非皆適於不同目標，因此當面對非制式性目標就無法有效的激勵員工。

2. 內在動機的三個重點在於？

   HINT 內在動機的三個重點為自主性、掌握度、使命感。

3. 試論內在激勵與外在激勵的差異？

   HINT 內在動機主要是個體本身的自主能力與積極性；而外在動機則為吸引力。因此內在動機對於績效提升的作用會比外在動機來的有效。

9-4 程序觀點之激勵理論

程序觀點的激勵理論，主要探討激勵程序本身能否創造激勵效果，重點在於激勵程序本身的公正性與員工自主性。

一、期望理論

由伏隆（Victor Vroom）所提出的期望理論（expectancy theory）爲最典型之程序觀點的激勵理論，理論主張爲個人採取某種行爲傾向或工作行爲的努力程度，取決於對採取該行爲所導致已知結果的預期強度（期望値），以及此一結果對於個人吸引力大小。亦即當個人預期其行爲努力能夠獲得期望的報償時，個人將會決定投注較大努力程度於該行為上。但若預期難以獲得期望的報償時，個人於該行為的努力程度將會降低。

伏隆（Vroom）期望理論的理論模式如圖9-6所示：

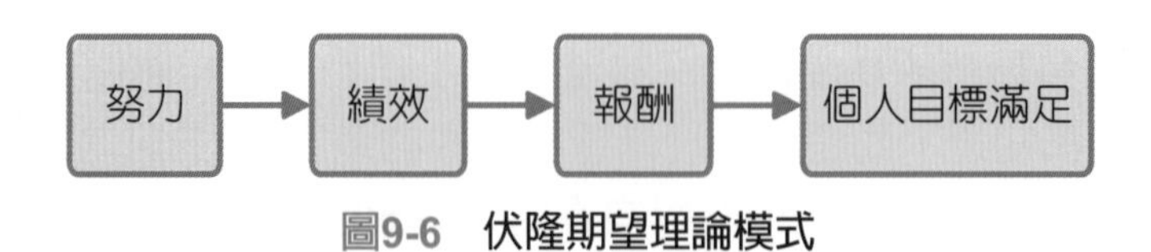

圖9-6　伏隆期望理論模式

上述模式體現在組織內的員工會受到激勵而提高生產績效。亦即當員工相信他的努力可以得到好的績效考核，而好的績效考核可以得到組織給予的報酬，報酬亦可以滿足員工的個人目標。

其中，模式內三個箭號所指之影響關係，代表個人對於努力的成果回報之預期強度，會影響個人所決定的行為努力程度，一併說明如下：

1. **努力與績效之關聯性**：又稱「機率」（expectancy）。
   員工相信付出一定的努力之後，可達到績效的機率高低。如果努力就能獲得績效，則員工一定會投入相當程度努力。如果努力不一定能獲得績效，具有高度不確定性時，例如新產品研發、新市場的開發具高度不確定性，除非員工願意承擔高度風險，否則極易出現意興闌珊的態度。
2. **績效與報酬之關聯性**：又稱「手段」（instrumentality）。
   意指績效衡量作為獎酬給付的基礎之媒介性，亦即員工相信達到一定水準的績效後，可得到預期報酬的程度。此時，績效衡量制度的公平性將會影響員工是否會願意付出努力以提高績效來獲得獎酬。
3. **報酬與個人目標滿足之關聯性**：又稱「報償」（valence）。
   意指對個人而言，報酬的吸引力程度。亦即工作中所能獲得的可能結果或報酬，在員工心中的重要性或價值感。對於一位希望在工作上高績效表現能獲得加薪機會的員工，如果只是給予表揚獎勵，這樣的獎酬對該員工顯然就會缺乏吸引力，而影響其願意投注之努力程度，如圖9-7所示。

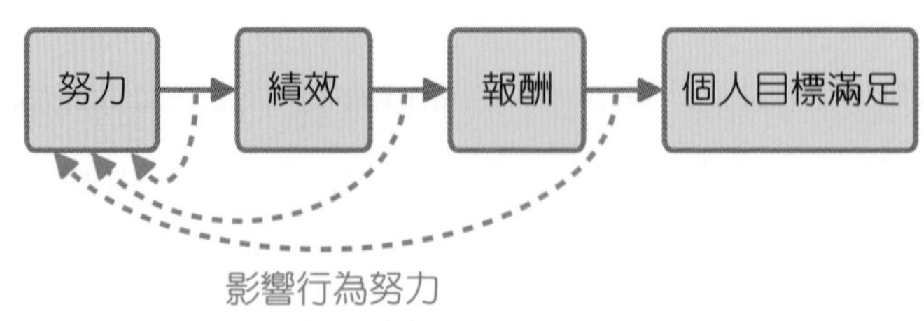

圖9-7　伏隆期望理論模式與影響行為努力之關係

上述三種模式內的關係的回饋影響，將會左右員工的行爲努力意願。如果激勵制度的設計讓員工感到是正向影響的，則經由此一激勵程序的回饋，個人將會決定投注較大的努力程度，以獲得他所期望的績效、報酬與個人目標滿足。

因此，期望理論的管理意涵強調下面的三個重點：

1. **重視員工認知**：員工對績效、報酬和個人目標滿足的「認知」，會決定員工的努力，而非客觀的結果。
2. **期望影響行為**：管理者必須讓員工了解公司所支持的「績效與報酬的正向關聯性」，才能激勵部屬努力追求目標。
3. **適當激勵方案**：管理者必須知道員工爲什麼認爲某些結果具有吸引力或沒有吸引力，以設計、提供適當的獎酬方案。

二、公平理論

由心理學家約翰亞當斯（John Adams）所提出之公平理論（equity theory），即員工會比較自己與攸關的其他人之「投入產出比」（input-outcome ratio），當認知「投入產出比」相等時會感到公平且無任何作爲，但若認知「投入產出比」不相等時，將會感到不公平並矯正其所認知的不公平。

投入代表員工在工作中的心力、勞力與時間之投入，產出則是員工從工作投入所獲得的報酬，包括薪資、獎金、尊重和表揚認同等。當員工知覺「投入產出比」不公平時，會傾向採取的因應作法包括：

1. **改變本身投入**：例如增加更多投入，以期獲得更多產出回報。當員工有如此正面思考時，則出現正面的激勵動因。
2. **改變本身產出**：例如提高工作績效，或爭取更多獎金報酬。如此亦屬於正面的激勵動因。
3. **改變自我「投入產出比」的認知或對他人「投入產出比」的認知**：可以蒐集資訊改變自己的認知，例如他人「投入產出比」高於我可能是因爲別人有自己不知道的額外付出。
4. **選擇不同的比較參考點**：確認選擇的參考對象是否爲與自己工作最相似的攸關其他人。若離職或轉換工作，亦屬於轉換不同的比較參考點之作法。

故依公平理論，大部分員工之激勵動因同時受到相對報酬（與他人比較的投入產出比之認知）與絕對報酬（實際獲得的報酬回報）的影響，有時甚至相對報酬的影響更甚於絕對報酬。而因爲是與他人比較之認知公平性，故公平理論又稱爲社會比較理論（social comparison theory）。

就激勵實務而言，員工會因爲感到分配程序的公平，而受到激勵；相對的，管理者設計激勵制度時，即必須考慮員工認知的公平性，建立讓員工感到程序公平的獎酬分配計畫，才能獲得預期的激勵效果。

三、目標設定理論

洛克（Locke）提出目標設定理論（goal setting theory），認爲由員工的參與、適當的目標設定程序，能有效激勵員工發揮潛能，達成更高績效目標。如圖9-8所示，其主要內涵包括：

1. 特定且明確的目標，讓員工易於遵循，能有效促進績效的提升。
2. 被員工接受的具挑戰性之困難目標，也會比易達成的目標，更能激發員工潛能達成更高績效。
3. 讓員工「參與目標設定」，員工較會願意承諾完成目標，通常會有較好績效。但是當員工沒有決策能力與意願時，直接指派任務反而會有績效。
4. 當員工具有高度自我效能（self-efficacy）[1]，就具有能把事情做好的自信心，更能努力達成自我設定的目標。
5. 提供員工績效回饋，讓員工知道目標達成度的資訊，也對績效高低有重大影響。

1. 自我效能（self-efficacy）：個體相信自己執行任務的能力、把事情做好的自信心。

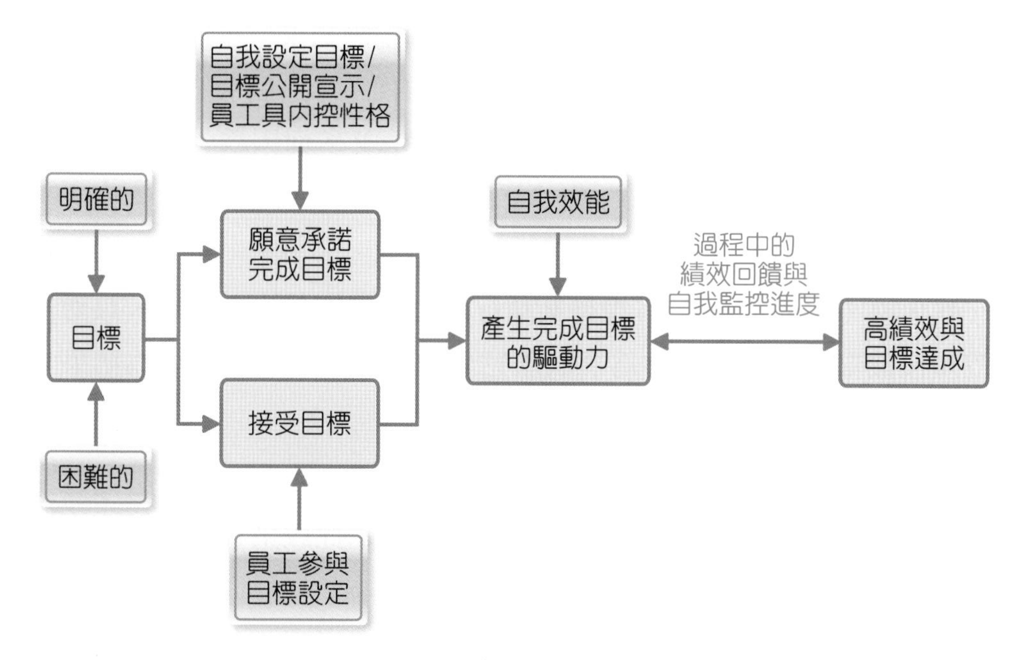

圖9-8　目標設定理論模式

目標設定理論將目標設定過程視爲有效的激勵程序時，目標本身亦成爲一個具激勵的動因。因此，對員工而言，具激勵效果的好目標之特性應包括：

1. **可衡量的（measurable）**：目標具有可量化衡量的、明確的標準。
2. **可達成的（achievable）**：目標是員工能力可及的。
3. **可報償的（rewardable）**：因爲達成目標有報償，員工就會有投入動機。
4. **可承諾的（committable）**：員工願意接受的目標。

9-5 強化觀點之激勵理論

強化觀點的激勵理論，主要探討個體行爲動機乃是受到行爲結果的強化效果所影響。史金納（B. F. Skinner）所提出的強化理論（reinforcement theory），闡釋個人所採取的行爲重複受行爲結果所影響，亦即個人常會受到行爲結果的激勵而重複該行爲，這種「行爲被行爲的結果所制約」的影響，也被稱爲操作制約（operant conditioning）。

強化理論基本假設，人是消極被動的。因此，人的行爲與需求無關，而與強化有關。故強化理論主要闡釋，當個體表現出正確行爲就給予獎賞（愉悅的結果），表現不當行爲就給予處罰（不愉悅的結果），以使個體表現出組織所期望的行爲，或不表現組織所不期望的行爲。這個令個體感到愉悅的或不愉悅的行爲結果，稱爲強化物（reinforcers）。而因爲強化物能塑造行爲的重複，故強化理論又稱爲行爲修正理論（behavior modification theory）或行爲塑造理論（behavior shaping theory）。

強化物（reinforcers）可說是某種行爲之後立即伴隨的反應，以增加該行爲重複機率。以「強化物爲令個體感到愉悅的或不愉悅的行爲結果」而言，強化物包括以下類型：

1. **正強化**：能使個體重複組織所期望的特定行爲之作法。例：公司宣布員工整個月全勤就會有全勤獎金，即是期望透過此政策宣示激勵員工都能全勤。
2. **負強化**：能使個體不重複組織所不期望的特定行爲（負面的行爲）之作法。例：公司宣布員工累計三次遲到就會被扣薪；當遲到第一次時即會受到警戒，即是負強化，員工會警惕自己不要再遲到（表現負面的行爲）了。
3. **懲罰**：使個體減少組織所不期望表現的特定行爲之實際行爲修正的作法。例：已累計遲到三次，眞的被扣錢了，稱爲懲罰。
4. **消滅**：爲使組織成員不再表現組織不期望發生的行爲之實際行爲修正的作法。例如：抽離該情境（調離原職、解雇）阻斷員工負面行爲的發生；又或當主管不希望員工提供與會議無關、甚至干擾議程的問題，主管可以對這些員工的舉手不予理會，很快地，員工可能就不想再繼續發言了。

9-6 具激勵之工作設計

一、工作再設計

傳統專業分工的工作設計，雖然有助於提升作業效率，但長期而言，容易造成員工的單調感與疲乏，缺乏激勵效果。因此，現代激勵理論強調具激勵性的工作再設計（job redesign），有助於降低單調感，提升激勵效果。

具激勵性的工作再設計包括：

1. **工作輪調（job rotation）**：員工每隔一段時間更換另外一種工作，以減少工作單調感，並訓練多技能員工。
2. **工作擴大化（job enlargement）**：係指在原有的「執行」作業增加工作範圍之「工作水平擴張」，有助於降低單調感，提升激勵效果。只是執行工作範圍的增加。工作範圍（job scope）指的是工作中不同任務的種類及發生次數。工作擴大化會增加工作範圍。
3. **工作豐富化（job enrichment）**：係指在原有的「執行」作業之外，增加規劃與評估責任之「工作垂直擴張」，能滿足部份員工對於決策自主權的需求，增加對其工作能控制主導的程度，亦即增加工作深度。工作豐富化前提是當員工具備足夠知識、經驗與能力進行工作自主決策時，工作豐富化的工作設計能進一步提升激勵效果。

二、工作特性模型

由哈佛大學教授哈克曼（Richard Hackman）和伊利諾大學教授歐漢（Greg Oldham）提出的工作特性模型（job characteristics model, JCM），分析工作的架構，確認五種主要的工作特性對提升生產績效的激勵效果。

五種主要的工作特性，亦即工作特性模型5項核心構面，分別爲技能多樣性、任務完整性、任務重要性、自主性及回饋性，如表9-3所示：

1. **技能的多樣性**：工作需要許多不同的活動，因此需利用不同的技術和能力的程度。
2. **任務的完整性**：工作需要完成整體或部分項目的程度。
3. **任務的重要性**：對生活或其他人的工作有重要影響的程度。
4. **自主性**：一工作提供員工在工作排程與決定執行程序上具有自由、獨立與自主權之程度。
5. **回饋性**：當執行工作必要的活動時，員工可得到直接、清楚的工作績效資訊之程度。

表9-3　JCM模式

工作核心構面	關鍵心理狀態	個人工作結果
技能的多樣性	體驗工作的深長意義	內在工作動機高 高品質的工作績效 工作滿意度高 缺席率低 離職率低
任務的完整性		
任務的重要性		
自主性	體驗對工作結果所肩負的責任	
回饋性	獲得工作結果的資訊	

哈克曼（Richard Hackman）和歐漢（Greg Oldham）以工作特性模式的五個核心構面爲基礎，提出動機潛力分數（MPS），檢視某一工作從五個核心構面的評分來衡量工作的激勵效果：

$$MPS=\left(\frac{技能的多樣性+任務的完整性+任務的重要性}{3}\right)\times 自主性\times 回饋性$$

在動機潛力分數公式中，多樣性、完整性、重要性三者重要性已被稀釋（除以3），而自主性、回饋性未被稀釋，顯示此二構面對激勵效果的影響程度較大。

溝通不良，只會付出時間成本

許多軟體工程師在從事軟體開發幾年後，都會想轉為專案經理（project manager, PM）。在IT產業有15年工作經驗的陳宏則特別了解PM工作的重要性。

在陳宏任職鼎鼎聯合行銷的技術經理時，他負責的就是Go Happy快樂購物網的系統開發與團隊建構。由於當時鼎鼎缺乏一個電子商務平臺，因此請他來幫忙建置網站。在過程中，陳宏認為專案進行時遇到的問題不多，較麻煩的反而是過程中的溝通。因為不管是對內還是對外溝通，往往只要有認知上的不同，最後就會造成傳達上的錯誤。加上當時均是委外製作，所以在內部需求傳遞給外部廠商時，就會花上不少時間，若一開始需求評估錯誤，就會付出龐大的代價。從自身的工作經驗上，陳宏體會到雙方認知要平等的重要，這不僅能維持組織運作的順暢，也能減少錯誤或是誤解的發生。

陳宏指出，為防止這些問題的發生，最好就是將各部門的需求進行分析，並能提出介面概念的雛型，這樣才有助於虛擬的想法實體化，並使參與者有較清楚的想法。此外，在專案進行中，常會因為老闆的一句話而產生重大的轉變。因此，PM只能盡量去避免這類事情的發生，並確認決策者為誰，與其保持資訊上的溝通，以免因為資訊或溝通的不足而產生錯誤的理解。

資料來源：本書作者網搜整理。

問題與討論

一、選擇題

( ) 1. 溝通不良會導致下列何種結果？ (A)各部門資訊不一致 (B)時間成本提高 (C)重要問題可能會因為細節而被擴大 (D)以上皆是。

( ) 2. 部門與部門間都有其重要性的地位與工作，當彼此進行資訊交流與溝通時，應該具備何種處理能力？ (A)懂得工作分配 (B)整合資訊與問題 (C)快速作業 (D)區分職權。

( ) 3. 雙方認知要平等，欲達到此層次必須要做好？ (A)平臺的建立 (B)規範的要分明 (C)良好溝通 (D)以上皆非。

( ) 4. 專案進行中，常會因為老闆的一句話而產生重大的轉變，這說明專案進行時除了需要良好的溝通還需要？ (A)信任感 (B)處理即時問題的彈性 (C)團結 (D)拍馬屁。

( ) 5. 了解決策者是誰的原因是？ (A)能獲得較為肯定的決策與資訊面向 (B)如果能改變決策者就能改變專案方向 (C)決策者的資訊一定是最正確的 (D)只是為了知道專案的主導權而已。

二、問答題

1. 如何設計出有效的溝通管道與模式？

HINT 了解如何取得最正確與有效的訊息並學習溝通。

9-7 激勵與溝通之整合

一、整合激勵模式

波特（Porter）與勞勒（Lawler）提出的「工作動機模式」，探討企業主管如何使用工作報酬來激勵部屬的工作動機，又被稱爲「動機作用模式」。該模式整合了三個重要的激勵理論，故又被視爲整合激勵模式，如圖9-9所示：

1. 以伏隆（Vroom）「期望理論」爲基礎，加入赫茲伯格（Herzberg）二因子理論、亞當斯（Adams）公平理論，發展完整的動機作用理論。
2. 動機作用模式說明：一個人的動機（投入、努力）並不必然等於績效或報酬。即一個人的績效表現，除了受其個人努力程度決定以外（以上所述爲期望理論的觀點），還受到個人工作技能與對任務的知覺（是否了解任務）所影響。
3. 績效帶來的報酬包括工作內的報酬（例如成就感、自我成長）或工作外的報酬（例如金錢、升遷、地位），這是赫茲伯格（Herzberg）二因子理論的觀點。而個體所獲得的獎酬，還要符合個體心目中所感到公平的獎酬，這是亞當斯（Adams）公平理論的觀點。

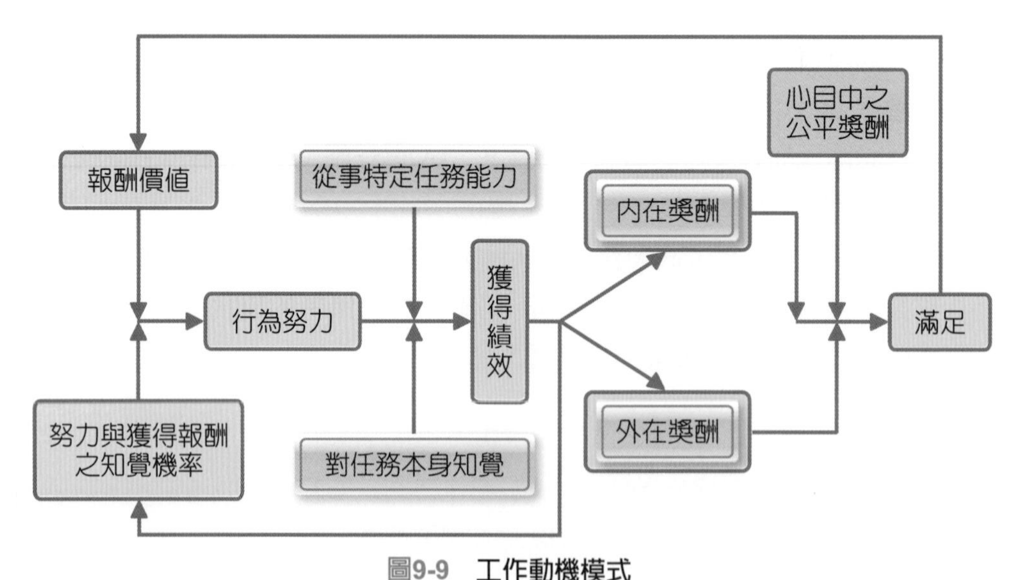

圖9-9　工作動機模式

二、有效溝通與激勵

組織爲不同部門、不同獨立個體的集合體，每個個體皆有不同的需求、不同程度的目標要求、需要不同的激勵動因，故管理者必須能夠如人性假定理論的主張，考量員工的工作特性與個別需求之差異，因人而異地設計不同的激勵獎酬方案，例如：

1. **以績效為基礎的激勵獎酬方案（pay-for-performance programs）**：以衡量的績效爲基礎給付員工薪資的薪酬計畫，例如生產作業線員工的按件計酬制。
2. **以技能為基礎的激勵獎酬方案（competency-based compensation programs）**：依員工的技能、知識或行爲，施予報酬獎勵，則員工自然會依此激勵動因而更加精進於技能的提升。
3. **股票認購權計畫（stock option program）**：規定管理者得以在未來特定期間，依約定價格認購一定數額之股票。通常是對管理者的獎勵計畫方案，因爲受獎勵的管理者必須在未來特定期間後履行獎勵，故也屬於一種員工忠誠方案。
4. **激勵新進員工與低薪資員工**：舉辦員工競賽表揚、或給予較大的工作自主權，都屬於此類無法給予較高薪資員工的激勵方式。

上述激勵方案都有賴高階管理階層的支持與積極實施、落實公平的績效衡量方式、並且依照激勵辦法確實施以獎酬，達成政策的有效溝通效果，也就能有效刺激員工的激勵動因。因此，有效溝通創造有效激勵，這是管理者應該奉爲圭臬的。

管理新視界

🔍影片連結

溝通七大哲學

溝通是一生必學的課程！溝通首要並不是在處理事情，而是在處理雙方當下的感覺。只要知道如何處裡感覺，讓對方的感覺平順之後，事情會更好進行。當然自己的情緒與感覺要處理好是首當其衝，如果自己都情緒高昂或不冷靜，溝通都是不會有結果。而遵守溝通的哲學，可以幫助人際關係與問題處理的能力，而溝通的七大哲學如下所示：

1.真誠的心
2.情緒穩定
3.同理心
4.學會傾聽
5.尊重對方
6.多讚美少批評
7.適時的幽默感

問題與討論

1. 試問，溝通對管理的重要性？

HINT 溝通是管理的過程之一，在組織與組織的談判或人與人的交流上都需要溝通，因此溝通代表著個體與個體間的交流，這也是管理重要的一環，不可忽略的一部分。

2. 在溝通上面，控制是很重要的，試論控制的重要性？

HINT 在溝通當中，控制當下的氛圍是重要的，尤其是情緒的自我控制是更是重要，唯有理性的溝通與談判，才能達成良好的共識。因此，會控制自我，就能去控制溝通的結果。

3. 從溝通的七大哲學中，可知何者的重要？

HINT 從七大溝通哲學中可知，溝通時一定要從多個角度去做思考，除了要製造好的溝通氛圍，也要思考自己的用字遣詞與情緒，還有對方希望的訴求，這樣才能為溝通畫下完美的句點。

重點摘要

1. 溝通是由發訊者傳達出訊息，並確認收訊者能理解該訊息，簡言之，溝通即為意義的傳達與理解。
2. 常見有效人際溝通的障礙包括：發訊者進行訊息的蓄意操弄，稱為過濾。收訊者對於訊息的解讀，可能因為部分資訊內容被過濾掉，而產生選擇性知覺。
3. 克服人際間溝通障礙的方法包括：發訊者引導收訊者回饋以促進雙向溝通、簡化傳達的語言以利於對方理解，收訊者主動且專心地傾聽、控制情緒、保持開放心胸以避免防衛心理影響訊息的理解，另外就是在口語溝通同時善用非言辭暗示，作為語言溝通的輔助作用。
4. 內容觀點的激勵理論，主要探討引發激勵效果的實質內容，而引發激勵效果的實質內容則集中在個體追求的實質需求或工作內容本身。包括：馬斯洛（Maslow）需求層級理論、赫茲伯格（Herzberg）雙因子理論、麥格理高（McGregor）Y理論、麥克里蘭（McClelland）三需求理論、阿德弗（Alderfer）ERG理論。
5. 程序觀點的激勵理論，主要探討激勵程序本身能否創造激勵效果，重點在於激勵程序本身的公正性與員工自主性。包括：伏隆（Vroom）期望理論、亞當斯（John Adams）公平理論、洛克（Locke）目標設定理論。
6. 強化觀點的激勵理論，主要探討個體行為動機乃是受到行為結果的強化效果所影響，以史金納（Skinner）所提出的強化理論（reinforcement theory）為理論基礎。
7. 現代激勵理論強調具激勵性的工作再設計，有助於降低單調感，提升激勵效果，包括工作輪調、工作擴大化、工作豐富化。
8. 哈克曼（Hackman）和歐漢（Oldham）提出的工作特性模型（job characteristics model, JCM），分析工作的架構，確認五種主要的工作特性對提升生產績效的激勵效果。工作特性模型5項核心構面分別為技術多樣性、任務完整性、任務重要性、自主性及回饋性。
9. 波特（Porter）與勞勒（Lawler）提出的「工作動機模式」，探討企業主管如何使用工作報酬來激勵部屬的工作動機，又被稱為「動機作用模式」。該模式整合了三個重要的激勵理論：期望理論、二因子理論、二因子理論，故又被視為整合激勵模式。
10. 組織的目標與政策，都必須藉由正式溝通程序明確闡明，或經由非正式溝通管道讓部屬能夠清楚理解，當然激勵措施與辦法亦不例外，有效溝通能夠促進激勵效果。

分組討論實作

不同產業的薪資水準依行業特性而有差異，高科技業倚賴創新的高附加價值產品賺取高額利潤，通常薪資水準遠高於零售業，而零售業新進人員的薪資與基本工資可能相去不遠，甚至扣除勞健保後將低於基本工資水準。

本次分組請同學以零售業為例（例如超商、超市、量販店、平價百貨賣場等），說明平時觀察的零售賣場員工的工作情形，或是同學有類似打工經驗的分享，並提出對於這些低階勞動力、例行性工作者，可以設計那些「激勵方案」，激勵這些基層勞工的工作熱情。

CHAPTER 10 控制與績效管理

本章架構

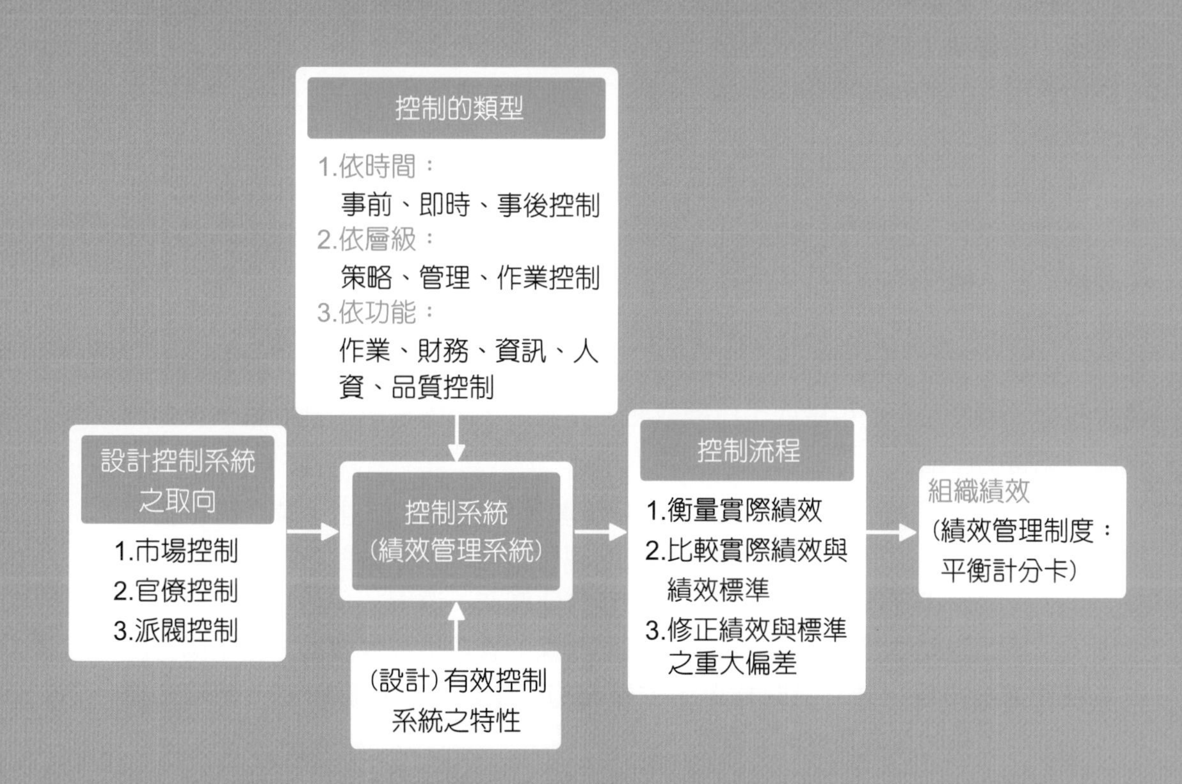

學習目標

1. 了解控制的定義與各種控制類型
2. 認識設計控制系統的三種取向。
3. 了解控制的程序。
4. 理解有效控制系統的特性。
5. 認識組織績效之意義與平衡計分卡。

營運績效是指執行同樣的作業，其效率優於競爭對手。

Mechael E. Porter（麥可・波特）

首創果汁「身分證」—波蜜保障消費者食安

近期四大超商的冷藏貨架上，出現一款包裝與其它競爭品牌不同，特強調產銷履歷的芭樂汁。它是臺灣推動農產品履歷制度14年來，第一瓶從青果、榨汁到包裝，全製作過程都有履歷認證的果汁。在蔬果汁類飲料市占超過五成的龍頭久津實業（波蜜），成為第一個願意投入、並串起整個供應鏈的品牌果汁商。

根據經濟部統計，2017年起果蔬汁年銷售額持續下降。而波蜜產品營收六成來自稀釋蔬果汁、四成是蔬果原汁，要與大趨勢休戚與共，因此要做差異化，才能吸納新客。盤點市面上分眾品項，大多從口味、製程做文章，卻沒有標榜供應鏈溯源的果汁。2014年，食安問題爆發讓消費者覺醒，理解少添加才是好。波蜜無添加砂糖、香料、色素的原汁產品開始熱銷，目前已占營收四成。面對消費者需求改變，履歷蔬果的供應商也已經成熟。波蜜決定順勢推出市面上第一支全流程履歷認證的產品。

波蜜花兩年尋找、驗證，才選擇與軒禾農產品運銷合作社採購原料。確保原料穩定後，到了下一個關卡：少量多樣的製作流程。即使每批芭樂長相、味道差異不大，原料仍不得混用，每批果汁都要分開製作，還得一一打印上不同的追蹤碼，一旦印錯就得整批報廢。因此，不但產線的資訊化程度要高，且花兩分鐘就能快速電腦排程，做到隨時插單。生產流的作業員也都有實聯制，能隨時稽核，工廠一定隨時都要在SOP下運轉。

生產有履歷的果汁，其檢查點、人力的設置都需雙倍。要一再確認驗證碼是對的，品管的人再檢查一次，確認產品外觀、打開喝味道、認印刷，才能一貫生產。能做到這樣，仰賴它落實多年的嚴格SOP發威。而包裝、行銷，也是一關挑戰。以包裝為例，中間經過波蜜、軒禾與農委會三方合作，文字不能太多行銷術語以符合法規。這整個過程花了超過一年才確認設計，該產線試車則更久。

這款履歷果汁推出三個多月，平均一天賣出一萬瓶，與波蜜經典蔬果汁的銷量相當，這讓波蜜有信心規劃在明年推出兩款新的履歷果汁。十年的代工SOP基本功，加上兩年的供應鏈布局，讓其他競爭者不易超越，這正是它能拿下這市場領先者的秘訣。

目前全國產銷履歷農戶共2,823戶、生產人數18,396人，作物面積47,031公頃、產值約159億元，透過合作社、農友及合作廠商的共同努力及監管，突破了生鮮農產品的限制。有效的控制農地到加工廠全程產銷履歷認驗證，製造出安全、可溯源又在地化、低碳足跡的新鮮果汁，創造了生產者、加工廠、消費者與環境的四贏。農民生產優良的農產品、廠商掛保證，讓更多元、安心、安全的農產品型態能不斷地推出，創造全民共同的價值與利益。

資料來源：
1. 游羽棠（2021/10）。一瓶麻煩到沒人做的果汁 波蜜怎麼練功12年推出？。商業週刊1772期。
2. 2021/9/6。產銷芭樂變果汁！在地小農聯合波蜜推出產銷履歷綜合果汁。食力傳媒。https://www.foodnext.net/news/industry/paper/5852625446。
3. 劉星君（2021/7/29）。有身分證果汁 屏東軒禾合作社與波蜜推出芭樂綜合果汁。聯合報。https://udn.com/news/story/7266/5635905。

問題與討論

一、選擇題

(　) 1. 本案例的內容，主要在闡述管理功能中的哪項？ (A)規劃 (B)組織 (C)領導 (D)控制。

(　) 2. 何謂果汁身份證？ (A)擬人法說明 (B)全程履歷認證 (C)波密自己發的 (D)以上皆是。

(　) 3. 波蜜這個果汁身份證最困難在於？ (A)產地到餐桌均可溯源 (B)口味控管均一致 (C)每個步驟均打上條碼 (D)以上皆是。

(　) 4. 在生產所有的嚴實控管之下，哪個部分發揮最大功勞？ (A) OPS (B) PSO (C) SOP (D)以上皆非。

(　) 5. 就現在全球推行的ESG，波蜜的果汁身份證做到了什麼？ (A)安全溯源 (B)支持在地 (C)低碳足跡 (D)以上皆是。

二、問答題

1. 請問果汁身份證有些什麼好處？

提示 有效地控制農地到加工廠全程產銷履歷認驗證，製造出安全、可溯源又在地化、低碳足跡的新鮮果汁，創造了生產者、加工廠、消費者與環境的四贏。農民生產優良的農產品、廠商掛保證，讓更多元、安心、安全的農產品型態能不斷地推出，創造全民共同的價值與利益。

10-1 控制的意義與類型

當企業決定結束虧損的事業部、將不具有市場商機的產品停產、打消企業呆帳、認列庫存損失，或是揪出企業內進行不法收受回扣、勾結廠商的員工，都是企業在進行管理的控制活動。意在將企業營運導入常軌，任何會破壞營運績效或違反組織目標的活動都該被修正或改善。

一、控制的定義

管理的目的就是爲了達成組織目標，管理包括了規劃、組織、領導與控制，當管理活動能順利達成組織目標，則控制活動在維持企業營運常軌。但若管理活動難以順利達成組織目標，則控制活動將啓動改善計畫，以使企業營運回歸常軌。因此，控制的定義爲：一種管理程序，透過衡量實際績效並與績效標準比較。當實際績效與績效標準出現重大偏差時，採取修正重大偏差的活動，以確保組織活動得以按目標與計畫完成。

簡言之，控制活動即在進行衡量實際績效、與績效標準比較、必要時修正重大績效偏差等活動，以確保組織目標之達成。達成組織目標爲管理的目的，而控制活動就在確保管理目的能被達成的最後一個程序，所以管理程序一般被視爲包括規劃、組織、領導與控制，然後達成管理目的。

二、控制的類型

一般而言，我們常以時間爲標準區分控制類型爲：事前控制、即時控制、事後控制。

1. **事前控制（feedforward control；pre-control）**：防範問題於未然，在問題未發生前就採取管理行動，稱爲事前控制；因爲事前控制可事先防範，省去事後彌補成本，爲最好的控制類型。例如：國際標準組織（International Organization for Standardization, ISO）所建立之ISO 9000品管制度，就是藉由預先建立企業流程所遵循的標準程序，使企業按標準化的規則或文件行事，讓企業流程達到標準化水準，並定期查驗企業是否確實依ISO標準行事。通過ISO認證，代表企業組織流程達到一定程度的標準化水準。因此，我們說ISO品管制度屬於事前控制方式。此外，組織所制定之設備預防性保養計畫，亦在針對設備使用上預為找出可能問題。故事先防範，亦屬於一種事前控制。

2. **即時控制（concurrent control；real-time control）**：事情發生時立即採取修正行動，因為是在活動進行當中的改善方式，故又被稱為事中控制；又因為在事件發生時、事態未擴大時立即修正，所以可花較少成本矯正問題。例如：許多主管喜歡走動管理（management by walking around, MBWA），亦即管理者至工作場所與員工直接互動，並交換目前正在進行事務的資訊，就是執行即時控制。

3. **事後控制（feedback control；post-control）**：在行動完成後，經檢討績效後才採取修正改善行動，稱為事後控制。大部分的控制都在檢討後提出改善方案，所以事後控制為最普遍的控制方式，例如：企業召開的年終業績檢討會議、餐廳依據客戶用完餐後填寫的顧客意見卡來改善服務方式，都屬於事後控制的例子。事後控制可提供管理者關於規劃執行方面有意義的資訊，且透過績效回饋，讓員工了解自己績效的資訊，有助於確認績效改善方向，有效提升員工激勵效果。

若以組織層級區分控制類型，組織內各個層級主管負責不同的控制範圍，包括策略控制、管理控制、作業控制：

1. **策略控制（strategy control）**：策略屬於高階主管所制定的規劃類型，所以策略控制屬於高階主管所負責的控制活動。高階主管進行的控制活動是具策略性的、組織整體範圍的、事業部間的績效關聯、影響的時間幅度也是較為長期的。策略控制的工具常見為以事業部的營收與獲利、組織整體目標的達成狀況，來進行績效評估與改善的依據。

2. **管理控制（management control）**：策略定出大方向後，就需要進行執行計畫流程的控管，因此管理控制屬於中階主管所負責的控制活動。管理控制負責的是時間範圍較長的週期性目標，例如年度計畫的達成。此外，亦負責將事業部的目標轉為轄下功能部門的計畫目標，並協調各功能目標的運作以達成事業部目標。管理控制的工具包括各部門的預算執行績效以及部門營收目標的達成。

3. **作業控制（operation control）**：作業控制屬於基層主管的控制活動，通常以作業活動的規定與程序，作爲控制的依據。所以作業控制屬於短期的、範圍較小的、具體的作業流程績效指標。

若以企業功能區分控制類型，則又可分爲作業控制、財務控制、資訊控制、人力資源控制、品質控制等。

1. **作業控制**：與生產、服務流程、工程進行的過程控管有關，例如生產流程的效率、制定服務流程的標準作業程序（SOP）、或是控制大型專案的完工進度等。例如計畫評核術（program evaluation and review technique, PERT）就是將專案各個作業依前後關係繪成網路圖，以控制專案進度使能如期完工的作業控制技術。
2. **財務控制**：包括資金流入與流出的控管、營收與成本的分析、財務報表的分析等。財務報表分析中的各種比率分析，可以監控組織的營運活動狀況、資產與負債結構、企業營運獲利狀況、以及短長期的企業償債能力。在控制系統中所獲得之資訊回饋，有極大部分屬於公司內部會計系統所提供的財務資料，包括營收與成本資料。
3. **資訊控制**：管理者需要資訊以監控組織績效與控制組織活動。管理資訊系統（management information system, MIS）就是提供企業營運一般資訊的管理系統。MIS蒐集原始、未加以分析的事實資料（data），經處理與分析後轉換爲供管理者使用的攸關資訊（information）。中大型企業導入的企業資源規劃（enterprise resource planning, ERP）系統，以整合企業內所有企業流程的資訊系統，達到有效提升流程效率、流程運作品質、降低營運成本的績效控制目標。
4. **人力資源控制**：在人力資源管理流程中，依照人力盤點的結果，建立現有人才庫，並可以了解現行的人力資源狀態與組織成員的技能結構。衡量一組織內的人員價值，除要考慮教育程度、訓練、能力、經驗、性向等，稱爲人力資源會計（human resource accounting）。人力資源主管必須確認何時需要招募、訓練、人員升遷、與生涯規劃，讓組織時時刻刻保持在人力最佳狀態。
5. **品質控制**：品質控制即指監控品質的變異。前幾年許多企業喜歡執行的「六標準差」（six sigma）作業管理，要求一種品質標準：每一百萬個零件或一百萬次操作程序中，僅能有少於3.4個的失誤。「六標準差」從「顧客需求」啓動，以作業流程爲導向，應用統計工具，衡量流程品質，分析驗證問題的根本原因，迅速有效的改善，同時標準化持續改善步驟，將企業的管理，生產與服務等流程的變異降到最低，使得操作失誤機會大幅下降。

三、設計控制系統的三種取向

在控制功能的執行上，組織的所有部門會形成一整個控制系統，當企業營運在投入、轉換、產出的過程中持續運行。每個企業重視的績效標準不盡相同，可能是投入面，也可能是產出面，因此每個組織衡量部門績效的方式或有不同。威廉大內（William Ouchi）即提出設計控制系統的三種取向，包括市場控制、官僚控制、派閥控制，代表不同企業所執之不同績效管理觀點。

1. **市場控制**：組織強調以外部市場表現作爲建立控制系統使用的標準者，稱爲市場控制（market control），或產出控制（outcome control）。外部市場表現包括每一部門的營收、市場占有率、產品價格與獲利表現。
   能夠以外部市場表現作爲績效控制標準的，前提在於組織的產品與服務明確定義與區分，且面臨明顯的市場競爭，例如一集團企業所設立的各個產品事業部，每一事業部即可以市場表現（例如營收、獲利）來做爲部門績效評估與績效控制的基準。我們常見的企業將各產品事業部劃分利潤中心，就是以利潤作爲事業部績效控制的標準。
2. **官僚控制**：組織強調以組織職權做爲控制手段，且依賴各種規定（rule）、規範（regulation）、程序與政策對組織成員的約束，稱爲官僚控制（bureaucratic control）。嚴密的組織層級關係與詳細的法規與制度，即爲韋伯（Weber）所提出的官僚結構之二大特性。
   官僚控制的主要特性包括：嚴密的行政管理與層級機制，明確定義的工作說明，企業流程稽核與預算管控，確保員工表現適當的行爲。官僚控制並根據每個職務所設定的績效標準，進行個別員工的績效評估，作爲組織成員行爲控制的準則。
3. **派閥控制**：組織強調以信念、共享價值觀、規範（norm）、傳統、儀式等組織文化之內涵做爲設計組織控制系統的核心要素，以強化對組織成員的信念與行爲約束，稱爲派閥控制（clan control）。
   派閥控制的主要特性係透過組織文化的層面來規範員工行爲，重視組織成員對組織的承諾與忠誠。在現代組織中，因爲環境的劇烈變化、科技快速變動、且許多組織常運用團隊運作的自主管理來達成組織目標，使得透過社會性規範來約束員工、控制績效的派閥控制愈來愈受重視。強調創新求變的網路社群經營公司，例如臉書（Facebook）、YouTube，以及入口網站公司如雅虎（Yahoo!）、谷歌（Google）。即以最少的官僚控制、較大的派閥控制，凝聚員工對公司的高度承諾與研發創新的使命感，創造無窮的網路革新與市場機會。

雖然設計控制系統有如上三種觀點與取向，但大部分組織可能同時並行一種以上控制取向，例如大企業常是市場控制加上官僚控制的設計取向；控制系統的設計只是手段，重點仍在考量組織特性，選擇可以有效達成組織目標的績效標準。

管理 Fresh

閥門產業龍頭「捷流閥業」的經營關鍵：用專業解決客戶痛點

2020年，「捷流」成為臺灣第一家掛牌上櫃的閥門業者，奠定其龍頭地位。台積電、台塑、中鋼、奇美都是他們的客戶，2021年營收寫下24億元新高。

「家裡的水龍頭、瓦斯開關，就是閥門的概念。」捷流閥業董事長楊大中耐心解釋閥門的應用範圍其實很廣，石油、鋼鐵、造船、造紙等產業，只要是工業設備的管線，就要使用閥門來控制液體、氣體、流體等介質進出。

時間回到1980年，數位長陳宗曉當時從海洋大學輪機工程系畢業，在船上打滾過一陣子。看過各式各樣的閥門，發現它不只能用在造船業，其他工業也都用的到，就找來哥哥陳斌超、好友楊大中、錢佩玲一塊創立捷流閥業。

然而，在創業初期，當時臺灣會使用到閥門的產業領頭羊，都使用進口貨，因為這行講究高品質，一旦出紕漏，就會產生工安問題。

國內客戶只用進口貨？轉而從外銷賣回臺灣

遇到瓶頸，他們的第一步是停下來找問題。陳宗曉指出，以前閥門的從業人員大部分都是土法煉鋼，「也沒有加工圖面、零件也沒有規格化。」專業度不夠，自然吸引不了大廠注意。致力成為專業化閥門廠，是捷流的首要目標。

但指標客戶只用國外貨，怎麼辦？他們只好轉做外銷，在美國、澳洲闖蕩，先從初階市場做起，也就是灌溉產業用的閥門，慢慢累積實力，「像是舊金山、洛杉磯，它的果園一望無際，閥門用量很大。」楊大中說明。

到了1986年，台塑從澳洲進口閥門設備，意外發現青睞的製造商，就是捷流，開啟他們打入國內市場的契機。

針對客戶的使用情境，補強設計

針對不同客戶的使用情境，他們能將閥門做到細緻、局部差異化。舉例來說，南亞塑膠在生產塑膠粒（PVC）時，工廠是自動填料，閥門的開關頻率高、損耗率大，即便是日本進口的閥門，1個月也要換1次。捷流則評估對方使用閥門的方式、損耗狀況，來設計補強，「我請他先試用1個月，結果1個禮拜對方就開發票。」陳宗曉說。

當時，捷流和日商做到相同品質，更透過精準管控品質、成本，讓價格比對方低1/3，創造競爭優勢。

總經理錢佩玲補充，舉凡溫度、壓力、流體、材質，不同因素都會影響閥門，不能一概而論，「我們這一行，再好的東西給你用，你放在不對地方，它一樣會壞掉。」

排除顧客的所有麻煩，鞏固長期訂單

成立10年後，捷流在國內、外都慢慢建立起口碑，產品也從初階轉往中、高階發展。不過，能夠站穩腳步，不只是產品夠好，還要勤做售後服務。楊大中解釋，許多工程總承包（EPC，engineering procurement construction，設計、採購、施工一起承攬）類型的企業，工程師流動率高，很難專精閥門知識，會遇到各種難題，就很仰賴他們的售後服務。

例如，曾有客戶使用54吋的閥門，但閥門體積太大，開啓20%，管線就能流通，但管內的流體就會沖刷到閥門，「不到3個月，它（閥門）的肚子就破了。」陳宗曉趕緊幫客戶調整，改良出適用尺寸。又有一回，有間做空氣分離設備的客戶，閥門運作時會產生巨大雜音，他們到現場一看，發現閥門裝反了。

到後來，捷流不只做售後服務，客戶的任何麻煩，他們都能提供解方，「就算他用別人的產品，只要你有零件，我也幫你修。」這樣的堅持，讓大客戶離不開他們，鞏固了長期訂單。

系統化訓練，讓員工補足產業與閥門知識，解決不同工廠的各種痛點

捷流要求業務助理也得接受完整閥門知識訓練，以便小型客戶打電話來，業助就能負責溝通，說明產品概念；同時間，業務也能專心在大客戶上，到現場檢視閥門品質，雙管齊下，每間客戶都能得到妥善照顧。

其他像是產品應用部負責持續補充產業知識，也和學界保持密切聯繫。因為閥門產業需要具備各種知識，面對不同客戶，才能提出相對應的解決方案。

副董事長陳斌超說，創立到現在，他們持續以解決客戶工業廠痛點為目標，慢慢成長。

資料來源：盧廷羲（2022/3/10）。零件從國內沒人敢用到全球爭相採購！2個經營關鍵，讓捷流穩坐龍頭。經理人月刊。https://www.managertoday.com.tw/articles/view/64757。

問題與討論

( ) 1. 「捷流」在創業初期遇到的難題是 (A)創業資金不足 (B)國內廠商不信任國產閥門產品 (C)國外市場開發不易 (D)產業知識不足。

( ) 2. 創業初期，捷流的首要目標是 (A)輔導上市櫃 (B)致力成為專業化閥門廠 (C)開發國內市場 (D)開發國外市場。

( ) 3. 當國內客戶只用進口貨，捷流的解決策略是 (A)從國外進口賣給客戶 (B)拆解國外產品加以改良 (C)轉而從外銷賣回臺灣 (D)持續開發國內市場。

( ) 4. 捷流如何鞏固長期訂單？ (A)排除顧客的所有麻煩，包含售後服務 (B)標準化所有產品 (C)專業製造特定產品 (D)提供客製化產品。

( ) 5. 捷流如何全方位解決不同工廠在產品使用上的各種痛點？ (A)進駐工廠解決問題 (B)業務代表頻繁拜訪客戶 (C)培養業務助理產品知識 (D)系統化訓練讓各部門員工補足產業與閥門知識。

10-2 控制程序

依前述控制的定義，說明控制程序包含衡量實際績效、比較實際績效與績效標準的差距、採取管理行動修正偏差或修正不適當的標準。而在衡量實際績效之前，必須先建立績效標準，所以建立績效標準可說就是控制程序的前提，控制程序因此也被視為包括「標準、衡量、比較、修正」的四個步驟。然而，衡量績效的標準是在規劃過程所建立，本章仍以下述三個步驟描述控制的程序。

一、衡量實際績效

控制程序的第一個步驟在依所設定的績效標準，蒐集必要的績效資訊，以獲知實際績效或達成進度。

衡量實際績效的資訊來源包括由個人觀察、資訊系統、統計報表、口頭報告、書面報告等方式搜尋績效資訊，各方式比較如表10-1。

表10-1　績效衡量方式比較

績效衡量方式	優點	缺點	適用情境
個人觀察	▸ 個人親自蒐集的資訊 ▸ 未經他人過濾的資訊	▸ 蒐集資訊費時 ▸ 單憑觀察易造成主觀偏誤 ▸ 員工容易感覺被打擾	▸ 小組織 ▸ 基層主管
資訊系統	▸ 可完整蒐集必要資料 ▸ 資料精確具系統性 ▸ 易於歸檔與事後檢索	▸ 資料建檔人員需經過訓練 ▸ 蒐集資訊費時	▸ 大型組織 ▸ 基層主管
統計報表	▸ 具視覺效果 ▸ 可顯示因素影響關係	▸ 有限資訊 ▸ 忽視主觀看法	▸ 大型組織 ▸ 各階層主管
口頭報告	▸ 快速獲取資訊的方式 ▸ 具雙向溝通效果	▸ 資訊已被過濾 ▸ 無書面資訊以供事後驗證	▸ 小組織 ▸ 各階層主管
書面報告	▸ 最正式的資訊內容 ▸ 易於歸檔與事後檢索	▸ 報告準備與蒐集資訊費時	▸ 大型組織 ▸ 高層主管

在組織中，各個部門執行不同的工作，績效表現的衡量也因此不盡相同。從事生產製造的部門常以產量標準來衡量績效，專案部門以專案完成時效定其績效，行銷部門則以行銷活動所創造營業額的增加額來評定績效。因此，在實際績效的衡量單位上，通常有四種類型：

1. **財務貨幣標準**：例如行銷部門所創造之營業額的增加、財務部門的財務控制標準。
2. **實體數量標準**：生產作業的績效控制標準，例如：重量（公噸）、長度（公尺）等。
3. **人力標準**：需要耗費的人力標準，例如人工小時；如果一件工作需要2位工人作8小時才能完成，即表示此工作需要16人工小時。
4. **時間標準**：評估是否能夠掌握專案或某項工作的完成時效。例如專案是否如期完工。

二、比較實際績效與績效標準

績效標準的訂定必須參照組織的營運特性、資源規模、環境景氣等條件來定。組織的績效標準訂定常是由主管設定組織目標後層層細分至部門目標。而重視員工參與管理的組織，則參酌彼得杜拉克目標管理的精神，目標的訂定會參考下屬意見而訂定。

當實際績效被適當與正確的衡量以後，即可比較實際績效與預期績效間之差距。組織應訂定在實際績效和績效標準之間可接受的偏差數據，稱為偏差範圍（range of variation）。假若實際績效和績效標準之偏差數據落於偏差範圍內，則被視為正常情況之隨機誤差，是必然會有的小偏差。但若實際績效和績效標準之偏差數據超出偏差範圍外，則被視為必須重視的重大績效偏差。

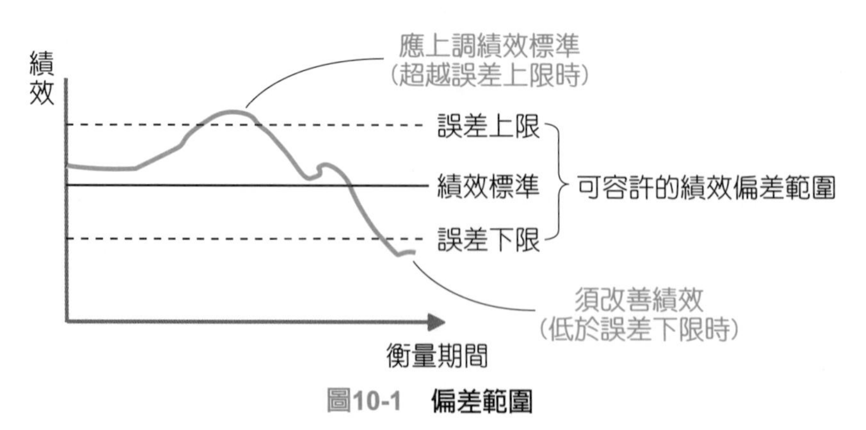

圖10-1　偏差範圍

三、採取管理行動修正績效與標準之偏差

若發現有值得注意的重大績效差距，即須決定是否採取修正行動？又須採取何種修正行動？在採取行動之前，必須先分析偏差的原因，再找出改善的方向。

(一) 辨明偏差之原因

主要從二個方向分析，包括績效指標是否合理，以及績效爲何較差。

1. **績效指標面的檢討**：績效標準是否太高？績效指標定義是否合理？有沒有考慮到組織資源是否充足？
2. **實際績效面的檢討**：檢討績效不佳原因是否爲訓練不足？是否工作方法不當？或是組織成員的激勵效果不佳？

(二) 修正行動

如果是因績效指標不盡合理，則修正績效指標。若是實際績效表現較差，則考慮透過訓練、激勵方案等來提升績效水準。

管理 Fresh

PDCA循環強化管理績效

所謂PDCA，是企業界早已普遍運用的一套管理循環，包含計畫（plan）、執行（do）、檢視（check）、行動（action）四階段，亦即透過計畫（P）的執行（D）與成果檢視（C），確認修正與改善的行動（A），將能有效控制與確保達成每次設定的績效目標。這二年（2016~2017）日本幾本暢銷書開始重燃企業與年輕人對PDCA的熱度，一向標榜用PDCA強化品管的豐田汽車，在2016年5月公布了史上新高的獲利數字，也讓討論熱度持續延燒。

和泰汽車用PDCA控管每一個專案

和泰汽車管理部經理翁銘倫攤開一疊A3紙說明PDCA的運用方式。其中有一張A3紙的標題是「All New VIOS 店頭試乘相關用車配置規劃」，時間為2016年5月VIOS 新車上市前的企劃，為了確保新車上市期間各據點有足夠的試乘車輛，和泰用這張A3紙進行完整的PDCA流程規劃。在和泰汽車，幾乎每一個大大小小的專案，都用這樣的PDCA流程進行企畫與執行進度的控管。

全家超商使用PDCA讓業績飆三成

2015年起，全家開始推動加入鮮食餐飲（天和鮮物）的「複合店」新店型，這幾年也獲得廣大迴響，但在當初準備推動時，卻差點無法執行下去，直到採用PDCA管理技術，一個180元的高價便當變成熱賣商品，才讓全家總部對於接下來的複合店計畫信心大增。

於是管理決策階層發現，如果只是單純的檢討銷售數字，卻未能找出問題核心加以正確改善，則一個好計畫可能無法取得預期成效。

全家便利商店新型店推進部部長林金德回憶，當時採用PDCA技術進行執行結果檢核（PDCA流程的C步驟）時，發現其中一項KPI（關鍵績效指標）－「讓來客充分了解商品特色」沒做到，於是對此提出改善方案（PDCA流程的A步驟），不僅提供完整的商品履歷，用圖像化方式在餐檯呈現，也請天和鮮物員工現場駐點解說，除了塑造可信度之外，也讓消費者更了解商品。

樂天市場 PDCA 作為行事準則

電商產業龍頭樂天市場也把PDCA視為奉行不悖的圭臬。「假設、執行、驗證、制度化」樂天財務長暨服務推進本部本部長李志興表示，四個標語雖然冷靜而理性，但「絕對是我們隨時在做的事」，而這4個階段，就是典型的PDCA循環。

樂天創辦人三木谷浩史有一句名言：「即使每天只改善1%，只要這樣持續努力1年，也可以獲得37倍（365%）的效果。」利用PDCA，就是推動進步、持續改善的重要武器。

所以，一項好的計畫，必須隨環境改變加以修正，當情境對了，計畫就能成功了，PDCA就提供了一個規劃、執行、改善的良好機制。

資料來源：
1. 林心怡、王炘玨，「連企業老闆都搶著學！讓你收入翻倍的PDCA管理術」，今周刊1054期，2017年3月2日。
2. 本書作者重新編排改寫。

問題與討論

一、選擇題

(　) 1. 因為新車上市而訂定店頭試乘相關用車配置規劃，屬於PDCA的哪一個階段？ (A) P (B) D (C) C (D) A。

(　) 2. 全家便利商店檢討新型店推動專案的一項KPI沒做到，於是對此提出改善方案，屬於PDCA的哪一個階段？　(A) P　(B) D　(C) C　(D) A。

(　) 3. 當全家提出上述改善方案後，不僅提供完整的商品履歷，用圖像化方式在餐檯呈現，也請天和鮮物員工現場駐點解說，塑造可信度、並讓消費者更了解商品。這些動作是屬於PDCA的哪一個階段？　(A) P　(B) D　(C) C　(D) A。

(　) 4. PDCA循環之所以被稱為管理循環，是因為P→D→C→A之後，會再進入哪一個階段？　(A) P　(B) D　(C) C　(D) A。

(　) 5. PDCA循環的精神屬於下列哪一種管理哲學？　(A)參與管理　(B)持續改善　(C)劇烈變革　(D)自我管理。

二、問答題

1. 請比較PDCA循環與本章所介紹控制程序（標準、衡量、比較、修正）的對照。

HINT 了解PDCA循環與管理功能的內涵。

10-3 控制的重要性與有效性

一、控制的重要性

管理的目的在達成組織目標，管理功能透過規劃、組織、領導活動的展開，必須要能時時確認管理活動與組織活動未偏離目標進行，因此需要控制活動。控制活動是管理功能的最終連結，且控制機能之於管理活動與組織活動的價值主要包括連結規劃功能、促進員工激勵、組織永續發展。

(一) 連結規劃功能

目標是規劃的基礎，規劃是管理功能之首，並建立控制功能所需的績效標準，而績效標準若能一一達成即能達成組織目標。透過控制程序，管理者即能得知他們的目標與計畫是否被達成，以及未來該採取何種改善修正行動。因此，規畫指引控制，而控制結果可作爲再規劃的基礎，形成規劃與控制相互連結的系統。

（二）促進員工激勵

控制活動可促進對員工的賦權，發展可提供資訊與員工績效回饋的有效控制系統，可促進「授權」與「賦權」。

（三）組織永續發展

當前組織環境受到景氣榮枯警訊、企業財務醜聞等影響，控制活動能夠分析實際績效與標準之間的差距，於發現重大偏差時立即提出改善方案，當可保護工作環境與組織免於組織績效不彰與存續威脅。

二、有效控制系統的特性

有效的控制系統的特性在不同情況下各具不同的重要性，亦即其特性的重要程度視情況而定。有效的控制系統之特性說明如下：

1. **正確性**：有效的控制系統必須要能提供精確、可信賴、有用的資料，以使管理者接收到正確資訊，採取正確的解決行動。
2. **時效性**：有效的控制系統必須能適時提醒管理者注意到重大偏差，以即時預防組織或部門可能遭受的損害。
3. **經濟性**：有效的控制系統必須衡量成本與效益的評估，以合乎經濟原則的合理運作，以避免控制成本的不當增加。
4. **適應性**：有效的控制系統必須有足夠的彈性去適應情況的變化，彈性應變，以運用外部環境可能產生的正面機會。
5. **可理解性**：以較簡單的控制系統設計代替複雜的設計，以避免引起不必要的誤解，發揮控制系統應有的正面功能。
6. **合理的績效指標**：控制標準必須是合理且可達成的，以激勵員工達成更高的績效表現。
7. **策略連結性**：管理者應將控制的標的集中於與組織績效有策略性攸關的因素上，包括組織內重要的活動、操作或事件。
8. **偵測例外性**：有效的控制系統要能協助管理者偵測出重大的偏差，超出可接受的誤差範圍時，系統的警訊可提醒管理者注意此重大例外。
9. **多重標準**：如果只注重單一標準，將容易產生顧此失彼、狹隘的評估，然而多重標準則會有相輔相成的正面效果。
10. **提出修正方案**：有效的控制系統不僅能衡量偏差的績效，亦須能提出修正行動、問題解決方案，以改善組織行動。

管理 Fresh

AMD首位女性執行長蘇姿丰靠「找出DNA」轉虧為盈

英特爾奪下全球半導體最具價值品牌寶座，台積電位居亞軍。同份榜單中最搶眼的，反而是持續超越自己的超微（AMD），品牌價值在兩年內躍升318%，這都得歸功於臺灣出身的執行長蘇姿丰。

英國專精品牌估值的顧問公司「品牌金融」（Brand Finance），在2月首度發布一份半導體產業的獨立評等報告，檢視全球最有價值的半導體品牌。榜單中評比位居第八名的美商超微，是2022年價值成長最快的半導體品牌。從2021年的27億美元增長到了61億美元，品牌價值在兩年內躍升了318%之多。

就在2月14日情人節當天，超微成功「牽手」賽靈思（Xilinx），正式完成了半導體產業史上最大規模的併購案，全股票交易金額達到490億美元。

在超微的營收和利潤前景上，蘇姿丰更是表示非常樂觀。「這項收購完成後，超微第一年的毛利率、每股收益和現金流都有增加。總體而言，這是一筆不錯的交易。說到增長率，我們在提出收購時就講過，可以在未來幾年內顯著領先於行業——達到20%以上，現在我們仍然這樣認為。」她在收購案後接受雅虎財經直播採訪時表示。

至於超微為何非要「拿下」賽靈思？自然是為了追求更高的市占率。超微作為一家市值1,370億美元的晶片巨頭，每年160億美元的收入，大部分來自高性能PC、伺服器和遊戲主機CPU、GPU和SoC市場。

專家分析，在整個企業生涯中，超微幾乎一直活在英特爾的陰影之下。這就是為什麼一年多前，在英特爾幾十年來最疲軟的時刻，蘇姿丰抓住機會，當時不惜以350億美元的股票交易收購賽靈思的原因之一。

在以男性為主導的半導體產業竄出的女性CEO

蘇姿丰出生在臺南，父母都是臺南人，在2014年上任AMD的執行長，是該公司第一位女性執行長，也是首位成為美國半導體大廠CEO的華人女性，在以男性為主導的半導體產業中，實屬不易。

AMD成立於1969年，專門設計、製造各種創新的微處理器、快閃記憶體和低功率處理器，致力改善晶片設計和製造流程，已經算是老牌公司，過去擅長做的是個人電腦微處理器，但後來卻被英特爾（Intel）窮追猛打，營收衰退、股價不斷下跌，蘇姿丰接手時，公司為了降低成本已經逐步退出一些業務，像是將半導體製造工廠拆分出去。

任內股價飆升1,300%，最難的決策是「捨棄」

蘇姿丰的哲學是找出公司真正的「DNA」，認清自己最擅長的事物，並且專注在這些產品上。「一定要當最好的，不是第一名就是第二名。」在這個過程中，最大的挑戰不是「取」，而是「捨」，為了專注在公司的核心，她必須判斷AMD未來可能無法主導某些市場，而決定捨棄，比如不再做手機或是物聯網相關感測器的技術研發，即便它看起來有不錯的發展潛力。

她將賭注押在「高速運算」，為雲端運算、遊戲機電腦、人工智慧、數據中心等提供強大的處理器和圖形運算晶片，帶領著公司由虧轉盈，也讓AMD能夠在下一代的關鍵技術中站穩腳步。

事實證明，當初她的賭注是對的，目前AMD數據中心所使用的最新晶片中擁有高達400億個電晶體，還計畫與美國政府合作打造新一代的超級電腦，持續朝這些方向發展。從2020年回頭來看，這些技術已佔有主導地位，帶著AMD快速起飛，從2014年10月蘇姿丰上任以來，股價已成長1,300%，2019年AMD的股價就漲了156%。

目前全球的企業都受到疫情影響，不過半導體產業的衝擊相對比較小，因為生產的過程大部分都已經自動化，而且因為疫情，購買的筆電或是遊戲機顧客增加了這些產品正是AMD科技支援的核心，反而可讓公司獲益。

蘇姿丰提到，未來AMD仍然有很大的發展的空間，雖然面臨很多高風險決策，但回報也相對很高，公司的目標就是不斷地做出最正確的賭注，「我對我們過去5年的成績感到非常驕傲，但我也相信，未來的5年會更加競爭，因此我們要不停地賭一把，這就是我們每天在做的事情」。

資料來源：

1. 2022/2/16。蘇姿丰兼任AMD總裁、執行長、董事長！她厲害在哪？。經理人月刊。https://www.managertoday.com.tw/articles/view/59988。
2. 傅莞淇（2022/2/22）。全球年薪最高女性超微蘇姿丰，為何情人節花490億美元「牽手」賽靈思？。遠見雜誌。https://www.gvm.com.tw/article/87318。

問題與討論

(　) 1. 超微併購賽靈思（Xilinx），完成半導體產業史上最大規模的併購案，顯見賽靈思屬於何種公司？ (A)半導體公司 (B)投資銀行 (C)設備製造商 (D)企管顧問公司。

(　) 2. 為何超微併購賽靈思可以提高市占率？ (A)賽靈思可以協助銷售超微產品 (B)賽靈思有較多顧客 (C)賽靈思擁有更高端研發技術 (D)合併後產品組合更完整，可透過賽靈思產品增加更多顧客。

(　) 3. 以下何種產品線非超微併購賽靈思舊有的產品？　(A)高性能PC　(B)遊戲主機CPU、GPU和SoC　(C)車用晶片　(D)伺服器。

(　) 4. 蘇姿丰的經營哲學是　(A)找出公司真正的「DNA」，認清自己最擅長的事物，並且專注在這些產品上　(B)固守市場，避免高風險決策　(C)無法主導的市場就捨棄　(D)一定要當最好的，不是第一名就是第二名。

(　) 5. 蘇姿丰將超微核心技術押注在何種技術發展上？　(A)半導體製造　(B)高速運算　(C)手機　(D)物聯網相關感測器。

10-4 組織績效控制工具

一、組織績效

組織進行的所有工作流程與活動所累積的最終結果即是組織績效（organization performance）。管理者需要瞭解績效貢獻的因素，以達成高度的組織績效。衡量組織績效的因素包括組織效能與組織效率，組織效能是評估組織目標是否被達成，而組織效率則是評估組織目標是否被以善用資源的方式達成。

表10-2　衡量組織績效的因素

	組織效率	組織效能
意義	運用組織資源並將其有效轉換成產出數量的程度，又稱為組織生產力。	組織目標達成度與衡量組織目標的適當程度。
目的	最高的組織資源使用率、最低的組織資源浪費率。	最高的組織目標達成度。
衡量方式	組織最終產出 / 資源投入 ▸ 產出：營收 ▸ 投入：獲得組織資源並將其轉換成產出的所有有形與無形「成本」	組織最終產出 / 產出目標 ▸ 實際最終產出：營收、獲利、市場占有率 ▸ 產出目標：預先設定之營收、獲利或市場占有率的目標

此外，組織績效亦可分爲在財務績效上的表現與社會績效上的表現。財務績效指的是營收、利潤、市場佔有率、營收成長率等，甚至是成本的降低。而社會績效則是社會責任活動的績效，例如組織的公益形象、各種社會責任的評鑑等，例如公司獲利良好且致力於公益活動的統一集團，即具有良好的組織績效。

彼得杜拉克（Peter Drucker）認爲組織的焦點必須在於績效，且須爲高績效標準而努力。組織管理者除了衡量績效，也要加強控制績效，以達到：

1. 透過續行高績效的實務做法，達到有效的、較佳的組織資產管理與運用，包括人力資源、資訊、設備等的貢獻。
2. 藉由績效衡量，評估組織所能提供顧客價值的程度，解決顧客難題，增加提供顧客價值的能力。
3. 高績效創造高組織聲望與企業形象。

二、平衡計分卡

諾頓（Norton）與卡普蘭（Kaplan）兩位學者於1990年代初期提出平衡計分卡（balanced score card, BSC）爲一種績效衡量的工具，用來平衡的評估四個績效構面，包含財務、顧客、內部流程以及學習與成長構面：

1. **財務構面**：穩定成長的財務績效。
2. **顧客構面**：顧客持續滿意，創造企業價值。
3. **內部流程構面**：組織內部流程效率提升，不僅降低成本，也促進顧客滿意。
4. **學習與成長構面**：員工知識與經驗之學習與成長，以提升對組織流程的創新貢獻。

平衡計分卡強調四種領域對組織成功之重要性，且四種指標間應取得平衡的發展：

1. 短期指標與長期指標（顧客滿意、學習與成長）的平衡。其中，顧客持續滿意、員工學習與成長都是需要長期經營才能獲得效益，故爲長期指標。
2. 財務指標與非財務指標（顧客滿意、內部流程、學習與成長）的平衡。
3. 內部指標（內部流程、學習與成長）與外部指標（財務營收、顧客滿意）平衡。內部指標與組織內流程及人員有關，外部指標則與顧客滿意與市場接受度有關。

4. 落後指標與領先指標（內部流程、學習與成長）的平衡。其中，落後指標代表過去的績效，缺乏預知能力；領先指標可驅動績效的達成，並引導落後指標的達成。

平衡計分卡以四個績效衡量構面爲基礎，並透過支持達成策略目標的關鍵流程與作業活動，設立關鍵績效指標（key performance indicator, KPI），以量化的方式明確衡量企業的經營績效，達到有效管理企業的目標，提升經營優勢與企業價值。平衡計分卡架構包括四個構面的衡量指標：

1. **財務構面**：營收、獲利。
2. **顧客構面**：高顧客滿意與低顧客抱怨率、顧客數成長率、市場佔有率等。
3. **企業內部流程構面**：流程效率（可透過建置ERP達成）、成本降低等。
4. **學習與成長構面**：e-learning線上學習與知識管理系統建置、組織成員的知識與技能訓練、年度訓練績效目標（員工年度訓練時數）的達成等。

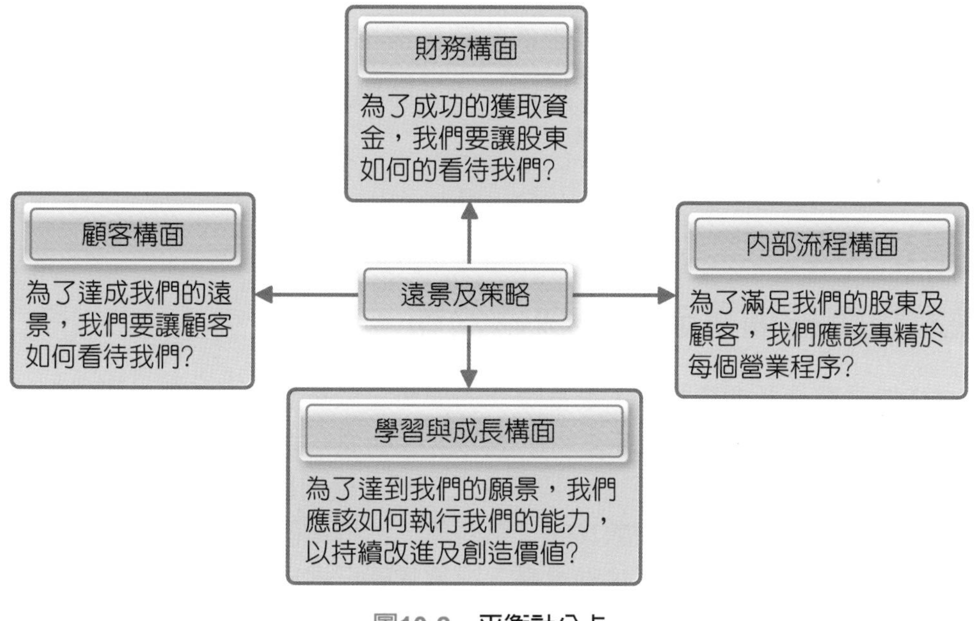

圖10-2　平衡計分卡

平衡計分卡以四個績效衡量構面爲基礎，透過關鍵績效指標支持達成策略目標的關鍵流程與作業活動，成爲一可將組織策略具體落實的管理制度，其施行步驟主要包括：

1. 將企業的願景、策略目標、績效衡量指標、與行動等之間的連結，發展爲兼顧財務、顧客、內部流程、學習與成長等構面的計分卡。

2. 透過策略地圖勾勒出引領策略有效執行的行動地圖。
3. 建構「統整組織整體策略方向，並與行動搭配」的策略管理機制。
4. 透過上述活動的持續經驗累積，產生持續改善、組織變革、資源基礎累積、以及組織學習等方面的良性效益，輔助企業獲得長期的競爭優勢。

因此，平衡計分卡連結企業策略與目標達成指標之間的關係，已從單純的「績效評估制度」發展成爲連結策略目標與績效衡量指標的「策略管理制度」。因此，Norton與Kaplan繼而提出「策略地圖」（strategy map）的概念，在實際操作上，平衡計分卡四個構面有先後順序關係（邏輯），由下往上分別爲學習與成長、內部流程、顧客乃至財務，此即爲策略地圖的概念。

策略地圖將策略內涵實體化（具體化，由抽象到具體），而平衡計分卡進一步將策略議題數量化（可衡量的關鍵績效指標：KPI）與聚焦化（集中在特定企業經營層面）。經過轉化與量化，策略不僅可以看的到，更可進一步衡量其目標值爲多少，作爲後續的企業或個人執行成果的檢驗基礎。

綜言之，平衡計分卡強調在組織整體目標指導的策略目標下，組織可依學習與成長、企業流程、顧客等構面依次展開績效目標的策略作爲，最終達成長期績效成長的財務構面目標。

管理 Fresh

張忠謀讓台積電成為最賺錢公司

依中華徵信所調查指出，最會賺錢的臺灣企業集團為台積電！受惠於蘋果訂單加持，台積電集團稅後純益2015年突破3,000億元大關，創下3,071億元歷史新高，連續第6年蟬連獲利王，台積電先進製程的優勢創造該公司在全球半導體業位居領先地位。然而，回顧2008年第四季，台積電面臨毛利急速下滑，2009年初更瀕臨虧損邊緣，身陷金融風暴，這讓當時已退居幕後的張忠謀，不得不重回第一線，老驥伏櫪。四年之後，台積電在張忠謀的領導下，雖然全球景氣持續低迷，台積電仍能一步步攀向顛峰，營收、獲利不斷的刷新紀錄。

重視市場研究，抓對趨勢與商機

在2009年全球仍深陷金融海嘯，晶圓代工業者無不力求精簡，精簡預算。此時張忠謀卻大膽決策，將原本10多億美元資本支出，上修到27億美元，並擴充產能，逆勢投資手筆之大，跌破眾人眼鏡。

把客戶都當成策略性意義的伙伴

張忠謀一再強調，絕不與客戶競爭，讓IC設計客戶放心下單。而且台積電接到的訂單，幾乎都是全球最頂尖的IC設計公司。

為投資研發產能，絕不殺價競爭

從2010年到今年，台積電總共投入約315億美元（超過9,000億臺幣）資本支出。這幾年下來，台積電積極擴建竹科、中科、南科三地的超大晶圓廠，創下臺灣科技業最大投資紀錄。研發預算也從2009年的236億台幣，增加至今年約近450億，台積電內部科學家及研發人力，更擴增到4,200人之多。

鬥志絕對高昂，治軍更是超嚴謹

以張忠謀在半導體界的分量，不只員工怕他，連外國大客戶都要敬他三分。在2011年間，因為景氣突然轉差，有些客戶突然砍單，讓台積電產能利用率一下子下降，張忠謀非常生氣，他立刻親自飛到美國，把客戶教訓了一頓才回來。因為張忠謀鬥志非常高昂，願望就是把台積電做得更蒸蒸日上，光這件事，就讓他興奮無比，就算開會開一整天，也從未露出疲態，他還可以第一個立即指出大家報告裡不完備或可能犯的錯誤。

台積電因10奈米製程趨於穩定，2016年第四季已量產投片，目前在爭取新款iPhone代工訂單暫居優勢地位，加上台積電專注於晶圓代工，具備較高的技術優勢與價格競爭力，獲得了蘋果公司的信任。並且一舉拿下了蘋果iPhone7的A10晶片、新款iPad的A10X應用處理器、以及iPhone下一代A11晶片的全部訂單。

由於張忠謀這樣的領導與控管，台積電才能在有效且目標準確的狀態下，先進製程的優勢創造該公司在全球半導體業位居領先地位，也維持臺灣企業獲利王的佳績，而這個成果，張忠謀功不可沒。

資料來源：
1. 鄭婷方（2013）。遠見雜誌，324期，2013/06/01。
2. 「2016集團企業誰最厲害？營收一哥是鴻海台積電最會賺錢」，中時電子報，2016年11月8日。(http://www.chinatimes.com/realtimenews/20161108003675-260410)
3. 工商時報，2017年1月11日，「台積電營收今年估破兆」。

問題與討論

一、選擇題

(　) 1. 在2009年張忠謀對於市場研究投入27億美元的策略目的為？ (A)以此策略從紅海晉升為藍海 (B)只是瞎貓碰到死耗子 (C)純粹就是創業家冒險精神的展現 (D)以上皆是。

(　) 2. 從台積電積極投入研發與不殺價的策略可知？ (A)台積電追求良好品質 (B)台積電維持其企業與產品價值 (C)台積電力求差異化 (D)以上皆是。

(　) 3. 就算開會一整天，張忠謀也能專注工作並準確指出問題，這說明張忠謀是個？ (A)嚴謹且有效率的人 (B)工作狂 (C)愛挑問題的人 (D)以上皆是。

(　) 4. 從上述故事中，可知張忠謀在企業經營上的重點在於？ (A)全力專注研發 (B)能有效的達到組織績效的控制 (C)在組織管理上雞蛋裡挑骨頭 (D)以上皆是。

(　) 5. 試問下列何者可能是台積電不削價競爭的原因？ (A)維持產品價值與價格 (B)為確保有固定利潤營收作為下次投資的資金來源 (C)將企業與產品推向藍海 (D)以上皆是。

二、問答題

1. 試問管理功能中，組織績效的達成與否，關鍵在於？

HINT 了解管理功能中影響企業績效達成的關鍵項目。

重點摘要

1. 控制為一種管理程序，透過衡量實際績效並與績效標準比較，當實際績效與績效標準出現重大偏差時，採取修正重大偏差的活動，以確保組織活動得以按目標與計畫完成。

2. 以時間為標準可區分控制類型為：事前控制、即時控制（事中控制）、事後控制。若以組織層級區分控制類型，組織內各個層級主管負責不同的控制範圍，包括策略控制、管理控制、作業控制。以企業功能區分控制類型，則又可分為作業控制、財務控制、資訊控制、人力資源控制、品質控制等。

3. 威廉大內（William Ouchi）提出設計控制系統的三種取向，包括市場控制、官僚控制、派閥控制，代表不同企業所執之不同績效管理觀點。

4. 控制程序包含衡量實際績效、比較實際績效與績效標準的差距、採取管理行動修正偏差或修正不適當的標準。

5. 控制活動是管理功能的最終連結，且控制機能之於管理活動與組織活動的價值主要包括連結規劃功能、促進員工激勵、組織永續發展。

6. 有效控制系統的特性包括：正確性、時效性、經濟性、適應性、可理解性、具合理的績效指標、具策略連結性、可偵測例外性、具多重衡量標準、可提出修正方案。

7. 組織進行的所有工作流程與活動所累積的最終結果即是組織績效。衡量組織績效的因素包括組織效能與組織效率，組織效能是評估組織目標是否被達成，而組織效率則是評估組織目標是否被以善用資源的方式達成。

8. 諾頓（Norton）與卡普蘭（Kaplan）兩位學者於1990年代初期提出平衡計分卡（balanced score card, BSC）為一種績效衡量的工具，用來平衡的評估四個績效構面：財務、顧客、內部流程與學習成長面，且四種指標間應取得平衡的發展，並透過支持達成策略目標的關鍵流程與作業活動，設立關鍵績效指標（key performance indicator, KPI），以量化的方式明確衡量企業的經營績效。

9. 以策略地圖的邏輯為基礎，平衡計分卡強調在組織整體目標指導的策略目標下，組織可依學習與成長、企業流程、顧客等構面依次展開績效目標的策略作為，最終達成長期績效成長的財務構面目標。

年輕的消費族群幾乎都有網路購物的經驗，從消費者角度其實可以思考網路購物有哪些可以提升消費者滿意與消費者忠誠的方案。

請以一家美食外送網路平台（或app）為例，以平衡計分卡的四個構面，分組討論美食外送網路平台的關鍵績效指標（KPI）。

提示 同學可以在課前實際進行美食外送網路平台（例如Uber Eats或foodpanda）的點餐經驗，將能提出更具體的建議。

CHAPTER

11 人力資源管理

本章架構

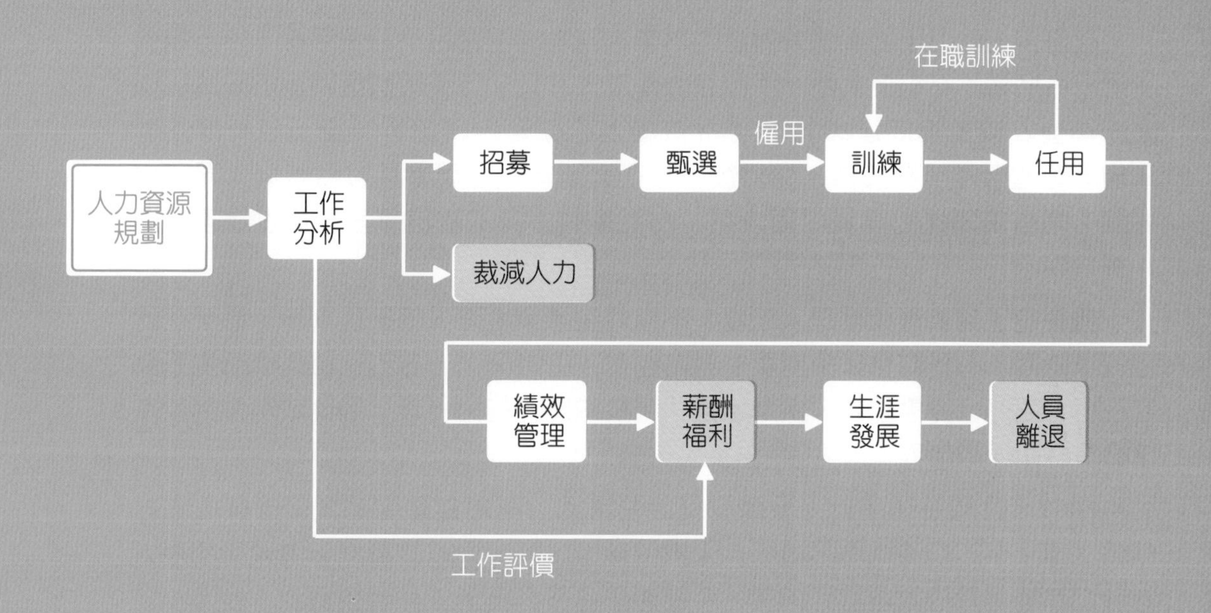

學習目標

1. 了解策略性人力資源管理的意義。
2. 了解人力資源規劃與工作分析的目的。
3. 了解招募與甄選的方法。
4. 了解新進人員指導與人力訓練的類型。
5. 了解績效衡量與薪酬福利制度。
6. 了解生涯發展與人員離退。

我的企業成功，歸功於我具有洞察力及選擇人才接掌重要職位。

Ray Kroc（瑞・柯洛克）麥當勞公司創辦人

黑手廠逆勢搶高科技人才

在臺中大肚山下的製造業傳產聚落中，就有一家賣吊鉤的黑手廠，逆勢搶到友達、台積電等高科技人才。不但克服傳產人才荒，還突破數位轉型的難關，交出十年營收成長幅度達200%的漂亮成績，它就是振鋒企業。逾五成一線主管來自半導體與電子科技業，而且幾乎全在近五年人才競爭最激烈時刻入夥三大關鍵：傳產業罕見的專業經理人制、貼近高科技業的數位平台、搶攻想家的海「歸」族。

振鋒為了落實專業經理人制度，不僅尊重專業經理人的接班判斷，甚至在轉型改革時期，為了避免多頭馬車，身為創辦人的洪榮德，做到「讓大家感覺不到我在」。如此低姿態求才，正是組建「科技內閣」的第一步，因此成功換到前友達廠長林衢江的加入。

2009年金融海嘯過後，振鋒投資上百萬元，開始推動國際大廠的數位平台軟體上線。原本超過兩百名員工，因數位轉型，爆發嚴重離職潮。洪榮德卻視人力缺口為補足數位人才的好機會，引進產學合作、實習生等學校資源。慢慢解決修正，至今所有人都有足夠敏感的數位神經，數位平台也被修剪得更合用，讓台積電工程師等跨界人才有辦法發揮戰力，成為吸引人才的一大利器。還年年調薪，儘管平均每年調幅約4%，但在中南部中小型工廠來說已屬少見。讓當年只剩百人的員工規模，茁壯到逾四百人。

再來，則是搶攻海「歸」族。這類型的人早存到錢，能忍受短減薪，而且對於科技業賣肝換錢的生活有慘痛體驗。他們不僅想減壓，更想回故鄉陪家人。只要能提供讓科技人兼顧家庭與健康的配套，就有機會搶到人。

振鋒的待遇在中部完全不輸電子業，會固定邀請像醫生、品酒達人等各領域的專家來公司開講座課程，讓員工在工作中也能學習到各種知識。願意投資員工，讓員工得到工作以外的附加價值，其實就是在幫公司創造價值。

此外，振鋒已經啓動首次公開發行上市布局，未來還可能有穩健調薪、員工認股等福利可以期待，讓科技人才的收入有望重返高點。

振鋒讓我們再次看見臺灣中小企業的生命力與韌性。決定人才流向的關鍵因子，並不只有薪資，還包括有沒有發揮所長的舞台、能否兼顧家庭與健康、未來發展性等，也都是展現企業魅力的關鍵條件，只要能洞察人才需求，照樣有機會搶贏高科技業。

資料來源：

1. 林洧楨（2021/12）。吊鉤工廠逆襲科技業搶人戰 用半薪挖到台積電、鴻海人才。商業週刊1779期。
2. 熊毅晰（2014/1/7）。振鋒企業/薪資福利加倍奉還 黑手變國手。天下雜誌539期。https://www.cw.com.tw/article/5055196。

問題與討論

一、選擇題

(　) 1. 臺中的大肚山下是哪個類型產業密集區？ (A)傳產製造 (B)精密工具機 (C)精密機械 (D)以上皆是。

(　) 2. 傳產業又名黑手產業，振峰如何逆勢在一片人才荒之下，還能大舉挖角高科技產業的人才加入？ (A)專業經理人制 (B)高科技業的數位平台 (C)搶攻想家的海歸族 (D)以上皆是。

(　) 3. 海「歸」族這一類的人才，對於工作提供的需求重點是？ (A)爆肝換高薪 (B)兼顧家庭與健康 (C)未來爬昇的舞台 (D)以上皆非。

(　) 4. 振峰人力資源管理的核心要點是？ (A)對員工好 (B)對客戶好 (C)對老闆好 (D)以上皆是。

(　) 5. 人力資源發展是著重薪資以外的福利提供，這些包含？ (A)發揮所長的舞台 (B)兼顧家庭與健康 (C)具未來發展性 (D)以上皆是。

二、問答題

1. 有句話說「沒有夕陽產業、只有夕陽思維」，在人才荒之下本個案如何呈現了這個思維？

提示 振鋒讓我們再次看見臺灣中小企業的生命力與韌性。原來高科技業界存在著搶人狀態，看似是問題，也不是問題，差別就看企業主，能否洞察人才的需求，並願意為了人才做出改變。決定人才流向的關鍵因子，並不只有薪資，還包括有沒有發揮所長的舞台、能否兼顧家庭與健康、未來發展性等，也都是展現企業魅力的關鍵條件，只要能洞察人才需求，就算平均年薪不到台積電一半，照樣有機會搶贏高科技業。

11-1 策略性人力資源管理

「人員是公司最重要的資產」，這是很多企業主管經常掛在嘴邊的話。理論上而言，資源基礎觀點說明，擁有卓越且獨特的人力資源是企業競爭優勢的來源。也因此，發揮卓越且獨特的人力資源優勢成為企業重要的策略工具，有助於建立組織可持久的競爭優勢，文獻證實組織的人力資源管理對組織績效具有正面影響。

以往強調行政事務的人事管理，已演變至今日的策略性人力資源管理。在策略性人力資源管理的趨勢變革下，學者Dave Ulrich認為人力資源人員從單純的「人事管理」例行工作，轉變為扮演更多元的新角色與功能，儼然成為組織新事業夥伴。依Dave Ulrich觀點，人力資源管理專家未來應扮演的新角色，包括：

1. **員工擁護者**：將員工視為組織的主要資產，專注於員工關係事務，確認與管理員工的多樣性特質，以及提供員工健康與安全工作環境之保障。
2. **人力資本開發者**：開發員工能力、結合員工需求與組織內部發展機會、訓練新技能、適切運用績效管理制度、注重員工職涯發展等，強化企業人力資本，提高員工對組織的貢獻與價值。
3. **功能性專家**：成為人力資源功能領域事務的專家，精進以下四個層次的專業性：簡化複雜事務、將理論知識轉換為實際可行的程序、將程序套用在事業營運需求上、發展可適應情境改變的人力資源策略之能力。
4. **策略夥伴**：蒐集正確資訊，輔助事業單位制定成功的策略，以達組織目標、願景與使命。
5. **人力資源領導者**：為組織設定一個明確的目標和願景，對外和對內溝通、促進變革、為組織創造價值等。

現代化的人力資源管理已不再單純扮演幕僚服務的人事管理角色，人力資源管理也可以提升為策略夥伴的角色，積極協助組織策略的達成。例如，《從A到A+》這本書的主要論點之一：先「找對人上車」，並請不適任

的人下車，且把對的人放在對的位子上，提升人才競爭力，是有效發展組織策略的第一步驟。由此，可見人力資源管理的策略性角色。

不論組織執行何種高績效工作實務，皆必需進行某些人力資源管理活動，以確定組織有符合資格員工執行必要之工作，這些活動即組成人力資源管理流程。因此，人力資源管理流程爲組織之人力運用與維持員工高績效之必要活動，包括從人力資源規劃開始，到組織人力的甄選、訓練、任用、薪酬福利、生涯發展等，協助組織遴選適當的人力、提升人員的專業技能、以及維持人力資源的長期績效。

11-2 人力資源規劃與工作分析

人力資源管理的第一個步驟，就是進行人力資源規劃（human resource planning）。人力資源規劃指的是人力資源主管必須確保「在適當的時間點（現行與未來）、有適當的人（人員數與人員特質）、在適當的場所（工作場所與部門）、有能力且有效率與有效能地執行組織指派工作」的規劃流程。因此，人力資源規劃包括人力資源盤點與工作分析。

一、人力資源盤點

人力資源規劃的第一個步驟，就在進行人力資源盤點、建立現有人才庫，藉由員工背景資料統計與問卷調查，了解現行的人力資源狀態。例如統計員工的性別、年齡、學歷、年資等的資料分佈，以了解組織可用人力的狀態。

二、工作分析

（一）工作分析的意義

工作分析（job analysis）是定義工作與執行該工作所需行爲之評估，透過對某項工作的特性與內容進行觀察與了解，分析工作上所需具備的知識、技術、經驗、能力與責任，進而擬定工作者應具備的資格條件，製作工作說明書與工作規範，以利於工作指派與人員招募甄選之用。

（二）工作分析的步驟

工作分析前的資料蒐集：

1. **工作活動項目**：蒐集某一工作職務的實際活動資訊，也包括何時開始與何時完成。
2. **工作者的行為**：包括工作者的感覺、決策、文書等行爲。
3. **工作者使用之機具、設備及工作輔助器材。**
4. **工作內容**：職責、工作環境、工作日程、組織及社交資訊。
5. **工作者的資格條件。**

工作分析資料蒐集的方法包括：觀察法、晤談法、問卷法、工作日誌法、工作分析計量法（亦包括職位分析問卷、職能工作分析）。

工作分析之進行步驟爲：

1. 擬定工作分析計畫。
2. 選擇工作分析人員。
3. 蒐集組織圖、部門執掌、工作規則、工作流程等相關資料。
4. 蒐集工作分析資料，包括工作內容、工作者行爲、工作者狀況、工作者必備資格條件等。
5. 分析各項工作資料。
6. 撰寫工作說明書與工作規範。

（三）工作分析的結果資訊

工作分析評估結果形成二種資訊：(1)工作說明書（job description），涵蓋工作內容、執行方法及其理由的說明書；(2)工作規範（job specification），列出執行某特定工作之最低資格要求的書面規定。

在進行某一職務的工作分析之後，即可著手擬出工作說明書。典型的工作說明書內容包括：

1. **工作界定**：職位頭銜，例如財務經理的工作職位，以下的說明都與財務經理的工作範圍有關。
2. **工作摘要**：工作的主要功能與活動。
3. **工作關係**：與他人接觸之關係。向誰報告、監督對象、協調配合對象、外部接觸。

4. **工作職責**：職務與責任。
5. **工作職權**：決策範圍、指揮對象、可支用之預算或費用。
6. **工作績效標準**：每項工作的要求。
7. **工作條件與環境**：例如照明、溫溼度、清潔、噪音、危險狀況的排除。

工作分析之後還要撰擬工作規範，而工作規範則指的是執行某工作需具備的資格條件，工作規範的內容一般包括：教育程度、技能要求、訓練及經驗、心智能力、必備的職責、判斷力、決策力。

管理 Fresh

人力資源管理10大趨勢

當疫情改變了我們的工作方式與職場，人力資源顧問公司Executive Networks副總裁珍妮．麥思特（Jeanne Meister）在《富比士》（Forbes）整理了2022年重要的10大人力趨勢：

1. 重新定義員工福利

   如今員工福利的終極目標，是在員工工作、生活的各種層面上給予支持，且不只再只聚焦個人，逐漸延伸至家人，以及財務、心理等多元面向，像是惠普（HP）在疫情期間，就策劃了「HP Spirit」計畫，提供個人與家庭的健康支援、教育資源。

2. 員工福利是留才的一大助力

   一旦員工福利能展現公司對團隊的支持，就更有機會吸引和留下關鍵人才。人資顧問公司Future Workplace調查發現，62%工作者申請新工作時，很在意該公司的員工福利，這個現象在Z世代（大約是八年級後段、九年級生）更明顯。LinkedIn則指出，薪水不再是唯一衡量職涯成功的標準，當眾人更重視工作生活平衡，企業能給予哪些額外支援，成為重要的留任考量點。

3. 混合辦公成為主流

   經過疫情，許多組織或工作者都發現，混合辦公並不會降低效率，反倒成為主流的工作型態，《哈佛商業評論》提到，如今員工認為辦公靈活性與薪資水準一樣重要。然而，雇主更需要留意彼此資訊對等、排除溝通的阻礙，甚至是主動促進團隊的感情，否則容易導致離職率提高。

4. 員工更加重視個人與公司的價值觀是否一致

   組織必須在日常決策中，適度展現其對特定議題的傾向，如兩性平權、種族議題。《哈佛商業評論》便指出，75%的員工會期待高層針對當今社會狀況發表意見，假設公司的表現與他們期待出現落差，敬業度可能會降低1/3。

5. 職缺更技能導向

   學位不再是決定錄取與否的關鍵，更多企業在意應徵者是否具備某些技能，《富比士》引述Glassdoor的報告，包含Google、蘋果（Apple）都向那些缺乏學歷證明，但擁有關鍵技能的人才，開啓大門、祭出高薪。

6. 長壽驅動多元職涯

   隨著人類平均壽命不斷延長，我們每個人投入職涯的時間也愈來愈長，企業需關注：如何確保員工在職涯中，持續精進組織或個人需要的能力？亞馬遜（Amazon）承諾投入12億美元（約新臺幣336億元），幫助他們的鐘點工取得證照、精進第二語言等，甚至期待他們具備投入下一份工作的能力。

7. HR需提升能力以帶領組織轉型

   人資工作者肩負培訓他人的責任，卻經常會忽略，自己的能力也需要升級。尤其是人資部門主管，更該在規劃整個組織的長期學習計畫時，也要納入人資團隊。畢竟人資先「職能升級」，才有辦法引領整個企業往前。

8. 數位技能更顯重要

   在快速變化、更加彈性的職場環境中，工作者得具備愈來愈多元的數位技能，以流暢地接收並處理資訊，與他人交換想法。例如各種線上協作、數據分析工具等等。

9. 職業父母期待雇主給予更多支持

   LinkedIn表示，不少職業父母期待雇主提供更多為父母或照顧者設想的福利，包括帶薪家庭假和兒童照護支援，否則他們可能將成為高離職風險的族群。企業可以考慮結合彈性辦公模式，除了提供遠端辦公選項之外，減少工時、短期調整職責等，都有助於籠絡這群人的心。

10. 人資長的定位轉變

   人資長的工作職責愈來愈多元，除了疫情期間的員工健康照護問題，還要思考如何讓大家回到辦公室、或是制定更靈活的辦公模式等。然而不變的是，身為HR團隊的領導者，得抱持同理、彈性以及開放的態度，才能獲得他人更透明、真心的回饋，進而幫助組織朝更好的方向前進。

資料來源：2022/3/9。HR必看！2022年10大人力趨勢：想留住關鍵人才，有件事比薪水更重要。經理人月刊編譯。https://www.managertoday.com.tw/articles/view/64733。

問題與討論

( ) 1. 當疫情來襲，當前員工選擇留任或申請新工作時，何者較不是考量重點？ (A)員工福利 (B)工作與生活平衡 (C)辦公靈活性 (D)公司的價值觀。

( ) 2. 當員工傾向辦公靈活性時，以下何者非公司須更投注心力的事？ (A)資訊對等 (B)掃除溝通障礙 (C)增加辦公室福利設施 (D)主動促進團隊感情。

( ) 3. 當前職缺需求人才的考慮關鍵是 (A)相關學位 (B)關鍵技能 (C)主管經歷 (D)相關經驗年資。

( ) 4. 何者不是當前企業對員工訓練的要求重點 (A)取得證照 (B)精進第二語言或第二專長 (C)數位技能 (D)固有工作技能。

( ) 5. 何者不是疫情當前企業人資長的定位轉變 (A)思考如何讓員工回到辦公室 (B)制定更靈活的辦公模式 (C)關注員工健康照護問題 (D)人資長的工作職責愈來愈集中於公司策略發展。

11-3 招募與甄選

一、招募與裁減

招募（recruitment）是確認與吸引有能力應徵者之過程。影響招募來源選擇之因素：當地勞動市場、職位別與層級、組織規模等。裁減（decruitment）則是減少組織內勞動供給之技術。組織可運用的招募來源與裁減人力方案整理如表11-1。

表11-1　招募來源與裁減人力方案

招募來源	裁減方案
1. 內部招募來源： (1) 員工推薦 (2) 內部遷調 2. 外部招募來源： (1) 公司網站徵才廣告 (2) 登錄專業的求職網站 (3) 校園甄選 (4) 一般平面或電視廣告 (5) 公、私立就業輔導機構 (6) 經由人力派遣業仲介	1. 解僱 2. 遇缺不補 3. 減少每週工時 4. 提早退休 5. 工作分享

雖然外部招募來源管道多元，且可招募到更多樣化的員工，引進新想法與觀念，提升公司的創新與差異化動能。然而也有許多大公司會經由內部招募方式吸收適當的員工，因爲內部招募方式有許多外部招募缺少的優點，包括：

1. 公司了解應徵者的優缺點。
2. 應徵者熟悉組織文化及公司政策。
3. 可提升人員士氣。
4. 可提升組織對人力的運用效率。
5. 招募成本低。
6. 有助於強化員工（包含新甄選者）對組織的忠誠度。

二、甄選

透過招募管道吸引人才來爭取職缺訊息之後，即進行應徵人員之甄選。人員甄選程序（selection process）即是篩選工作應徵者以確保能僱用最適當應徵者之流程。

(一) 甄選的信度與效度

人員甄選爲一種預測活動，判斷那一個應徵者是適當人選的一種預測決策。因爲是預測，難免會有偏誤與錯誤決策。因此，爲減少甄選決策錯誤的機率、提高甄選決策正確的機率，管理者應使用兼具效度與信度的甄選程序（甄選工具）。

效度（validity）指的是甄選機制和某些攸關的工作標準之間具有確實

的相關性；例如應徵秘書就該測試打字速度，應徵企劃專員就該測試閱讀與訊息組織能力。信度（reliability）則是甄選機制是否對相同事物具有一致性的衡量；假設測驗衡量的特性穩定，個體的測驗分數應在一段時間內維持相當穩定，例如某項測試（填問卷）隔了二個月後再實施一次時（再填一次問卷），如果可「穩定地」呈現「前後一致的」結果（兩次填答的結果非常類似），即是該測試工具具有信度。

好的甄選程序（甄選工具）應爲高效度與高信度，以避免造成選取的誤差決策（go-error）與捨棄的誤差決策（drop-error）。最重要是，要能制定「決定聘僱的員工在未來亦能有卓越工作績效」的正確甄選決策，如表11-2。

表11-2　甄選決策正確性矩陣

		甄選決策結果	
		決定聘僱	不予聘僱
未來工作績效	卓越	正確決策	拒絕誤差
	不彰	接受誤差	正確決策

（二）甄選機制（工具）

1. **申請表**：一般所稱的履歷表或應徵工作時公司要求填寫的個人資料表，主要在詳述個人的學歷、經歷、日常活動、專業技能與過去的工作成就。
2. **書面測驗**：典型的書面測驗類型涵蓋智商、性向（aptitude）、能力與興趣。許多大型公司徵人會舉辦各種形式的徵員考試，以測試應徵者是否具備基本的產業相關知識。欲進入公務機關或國營事業服務者須參加公務人員考試或特考。
3. **工作抽樣與實際工作預演**：工作抽樣（work sampling）是向應徵者展示工作的複製模型且要求執行該工作的核心任務。實際工作預演則是透過工作之預先概述，以提供關於工作與公司之正面與負面之資訊。二者皆是透過未來實際工作的縮影，讓應徵者對於未來工作有個粗略的認知，可有效提高工作滿意、降低離職率。
4. **績效模擬測驗**：績效模擬測驗是指透過實際的工作行爲模擬來進行測驗，以了解應徵者能否勝任該工作之潛能。
5. **評鑑中心**：評鑑中心（assessment center）是讓工作應徵者接受一些績效

模擬測驗，用以評估其管理潛能的甄選方式。評鑑中心一般被認爲是甄試主管職最有「效度」的甄選方法。評鑑中心實施的方法包括：

(1) 公事籃訓練法：給予受評者一些文件，分別內含需要立即回應之決策，受評者被迫在時間壓力下判斷事件之輕重緩急，做出正確決策的優先順序。

(2) 無領導者群體討論：用以作爲受評者在群體中的主動性、領導技巧與團隊工作能力。

(3) 角色扮演：給予應徵者一個假設的情境，要求該應徵者說出問題的分析以及該角色可實行的解決方案，以克服該問題情境。

6. **面談**：採用面談方式應徵適當人才是常用的方法，但人力資源主管面試應徵者時，尤須注意於事先建構面談題庫、了解應試工作的詳細資料。並在面談時詢問行爲性問題，讓應徵者回答實際的工作行爲，且避免短暫面談以減少不成熟的決策。

7. **資料查證**：通常在應徵者塡寫的個人資料後面會被要求再塡寫前項工作主管之連絡資訊，以進行資料查證或檢驗應徵者的工作倫理面向。至於學經歷、介紹信等，部分公司也會進行背景調查或介紹信查核，以確認應徵資訊的眞實性。

管理 Fresh

員工價值：甄選最具有價值的員工

到公司工作快三年了，比我晚進公司的同事陸續得到了升遷的機會，我卻原地不動，心裡頗不是滋味。終於有一天，冒著被解聘的危險，我找到老闆理論。

「老闆、我有過遲到、早退或亂章違紀的現象嗎？」我問。

老闆乾脆地回答：「沒有。」

「那是公司對我有偏見嗎？」老闆先是愣了一下，繼而說：「當然沒有。」

我又問：「為何比我資淺的人都可以得到重用、而我卻一直在底層的崗位上？」

老闆突然不說話，然後笑笑說：「你的事之後再說，我現在手頭上有個急事，你先幫我處理一下？」

因為有一家客戶準備到公司來考察產品狀況，老闆叫我聯繫他們，問問何時過來。

「這真是個重要的任務？」我出門前，不忘調侃一句。

十五分鐘後，我回到老闆辦公室。

「聯繫到了嗎？」老闆說。

「聯繫到了、他們說可能下週過來。」我立刻回答。

「有說是下禮拜幾嗎？」老闆接著問。

「這個我沒細問。」我說。

「他們一行多少人。」老闆又說。

「啊！您沒叫我問這個啊！」我無奈表示。

「那他們是坐火車還是飛機？」老闆瞪大的眼睛說。

「這個您也沒叫我問呀！」我說。

老闆不再說什麼了，他打電話叫小張過來。

小張比我晚一年到公司，現在已是一個部門的負責人了，他接到了與我剛才相同的任務。過一會兒，小張就回來了。

小張立刻將詢問細節一答道：「他們是乘下週五下午3點的飛機，大約晚上6點鐘到，一行5人，由採購部王經理帶隊。我跟他們說了，我公司會派人到機場迎接。另外，他們計劃考察兩天時間，具體行程到了以後雙方再商確。為了方便工作，我建議把他們安置在附近的國際酒店，如果您同意，房間明天我就提前預訂。此外，下週天氣預報有雨，我會隨時和他們保持聯繫，一旦情況有變，我將隨時向您回報。」

小張出去後，老闆拍了我一下說：「現在我們來談談你提的問題。」

「不用了，我已經知道原因，打攪您了。」我羞愧的回答。

我突然明白，沒有誰生來就擔當大任，都是從簡單、平凡的小事做起，今天你為自己貼上什麼樣的標籤，或許就決定了明天你是否會被委以重任。能力的差距直接影響到辦事的效率，任何一個公司都迫切需要那些工作積極主動負責的員工。

優秀的員工往往不是被動地等待別人安排工作，而是主動去了解自己應該做什麼，然後全力以赴地去完成。

問題與討論

一、選擇題

( ) 1. 從本文中，可發現一般員工升遷的主因在於？ (A)專業知識 (B)做事的細節 (C)跟主管的交情 (D)外語能力。

( ) 2. 從本文中可知，管理者的哪種能力？ (A)處理事情 (B)用人眼光 (C)溝通與領導 (D)以上皆是。

( ) 3. 從本文中可知，管理者賞識哪類型的員工？ (A)聽話的員工 (B)愛阿諛奉承的員工 (C)自主與處理問題能力強的員工 (D)交情好的員工。

( ) 4. 關於人力甄選的相關敘述，何者正確？ (A)服務業上面較喜歡選用EQ高，態度佳的員工 (B)科技業中比較喜歡擁有高技術能力與知識的員工 (C)一般行政體系會偏好謹慎且細心的員工 (D)以上皆是。

( ) 5. 人力資源管理的精隨在於？ (A)精簡人事成本 (B)高效率的完成事情 (C)將對的人用到對的位置 (D)挖角到最好的人才。

二、問答題

1. 若你是這位老闆，試問你對此員工有何看法？

HINT 從故事中去了解人才的可塑性。

11-4 訓練與發展

教育訓練培養員工關鍵職能，是企業人力資源管理與發展中重要的部分。教育訓練不但是企業人力資源資產增值的重要途徑，也是提高企業組織效益的重要途徑。除此，透過員工教育訓練，主要是要培養以及養成企業全員共同的價值觀、增強組織凝聚力。企業在建構經營團隊時，一般採取的途徑有兩種：一種是靠外部引進人才，另一種就是自己培養。但比較普遍的是靠外部引進人才，所以企業會不斷地藉由員工教育訓練。持續向員職工灌輸企業的價值觀，培養良好的行爲規範，使員工能夠自覺地按標準規範工作，進而形成良好且融洽的工作氛圍。

然而，全球化以及資訊科技的進步，整個商業環境競爭激烈。企業單單就人力資源的教育訓練己不符時代需求，人力資源發展己是個日益被受重視的議題。和教育訓練不同的，人力資源發展比較重視個人的發展，是從員工個人配合組織的發展。簡單來說，組織的成長是配合個人能力的發展，爲的即是人適其所、盡其才、盡其用。

一、新進人員指導

新進人員指導（orientation）是引導新進員工了解工作及組織的過程，屬於新進人員融入組織的社會化過程。一般新進人員指導包括：(1)工作單位指導（work unit orientation），讓員工熟悉工作單位之目標（goals），了解其工作對該目標之貢獻（job contributes），及介紹其新工作夥伴（co-worker）；(2)組織指導（organization orientation），讓員工知道組織目標、歷史（沿革）、（管理）哲學、程序與規定。例如：組織的人力資源政策、薪資福利、是否須配合加班等。

二、在職訓練

在職訓練（on-the-job training）分爲公司內訓或是委由外部顧問公司辦理員工教育訓練，我國行政院勞工委員會職業訓練局、工業技術研究院、中國生產力中心皆有接受企業機構的訓練需求，提供企業培訓員工的各項專業技能訓練。訓練類別由入門至進階，大致上主要包括：

1. **專業技能**：提升員工技能的技術性訓練，例如電腦化工廠的操作、數位化機器設備的操作。其他亦如商業金融、行銷業務推廣、會計財務、商業法律知識、企劃與產業分析、技術研發等訓練課程，皆在訓練基層人員的作業技能。我國法規亦規定新進員工應接受的工業安全知能、資訊安全、個人健康維護、防範性騷擾等相關法定訓練。
2. **一般技能**：當員工具備基礎專業技能，需要的就是整合所有各種技能的專案管理能力，或是改善個人績效的問題解決能力，例如以個案研討、角色扮演方式，訓練員工在類似情境下如何解決問題困境的能力。另外，鑒於以團隊運作為常態的今日組織，則必須接受人際關係訓練，使員工個人具備能與工作夥伴有效互動的技能，以提升工作績效。
3. **管理才能**：培訓主管所需的訓練，包括針對非例行性工作的問題分析與解決能力、策略分析與規劃能力、高階決策分析與制定技能、會議簡報與即席演說技能、員工溝通與激勵、領導統御、危機管理等，各階層主管所需的技能。

除了教室授課的訓練課程外，定期更換工作的工作輪調（job rotation）以及實習指派（understudy assignment）、師徒制（apprenticeship）的教導等，也都屬於在職訓練的例子。

在職訓練可以透過各種不同方式來提升受訓學員的知識與技能。常見的訓練方式主要包括：

1. **個案研究**：在訓練時，提出眞實或假設的問題案例，要求參加訓練的學員參與討論，並提出解決方案的訓練方式。
2. **角色扮演**：在訓練時，假設一問題發生情境，要求參加訓練的學員假想在此情境中從事的行爲態度與動機，從中找出解決方案。
3. **分組討論**：將受訓學員分成若干組，分別討論訓練者事先所規劃之主題，從討論中提出解決方案。
4. **管理競賽**：依受訓者數人組成一小組，小組成員依照企業實際情境，擬定管理策略或決策，使各組從事相互間之競爭，最後決定何組勝出，以模擬眞實的產業競爭狀況。

5. **敏感度訓練法**：根據團體動力學設計而成的訓練方法，用以訓練管理人員在群體與團隊中的人際關係技巧。

三、人力資源發展

人力資源發展（human resource development, HRD）係由Nadler於1970年提出，定義爲：「於特定時間所進行一系列有組織的活動，用以產生行爲的改變」。而後，後又將此一定義修改爲：「員工在一特定時間內由雇主所提供有組織的學習經驗，以求得組織整體績效提升或個人成長。」簡單來說，所謂人力資源發展係指由雇主在一段特定期間內追求增進組織績效與個人成長的可能性，所提供的一系列學習活動。這些活動包含訓練（training）、教育（education）及發展（development）三種型態，使員工獲得工作所需的知識與技能、觀念與態度，以符合組織現在與未來的要求，達成組織績效目標。

1. **訓練（training）**：提供個人改進目前工作績效的學習活動，通常針對特定與目前工作有關的技術學習，具有以下幾個特性：
   (1) 訓練通常具有一項或多項的特定目標。
   (2) 訓練的時間通常較爲短暫。
   (3) 訓練較偏重員工工作上的考慮。
   (4) 訓練較強調立即的效果。
   (5) 訓練較講究某些特定的方法。
   (6) 訓練通常較著重以團體方式實施。
2. **教育（education）**：針對目前工作的個人儲備工作能力的學習活動，即學習一般的技術和行動，使個人能改進未來的工作績效或是接受更多的責任和新的工作指示。教育相較與訓練更重廣泛性、基礎性與啓發性。因著重於知識、原理與觀念的灌輸及思維能力的培植，透過教育可以使人增進一般知識，並爲個人奠定以後自我發展的基礎。
3. **發展（development）**：著重在個人成長的學習行動，而無關於目前或未來的特定工作。一般而言，發展較著重個人未來能力的培養與提升，故不只是傳授新技能、新知識，更在於培養新的觀點，對未來可能面臨的情境預作準備。

管理新視界

影片連結

年砸30億養人才—三星人才開發院

三星在成為世界一流的國際企業背後，到底是如何做到的呢？人才第一戰略，就是三星致勝的關鍵。很難想像，三星每年至少要花30億臺幣在培訓員工的訓練上，訓練基地叫做「三星人力開發院」。而此處從來不對媒體開放，但是三星員工都知道它，因為一旦進入三星工作，就要到這裡進行二十七天的教育訓練，其目地就是為了脫胎換骨成為三星人。

問題與討論

1. 試問，為何三星會覺得人才重要？

   HINT 因為對科技產業來說，優秀的人才不僅會助於組織績效，更有可以為組織帶來新的技術與想法，透過人才的延攬與投資，有助於企業價值的提升。

2. 教育訓練的目的在於？

   HINT 教育訓練的目的主要是為了人員工能夠完整的了解企業目標，適應組織文化，並針對其專業領域進行強化，以利組織績效的提升。

3. 影片中可看出三星在人才培訓上的策略為？

   HINT 三星對於人才的挖角其實不遺餘力，而在人力的規畫與運用上，透過技術性的規避與政府結合，將人才調度達到最佳的利用，並有效防止人才外流到其他企業去，可以說是嚴密佈屬人力防線，將人才流失對其傷害降到最低。

11-5 績效與薪酬管理

一、績效管理制度

績效管理制度（performance management system, PMS）也是一種管理程序，包括建立績效標準與評估人員實際績效，以提供支援人力資源決策的書面報告，協助制定客觀的人力資源決策。

績效管理制度重點首在建立公正客觀的績效評估方法，人力資源實務工作者無不致力於爲公司設計與施行可以客觀衡量個人工作績效的評估法，因此，各種績效評估法（performance appraisal methods）也就應運而生。一般而言，管理者有七種績效評估的方法可供選擇。

1. **書面評語（written essay）**：評估者寫下包括：員工的優劣勢、過去的績效（工作成就）、潛力等項目評語的一種績效評估技術。
2. **關鍵事件法/重要事件法（critical incidents）**：評估重點在可明顯區隔有效能與無效能工作表現的重要行爲之績效評估技術，例如公司每年度的重大專案，就可用來作爲檢視員工在重大事件上的工作表現。
3. **評等尺度法（graphic rating scales）**：以一組績效要素或評量指標來評等員工的績效評估技術。通常作成圖表方式來呈現員工在各衡量指標的績效表現，故又稱爲圖表測度法。
4. **行為定錨法**：以實際工作行爲評估員工績效的績效評估技術，又稱爲行爲依據衡量尺度（behaviorally anchored rating scales, BARS）。
5. **多人比較法（multiperson comparison）**：個體績效與其他一個或二個以上個體比較的績效評估技術，常用的方法包括群體次序評等法、個人評等法、配對比較法等。
6. **目標管理法（management by objectives, MBO）**：員工績效是根據是否完成某一組特定目標來決定，而該組特定目標對工作的成功完成是很重要的。例如主管對下屬在事前所訂定目標的達成度進行評估，便可得到該下屬之績效評估結果。
7. **全方位評估法/360度回饋法（360 degree feedback）**：多方面採用供應商、主管、員工、同事等的意見回饋，作爲績效衡量依據之績效評估法。

二、薪酬與福利

薪資管理是人力資源管理中重要的一環，且是員工相當重視的組織制度，對於組織的效能往往造成重大的影響。薪資制度的良窳將有助於員工的招募與留任（retention）、並能激勵員工的績效表現、促進員工技能發展、塑造組織文化、影響組織結構及影響組織營運成本等。而薪酬指的是員工被雇佣而獲得各種形式的經濟收入、有形服務和福利，一般來說，薪資的結構包括：本薪（底薪）、津貼和加給（依技能或專業）、獎金和紅利（按績效發放）與其他。

（一）薪酬制度

當組織成員貢獻心力與勞力，組織所提供的報償以滿足員工的需求，即爲薪資與報酬，包括經濟性給付的財務性報酬、以及工作自主性與成長相關的非財務性報酬。薪酬制度指的是組織爲了吸引與留任員工所設計、提供給員工的薪資與報酬制度。常見的薪酬制度包括：

1. **技能基礎薪酬制度（skill-based pay）**：以員工所能執行之工作技能來獎酬員工之薪給制度。例如以員工所受訓練的多寡、證照數、參加競賽得獎、或技術性考試通過等方式，作爲敘薪或調薪的基準。
2. **績效基礎薪酬制度（performance-based pay）**：員工所執行之工作績效來獎酬員工之薪給制度，這是最常被使用的方式，個人所生產件數多寡、銷售業績高低、或者可連結至公司營收成長的各種營運活動績效高低來敘薪。

至於一般的薪資結構包括：本薪（底薪）、津貼和加給（依技能或專業）、獎金和紅利（按績效發放）與其他薪給項目：

1. **本薪**：即員工在勞動契約所訂定的底薪。企業所給的底薪會依產業特性、產業景氣給予員工底薪水準各不同，我國行政院亦會核定基本工資調整案，自民國111年1月1日起每小時基本工資調整到新臺幣168元，每月基本工資則調整到25,250元。
2. **津貼、加給**：與績效無關的。依員工是否具有某些技能或專業，給予專業加給。例如：偏鄉分支機構往往有僻地加給、危險工作則有危險津貼。
3. **獎金、紅利**：按績效高低發放獎金，通常以銷售業績作爲員工績效衡量指標的。例如：保險公司、汽車銷售公司、化妝品業等。部分企業亦依公司營運獲利水準，定期發放員工紅利，包括以季爲發放基準，或是以年終獎金形式發放。
4. **其他**：例如員工福利，福利不屬於薪資的報償，通常包括三類福利：
   (1) 經濟性福利：金錢、財務性支付。例如：退休金、員工貸款、子女獎助金。

(2) 娛樂性福利：社交、康樂性活動。例如：員工旅遊、慶生會。
(3) 設施性福利：滿足日常需求的設施。例如：宿舍、餐廳、交通車、保健醫療站。

政府法定福利包括退休金、勞保、健保等，而職工福利通常所指爲職工福利委員會所補助關於職工婚喪補助、疾病補助等。

（二）工作評價

工作評價（job evaluation）是分析各工作的相對價值，以制定合理的薪資結構。具體而言，工作評價係依各項工作之繁簡、責任大小、對公司的貢獻、所需人員條件等，訂定各項工作合理的薪資結構。

工作評價的前提則來自於工作分析，因爲工作分析的結果：工作說明書與工作規範，提供了各項工作之繁簡、責任大小、所需人員條件等資訊。

管理新視界

影片連結

光陽CEO柯俊斌—完整職場歷練充實專業實力

2008年，柯俊斌以光陽（KYMCO）副總的身分，為自家的光陽機車拍攝電視廣告，一句「我是光陽副總柯俊斌」的廣告台詞，成為全臺灣最具知名度的副總經理，也為光陽機車的銷售成績再開出紅盤，報紙更以「打敗蔡依林，柯俊斌最會賣機車」為標題，成為企業主管代言機車較明星代言品牌銷售更多的佳話。

KYMCO創立於1963年，從一家位於臺灣南部的高雄在地小公司，發展到行銷100多個國家與地區的國際性企業，躋身全球品牌，除了在國內蟬聯19年銷售總冠軍、市佔率超過35%（2018年統計），亦在德國、法國、西班牙榮獲速克達與四輪沙灘車銷售冠軍，並搶下日本高端市場，向世界展示臺灣製造（MIT）機車的高端技術品質。近年因電動機車市場擴大，光陽更積極佈局國內外電動機車市場。

柯俊斌在光陽的完整職涯歷練，足可作為人力資源管理的最佳教材之一。

完整職涯歷練晉身高階主管

柯俊斌於1984年進入光陽工業，從一位小小的營業部職員開始，因為積極任事的態度與工作績效而獲得拔擢，歷經地區主管與財務部、企管部門主管，到眾所周知的光陽副總，在光陽公司內部的歷練相當完整，也因此2014年升任總經理後，2016年再受董事會高度肯定，升任集團執行長（CEO），負責光陽集團全球布局的重責大任。柯俊斌可說是32 年來與光陽工業共同成長。

柯俊斌總會侃侃而談其求學歷程對職業生涯的影響。柯俊斌畢業於淡江大學企管系、管理科學研究所，求學期間除了課業上的學習，也把握每次可貴的管理實務經驗，包括擔任班上幹部、社團幹部、研究所聯合會幹部，或是研究所跟隨教授執行專案、主辦研究所聯合會的知名企業高階主管參訪活動等，這些求學期間所累積的專案控管或管理實務經驗，都對柯俊斌的未來職涯發展產生重要的影響。

知識、語言、耐心蓄積職場優勢

大學生的學術基礎是進入一家公司與職位高低的基本，柯俊斌也勉勵企管系學生，除了應具備基本管理知識外，還應該多多學習行為科學、心理學、管理法規等，因為這些對於未來成為一位高階主管而言，都是必備的知識。語言更是重要，除了最基礎的英語外，能有第三、第四外語會大大加分。

在職場歷練，最該培養的則是耐心。柯俊斌觀察到，新進人員進入一家公司通常需要1～3年的時間學習，但現在年輕人太注重薪水，只要別家公司薪水高出幾千元就跳槽了，沒有耐心等到學習的果實成熟，就為了薪水高低不斷轉換跑道，不但無法累積專業領域的實力，也浪費企業的訓練成本，更讓企業對於跳槽員工的職場抗壓性與耐性產生質疑。

柯俊斌在光陽工業不斷克服問題，也使他在公司職位內不斷前進。例如，他以「拉進日本、德國等先進國家的距離」為目標投入研發資源，掌握機車的關鍵技術，且積極參加國際性車展，爭取技術合作與海外投資機會。

「32年從基層歷練而來的秘訣，就是保持熱忱的心不斷前進，我也因為這些困難獲得學習和成就感。」柯俊斌接受淡江時報專訪時表示。

從個人職涯管理的角度，柯俊斌認為年輕人應該持續專注於某一領域，「現今是國際化合作的時代，應累積專業能力和語言實力，並保持對知識的渴望，隨時充實新知，保持積極態度和誠信的心，機會自然會找上門來，幫助你走向成功」。

資料來源：
1. 「行行出狀元-光陽副總柯俊斌」，KKP U-News記者／中山大學李泰興報導，http://youngeagle.kkp.nsysu.edu.tw/files/15-1174-37848,c4109-1.php。
2. 「地表最強副總柯俊斌升光陽執行長」，中國時報，2016年12月22日。
3. 「品牌高端銷全球/企管系管科系校友光陽工業總經理柯俊斌專訪」，淡江時報第1017期，2016年11月6日。

問題與討論

一、選擇題

(　) 1. 柯俊斌認為在職場有三項必須培養的重要技能，不包括下列何者？ (A)學校獲得的知識 (B)外國語言的溝通能力 (C)職場歷練的耐性 (D)跳槽談判能力。

(　) 2. 柯俊斌認為年輕人應該持續專注於某一領域，指的是？ (A)專精於某一個功能部門的技能 (B)專精某一種外國語言 (C)打定職涯方向後就專精投入不隨意換跑道 (D)專精研究某一個科系的知識。

(　) 3. 本書第一章曾提到Robert Katz認為管理者應該具備三種重要技能，柯俊斌勉勵年輕人強化語言實力，是指何種能力？ (A)概念性 (B)人際關係 (C)技術性 (D)協商性。

(　) 4. 依上題，柯俊斌在光陽工業能夠不斷克服問題，獲得拔擢升遷，是Robert Katz所指何種能力？ (A)概念性 (B)人際關係 (C)技術性 (D)協商性。

(　) 5. 「在職場歷練，最該培養的則是耐心」，柯俊斌指的是 (A)對待同事要和氣 (B)耐心取得顧客信任 (C)執行困難專案要有耐心 (D)在一家公司長久歷練培養領域內專業實力。

二、問答題

1. 在各部門歷練輪調對於個人職場生涯有何正面影響？

HINT 了解工作輪調在人力資源管理上的意義。

11-6 生涯發展

每一個人進入組織工作，都是另一段生活經歷的開始。當求學生涯告一段落即進入就業生涯，不論進入產業界、研究機構或公職服務，在組織工作的職場生涯（career）就是個人在組織中一連串職位順序的歷程。包括從新進人員、資深專員、基層主管、中階主管、甚至到高階主管，或者轉職、退休、離開該組織或離開職場生涯等，都算一段完整的生涯。

選擇哪一種產業，或選擇哪一種功能範圍的工作，也就進入不同的生涯發展歷程中。當一踏入職涯，每個人依興趣、求學歷程、專長領域，選擇專注做行銷業務、生產製造、或研發、或是財務會計等領域的工作，自己想要在未來職場生涯中如何發展，勢必要在最初進行生涯規劃，甚至在適當時機進行生涯調整，例如申請調職、轉換公司、轉換不同職場等。站在組織人力資源管理者的角度，對每一位組織成員在接受過適當的教育訓練後，能夠依照每一位成員的職能專長、人格特質、興趣等，置於最適當的位置，能夠持續忠誠地對組織發揮最適當的貢獻，就是人力資源管理者對組織成員所進行的生涯發展（career development）。

綜上所述，人力資源管理者對組織成員進行生涯發展的功能性目的，包括在組織的生涯規劃路程中能夠施以必要的訓練，以協助個人有效達成工作目標與發揮個人潛能，並透過個人的專長訓練回饋到個人績效上，激勵組織成員都能養成個人長期生涯規劃的概念，且有助於將個人生涯規劃與組織目標適當結合，以利於提高組織營運績效。由此可見，組織成員生涯發展的長期規劃對於組織績效的正面助益。

傳統上，組織爲員工所設計的生涯發展計劃，乃是幫助員工在特定組織中提升工作生活，其焦點在提供員工所需的資訊、評估與訓練，以幫助員工了解其生涯目標，生涯發展更是組織藉以吸引及留住人才之方法。

當代的企業發展，因爲環境高度不確定性與動態性導致大幅的組織變革，進而導致傳統組織生涯概念之不確定與混亂。組織精簡、組織再造與組織調整等，產生生涯發展的新結論：「個體之生涯發展由個人負責，而已非組織；個人必須負責設計、引導與發展自己的生涯，而非組織」。

重點摘要

1. 以往強調行政事務的人事管理，已演變至今日的策略性人力資源管理。就資源基礎觀點而言，發揮卓越且獨特的人力資源優勢成為企業重要的策略工具，有助於建立組織可持久的競爭優勢。

2. 人力資源管理流程為組織之人力運用與維持員工高績效之必要活動，包括從人力資源規劃開始，到組織人力的甄選、訓練、任用、薪酬福利、生涯發展等，協助組織遴選適當的人力、提升人員的專業技能、以及維持人力資源的長期績效。

3. 人力資源管理的第一個步驟，就是進行人力資源規劃。人力資源規劃包括人力資源盤點與工作分析。

4. 工作分析（job analysis）是定義工作與執行該工作所需行為之評估，透過對某項工作的特性與內容進行觀察與了解，分析工作上所需具備的知識、技術、經驗、能力與責任，進而擬定工作者應具備的資格條件，製作工作說明書與工作規範，以利於工作指派與人員招募甄選之用。

5. 工作分析評估結果形成二種資訊：(1)工作說明書（job description），涵蓋工作內容、執行方法及其理由的說明書；(2)工作規範（job specification），列出執行某特定工作之最低資格要求的書面規定。

6. 透過招募管道吸引人才來爭取職缺訊息之後，即進行應徵人員之甄選。人員甄選程序（selection process）即是篩選工作應徵者以確保能僱用最適當應徵者之流程。

7. 而為了減少甄選決策錯誤的機率、提高甄選決策正確的機率，管理者應使用兼具效度與信度的甄選程序。效度（validity）指的是甄選機制和某些攸關的工作標準之間具有確實的相關性；信度（reliability）則是甄選機制是否對相同事物具有一致性的衡量

8. 工作抽樣（work sampling）是向應徵者展示工作的複製模型且要求執行該工作的核心任務。評鑑中心（assessment center）讓工作應徵者接受一些績效模擬測驗，用以評估其管理潛能的甄選方式。評鑑中心實施的方法包括：公事籃訓練法、無領導者群體討論、角色扮演。

9. 在職訓練分為公司內訓或是委由外部顧問公司辦理員工教育訓練，訓練類別包括專業技能、一般技能、管理才能。訓練方式主要包括：

(1)個案研究；

(2)角色扮演；

(3)分組討論；

(4)管理競賽；

(5)敏感度訓練法。

10. 人力資源發展係指由雇主在一段特定期間內追求增進組織績效與個人成長的可能性，所提供的一系列學習活動。這些活動包含訓練（training）、教育（education）及發展（development）三種型態，使員工獲得工作所需的知識與技能、觀念與態度，以符合組織現在與未來的要求，達成組織績效目標。

11. 績效管理制度重點首在建立公正客觀的績效評估方法，七種常見的績效評估方法包括書面評語、關鍵事件法、評等尺度法、行為定錨法、多人比較法、目標管理法、360度回饋法。

12. 薪酬指的是員工被雇佣而獲得各種形式的經濟收入、有形服務和福利。常見的薪酬制度包括技能基礎薪酬制度、績效基礎薪酬制度。一般來說，薪資的結構包括：本薪（底薪）、津貼和加給（依技能或專業）、獎金和紅利（按績效發放）與其他。

13. 工作評價是分析各工作的相對價值，以制定合理的薪資結構。具體而言，工作評價係依各項工作之繁簡、責任大小、對公司的貢獻、所需人員條件等，訂定各項工作合理的薪資結構。

14. 在組織工作的職場生涯（career）就是個人在組織中一連串職位順序的歷程，包括從新進人員、資深專員、基層主管、中階主管、甚至到高階主管，或者轉職、退休、離開該組織或離開職場生涯等，都算一段完整的生涯。

分組討論實作

人力資源管理的主要目的在為公司找到適合的人才，提升公司的生產力與經營績效。

經過前面各章管理思想的薰陶以及各章次分組討論實作的訓練後，同學幾乎都已熟悉新創企業的管理架構，本次分組討論再以新創企業為例，請各組選定某一產業的新創企業或新興電子商務公司，公司規模約為15~20人的小企業，從高階主管選才的角度，對於一直懸缺難以找到適合人才的「業務專員」或「業務經理」職務，報告：

(一)開列出「業務專員」或「業務經理」的工作內容；

(二)應徵人員須要具備的條件；

(三)你們的理由。

提示 「業務專員」或「業務經理」擇其一即可。

NOTE

CHAPTER 12 組織變革

本章架構

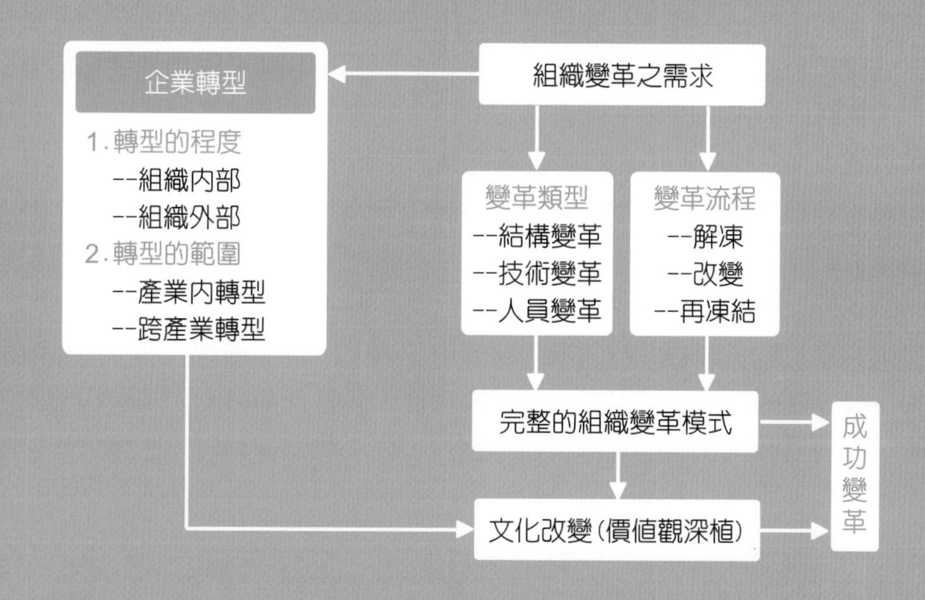

學習目標

1. 瞭解組織變革的意義。
2. 瞭解組織變革的類型。
3. 學習成功的組織變革模式。
4. 學習降低抗拒變革的方法。
5. 瞭解變革與組織文化的關係。
6. 瞭解企業轉型與產業轉型的意義。

未來成功的組織，將會是那些能夠快速、有效、持續地、有系統地進行變革的組織。

Robert F. Jacobs(羅勃特·雅各)

從代工轉型成「全球唯一」─邑錡

在年底IPO（首次公開募股）熱潮中，超過十家來自半導體、電子、餐飲與醫材等各領域的企業趕著上市櫃。其中的超額認購王，卻是剛掛牌上櫃，營收僅有約三億元，全年EPS（每股盈餘）約兩元的小公司─邑錡。

邑錡是目前全球唯一能「一機搞定」，不須外接硬體，也不須再經過軟體後製的縮時攝影相機製造商。但邑錡走上這條「全球唯一」的路，其實是被客戶給逼出來，在夾縫求生存的結果。以工業設計代工起家的邑錡總經理陳世哲，八年前受友人請託，接手經營，「入殼」當時負債的邑錡。

陳世哲曾經營工業設計公司，知道若僅有設計代工，成長性十分有限，為了迅速讓營運上軌道，決定雙軌並行，在代工外，也創立自有品牌。「臺灣公司要能長久，除了代工，一定要轉型，國外公司能做品牌，我為什麼不可以？」

但像鴻海信誓旦旦不做自有品牌的筆電與手機，以及台積電強調不自主設計生產晶片一樣，就怕與客戶打對臺，訂單將不保。可是包括微軟、華碩與日本的鏡頭大廠Hoya等國際級企業都是陳世哲的客戶，代工範疇從筆電、手機到光學產品都有。他坦承，要找到一個完全不會與客戶競爭的品項，等於是大海撈針，很難！

經過數個月的討論，決定結合公司過去代工經驗，在「消費性電子產品」、「光學產品」與「低功耗技術」中找交集，同時不與現有客戶競爭。於是六年前，誕生了邑錡的首款產品，專門以縮時攝影記錄植物生長過程的「花園監控相機」（Garden Watch Cam）。「當初老實講，市場多大都不清楚，等於我創造一個市場，完全沒有（研調）數字……。去國外參展，都還是參加園藝展，旁邊攤位都在賣自動灑水系統。」陳世哲自嘲。這樣一個沒有任何國際廠商願意投入的市場，卻意外讓邑錡闖出一片天。

靠著不斷參展，並委託經銷商主攻歐美市場後，開始有客戶幾千臺、幾千臺的訂購，陳世哲追問才發現，原來客人將縮時攝影相機拿去做工地監工用，記錄施工進度，也讓他陸續開發專為工地設計的不同機型。甚至英國的政府部門也採購五百多臺相機，架在倫敦街頭上，記錄交通情形。

邑錡的產品在每秒自動拍攝一張照片的情況下，能連續拍攝至少四天，超過三十萬張照片都不斷電，續航力比動態攝影的GoPro高出許多。資本額僅一億七千萬元的邑錡，電源管理技術能勝過當初有鴻海等大廠投資的GoPro，靠的是將許多研發委外，如將軟體開發外包給印度，介面設計委外給中國，電子機構件委外美國，公司內部的研發團隊則擔負統整功能。

未來，邑錡要面對的挑戰，是市場逐漸長大後，國際大廠若也切入縮時攝影相機領域，該如何持續保有競爭力。若能結合智慧辨識、人臉辨識等功能，技術往上升級，才能讓更多人「需要」這類產品，拓寬市場。

由於客戶給予的外在壓力，邑錡透過組織變革將原本盈虧的小公司，變成前途一片光明的大企業。邑錡讓大家看到小國寡民的臺灣，或許沒辦法在主流消費性電子產品上做世界第一，但只要找到定位，仍能成為全球「唯一」。

資料來源：吳中傑（2016/01）。營收三億小廠 變台股超額認購王。商業週刊1468期。

問題與討論

一、選擇題

(　) 1. 在競爭激烈的商業環境中，唯一不變是？ (A)潮 (B)變 (C)騙 (D)換。

(　) 2. 邑錡原本的本業是在做什麼？ (A) ODM (B) OEM (C) OPM (D)以上皆是。

(　) 3. 變革是一件辛苦的事，若不成功便可能成仁，為什麼邑錡要從代工轉型做品牌之路？ (A)未來成長有限 (B)易被取代 (C)市場競爭慘烈 (D)以上皆是。

(　) 4. 在一片代工潮未來可能被取代之下，邑錡選擇自創品牌生產縮時攝影監控相機，是因為？ (A)過去代工經驗 (B)不與現有客戶競爭 (C)以上皆是 (D)以上皆非。

(　) 5. 邑錡這臺攝影機可以用在哪些方面？ (A)植物生長 (B)工地監工 (C)成市交通 (D)以上皆是。

二、問答題

1. 組織變革的過成如同毛毛蟲要變成蝴蝶一般，過程之中有極大的風險存在，而本個案中哪部份直接不成功可能便會成仁呢？

提示 於是六年前，誕生了邑錡的首款產品，專門以縮時攝影記錄植物生長過程的「花園監控相機」(Garden Watch Cam)。「當初老實講，市場多大都不清楚，等於我創造一個市場，完全沒有（研調）數字……。去國外參展，都還是參加園藝展，旁邊攤位都在賣自動灑水系統。」陳世哲自嘲。

12-1 組織變革

一、組織變革的意義

大環境的不斷改變，促使組織亦需不斷的做調整與變動與資源的重新整合。故組織的發展離不開組織變革，然而改變亦是組織極大的機遇與挑戰。

依管理學的定義，組織變革（organizational change）主要指的是組織在人員、結構或技術上的改變。這些改變可能包含整體組織的權力架構、規模、溝通管道、管理角色、組織與其他組織之間的關係。此外，組織內成員的觀念、態度和行爲的調整，到成員之間的合作精神等軟體的部分，以及硬體的設備、系統的革新等。然而競爭者、顧客需求、政府規範、員工需求，並非組織變革的方法。但外部環境的變化，卻是促使組織走上變革之最重要推力。

表12-1　組織變革的力量

變革的外部力量	變革的內部力量
(1) 消費者的需求不斷改變，企業須不斷開發新產品與改善行銷策略 (2) 政府新法規與行政命令，影響企業營運的方式 (3) 產業技術的改變與突破，驅使企業必須不斷提升設備以符合產業需求 (4) 經濟情況與景氣變動，對產業組織的影響往往是全面性的	(1) 新的組織策略，會導致組織結構調整 (2) 組織人力結構改變、人員素質提升 (3) 導入新設備與製程的必要性 (4) 員工態度的轉變，為保持組織繼續成長及生存，促進了組織管理制度與價值觀的變革

二、組織變革之二種隱喻

1. **靜水行船**：組織變革是組織從現在的狀態轉變到期望的未來狀態，以增進其效能的過程。在穩定的環境狀態下，組織變革就像是平靜且可預測之航行中的小插曲。

   在過去的時代背景下，環境處於穩定的轉變狀態，或是較能預測趨勢的，科特黎溫（Kurt Lewin）提出組織變革流程三步驟，或稱變革流程三部曲，說明成功的變革是可以規劃的：

   (1) 解凍（unfreezing）：將原先狀態融解。此階段通常包括將那些維持當前組織運行水準力量的加以減少，有時也需要一些刺激性的主題或事件，使組織成員知道變革的資訊而尋求解決之道。

(2) 改變（changing）：改變成新的狀態。此階段是改變組織或部門的行爲，以便達到新的水準，包括經由組織結構及過程的變革，以發展新的行爲、價值和態度。

(3) 再凍結（refreezing）：使改變成永久狀態。此階段在使組織穩固在一種新的均衡狀態，它通常是採用支持的機制來加以完成，也就是強化新的組織狀態，諸如組織文化、規範、政策和結構等。

面對今日環境詭譎多變、科技進步日新月異，「均衡狀態之打破與重建」的變革之「靜水行船」觀點，已不適合當代的環境變化。於是第二種組織變革的隱喻成爲較適合的觀點。

2. **湍流泛舟**：在環境劇烈變化的今日，組織變革動機往往是爲了預先因應環境而必要做的改變。組織透過變革的過程，可使組織更有效率的運作，達成平衡的成長，保持合作性，並使組織適應環境的能力更具彈性。

因此，企業想要在劇烈變化的產業環境下生存與發展，就像在急流中泛舟一樣，改變是自然的狀態，而管理改變是持續的過程。變革是組織生命的本質，新的生產方式，新的處理程序以及新的組織型態，其目的即爲有效因應日趨劇烈的競爭環境及對顧客提供更好的服務。

表12-2　組織環境與變革

	環境狀態	變革狀態
靜水行船	穩定（Stable） 可預測的（predictable）	變革屬於偶然的臨時性插曲，是可預測的改變
湍流泛舟	動態（Dynamic） 不確定的（uncertainty）	改變不斷產生，難以回復原狀。遊戲規則不斷改變

有計畫的組織變革，能以創新或改良使用資源與能力的方法，增進組織創造價值的能力，並改善對利害關係團體的報酬。管理者必須準備好很有效率與效能地管理在組織或其工作領域面臨的變革。

12-2 組織變革的類型

組織變革區分爲(1)計畫性變革與(2)非計畫性變革兩種。計畫性變革是一種有意圖、有目標的改革，其目標通常有增進組織對環境變動的適應力及改變員工行爲等兩種，因此必須經過愼思熟慮之後，針對整個組織的運作或任何部門業務執行加以修正，爲的是能夠產生效益。計畫性變革通常變革的範圍較爲廣泛，同時所需要的時間及資源也較爲龐大，一旦失敗所導致的問題也更爲嚴重，因此計畫性變革必須經過縝密的計畫及程序方能達成預期的目標。非計畫性變革則因無法有效掌握發生時間，常被視爲對突發狀況的處理方式。

組織中的計畫性變革，可以歸納爲三方面組織變革選擇，亦即三種組織變革類型。

1. **結構變革**：在專業分工、部門劃分、職權關係（指揮鏈）、控制幅度、集權程度、正式化程度等組織設計要素之改變與工作設計的改變，以及實際結構設計上的改變，例如合併或裁撤部門。通常，環境及策略的變動常會引發組織結構的改變。也就是結構變革強調組織結構與制度規章方面之修正。
2. **技術變革**：工作執行方式、使用之方法與設備的修改或升級，以及自動化、電腦化等透過技術創新達到企業流程與生產製程的變革目的，又稱爲科技變革。
3. **人員變革**：包括員工在態度、期望、認知、行爲上的改變，又稱爲行爲變革。

   若依環境變動對組織影響程度，組織變革可區分爲二種類型：

   (1) 劇烈式變革（radical change）：劇烈式變革會破壞組織相關架構，而且因爲整個組織在轉變，常會創造出新的均衡。

   (2) 漸進式變革（incremental change）：漸進式變革呈現出持續性過程，此持續性過程意在維持組織的均衡，而且通常只影響到組織的一部份。

Hammer and Champy（1993）提出一種具體的劇烈式變革方式，重新思考、重新設計組織所有的管理流程和作業流程，排除不具有附加價值的流程，以求組織在成本、品質、服務及速度等各方面的重大改進，稱爲組織再造(Reengineering)，並定義爲「從根本上重新思考、並徹底重新設計企業的作業流程，以求在成本、品質、服務與速度等重要的組織績效上有巨幅的改善」，因此也稱爲企業流程再造（Business Process Reengineering, BPR）。

當菲（Dunphy）與史黛絲（Stace）的組織權變模式（Contingency Model of Organizational change）以變革規模（Scale of Change）及變革領導風格（Styles of Change Leadership）兩構面爲構成組織變革策略之要素，並區分組織變革策略爲四種類型：

(1) 參與進化（participative evolution）：其變革規模較小，並採用合作諮商的變革領導風格。
(2) 魅力轉型（charismatic transformation）：其變革規模較大，並採用合作諮商的變革領導風格。
(3) 指導轉型（dictatorial transformation）：其變革規模較大，並採用強制領導的變革領導風格。
(4) 強迫進化（forced evolution）：其變革規模較小，並採用強制領導的變革領導風格。

管理 Fresh

從實體參展到電商的成功轉型之路

「對B2B交易來說，數位化即是未來趨勢。」一份去年十月份的麥肯錫報告指出，就算疫情解封，有高達近八成B2B買賣家，仍更傾向線上自助下單或遠距會談。線上交易的方便性、速度、便宜，且數據豐富，都讓他們難以回到傳統面對面交易模式。

「臺灣儀錶教父」一技詮科技執行長周明璋今年66歲，這年紀是其他企業老闆考慮退休的年紀，然而他卻在四年前，開始學習如何做跨境電商。周明璋回憶，他的上一代從1969年就開始做車用儀表，2004年另外成立專攻改裝車儀表的技詮科技。當時，是客人在參展攤位前一個個排隊拿名片。兩代超過五十年的經營，建立起堅強的技術力、產品力與外銷力，因此儘管近年來儀錶市場競爭愈來愈激烈，但技詮科技的營收仍可以維持穩定成長。因此2008年電商浪潮興起時，技詮雖然也跟隨潮流加入阿里巴巴國際站，但只是把電商視為曝光的管道之一，並沒有認真利用電商找客戶、拓市場。

2017年，他看見有同業透過電商，兩個月就做了56組客人，才警覺市場還有很多自己沒遇到的潛在客戶。同時他也擔心，同業會不會利用線上通路，搶走技詮的客戶，這時才讓他決定認真經營電商。

當然，實體會展並不是只要照搬到線上都會成功，他指出習慣做內銷的企業，剛開始經常掉進三大錯誤區。一般人都會認為，商品上架平臺就等於客戶下單、而上架商品若數量過少則不易曝光、缺乏專責的電商經營團隊。這三類型的錯誤思維與經驗，技詮也全部都經歷過。

如今技詮的產品線增加超過五倍並跨足電商，也讓技詮從產品思維轉向用戶思維。過程中，整個組織也得調整，跟上以碎片化訂單、少量多樣的新模式。例如，透過電商平臺數據確認熱門品項，提前準備好材料跟半成品，當需求下來時，即可快速反應。此外，他們也將不同產品設計成可以共用某些零件，來降低庫存壓力。

電商不只帶來新產品線與客戶，更讓技詮接觸到社群帶貨買家。周明璋分享，曾有泰國客戶向他們買相當小眾的充油式渦輪增壓表，而不到三年進貨量就超越當地傳統汽車零配件進口商。後來才發現，他們是透過臉書賣到整個東南亞。這群新崛起的年輕B端買家，並不會去看展，而是懂得用數位工具找供應商。這才讓他得知：原來線上、線下可以並存。

短短一年創造電商營收成長600%的佳績，之後更建立完整團隊，採取四大拓銷策略，以電商切入B2B、B2C、自創品牌，也把電商營收占比拉抬到18%，未來還將持續成長，開啓MIT儀錶品牌的嶄新未來。周明璋利用各方資源全力打造電商團隊，並以電商模式轉進B2B、B2C市場且自創品牌、建構完整線上線下整合的全通路戰略，逐步打出亮眼成績。

有成功包袱的企業，其實最難轉型，背負著過去已成功的光環，會認為什麼都不需要去做。但只要願意跨出去，就有機會打開更多商機。周明璋深信跨境電商將對傳統製造業帶來無限機會，便在內心燃起再次為企業推動轉型的火焰，進而成為臺灣跨境電商經營的成功典範，也為技詮科技邁向下一個五十年，創造無限的可能。

資料來源：
1. 張庭瑜（2021/08）。「不轉型，就一個個被做走」儀錶板、飲水機王轉店商賣翻倍。商業週刊1760期。
2. 2021/7/21。技詮科技以人才力與數據力一驅動MIT車用儀錶 乘著跨境電商全球跑。17 Cross跨境電商生態村。https://www.17cross.org.tw/Topic/Topic_more?id=f6a8a8c9fb6b4ae6a42e25722ca17eb8。
3. 陳建銘（2020/5/15）。他64歲做電商，卻靠一招「光華商場哲學」讓業績成長685%？。Cheers快樂工作人。https://www.cheers.com.tw/article/article.action?id=5096851。

問題與討論

一、選擇題

(　) 1. 為什麼數位科技成為未來趨勢？　(A)資料科技發達　(B)疫情推波助瀾　(C)線上金流建全　(D)以上皆是。

(　) 2. 技詮科技執行長為什麼年紀那麼大了仍致力公司朝向電商經營的轉型？　(A)太有趣　(B)太閒了　(C)競爭力提升　(D)以上皆非。

(　) 3. 企業為永續經營則必需走向變革一路，是反應了什麼狀況？　(A)不改變則滅亡　(B)商業環境多變　(C)市場競爭慘烈　(D)以上皆是。

(　) 4. 傳統的零件進口商多是藉由什麼方式選購與販售商品？　(A)網路平臺　(B)國際商展　(C)沿街叫賣　(D)以上皆非。

(　) 5. 為什麼企業要執行組織變革很難？　(A)懶　(B)累　(C)煩　(D)以上皆是。

二、問答題

1. 由本個案瞭解線上線下可以併存，是因為？

提示 老買家仍需要藉由國際商展來看貨、挑貨、下訂單，但年輕的買家則從不參展，藉由網路和數位工具，即可找尋供應商。

12-3 變革與價值觀深植

一、有效的組織變革流程

在變遷速度愈來愈快的產業環境中，成功的企業勢必需要適時進行變革，促進企業績效的成長。而掌握完善的變革流程，則是變革成功的重要因素。柯特（Kotter）於其所著的《企業成功轉型8Steps》（Leading Change）（1988）一書提出八階段變革流程，而變革的成功關鍵在於確認組織願景與未來方向，不斷透過溝通與激勵，從許多短期成功的小變革逐漸轉化爲企業的脫胎換骨。組織變革模式步驟如下所示。

1. **建立危機意識**：分析市場環境和競爭情勢，找出環境可能帶給組織的危機或重要機會，並召開成員討論會議，確認這些危機或機會的潛在影響。

2. **成立領導團隊**：組織領導變革的工作小組與團隊，並促進團隊成員的合作。一個能夠實現變革的領導團隊成員需具備：權力、專業知識、領導與管理技能、被信賴感，並能建立匯集所有成員共識的共同目標。
3. **提出願景**：勾勒組織未來願景以協助引導變革行動，並擬定達成願景的相關策略，讓組織變革有方向，員工亦能有所遵循。
4. **溝通變革願景**：運用各種溝通管道與方式，向成員明確說明新願景及相關策略，並透過變革領導團隊以身作則，影響員工行爲的改變。
5. **授權員工參與**：授權員工參與變革過程，將有助於掃除變革障礙：修改破壞變革願景的制度或結構或鼓勵冒險創新的想法。
6. **創造短期可達成之戰果**：規劃且創造短期可行的小幅變革的績效，繼而公開獎勵與表揚有功人員，建立員工對於未來大幅變革方案的信心。
7. **鞏固戰果並再接再厲**：改變所有不符合變革願景的制度和結構，拔擢或培養具正面變革態度的員工，然後推動更多、更大規模的變革方案。
8. **讓新作法深植企業文化中**：明確指出變革的新作法和企業績效的正向關聯，訂定辦法培養新的領導者和接班人，改變組織內的規範和價值觀，亦即改變組織文化，讓新作法的價值深植人心。

組織變革要能成功，最終一定進入文化改變的狀態；唯有組織文化的價值觀改變，才能讓變革深植人心。

二、降低變革的阻力

在組織變革過程中，必然遭遇許多抗拒與阻力，而員工抗拒改變的理由其實就是一般人行爲思維的縮影，對於慣性與制式反應的依賴而不想改變，且害怕改變以後無法預料的不確定性，害怕失去個人既得利益而蒙受損失。另外，從組織方面來看，員工也可能單方面認爲變革與組織目標或利益不符合，而反對變革。

爲了降低員工對於組織變革方案的抗拒，管理者可以採取諸多方法，促進員對於變革的接受度與投入，增加變革成功的機率。降低抗拒變革的方法包括：

1. **充分溝通**：首先藉由正式資訊發布，避免不正確的小道消息流竄，造成員工的誤解。繼而，藉由各種團隊會議或簡報、員工討論會、簡單手冊等，與員工充分溝通變革之理由並說明可行的變革方案，培養管理當局與員工之間的「互信」、「互諒」。

2. **參與管理**：挑選挑選持正面態度、肯承諾投入變革且有具專業技能的員工，投入變革的決策過程。另外，也邀請具專業技能的反對改變者參與變革決策，以利於提供更多樣化的、更周延的想法。同時透過正面支持者與反對改變者的參與決策，降低變革抗拒，可強化員工對變革的承諾，且提高變革決策品質。
3. **職能協助**：一般員工常會害怕能力不足無法勝任變革的新作法，管理當局即須採取各種協助與支持方案，降低員工的擔憂。例如舉辦各種教育訓練，安排單位內特訓的種子教師協助各種變革的推行。
4. **貫徹執行**：變革方案最怕中途停止，枉費先前的努力，浪費組織資源，也讓反對改變者有落井下石的機會。所以，管理當局基於策略考量而執行變革方案時，努力貫徹執行，運用職權的力量，較容易獲得基層主管的支持與員工的投入。

另外一種被稱為組織發展（organizational development, OD）的變革方案，屬於改變員工本身行為思維與改變人際關係的本質與品質之技術或方案。常採用的組織發展之方法為敏感訓練（sensitivity training），藉由非結構化群體（獨立於工作上的正式群體，例如於公司外或度假山莊舉辦此類訓練活動）互動，以改變員工態度與行為之方法。亦即由此訓練試圖改變員工對於在工作環境上與他人相處的態度與行為。除了敏感訓練以外，團隊訓練（team building）幫助團隊成員學習在團隊內如何與他人合作，群際發展（intergroup development）改變群體成員對其他群體成員的態度、偏見、與刻板印象，流程諮商（process consultation）則由外界顧問幫助了解管理者，人際間流程如何影響工作執行之方式，即人際互動過程如何影響工作流程之方式。員工態度調查回饋（survey feedback）則藉由調查資訊來改善員工與管理當局之間認知的差距。

由上，組織發展屬於一種人員變革方案，改變組織成員在團隊內工作應有的價值觀，故也屬於一種文化變革。

三、變革後的文化深植

組織文化為組織長久傳承與奉行的行為準則，要改變組織文化當屬不易，即使在最有利情況下，文化變革亦須經年累月、逐漸改變的。尤其以「強勢文化」特別抗拒變革，因文化已深植員工內心，其價值觀被廣泛接受，且在日常工作生活中深刻投入，組織文化愈不易改變。然而，弱勢文化下成員對文化承諾度較低，因此成員較易接受變革；除此外，仍處在文化建立階段的新創小企業，或是面臨存亡關鍵危機時、領導階層易主時，也較容易進行文化變革。

實務上，組織文化常是與組織變革相互衝突的力量，阻礙組織變革的發展。故在進行任何組織變革之前，須先處理組織文化的問題，亦即：組織文化議題須優先於組織變革之前處理；文化變革常是成功的組織變革之關鍵。管理者可以採用下列三種方式，增加變革成功的機會：

1. **建立持續變革的組織文化**：組織應該因應環境變化，持續進行變革，讓組織成員都能習於變革，使隨時需要變革的價值觀深植人心。
2. **管理者擔任變革的發動者**：管理者須了解自己在變革中的角色，高階主管爲變革的發動者、領導者，而中階主管要擔任變革的管理者，管理變革的整個流程。
3. **讓組織成員實際參與變革**：讓更多員工參與變革，讓變革成爲高度共識的組織價值。

讓華航獲利成長的關鍵變革

2012年，華航擺脫高油價的成本壓力，轉虧為盈，營收超過一千三百億，是臺灣航空史上第二高。加上免美簽、陸客增加和臺灣國際觀光市場持續看漲等效益，客、貨運景氣持續復甦，都助長華航的未來發展，而亞太區的國際航空客運量成長，也成為全球航空市場成長最快地區。

全新飛行體驗讓華航獲利翻10倍

2014年，華航著眼於長期規劃，購買了十架777-300 ER新飛機，沒想到在5年後新冠疫情爆發的年代，成為華航成長的關鍵。

除了航運路線的長期策略規劃，為了表現最好的臺灣意象，華航也透過更大的改變，重新歸零，希望趁著飛機硬體重新設計的機會，讓消費者擁有全新的飛行體驗。

當時，華航是一個老品牌，新生代的客人卻都去坐競爭對手的飛機。而且，當時搭乘華航商務艙的人不多。以長途航程為例，比如說臺北飛紐約、飛阿姆斯特丹，若是商務艙坐滿，那麼經濟艙就是賺的。但華航當時面臨的挑戰是，經濟艙常常滿座但商務艙載客率卻不如預期。

然而，要怎麼增加商務艙的載客率呢？光憑直覺也知道「商務艙和經濟艙的消費者要的東西不一樣」，但我們要做什麼，消費者才會來搭我們的商務艙？首先，要先確定消費者要的是什麼服務，才能進行體驗設計。

華航策略發展部針對「商務艙旅客」進行研究，從「行程規劃、購買機票、報到、貴賓室、候機、登機、空服人員、餐飲、設備、里程酬賓計劃」等等，定義了基礎的關鍵項目（MOT）。又研究了產業第三方的調查評比、媒體簡報和輿情，包括從旅行社調閱出來的銷售數據，再反覆比對華航內部客戶滿意度調查所定義的指標，加上執行了非常多場的焦點團體座談會，根據以上這些質化與量化研究產生的數據與論述，再找了包括華航在內的三家不同航空公司的商務艙高卡會員進行調查，分批次做了大量的問卷，進行統計分析，找出真正會顯著影響消費者決策的關鍵項目。最終，華航在內艙、設計、燈光、材質各方面，提供了客戶不同以往的「新一代設備與服務」。

2015年的華航淨利相較2013年成長了十倍。

疫情期間航空業獲利的關鍵：貨運、機隊策略

2020年，新冠百年大疫封鎖了邊境，各國祭出旅遊禁令，全世界客運量一

度掉到只有正常水準的5%。航空業成為重災區，短短一年內，就有超過40家航空公司破產、倒閉或暫停營業，堪稱是史上最嚴重的衝擊。

2019年還大虧12億的華航，同樣受到疫情影響，載客率掉到只剩4%，2020年營收減少31.58%，卻反倒賺了1.4億，是極少數沒賠錢的航空公司，被譽為全球航空業奇蹟。

事實上，以客運服務為主的華航，客運占營收比例僅4%，能夠交出獲利成績單，背後共有兩大關鍵：「貨運」、「機隊策略」。

疫情爆發後，客運市場萎縮，航空業者僅能靠貨運業務維繫經營，國內兩大航空（華航、長榮）都有投入貨運市場，華航旗下有18架747-400全貨機，規模是全球第六大的航空貨運公司，這款機型的優點是載運量大，不過缺點是耗油，然而近期國際油價下跌，讓用油成本降低，因而受惠。相較於長榮航空只有5架全貨機，「華航仍維持一定比例的機隊規模，在載運能力上顯著優於其他業者，加上疫情時期貨運運價飆漲數倍，自然就產生極佳的收益優勢。

揆諸臺灣本身疫情相對緩和，加上國內既有醫療物資產能仍維繫在充裕的狀態，因此外需市場活絡，大量物資藉由航空貨運外送他國，讓華航、長榮兩大航空有持續營運的空間，也成為國內航空業者，表現優於全球的關鍵。

資料來源：
1. 汪志謙、朱海蓓（2022/1/3）。峰值體驗：洞察隱而未知的需求，掌握關鍵時刻影響顧客決策。天下雜誌。
2. 錢玉紘（2020/8/7）。華航載客率剩4%，Q2仍賺逾24億！登頂「亞洲唯一」的關鍵在哪？。數位時代。https://www.bnext.com.tw/article/58771/china-airlines-2020-q2。

問題與討論

(　) 1. 依本文，2015年華航成長的關鍵因素是 (A)全新飛行體驗設計 (B)貨運 (C)機隊策略 (D)組織轉型。

(　) 2. 10年來助長華航提高績效的原因是 (A)政策 (B)市場環境 (C)創新策略 (D)以上皆是。

(　) 3. 依本文，2020年華航成長的關鍵因素是 (A)國際油價下跌 (B)增加貨運 (C)機隊策略 (D)以上皆是。

(　) 4. 華航如何提高商務艙載客率？ (A)全新飛行體驗設計 (B)增加長程航線規劃 (C)大量機隊策略 (D)對年輕族群促銷。

(　) 5. 華航著眼航線長期規劃的策略是一種？ (A)市場多角化 (B)產品定位 (C)紅海策略 (D)以上皆是。

12-4 企業轉型與產業轉型

一、企業轉型

組織變革（organizational change）是組織從舊有的狀態轉變到期望的狀態，以增進組織效能的過程。通常是組織採用新想法或改良使用資源與能力的方法，增進組織創造價值的能力，進而產生在策略與結構上、技術製程上、或人員行爲上的改變。

企業轉型（business transformation）則是將組織原有狀態轉變爲新的狀態，有完整企業策略思考的一套縝密計畫與全新商業模式，進而產生在組織結構、企業願景、經營範疇、企業文化與價值觀等的轉變。只是各企業轉型的程度及範圍有深淺大小之分，與變革專注在結構、技術或人員等特定方面的改變仍有所差異。

隨著工業自動化、電腦化到網路化的演進，資訊科技（information technology, IT）在企業轉型中扮演愈來愈重要的角色。學者Venkatraman曾研究在企業轉型的五個程度中，資訊科技所提供的助益[1]，該研究中所採用企業轉型的五個程度包括：

1. **局部發展（localized exploitation）**：只是特定的功能活動轉以更有效率、成本更低的方式進行，例如顧客訂單資料從原先的人工輸入，轉變爲資訊系統自動載入與處理。
2. **內部整合（internal integration）**：依賴技術的進步將互有關連的企業流程予以整合，提升企業運作效能，例如導入企業資源規劃系統（enterprise resource planning, ERP）整合企業內所有流程的運作資訊，此時IT的運用更爲深化。
3. **企業流程重新設計（business process redesign）**：搭配IT技術的運用，重新設計所有的企業流程，並去除不必要的流程，以求流程效率、成本、品質的更加提升，企業轉型的程度加深。
4. **企業網絡重新設計（business network redesign）**：利用IT技術連結整體供應鏈的外部廠商，產業資訊更能快速、精確傳遞，形成企業與上游供應商、下游客戶的緊密合作之企業網絡。

1. Venkatraman, N. 1994. IT-enabled business transformation: from automation to business scope redefinition, Sloan Management Review, Winter 1994, 73-87.

5. **企業範疇重新定義（business scope redefinition）**：重新定義企業的營運範疇與願景，企業轉型的程度最大，包括經營策略、組織結構與企業文化等都會產生跟著改變，例如近年來許多糕餅類、酒品、紙製品等廠商紛紛轉型爲觀光工廠即爲一例。

歸納上述企業轉型的五個程度，企業轉型的程度可以再概分爲二大類：

1. 企業內部的流程效率提昇、成本降低、品質改善等。
2. 更進一步追求企業外部網絡的擴大以及企業營運範疇的重新定位等。

若再從企業營運範疇的角度來看，企業轉型又可包含產業內轉型與跨產業轉型等二種。近年來象徵工業4.0時代來臨的智能製造，即是引領跨產業轉型的重要趨勢。

二、產業轉型

（一）工業4.0智能製造

自從2011年4月德國漢諾威工業展（Hannover Messe）開幕典禮上，德國總理梅克爾宣布德國將進入工業4.0（Industry 4.0）時代，工業4.0的趨勢浪潮即開始被迅速蔓延到各種製造業實務上。

工業4.0代表製造業進入新階段的演進，也象徵第4次的工業革命。自從以蒸氣動力爲主軸的第一次工業革命（工業1.0）開啓機械化生產之路，到工廠開始使用電力機械、裝配線的標準化大量生產時代來臨而進入第二次工業革命（工業2.0），乃至利用資訊科技、自動化生產技術的第三次工業革命（工業3.0），全世界工業歷經三次重要的跨產業轉型，而象徵第四次工業革命的工業4.0，強調以互聯網（internet）爲基礎架構連結虛擬網路與實體物件的虛實整合（cyber physical system, CPS）、物件與物件之間透過感測器與晶片進行訊息的無線傳輸之物聯網（internet of object, IoT）架構、隨選存取的雲端運算機制、海量資料的大數據分析以提供更精確的預測資訊等智慧製造要素、透過機器人物件與無線傳輸所構建的無人工廠等，顛覆以往傳統製造業的生產方式，並能以滿足客戶的價值創造爲焦點，產業進入前所未有的跨產業轉型，也勢將爲人類帶來全方位的智慧生活。

（二）BANK3.0新金融服務

行動通訊、社群媒體、雲端運算、大數據分析等，正以前所未有的驚人速度改變人們的工作與生活型態，也顛覆了企業與客戶間的溝通模式。手持裝置的無線連網功能，改變了民眾與金融業往來的方式與習慣，也促成BANK3.0的新金融時代來臨，金融業正迎接數位化的產業轉型。

智慧手機與平板電腦的普及，人手一台手持裝置，透過無線聯網，各種訊息隨時可得，多種服務彈指間完成，此類與客戶建立新的溝通模式即稱爲前台轉型（front office transformation）。前台轉型的數位體驗使得銀行客戶重設他們對於金融服務的期待，也促使金融業重新思考甚麼是完整的客戶體驗，積極的藉由前台轉型轉化其業務，提供令顧客信任的服務體驗，增加客戶的網路銀行參與率，以提升整體收益。

其實不只金融業，前台轉型也正快速應用在其他產業，例如餐廳以手持裝置爲顧客點餐，航空業提供以客戶手機爲核心的登機自動化系統，讓客戶的手機成爲自助報到櫃臺，加速客戶的登機效率等，皆爲前台轉型的例子。

管理 Fresh

組建轉型團隊，加速公司轉型

波士頓顧問公司（BCG）臺北辦公室負責人徐瑞廷觀察臺灣企業，發現成功轉型的公司，2/3是有轉型辦公室（TMO）的，因為轉型成功，必須仰賴團隊，才能順利促成。

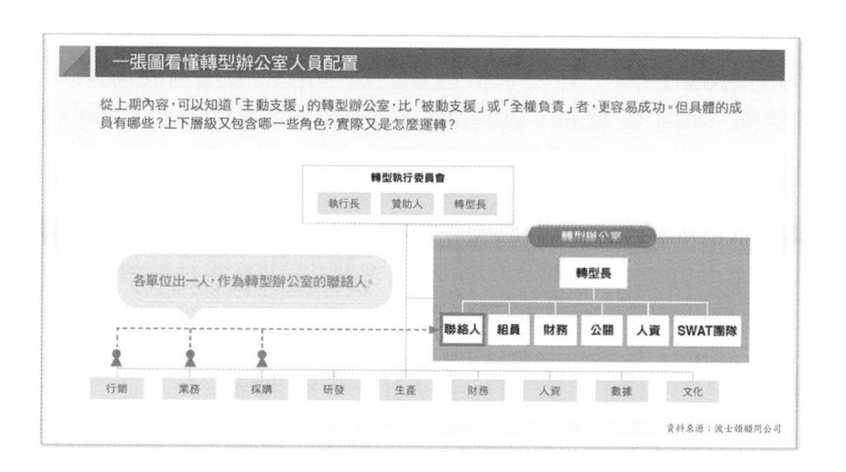

五臟俱全的團隊組成，是滾動轉型的前提

從整個組織結構來看，最上層是轉型執行委員會（leadership of transformation committee），由執行長、轉型長和贊助人組成；右邊TMO，下面是待執行的任務。一般來說，任務數量約10～20個，畢竟從靠近客戶的業務、行銷，到後端的採購、研發、人資、財務都要轉型。其中，幾個職位需要解釋：

1. 贊助人

   跟執行長、轉型長討論策略，可能是公司董事、機構投資人，或者公司派系較多，譬如副總就有好幾個，分別管後端營運、業務行銷，他們同樣可能是贊助人。

2. 聯絡人

   作為任務團隊在轉型辦公室的窗口。基本上，有多少任務數量，就要有多少聯絡人，除非任務內容的連動性太高，比如門市改造的專案，需要IT（資訊科技）、教育訓練和行銷合作，那麼這3個單位可以出1位聯絡人。值得一提的是，聯絡人應以轉型長為主，譬如數位化遭遇困難，協助分析問題，或準備會議資料等。

3. 財務

   轉型要有成果，得透過財務人員認證。比如轉型前的成本、途中做了哪些事情，有沒有完成KPI（關鍵績效指標）？

4. 公關

   由於通常員工會抗拒改變，公關必須由上到下，依照層級不同，譬如董事會、投資人、合作夥伴，有針對性地提供說法。不能把高管會議講的東西，例如「公司方向如果不改變，再一年就會破產」，直接丟到前線，一線員工可能無法理解，擔心前途，並提出辭呈。

5. 人資

   人資不只要衡量績效，背後牽扯也要一併考慮，像是考慮聯絡人人選是誰？對方在原部門有主管照顧，到這裡該何去何從？職稱改變是否會影響升遷？

6. SWAT團隊

   針對轉型辦公室處理不了的問題，臨時增派的人手。舉例來說，轉型添購設備需要幾億美元，但團隊沒人懂設備，轉型長必須去找懂工廠、技術的人（SWAT特種部隊）進來，解決問題。

會議不能只提出問題，要有可實施的解決方案

在執行上，建議每周一早上進行TMO會議，盤點前一周的進度。管理工具

有很多種，譬如策略儀表板，可以一次呈現待執行任務的狀況，包含在掌控之中的綠燈，有進度落後風險的黃燈，以及進度落後的紅燈。

由於會議主要是移除障礙，應更聚焦紅燈和黃燈怎麼搶救。因此，會議內容要清楚呈現問題為什麼發生、解決方法有哪些，每一種都要列出好處和壞處，以便團隊可以快速討論，做出決定。

周二到周四，則是各工作小組，討論待執行任務的進度。遇見障礙時，聯絡人會報告給轉型長，決定是否排至下周一TMO的會議；比較敏感的問題，像是預算快用光了，或是議題太複雜，橫跨多個部門，轉型長可以在周四或五跟執行長、相關贊助人討論如何解決。

樂觀估計，一項3年的轉型計畫，光是要設計轉型管理機制、制定轉型路徑圖、要不要有轉型長，大約要6～8周時間。等到轉型辦公室到位，還得試營運100天；這時，基本的目標要已經設定，不能只喊cloud first（雲端優先）等願景，而是要具體拆成好幾個專案、設定KPI。等到100天結束，指標沒問題，才正式開始轉型。

資料來源：口述：徐瑞廷/整理：高士閔（2022/3/3）。轉型長很重要，但只憑他一人無法成事！組建完整團隊，加速公司轉型。經理人月刊。https://www.managertoday.com.tw/columns/view/64730。

問題與討論

(　) 1. 組建轉型團隊的目的是 (A)討論新產品 (B)提供升遷管道 (C)掃除障礙以促進轉型 (D)團隊訓練。

(　) 2. 轉型執行委員會的組成不包含 (A)執行長 (B)轉型長 (C)贊助人 (D)聯絡人。

(　) 3. 轉型團隊的贊助人是指 (A)跟執行長、轉型長討論策略的人 (B)可能是公司董事、機構投資人 (C)管後端營運、業務行銷的副總 (D)以上皆是。

(　) 4. 由於通常員工會抗拒改變，因此由上到下，依照層級不同，譬如董事會、投資人、合作夥伴，有針對性地提供說法的角色是 (A)聯絡人 (B)公關 (C)財務 (D) SWAT團隊。

(　) 5. 依策略儀表板管理工具，對於待執行任務的狀況燈號，最優先須處理者為 (A)綠燈 (B)黃燈 (C)紅燈 (D)藍燈。

重點摘要

1. 依管理學的定義，組織變革（organizational change）主要指的是組織在人員、結構或技術上的改變。
2. 一般而言，靜水行舟式的變革3步曲之3步驟為：解凍、改變、再凍結，視為可預測的計畫性變革。在湍流泛舟式的變革下，改變是自然的狀態，而管理改變是持續的過程。
3. 組織的計畫性變革，可以歸納為三方面變革選擇類型：結構變革、技術變革、人員變革。若依環境變動對組織影響程度，組織變革可區分為劇烈式變革、漸進式變革二種類型。
4. 柯特（Kotter）組織變革模式步驟包括：(1)建立危機意識、(2)成立領導團隊、(3)提出願景、(4)溝通變革願景、(5)授權員工參與、(6)創造短期可達成之戰果、(7)鞏固戰果並再接再厲、(8)讓新作法深植企業文化中。
5. 降低抗拒變革的方法包括：充分溝通、參與管理、職能協助、貫徹執行。
6. 組織文化常是與組織變革相互衝突的力量，阻礙組織變革的發展；故在進行任何組織變革之前，須先處理組織文化的問題。亦即，文化變革常是成功的組織變革之關鍵。
7. 企業轉型（business transformation）是將組織原有狀態轉變為新的狀態，有完整企業策略思考的一套縝密計畫與全新商業模式，進而產生在組織結構、企業願景、經營範疇、企業文化與價值觀等的轉變。
8. 學者Venkatraman研究企業轉型的五個程度：局部發展、內部整合、企業流程重新設計、企業網絡重新設計、企業範疇重新定義。
9. 四次重要的跨產業轉型：以蒸氣動力為主軸而開啓機械化生產的第一次工業革命（工業1.0），工廠開始使用電力機械、裝配線的標準化大量生產時代而進入第二次工業革命（工業2.0），利用資訊科技、自動化生產技術為第三次工業革命（工業3.0），象徵第四次工業革命的工業4.0，則是強調以互聯網（internet）為基礎架構、虛實整合（cyber physical system, CPS）、物聯網（internet of object, IoT）、隨選存取的雲端運算機制、海量資料的大數據分析等智慧製造要素。

分組討論實作

在臺灣的產業轉型，蓬勃發展的一種方式為「觀光工廠」，包括鳳梨酥觀光工廠、美妝觀光工廠、陶瓷觀光工廠、製鞋觀光工廠、造紙觀光工廠等，此次分組討論可以小組成員孰悉的「現有的」觀光工廠營運模式，或你們認為還有什麼傳統產業也可以轉型為觀光工廠者，說明：

(一)傳統產業如何轉型為觀光工廠？

(二)如何鼓勵或說服員工接受變革？

(三)如何對外行銷？

(四)觀光工廠的參觀路線如何安排？

(五)與原來生產線如何區隔？

(六)觀光工廠可以提供哪些免費與收費服務？

(七)或其他上述未提到的轉型或服務面向？

NOTE

CHAPTER

13 創新與創業精神

本章架構

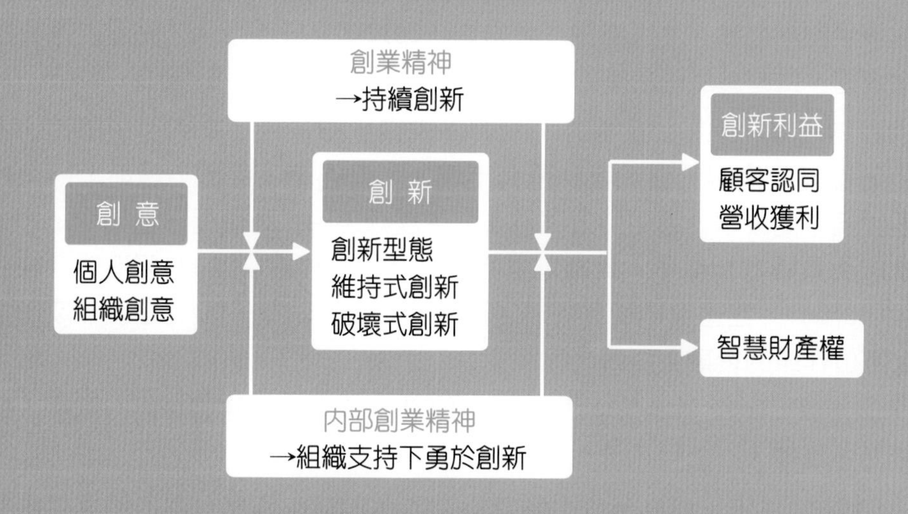

學習目標

1. 了解創新與創意的連結。
2. 了解創新的來源。
3. 了解破壞式創新與維持式創新的意涵。
4. 了解創業精神的意義。
5. 了解內部創業精神的意義。
6. 了解智慧財產權的意義與範圍。

來自創業家的原始創意，將是經濟成長的原動力。

Joseph A. Schumpeter（熊彼得）

不只是明星！擁有創業天賦的謝霆鋒

經常是八卦雜誌封面人物的謝霆鋒，當初從一個歌手進入演藝圈，發現自己的MV始終不夠好，經過一番追根究底後，謝霆鋒發現後期製作的問題，並系統了解、學習後期製作方面的知識，開始了他的創業之路—「PO朝霆」。之後，謝霆鋒分別於上海和北京開設了分公司，2012年又註冊了以「朝霆」為命名的六家新公司，公司員工由原本的四人增長到兩百人，甚至不斷增加。

謝霆鋒感慨道，現在，從電影、電視、卡通到預告片，或者說，所有的內容數位化後都需要後製，這代表就是有市場。」但要拿下這個市場前，得有昂貴的機器設備才能成事，這對特效門外漢的謝霆鋒來說，可說是一場豪賭。2003年，23歲的謝霆鋒抵押房子，貸款港幣數百萬元，最終投資了370萬港幣（約合臺幣1,440.42萬），在香港銅鑼灣創辦了頂尖特效製作公司「PO朝霆」，成為中國唯一全數位作業的後期製作公司。

在全盛時期，PO朝霆擁有全香港60%的廣告後製市場，謝霆鋒從一個藝人成功轉型成為企業家。

PO朝霆在2015年，成為蘋果中國區唯一的廣告製作公司。拿下蘋果廣告製作權，這代表的意義是：PO朝霆的技術通過蘋果挑剔的品質把關。

雖說廣告製作成了PO朝霆的固定營收來源，但後製採接單制，是用人來「換」的，有時忙到要死，有時閒到不行。昂貴的人力成本，讓謝霆鋒決定於2015年結束虧損兩年的香港總公司。提及創業12年、一下子割捨85%股權給好萊塢知名特效公司「數字王國」的感受，謝霆鋒難得感性得說：「是啊！那是我的青春啊！」

但，有敏銳商業頭腦的謝霆鋒，做出這項決定只花了一個月的時間。因為兩年前，謝霆鋒的團隊就曾到數字王國的特效基地取經。謝霆鋒坦言：「要想把夢做大，就要找對的合作夥伴，結合現有資源與數字王國在VR（虛擬實境）的技術發展，就可以製作出全亞洲最好的內容。資源整合才可能打造出『中國好萊塢』！」他明白，與其在不上不下的薄利紅海中征戰，不如結合好萊塢資源，將

「對手」變「助手」，一起把中國市場做大。

不過創業需要的不僅僅是勇氣與毅力，謝霆鋒談及當年創業的情形，特別強調：「創業重要的是尊重現實、看清形勢、冒有把握的險。另外，要建立一支頂尖的球隊，謝霆鋒一開始就把「請對人」擺在首要關鍵，於是請到大神級人物加入戰隊，這也成為他日後成功的重要因素之一。創業除了要有足夠的勇氣及毅力，更重要的是要尊重現實、看清形勢，在對的時候時候放手，冒有把握的險，才能讓企業海闊天空。

資料來源：

1. 黃亞琪（2016/2）。謝霆鋒 變身周永明的中國戰將。商業週刊1472期。
2. 2019/10/21。不只是明星！謝霆鋒23歲押房產創業 現成亞洲商業領袖。東森財經新聞。https://fnc.ebc.net.tw/fncnews/business/103306。

問題與討論

一、選擇題

( ) 1. 本案例的內容，主要談謝霆鋒的角色是？ (A)歌手 (B)明星 (C)企業家 (D)不知道。

( ) 2. 謝霆鋒為什麼原因創立「PO朝霆」？ (A)人帥開心 (B)錢賺太多 (C)實踐劇組夢想 (D)劇組與後製團隊不順。

( ) 3. 在投入創業押房產這件事上，他提別提及的是？ (A)勇敢 (B)算計 (C)敢決定 (D)以上皆非。

( ) 4. 在分享創業的過程，一般除了具有勇氣、精準計算、請對人之外，謝霆鋒還提及哪些需要注意的？ (A)尊重現實 (B)看清形勢 (C)冒有把握的險 (D)以上皆是。

( ) 5. 就謝霆鋒而言，創業首要的關鍵是哪項？ (A)請對人 (B)有房產 (C)敢冒險 (D)以上皆非。

二、問答題

1. 本個案中提及成功創業家需具備什麼特質？

提示 要有足夠的勇氣及毅力，更重要的是要尊重現實、看清形勢，在對的時候放手，冒有把握的險，才能讓企業海闊天空。

13-1 創意與創新

一、創意的定義

在人類活動中，發展出新奇產品或對於開放性問題提出適切解決方案，稱爲創意（creativity）或創造力。創造力屬於教育學習領域的慣用語詞，從組織管理角度來看，則是著重創意的概念。企業組織中不可或缺的是個人創意，組織的創意源自於個人創意。

1. **個人創意**：個人創意的概念係指，兩個以上的跨界或無相關元素間產生新的關聯。個人的創意常受到知識領域、思考能力、個性、動機及環境等的影響。知識領域對於創意的影響是很大的，因爲若個人在某個領域中缺乏知識，即無法有足夠的理解力產生創意的成果。但若個人非常熟悉某個領域，卻又容易陷入既有的邏輯和規範中，無法產生不同觀點的新想法。因此，須具有開放性的廣泛知識，才能更加提升個人的創意能力。
2. **組織創意**：組織的創意並非簡單的僅由雇用具創意的員工可解決，因爲組織內個人及組織各種社會化過程與互動方式均會影響組織的創意。因此，透過重視組織結構內部互動與激勵機制，不僅激盪個人的創意，也連帶提高組織的創意能力。

另外，國內學者兼藝術創作者賴聲川在其所著之《創意學》中也簡要定義：創意就是出一個題目，然後解這個題目。創意是一場發現之旅，一場發現解答的過程。在這場發現解答的旅程，代表智慧的靈感、知識，以及代表方法的工具、技巧，缺一不可。所以，有廣泛的知識加上探勘的工具、技巧，才能成就與眾不同的創意。台積電董事長張忠謀認爲創意的人才是現在企業最欠缺的，然而，學校教的卻與企業需求的創意人才相去甚遠，培養創意人才需要對產業專業知識相當深入。華碩電腦董事長也在一場2014年企業徵才活動中提出，跨領域創新已成爲時代新顯學，現今企業最需要的人才是既能深又能廣、兼具專才與通才的T型人（T型的橫線指的是廣博的知識，直線指的是深入的專業知識），尤其是能跨界整合科技，藝術及管理。亦即，有豐富的專業知識，才能提出較佳的、有創意的問題解答方法。

創意是可以學習的，廣泛學習能夠提升個人的創造力。然而，除了知識，個人的特質與能力也會影響創造力的高低，影響了問題解答的發展過程與作法。

二、創意4P

學者羅德（Rhodes）認爲創意是一種個人傳達新概念的現象，也屬於一種內隱的心智活動，他並提出創意4P理論，涵蓋創意的定義以及作爲解釋創意產生的理論架構。創意4P包括：

1. **個人（person）**：說明具有高創造力的個體所擁有的個人特質，包括才智、氣質、發育、特徵、習慣、態度、知覺、價值系統等。
2. **過程（process）**：創意發展的過程是什麼，包含動機、知覺、學習、思考及溝通等。
3. **產品（product）**：什麼產品的創意度較高，即如何將創意的產生具體化爲產品。
4. **場境（press）**：場境包括創作者所處的環境、產品產出的地方、流程發生的處所，從探究人與環境的互動，了解什麼環境會產生質量兼備的創新。

所以，創意的產生除了個人喜愛思考創作的特質外，如何發展創意、要發展哪一種產品、以及情境的配合，才能衍生出令人動容的創意。研發手機需要創意，廣告企劃需要創意，傳統產業也需要創意擺脫價格競爭的束縛，臺灣知名的微熱山丘鳳梨酥透過產品包裝與行銷的創意，就讓原本單價新臺幣35元的鳳梨酥可以成功行銷日本賣到三倍價錢！又以許多小朋友喜愛的樂高（LEGO）積木爲例，大部分喜愛樂高積木的小朋友可能只是三分鐘熱度，創意無法持續，或是積木數量不多難以拼出想要的形體，只有當家庭經濟條件許可、不斷提供小朋友新的樂高成組產品、讓小朋友依組合步驟拚出一個一個作品（例如交通工具、城堡、豪宅、居家庭院等），累積了許多經驗與不斷受

到讚許後，就會有更多自己的創意產生，堆疊出屬於自己創意的作品，而創意4P就在小朋友玩樂高積木的例子可充分顯示。

至於樂高積木這家1932年創立於丹麥的玩具公司，2004年在電子玩具的衝擊下，公司瀕臨破產邊緣。但之後透過重塑品牌、玩具電腦化與網路化、發行線上遊戲、樂高系列電影，透過小公仔的人物行銷，再次成功吸引全世界小朋友目光，造就了樂高玩具王國，背後的創意成了成功創新的企業標竿。

管理新視界

影片連結

模具升級+快速研發+專利品質 虎山營收13年翻30倍

虎山實業2016年外銷超過1000萬個車門把手，以50%市占率稱霸北美汽車售後維修（AM）市場，全球市佔第一。哈佛大學管理碩士、二代接班的陳映志總經理，花了十三年時間，把每輛車都用得上的車門把手塑造成精品級的水準，不僅成為全球車門把手售後維修的最大供應商，從豐田到賓士、凱迪拉克等高價車款的車門把手，他都能生產，產品線涵蓋全球八成車款。

陳映志改寫了黑手廉價的宿命。

搶先在需求出現前開發，吸引買家

在陳映志接手之前，公司2003年年營收僅新臺幣兩、三千萬元。陳映志認為，全球每年約有八千萬輛新車上路，但售後維修市場卻還沒有真正的車門把手大廠，看準市場的成長性，決心投入。2016年，虎山實業營收達新臺幣9億元，比起父親時代，營收足足翻了三十倍。

車門把手是耗損品，當車子開舊或重新烤漆就會更換。新車問世後因無需求，同業會觀望至少兩年，觀察熱銷車款再開模。

而陳映志則是敢於搶在需求出現之前，領先同業開發新產品，成為能架高競爭門檻的第一步。

模具設備升級，快速拉開與同業的距離，擺脫低價品宿命

虎山贏在開發速度快，今年已在規劃三、五年後的產品，陳映志解釋，車門把手技術門檻不高，重點是模具，開發要快、型號要多、品質要好，成本要低為四大要訣。

走進虎山逾4,000坪的廠房，裡頭有上千個大小各異的塑膠射出模具。過去十年，虎山投資的模具設備及廠房，總價逾新台幣8億元，相當於它2015全年營收。

在市場需求未明時，要做這樣鉅額的投資，對虎山是項考驗。2008年爆發金融海嘯，市況隨景氣緊縮，但機會卻來了，美國前三大汽車售後維修零件供應商Dorman上門洽談，但以虎山當時規格，仍須再投入一億元開模、建廠才能接單，陳映志評估之後，看好未來的市場成長性，說服爸爸變賣房產大舉投資。

而之前咬牙撐過去，換來的是另一次的升級。目前，虎山一拿到新車原廠車門把手樣品，經量測、設計、開模具到生產，只要三個月就能完成和原廠外觀、性能一樣的樣品，其他業者平均則要六個月；且虎山還以每年新增一千個新產品的速度，快速增加車門把手型號，一來一往間，逐年拉大和同業或新進者的差距。

耗資提升品質，用貴一倍原料，堅持臺灣製造

開發模具除了比速度，還比品質，而產品的耐用度也是關鍵。

同業透露，副廠車門把手沒有原廠品牌加持，價格最貴也只有原廠的三分之一，大多數業者會選擇壓低原料成本來求生存。形成低價競爭，無法向高級房車市場靠攏。

陳映志則反其道而行，用原廠的規格和標準，來做副廠產品，甚至投入研發、取得專利，提高車門把手的附加價值。例如，選用比同業成本貴一倍的原料、堅持在臺灣生產，甚至砸大錢研發無線感應的車門把手，並取得美、日大國的專利。

過去，虎山也曾相信低價為王，服膺行規，但2008年原本接到美國客戶訂單，卻因選用低成本的小零件讓門把用力一扳就斷了，痛失千萬元訂單的教訓，讓陳映志決心改善品質。進一步思考原廠塑膠原料設計的問題點，改用成本高出一倍的鋅合金原料來做。彌補了原廠產品的不足，也換來年銷上萬個的訂單，售價更是塑膠款的三倍。

產學合作追上科技，做無線感應，價格翻三十倍

他更善用臺灣的資通訊優勢，與臺北科技大學電子工程系產學合作，斥資四百萬元，研發出全球獨家的無線感應車門把手。

這款讓車主不必掏出遙控器，就能以無線射頻辨識系統（RFID）自動感應解鎖的門把，不僅要解決無線傳輸天線和感應器互相干擾的問題，還得做得小巧，除了避開通用、豐田等原廠專利，並取得美、日等國的專利。這

款專利車門把手，最貴要價一千五百元，和最普通的產品相比，價格提升了三十倍，讓虎山再度拉大與競爭對手的距離。

汽車維修配件產品量產之後雖能壓低成本，但也面臨庫存壓力，加上近年車商為刺激新車銷售，幾乎年年改款，虎山跟進新車持續開模生產門把，更增加庫存管理上的難度，這也成為虎山未來最大的營運挑戰。

資料來源：林淑慧（2017/1/4）。哈佛碩士變黑手－13年做到全球最大。商業週刊1521期。

問題與討論

(　) 1. 下列何者非虎山實業的關鍵優勢？ (A)快速開發 (B)設備升級 (C)專利研發 (D)降低成本。

(　) 2. 本個案所談到虎山實業的創新不包含下列哪一層面？ (A)產品 (B)品質 (C)技術 (D)流程。

(　) 3. 車門把手技術門檻不高，在技術層面上，虎山如何拉開與同業的距離？ (A)專注熱銷車款的開模 (B)快速增加車門把手型號 (C)壓低技術開發成本 (D)與美國技術大廠合作。

(　) 4. 陳映志總經理的創業精神（企業家精神）表現在 (A)持續創新研發 (B)追求市場機會 (C)自我激勵、堅持到底 (D)以上皆是。

(　) 5. 刺激陳映志總經理大步投資創新的主要決策考量是因 (A)曾選用便宜零件，痛失品質與訂單 (B)父親的大力支持 (C)看好北美汽車維修的市場成長性 (D)台北科技大學電子工程系產學合作機會。

三、創新的定義與利益

在文獻上關於創新（innovation）的定義頗多，主要都在說明基於提升企業獲利能力的目的而產生的創新。本節整理著名學者的創新定義如下：

1. 古典學派經濟學者熊彼得（Schumpeter）早在1930年代提出「創新」的觀念，他認爲「創新是企業有效利用資源，以嶄新的生產方式來滿足市場的需要」。所以，創新是經濟成長的原動力。
2. 埃弗雷特・羅傑斯（Evertt Rogers）於1962年《創新擴散》（Innovation Diffusion）一書提出創新擴散理論，羅傑斯認爲創新爲任何被人們確認爲新穎的商品、服務或創意，並定義創新爲「一個理念、實踐或目標，被個體或其他採納單位認知爲新的事物」，創新擴散過程（innovation diffusion process）則爲「新創意從其發明或創造的來源，擴散至最終使用者或採用者的過程」。所以，創新是被廣為接納採用的新事物。

3. 彼得・杜拉克（Peter Drucker）在1985年出版的《創新與創業精神》將創新定義為「賦予資源新涵義以創造財富的能力」，創新範圍包含新產品、新服務、新製程、新技術、新原料以及新的經營模式等各種新穎、有用、能提高生活品質的作品或服務。他以「不創新便滅亡」（innovation or die）的概念，強調企業唯有不斷創新，才能因應環境的快速變遷，並從創業精神的角度定義創新為「改變資源產出」，從需求面的角度定義創新為「改變資源以賦予消費者的價值與滿足」。所以，創新帶來的是顧客價值的提升。

4. 被譽為創新大師的哈佛商學院教授克雷頓・克里斯汀生（Clayton Christensen）在1997年出版的《創新的兩難》（The Innovator's Dilemma）一書提出「破壞式創新」（disruptive innovation）理論，認為企業不迎合主流客戶推出性能更佳的產品，而是透過了解顧客真正需求，利用新科技的力量，將必要元件以更簡單的方式組合在一起，提供不同價值特性的新產品，甚至是低價的新科技產品，往往具有蠶食整個市場的破壞力。所以，席捲市場的創新是以突破性科技（disruptive technology）發展對於主流產品市場破壞力十足的高價值產品。

綜合上述定義，創新是運用知識或關鍵資訊，創造或引入有用的資源，並透過資源將創意轉換為有實際用途、高顧客價值、具獲利潛力的產品、服務或工作方法之流程。

然而，任何新發明或創意若不能滿足消費者的需求則稱不上是一項創新。「創新」必須基於提升企業獲利能力的目的，將新的概念透過新產品、新製程、以及新的服務方式應用到市場中，進而創造新的價值的過程。所以，當傳統沖印店遇到數位照片的衝擊而逐漸式微，各種滿足數位沖印的服務便應運而生。同樣的，臺中一家傳統印刷行同樣面臨傳統產業轉型的衝擊，於是嘗試將印刷送印流程網路化，透過標準流程讓顧客也能DIY遞送作品交印，更破天荒提供「一本也能印、三天可交貨」的便利、快速服務，滿足消費者擁有個人印刷作品或特殊紀念品的需求，創新的服務模式讓營收獲利也快速成長。

說穿了，成功的創新模式就是高度滿足顧客需求與顧客價值，自然反應到營收獲利。因此，對一般企業組織而言，成功創新可帶來七項利益：

1. **企業競爭優勢**：可促使企業組織增大市場佔有率，獲得新顧客。其產品、服務與價值在市場上可得到更大的肯定。

2. **高度顧客忠誠**：顧客只會購買對他們而言最具價值的創新產品，因此，受顧客認同的創新產品與服務，才能贏得關鍵顧客之信賴及忠誠，進而加強彼此長期之合作關係。
3. **明確發展方向**：使公司組織有明確之願景、該努力的走向，以及確定在全球化市場中之位置。
4. **贏得股東信心**：被投資者視爲積極可靠、進取及有價値之企業組織，而願意繼續信任支持。
5. **提升決策品質**：注重知識管理、組織學習、問題解決、風險評估及資訊蒐集，使企業決策更健全。
6. **改善經營績效**：採用新技術，有效提升營運控制及改善，並強化企業整體之效能。
7. **吸引好的員工**：根據吸引力法則，使員工更有效能不但並培育及留住最佳員工，並引吸更多優秀亦具創新能力之員工。

四、從創意到創新

創意（creativity）是一種能對各種問題、不完全以及不協調的東西、漏洞或缺失、乃至知識等對象，產生敏感並證實其困難，以及找尋出答案。因此，創意是一種基於概念性及精神上技巧，而產生發現以及直覺的過程。與慣性思維最大的不同，創意思維沒有固定的模式或特定的方法標準。

創新較具有某種不可預見性，是由各類創新主體與相關要素交互作用下的一種複雜湧現之現象。創新亦爲一種改變現有資源、創造資源新價值並賦予新意義的能力。

創意與創新的關係在於，創新爲在新產品構想和設計過程中所具有的創意程度，創意所涉及的多是個體的現象與歷程。故創新爲個體創意的進階，亦即將新奇的觀念或問題解決策略（創意）加以實踐應用的歷程。

簡單來說，創意是以獨特的方式組合不同的想法或進行想法間特殊連結的能力，創新則將創意轉換爲有用的（具獲利潛力的）產品、服務或工作流程的能力。

管理 Fresh

走過艱辛的創業路，才迎來祕密花園

2015年，美國亞馬遜年度暢銷排行中，有兩本是成人著色本。臺灣博客來的年度暢銷榜上，年度榜首都是著色本，且都是她畫的《秘密花園》。蘇格蘭的插畫家—貝斯福（Johanna Basford），31歲。因為她，才帶動全球著色本風潮。可千萬別被貝斯福筆下的美麗境界所騙，她成功背後，並不是一個追求夢想的勵志故事，而是一個從失敗中找活路的生存遊戲。

貝斯福從小熱愛繪畫，因此離家到倫敦就讀藝術學院。之後貝斯福申請皇家藝術學院（Royal College of Art）遭拒，因為她的黑白畫風並沒有得到青睞。所以就到時尚品牌擔任實習助理，每天順著客戶和主管的要求，重複設計、製作類似的圖案，壓力、步調令她窒息。

兩、三個月後，貝斯福打算創業，於是申請貸款成立工作室，還得去服裝店、餐飲店當服務生兼兩份差，才勉強維持開銷。2008年，金融海嘯發生，貝斯福的案源全斷。她一發現下個月租金沒了著落，立刻決定收掉工作室，從壁紙設計轉做商業插畫，絲毫不戀戰。很多人勸她放棄黑白手繪，她卻堅持如此才能凸顯獨特性。

2009年10月，她在網站上推出「推特畫圖計畫」（Twitter Picture Plan）。邀請全世界的人到她的推特留言，希望看到什麼動物，兩天蒐集完後，她會把所有的動物手繪製成黑白圖樣，再用手工網版印刷成限量一百份的簽名海報，在網路上銷售。同時，繪製過程事後會製成影片，在網路上播放。最後海報在一個月內完售。

2010年1月推出第二波「推特畫圖計畫」畫圖馬拉松，連續創作二十四個小時，一共超過六千人線上觀賞。這次的畫圖馬拉松引起愛丁堡國際藝穗節（Edinburgh Festival Fringe）的注意，邀請她設計2010年的節目單。這份節目單讓她擊敗派拉蒙影業和諾基亞，拿下Dadi Awards的社群媒體最佳運用獎。

2011年，更吸引到更大的客戶，如賓士汽車、耐吉、星巴克都找上貝斯福，邀她手繪汽車、球鞋和耶誕對杯。也是同一年，出版社找上她出兒童著色本。出書是貝斯福的夢想，但她想出的是成人著色本。出版社為了測試市場反應，第一本著色本《秘密花園》第一刷只印製了一萬六千本，結果賣到缺書、來不及加印，成人著色本的風潮由此而起。

貝斯福堅持自己的專長特色，但不在錯誤的戰場戀戰。過程中，不斷找尋最適合自己的舞台，甚至到最後，她放下藝術家的主導權，自己退居創意執行的二線角色，跟大家分享創作光環。「艱困時確實艱困，但失敗是我生命裡發生過最好的事情，迫使我去重新面對自己，重新找到自己喜歡做的事。」貝斯福說：「每個人都會遭遇突如其來的打擊，但成功的人會在最短時間內反擊，不浪費時間怨嘆，要讓自己快速回防，然後專注，不要閒下來。」。許多創業家何嘗不是如此呢？

資料來源：單小懿（2016/1）。《祕密花園》作者的魯蛇翻身學。商業週刊1469期。

問題與討論

一、選擇題

( ) 1. 本個案中指的祕密花園是？ (A)成人著色本 (B)一座花園 (C)就是個祕密 (D)以上皆是。

( ) 2. 蘇格蘭的插畫家─貝斯福的創業過程是？ (A)勵志故事 (B)生存之戰 (C)白手起家 (D)以上皆非。

( ) 3. 她的手繪作品風格是？ (A)黑白 (B)彩色 (C)針筆 (D)以上皆非。

( ) 4. 她以何種方法行銷自己的手繪畫作？ (A)推特 (B)線上 (C)畫圖馬拉松 (D)以上皆是。

( ) 5. 祕密花園會長青銷售是因為貝斯福放棄什麼而退居幕後創意執行？ (A)光環 (B)金錢 (C)主導權 (D)以上皆非。

二、問答題

1. 試問，貝斯福能成功的主因是？

提示 堅持自己的專長特色，但不在錯誤的戰場戀戰。過程中，不斷找尋最適合自己的舞台，甚至到最後，她放下藝術家的主導權，自己退居創意執行的二線角色，跟大家分享創作光環。

13-2 企業創新型態

一、創新的類型

關於創新的類型，許多學者從不同層面提出許多分類方式，其中，特洛特（Trott）區分爲七項[1]，劃分較多的類別，某種程度也屬於各種組織變革，如表13-1：

表13-1 創新的類型

創新型態	創新實例
產品創新	新產品或改良產品之開發，且敢於冒險投資，以新方式來解決顧客問題，使買賣雙方互惠。
程序創新	新製程或服務流程的開發，或更新、更好、更乾淨的生產方法。以製造廠商而言，程序創新包括整合新的生產方法及技術，以改進其效率、品質，或縮短產品上市時間，以及加強產品銷售服務。對服務公司而言，程序創新包括改善第一線之顧客服務，以及提供新服務。
組織創新	以新方式來因應人力管理、知識管理、價值鏈管理、顧客結盟、經銷體系、財務狀況等，以提升競爭力。組織創新也包括經營模式創新，例如新的事業部、新的內部溝通系統、導入新的會計程序等。
管理創新	全面品質管制系統（TQC）、企業流程再造、導入SAP R3（德國SAP軟體公司所研發的R3 ERP系統）。
生產創新	品質循環、及時（JIT）製造系統、新的生產規劃軟體、新的檢查系統。
行銷創新	新的融資協議、新的銷售程序（如直銷）。
服務創新	新服務之開發，提升服務品質，例如網路金融服務、賣場延長營業時間。

創新類型若依創新的程度與進行過程來看，常區分爲漸進式創新與劇烈式創新二種：

1. **漸進式創新（incremental innovation）**：以既有產品、市場或事業出發，採取局部改良、升級、延仲及擴大產品線等方式調整產品功能或進入的市場，通常以降低成本、提升生產力或品質爲目的。此種以既有產品爲基礎的創新，被視爲連續性的創新（continuous innovation）。

---

1. Trott, Paul （2008）, Innovation Management and New Product Development, 4th ed., Pearson Education Limited.

2. **劇烈式創新（radical innovation）**：在核心概念及技術上有重大突破，以新技術創造出新的核心設計，進入與原有市場或事業無關之領域，通常會有新的主流設計產生，其產品創新活動以績效最大化爲導向，因此伴隨相對較高的風險。此種以新技術爲基礎的創新，又被視爲不連續的創新（discontinuous innovation）。

上述的漸進式創新在於不斷不斷改善與更新產品，劇烈式創新則是發展出重大突破的新技術，但不論是漸進式創新或是劇烈式創新，目的都在改善既有產品的性能。克雷頓・克里斯汀生（Clayton Christensen）將之皆歸類爲「維持式創新」或「延續性創新」（sustaining innovation），驅使企業一貫的往更高階產品與市場發展，例如許多電子資訊大廠的產品因爲受到顧客喜愛，因而持續推出二代、三代產品一樣。然而，許多沒有龐大資本投入研發高階技術的小企業，缺少既有成功產品的包袱，因而較能從顧客生活情境思考，研發出顛覆既有產品架構與市場規則的「破壞式創新」（disruptive innovation）產品，改變了產業的競爭模式。克雷頓・克里斯汀生（Clayton Christensen）認爲「破壞式創新」才能眞正創造企業的競爭優勢、長期獲利。

克雷頓・克里斯汀生（Clayton Christensen）所提出之「破壞式創新」以及其對應之「維持式創新」，定義如下：

1. **維持式創新（sustaining innovation）**：企業專注產品的改良，研發更高階產品，以討好既有客戶。一旦顧客（消費者）的偏好改變或有進一步的需求，這種傳統的維持式創新產品將極易被取代，企業也將走向衰敗。利用主流市場顧客早已肯定的方式，提供更好的產品或服務。
2. **破壞式創新（disruptive innovation）**：企業發展對顧客有價值的產品與服務，不以企業原本擅長的產品與技術爲主，不追求更高階產品以迎合主流客戶，而是利用新科技的力量，將必要元件以更簡單的方式組合在一起，提供不同價值特性的新產品，甚至是低價的新科技產品。這類創新的低階產品一開始或許無法滿足主流市場顧客需求，但隨著科技逐漸進步，卻可能吸引廣大的新興消費族群，進而改變市場結構，蠶食整個市場。

科技的進步讓隨身碟、記憶卡等此種儲存媒體容量愈來愈大、體積愈來愈小、價格卻已愈來愈低，當然造成了光碟片產品的式微。另外，功能簡單的平價筆電、中國山寨手機市場衍生的小米機旋風等，都是破壞式創新的典型例子。網路提供的購物服務，就是一種破壞式創新的例子，較低價、顛覆傳統實體通路購物習慣、且更能滿足現代人生活習慣，使得中國的阿里巴巴網站（Alibaba.com）成爲全球最大的B2B電子商務網站。而當電子化的閱讀習慣逐漸形成，線上閱讀與電子書對於實體報紙、書籍而言，就是破壞力十足的創新。

二、創新的兩難

每家企業都想創新，獲得顧客肯定與滿意。但要在創新與顧客滿意間取得平衡，何其容易？

大部分大廠所有的投資與科技都集中在開發現有重要客戶最需要、可以創造最大利潤的產品上，但事實上這樣只會削弱企業的競爭力，無法眞正開發深得顧客喜愛的創新，例如手機大廠諾基亞（Nokia）在功能手機時代穩佔全球市占率鰲頭。然而當蘋果公司推出全球第一支智慧型手機iPhone以後，諾基亞手機市占率連連敗退，甚至還意圖以自行開發智慧型手機介面與蘋果iOS與Android系統抗衡，或是採用Windows 8介面與超高像素相機鏡頭，但還是不敵現實的產業競爭以及智慧型手機用戶的低採用率。關鍵在於廠商眞的聽見顧客眞正的心聲了嗎？

克雷頓·克里斯汀生（Clayton Christensen）發現，大廠爲了迎合主流客戶所開發的技術與產品，往往只能獲得短期利潤，而且利潤會愈來愈微薄。而眞正決定企業存續的「突破性科技」（disruptive technology），卻常遭到主流客戶的排斥，使得客戶導向的企業無法專注於在長期策略導向的創新計畫。這些企業在不知不覺中錯失了良機，讓那些具有創業家精神、掌握產業成長新趨勢的企業得以趁勢崛起，而且通常是沒有技術包袱的小企業。

一方面爲了迎合主流客戶的產品缺少長期獲利無法創新，但若欲開發眞正創新的突破性產品，又會受到主流客戶的抗拒而喪失短期利潤，克雷頓·克里斯汀生（Clayton Christensen）把它稱爲「創新的兩難」（innovator's dilemma）。對於此創新的兩難，破壞式創新是其解答，而深刻體會顧客生活情境則是核心。

管理 Fresh

全球電子紙產業龍頭元太科技的創新文化

元太科技（以下稱元太）成立於1992年，以中小尺寸TFT-LCD面板起家，當時是很小的面板廠，而隨著市場波動、生產過剩，時任永豐餘集團（元太母公司）總裁的何壽川，也設法為元太找尋新出路。2005年，元太與荷蘭飛利浦（Philips）簽訂電子紙顯示器合約；2009年，併購技術源自麻省理工學院（MIT）的美國電子墨水製造商E Ink，正式跨入電子紙領域。

電子書閱讀器的成功陷阱

2010年，電子書閱讀器市場一片大好，元太認為所有書都會變成電子書，還順著單一客戶的要求擴廠，忽略了市場才剛開始，滲透率還沒那麼高。結果訂單沒有如預期增加，反而降下來。元太董事長李政昊表示：「對我來說，那次是很大的學習，不是客人跟你講前景好就夠了，關鍵反而是客人的客人，也就是消費者，你要走到消費者的前面，才能真的了解市場。」

透過外部合作開發電子紙新市場、新應用

李政昊表示因為是新技術，要不斷嘗試跟不同的客人談。最關鍵的是透過跟客人談話，聽到了客人的聲音，有一些產品痛點可以快速改善，有一些是這一代產品做不到，就想辦法把資訊傳遞給研發團隊，在下一代做到。

元太的新產品應用很多時候是和合作夥伴一起開發，像是物流標籤，元太當時先有概念，再由廠商落實。

在電子紙的供應鏈裡，元太科技專攻中游的電子紙模組，也設法往上游材料如顏色粒子發展，而為了開發更多新技術、新應用與新市場，元太在2021年發起「電子紙產業聯盟」（EPIA，E-paper Industry Alliance），打造電子紙生態圈，希望有一個平臺可以快速連結電子紙的IC、系統、品牌業者，例如當元太以聯盟拿下公車站牌的案子，合作夥伴可以一起配合，把溝通的連結縮短，大家一起開拓市場，也就是從市場競爭走向開放、競合的商業模式。

專注電子紙技術的同時，也要多元開發市場

元太現在會同時攻幾個市場，只是資源比重的差別。同時並進，不能等到某個產品停掉才做，壓力太大了。

李政昊表示，專注一個領域或技術很重要，要把東西做到最好，可是視野也要夠廣，不能沒有看到旁邊，要隨時留意有沒有機會從現在的優勢跨到下一個，今天的優勢不一定能維持，可能變成明天的包袱。

如何讓「勇於創新、不怕失敗」不流於口號

公司的文化和組織需要調整，如果員工嘗試新東西，失敗了，他不會因為這樣考績不好，或減少升遷機會。或是年終考績裡，除了寫成功案例，也要寫失敗經驗，可以從失敗中看到他能夠跨出安全領域多遠。

因為元太的技術和市場都是很新的，客人和供應商也對元太的產品不太了解，不嘗試新的，會走不出來。也要提拔願意嘗試新的人，不要讓願意嘗試的同仁，還要擔心自己的career（職涯）。

總部在臺灣，研發中心在美國，如何協作溝通？

元太團隊最大的是R&D team，成員很多都是高學歷（如MIT博士），很重視邏輯和思考，協作溝通其實是很大的挑戰，第一跨文化，第二時間差，兩邊都要願意付出。

溝通前的準備，還要注意幾件事，第一，最壞的結果會怎樣？要附上數據，知道失敗了是否賠得起。第二，有沒有最低防護，如果真的做壞了，至少能夠降低損失。最後，做這件事要有2～3個目的，即使一個目標沒達成，還有其他效益。

因此，研發溝通很重要，研發要帶進行銷觀點，不是為了研發而研發，研發是為了讓產品賣得更好。

「勇於創新，不怕失敗」的文化

正當組織發展新事業的同時，元太於2008年收購韓國子公司Hydis的面板產線經歷多年虧損，時任董事長的李政昊（2012年出任董事長），只得在2015年做出關廠決定。

或許是切身經歷過幾次「不得不」的轉型、不得不「關廠」，讓李政昊萌生了強烈的憂患意識，只有一個領先技術是不夠的，一定要不斷尋找下一個機會。而推動公司往前走的動力，就是「勇於創新，不怕失敗」的文化。

2016年，元太全面結束面板事業，專注電子紙技術開發，如今全球電子紙市占高達9成。過去5年，平均研發費用占營收15%，累計全球專利超過5,000件。電

子紙的應用範圍也從閱讀書寫，跨足零售、交通、醫療與物流等，包括電子書閱讀器、電子貨架標籤、運動外套、電子紙筆記、交通運輸看板等，「我們的目標是取代紙。」

元太跳脫原先的單一核心技術框架，不斷探索新的成長動能，「公司持續嘗試新的，就會一直轉（型），發展出第三、第四、第五隻腳。」

資料來源：周頌宜（2022/1/17）。績效考核要寫「失敗經驗」！元太：員工不敢創新，比做錯、賠百萬元還可怕。經理人月刊。https://www.managertoday.com.tw/articles/view/64465。

問題與討論

(　) 1. 元太科技以何種方式正式跨入電子紙領域？ (A)外部合作與併購技術 (B)培養全球研發團隊 (C)合併電子紙競爭廠商 (D)成立電子紙產業聯盟。

(　) 2. 元太剛開始順著單一客戶的要求擴廠而導致失敗的啓示是 (A)要順著較多客戶的要求 (B)要循著供應商的技術走 (C)要走到消費者的面前，才能真的了解市場 (D)不要一次擴廠太快。

(　) 3. 元太在2021年發起的「電子紙產業聯盟」是 (A)產業公會 (B)電商平台 (C)產業供應鏈 (D)可以快速連結電子紙的IC、系統、品牌業者的合作平臺。

(　) 4. 元太目前對產品組合與市場的策略是 (A)專注一個市場 (B)專注一個技術 (C)攻下一個市場後再攻另一個市場 (D)同時攻幾個市場。

(　) 5. 元太「勇於創新，不怕失敗」的文化不包含 (A)不會因為員工失敗而影響考績 (B)研發溝通時強調不能失敗 (C)員工提案導致虧損並不會失去升遷機會 (D)跳脫原先的單一核心技術框架，不斷探索新的成長動能。

13-3 創業精神

一、創業家

一般來說，創業精神（entrepreneurship）的涵義非常的廣泛。《全美百科全書》（Encyclopedia Americana）中，理查・康特隆（Richard Cantillon）（1680~1734年）是最早論述創業家觀念，當十五世紀的中歐將官組成軍隊，在遠征探險的過程中圖利，他們的基本特質就是承擔風險。故創業家的特質就是開創事業且願意承擔一切風險。就經濟學者來說，此爲一種創造性的破壞力量，因爲創業者採用一些新的組合將舊的產業淘汰。而創業者是主動尋求變化，並對變化做作出反應並將變化視爲機會的人。

根據文獻，可歸納出創業家大多具有以下特質：

1. 具有創造力與創新能力。
2. 深刻的洞察力。
3. 願意承擔風險。
4. 目標的堅持力。
5. 正面積極追求機會，抓住環境中未爲人知的趨勢或改變。
6. 強烈創業動機，追求成長且不以小規模或維持現狀爲滿足。

創業家是具備多種重要特質的個體，爲新事業的精神領袖，帶領整個企業追求利潤。

二、創業精神的意涵

創業精神是創新能力的持續展現，創新管理則指的是企業組織在產品、過程或服務等方面，不但力求突破、改變現狀、發展特色，以提升組織績效的管理策略。而在創新管理中，除了具備具創意的人、團體與組織，還需正確的創新環境，才能持續創新的轉換過程。正確的創新環境包括組織結構的適當設計以提高部門互動、人力資源管理系統的支持、以及培養創新的組織文化。

並不是每一個新創企業都屬於創業家行爲或具有創業精神，如果只是複製別人的開店模式或營運模式，就不是創業精神。但若參照別人的營運模式再加以修改與設計更便利、有效率的流程，就屬於創業精神。所以，願意面對過時與不當的設計，勇於改變的精神，也屬於創業精神。於是，大型企業常會提供某些具創新能力者充分自由與財務支援，支持其開創新產品、新服務的一種制度，於是這些創新的員工能在大企業制度與奧援下勇於嘗試與開創事業，就被稱爲「內部創業」或「內部創業精神」（intrapreneurship）。

三、創新的來源

彼得杜拉克（Peter Drucker）於1985年出版的《創新與創業精神》，首度將創新（innovation）與創業精神（entrepreneurship）視爲企業需要加以組織、系統化的實務與訓練，也視爲管理者的工作與責任。杜拉克認爲創新是創業家的重要工具，喜歡進行創新決策的人，透過創業精神的訓練歷程，將可以成爲成功的創業家。而在創業精神的訓練歷程，創業者須努力學習辨認與挖掘創新的徵兆。因此，杜拉克提出七個創新機會的來源，作爲系統化創新及創業型管理的重心；他更提出四個創業型策略，作爲如何將創新成功導入市場的可行方法。

「創新的七個來源」，分爲三個外部來源、四個內部來源，說明如下。

1. 外部來源

(1) 人口統計變數（demographics）的變化：藉由人口統計資料，可觀察到人口結構的變動，進而發現許多創新的機會。例如高齡化時代產生許多銀髮族的商品與服務，包括銀髮族使用的電子產品、健康照護服務與保險產品等。

(2) 認知的改變（changes of perception）：顧客對於產品認知與價值觀的改變，也會激發創新。例如對於健康與樂活（LOHAS）的觀念認知愈普遍時，市場出現愈多樂活商品。而近年來食品安全的議題經常登上媒體版面，也直接造成消費者對於食品安全的重視，而出現更多的安全食品。

(3) 新知識（new knowledge）：新知識的發現或發明，往往提升技術層次，研發出創新產品。例如觸控螢幕的開發就是當代最重要的發明之一，影響了許多日常生活中的用途。

2. 內部來源

(1) 非預期事件（unexpected occurences）：組織內部突然的意外發現，往往也能招致創新。例如3M當初尋求員工點子時，起初不被看好的點子，有時往往變成高市場機會的創新產品。

(2) 內部不一致（incongruities）：組織內部部門間的理念不一致或衝突，或顚覆傳統思維與習慣，往往能帶來創新。

(3) 流程需求（process need）：當發現企業流程有許多需要改進、提高效率的地方，也能造成流程的創新。

(4) 產業變革或市場結構變革（changes in industry or market structure）：例如電信市場解除管制，或是資訊產業因資訊產品的進化而產生的產業分割或重組，都會帶來創新的機會。另外，Apple分析數位化音樂衝擊實體CD音樂的趨勢，抓住了iTunes與iPod的發展機會。

四個創業型策略則包括：

1. **孤注一擲**：對新市場、新產業投入最大賭注（包括資金、研發、人力等），以取得在產業的領導地位。
2. **打擊對方弱點**：找出對手較不具優勢之處，又分爲創意性模仿與創業家柔道二種策略。創意性模仿是比原創新者更深入了解該創新，創業家柔道則是針對領導者的產品，再研發出更佳的最適產品。
3. **佔據生存利基**：只求佔據小市場區隔（較小規模的產業市場）的獨占地位，不求進入較大規模、競爭較激烈的市場。小市場區隔又稱爲利基市場（niche market），例如身障人士使用的器材，就屬於小市場區隔的利基市場。
4. **改變產品、市場、產業的經濟特性**：開發創新用途、提供顧客眞正價值。例如智慧型手機的上市，手機超越只是通訊用途，上網的便利性與移動性改變了消費者的生活習慣，也改變了產業供應鏈。

管理新視界

🔍影片連結

Facebook臺灣辦公室：藝術的、創新的開放式工作環境

Facebook最早是於2015 年在臺灣設立據點，期間陸續推動許多計畫，為了更扎實地在臺灣深耕，最近換了全新的辦公室，象徵一個新的啓程，也傳達不忘當年重視臺灣市場的初心，新辦公室更是融入許多臺灣在地元素！

開放式工作環境，傳達臉書強調的「Be Open」企業文化

Facebook 以「讓人與人之間更緊密連結」為使命，對內也十分注重員工之間的互動，企業文化強調「Be Open」，不僅打造開放的工作環境，促進員工交流，以激發更多創新思考與創意靈感，也在空間規劃中保留了許多自由空間讓員工發揮。

像是辦公室入門右轉的「What's on Your Mind」簽名牆，是 Facebook 全球各地辦公室的標準配備之一，用意是希望每個人都能把自己的想法或想說的話寫出來，透過這面牆可以彼此連結，也呼應 Facebook 的使命——讓人與人之間更緊密連結相呼應。

辦公區的天花板則反映追求創新的精神，如同矽谷以及新創企業的風格，不過度裝潢，特別將天花板保持 1% 的完成度，鼓勵員工保有創新的思維，也提醒著：Facebook 目前的使命僅完成 1%，希望大家繼續努力，讓世界每個角落的人們都能透過 Facebook 緊密連結在一起。

藝術主題牆傳達臺灣自然景觀、傳統工藝、花卉美景

藝術主題牆來自於 Facebook 在全球發起的「Artist in Residence」計畫，目的是透過藝術創造更健全的社群。臺灣新辦公室則邀請 3 位臺灣在地藝術家各設計一面具有臺灣元素的藝術牆。

入門處的藝術牆由在地藝術家 DEBE 創作。受到臺灣獨特自然美景的啓發，以各種色彩鮮豔的花卉作為創作靈感，例如梅花和紅藜等，搭配未來派的幾何與有機元素，創造出多層次的畫作。

辦公區旁邊的藝術牆由在地藝術家吳耿禎創作。利用廢紙搭配剪紙和編

織等傳統工藝，呈現臺灣及近海島嶼的各種口述歷史，和當地民間傳說。紙張交錯而成的圖像，傳達了吳耿禎對於豐富的文化，和觀察世界的新方式。

名為「廟會」的會議室外面的藝術牆由在地藝術家盧俊翰創作。透過攝影記錄，以抽象及迷幻風的圖像來詮釋現今臺北的自然與城市景觀，像是綿延的丘陵地形、臺北 101 大樓都是他創作的元素之一等。

到「擔擔麵」「廟會」開會！由員工票選的會議室名稱

新辦公室融入許多在地文化特色，會議室名稱設計更包含臺灣在地小吃、臺灣知名地標與傳統文化等，如：「豆花」、「擔擔麵」、「布袋戲」、「廟會」全是由臺灣員工所票選出來的名稱。

同時，新辦公室特別打造 Live Lab 讓員工可以用來直播或錄製影片，燈光的架設及聲音設定更是 Facebook 新加坡團隊特地來臺設定至最佳的狀態，讓員工可以直接進行錄製無需重新調整，展現數位影音發展的重要性，也期望藉此帶來更多的新能量，持續連結臺灣與全世界。（提供 Oculus Rift 跟 Oculus Go 虛擬裝置設備，讓員工體驗 VR 虛擬實境所帶來的全新視覺體驗。）

大量的創意海報，用視覺傳達企業文化

走逛 Facebook 新辦公室會發現，無論是走廊、辦公區或會議室外，都能看到許多別具特色的海報，部分海報更是來自於 Facebook 員工的設計。這些海報都與 Facebook 的企業文化相關，例如：「Be Open」、「Connection」、「Focus on Impact」，用視覺傳達文化，也希望員工可以用多元、開放及創意的角度看待所有事物。

在辦公區的旁邊還會發現一片圖書區，架上擺放多元類型的書籍，鼓勵員工保持閱讀習慣，以閱讀開闊視野，也開放員工可以捐贈自己推薦的書，與其他員工一起分享。

動、靜皆宜的休閒遊戲區

在休閒上，Facebook 準備了動、靜兩種風格的設施，像是臺灣人很喜歡的卡拉OK，麻將。餐廳空間旁就規劃了彷彿迷你電話亭般的 KTV，讓員工在工作之餘，也能大展歌喉、盡情放鬆。另外還有包含象棋、圍棋、麻將等靜態的休閒遊戲，以及桌球、足球桌等動態遊戲，除了放鬆，也期望員工透過互動激發創意，產生更多連結，更了解彼此。

而想要靜心休息的，則可造訪「Quiet Room」，暫時與世隔絕。這個空間裡沒有任何攝影裝置，僅放置了一張舒適的沙發椅和小桌子，目的是讓員

工能有個空間靜下來好好思考與冥想，讓身心靈獲得最佳休息。

喜歡熱鬧的，則有逗趣的「波霸奶茶房間」。房間內可透過三種不同方式，深刻體驗臺灣的波霸茶飲文化：探索各式各樣的表情符號對應出各種口味的波霸；牆面上會出現驚喜的變化，就像臺灣波霸茶飲可以多元搭配不同配料；透過流行音樂及 Disco 燈光，帶出波霸茶飲文化有趣及活潑的特性。

隨著臺灣新辦公室喬遷之喜，Facebook 全球副總裁暨亞太區總裁 Dan Neary 也親臨揭幕，表達對臺灣市場的重視，預告未來全新的辦公室將帶來更多新能量，持續連結臺灣與全世界。

資料來源：Shopping Design Stephie（2019.04.12），在 Facebook 工作是什麼滋味？去「擔擔麵」開會、「波霸奶茶房間」體驗茶文化，自經理人月刊網站，https://www.managertoday.com.tw/articles/view/57532?utm_source=line&utm_medium=message--&utm_campaign=57532&utm_content=19/4/13-。

問題與討論

(　　) 1. Facebook的臺灣辦公室屬於哪一種工作環境？ (A)嚴謹的 (B)保守的 (C)開放的 (D)高壓的。

(　　) 2. Facebook企業文化強調的「Be Open」也表現在臺灣辦公室的 (A)「What's on Your Mind」簽名牆 (B)藝術主題牆 (C)員工票選的會議室名稱 (D)大量的創意海報。

(　　) 3. Facebook各地辦公室都有「What’s on Your Mind」簽名牆的主要目的是 (A)公司政策的宣導 (B)促進員工交流 (C)員工申訴意見 (D)來賓簽名留念。

(　　) 4. 會議室名稱為由員工票選出來的名稱，顯示何種管理精神？ (A)參與管理(B)目標管理 (C)賦權 (D)授權。

(　　) 5. 多種動、靜皆宜的休閒遊戲區象徵Facebook傳遞的文化精神主要是 (A)遊戲有不同樣式 (B)讓同仁可以進行不同類型的休閒活動 (C)尊重多元文化的精神 (D)強調Facebook重視遊樂的文化。

13-4 智慧財產權

創新及研發爲企業競爭力的關鍵，但其所產出的成果即爲智慧財產。如何強化智慧財產的保障、管理與應用，會對企業附加價值有極大的助益。智慧財產權（intellectual property right, IPR或IP），爲人們精神活動之成果，並能產生財產上之價值，並由法律保護其財產價值。智慧財產主要分爲：營業秘密（trade secrets）、商標權（trademarks）、著作權（copyrights）、專利權（patents）。

1. **營業秘密**：如果數個人都各自擁有相同之營業秘密，只要其營業秘密不是以不正當之方法得到，並都符合營業秘密之保護要件，則各別都能受到營業秘密法之保護。
2. **著作權**：依著作權法第10-1條：「依本法取得之著作權，其保護僅及於該著作之表達，而不及於其所表達之思想、程序、製程、系統、操作方法、概念、原理、發現。」因此若兩造制度僅是某些部分很像，倒不會涉及侵犯著作權，除非該制度編輯成冊而成「著作」，並複製該「著作」大量販賣而產生營利行爲，否則當無侵權之疑慮。另外，只要不涉及抄襲，數個人縱使分別完成內容相同之著作，都可以分別享有著作權之保護。
3. **商標權**：其主要侵權的判定在於提供的商品或服務是否有使消費者混淆誤認爲商標權人所提供。因此只要沒有使用對方的家族的標示（需註冊），即構成足以讓消費者混淆誤認的事證（誤以爲您的產品是商標權人的），當無構成侵權的可能。同一個圖樣，除著名商標外 ，原則上容許由數個不同人分別申請註冊於不類似之商品或服務上。另以「有致相關消費者混淆誤認之虞」之消極註冊要件加以控制。
4. **專利權**：最主要表現在於同一技術只能給一個專利。專利的類型則包括發明專利、新型專利、新式樣專利。

智慧財產權立法的目的主要在鼓勵與保障有創新能力者願意創作更多更好的智慧成果，供社會大眾之利用，提升人類生活品質、經濟、文化及科技等之發展。

管理 Fresh

Dropbox、Twitter 都有的「精實創業」精神：快速執行、迅速改善

老牌雲端儲存服務公司 Dropbox 儘管在 Google 提供類似的服務後，退居市場老二，卻也在成立 10 年之際，走向上市之路。但這間公司的起點，只是一段 3 分鐘的「說明影片」，由其執行長德魯・休斯頓（Drew Houston）示範產品使用方法，就有數十萬人點閱，吸引了75,000人登記試用。

推出創新產品或服務時，我們總想準備萬全，希望一擊必中，但在創新、創業的過程中，經理人與創業家眼前不一定有「最佳實務」（best practice）可以依循。《精實創業》一書指出，好想法、好技術不需要等到資源或策略到位，而是要盡快投入、得到結果，蒐集顧客反饋後再快速改進。這樣從開發、評估到學習的過程，形成了精實創業的循環。不斷執行這個循環的好處，是更快且精準地了解顧客想從你的產品或服務當中，得到什麼價值，而非猜測他們的需求。

快速推出產品，依回饋修正構想

精實創業是一個不斷循環的過程，可以分為 6 個步驟：開發、產品、評估、數據、學習和構想，如果組織能夠快速執行這些步驟的時候，就可以開發出更符合顧客需求的產品或服務。本書作者艾瑞克・萊斯（Eric Ries）指出，每一次的精實創業循環都是替創業家與經理人帶來「軸轉」（pivot）的契機。軸轉代表企業採用新的假設，或轉向另一種成長方式，以改善成長停滯或衰退的現狀。

社群網站推特（Twitter）便是典型的軸轉案例，原本提供線上廣播服務，短文字的功能只是因應團隊彼此之間的溝通需求，卻意外受到歡迎並因此轉型。改變產品訴求也是一種方式，圖片收藏與分享社群平台 Pinterest 最初目標是一本綜合各家服務品牌的商品目錄，使用者可以在上面蒐集想買的東西，附近商店有貨的時候就能下單，但礙於當時行動支付技術還不夠方便，加上觀察到使用者比起消費，更喜歡蒐集，最後轉向讓使用者可以收藏、展示自己有興趣的物品圖片。

軸轉成功會帶來下一波成長動能，何時該轉卻很難掌握。萊斯解釋，最明顯的訊號，是現在的策略、做法已經愈來愈無法帶動成長。其次，軸轉的徵兆通常是因為之前的產品行不通，但許多創業家會因為無法面對失敗，反而錯過轉型的契機。而當執行精實創業循環之後，會因為提高測試、蒐集回饋的頻率，能更快了解成長趨緩甚至失敗的原因，即早偵測軸轉的時機。至於心態上的難關，他認為可以回歸體制，每個月召開軸轉會議，產品與業務團隊討論數據背後的意義，促使大家正視軸轉的必要性。

萊斯最後反思：精實創業講求速度，但如果太快了怎麼辦？當團隊過於講求速度，認為可以犧牲品質、所以對瑕疵視而不見時，長期下來反而會拖累公司，沒有辦法做出消費者真正需要的產品。

他建議，每次蒐集完市場反饋要修正產品時，可以借鏡精實概念發明者豐田（Toyota）提出的「5 個為什麼」概念，針對問題連續問出 5 個為什麼（為什麼業績不佳→為什麼客戶不願下單→為什麼客戶覺得不需要→為什麼客戶不瞭解公司產品→為什麼業務員見不到客戶），找出真正的原因。儘管在探究分析的過程中，腳步也許得慢下來，但當團隊習慣用這個方法解決問題，才能順利轉動精實創業的循環。

註：Dropbox說明影片（Dropbox　Demo）：https://is.gd/8GU2wW
資料來源：陳彥丞（2019.04.15），Dropbox、Twitter 都有的「精實創業」精神：快快做、快快錯、快快改、快快做對，經理人月刊網站，https://pse.is/HTULC。

問題與討論

(　) 1. 本文指出，推出創新產品或服務時，成功關鍵是 (A)能夠一步到位 (B)不斷嘗試錯誤與改進 (C)有「最佳實務」可以依循 (D)在非常完美的狀態下推出。

(　) 2. Dropbox 提供的服務是 (A)實體寄物箱 (B)實體寄物服務 (C)線上資料儲存服務 (D)網購平台服務。

(　) 3. 《精實創業》一書指出成功的創業過程是 (A)不斷循環的過程 (B)從開發、評估到學習的過程 (C)快速執行的過程 (D)以上皆是。

(　) 4. 每一次的精實創業循環都是替創業家與經理人帶來「軸轉」（pivot）的契機。「軸轉」指的是 (A)替換經理人 (B)改變股東結構 (C)轉換產品的型式 (D)改變營運提供的模式。

(　) 5. 依本文，創業成功的契機應該是 (A)接受失敗再改進 (B)開發最佳產品 (C)找出產品的最佳性能 (D)找出最佳實務做法。

重點摘要

1. 在人類活動中，發展出新奇產品或對於開放性問題提出適切解決方案，稱為創意（creativity）。若簡要定義，則創意就是出一個題目，然後解這個題目；創意就是一場發現解答的過程。
2. 學者羅德（Rhodes）認為創意是一種個人傳達新概念的現象，也屬於一種內隱的心智活動，他並提出創意4P，包括：個人（person）、過程（process）、產品（product）、場境（press）。
3. 創新（innovation）是運用知識或關鍵資訊，創造或引入有用的資源，並透過資源將創意轉換為有實際用途、高顧客價值、具獲利潛力的產品、服務或工作方法之流程。
4. 成功創新可帶來七項利益：(1)競爭力；(2)顧客忠誠；(3)明確發展方向；(4)贏得投資者的信心；(5)提升決策品質；(6)企業經營更好；(7)吸引好員工。
5. 簡單來說，創意是以獨特的方式組合不同的想法，或進行想法間特殊連結的能力，創新則將創意轉換為有用的（具獲利潛力的）產品、服務或工作方法之流程。
6. 創新類型若依創新的程度與進行過程來看，常區分為漸進式創新與劇烈式創新二種，克雷頓．克里斯汀生（Clayton Christensen）將二者歸類為都只是「維持式創新」。唯有從顧客生活情境思考，研發出顛覆既有產品架構與市場規則的「破壞式創新」（disruptive innovation）產品，才能真正創造企業的競爭優勢、長期獲利。
7. 一方面為了迎合主流客戶的產品缺少長期獲利無法創新。但若欲開發真正創新的突破性產品，又會受到主流客戶的抗拒而喪失短期利潤，即為創新的兩難。
8. 創業精神是創新能力的持續展現，願意面對過時與不當的設計，勇於改變的精神，也屬於創業精神。創新的員工能在大企業制度與奧援下勇於嘗試與開創事業，就被稱為「內部創業精神」（intrapreneurship）。
9. 智慧財產權（Intellectual Property Right, IPR或IP），為人們精神活動之成果，並能產生財產上之價值，並由法律保護其財產價值。智慧財產主要分為：營業秘密（trade secrets）、商標權（trademarks）、著作權（copyrights）、專利權（patents）。

分組討論實作

藉由網路平台建構的電子商務或行動商務是最適宜做為小資本「微型創業」的管道，例如網購、社群行銷、Youtuber網紅、直播自媒體等經營模式。

請全班分組，每一組先選出團隊主持人，嘗試提出一個微型、實際可行的電子商務的企畫構想，可能是網購產品、服務或有創意的商業模式，說明具體構想、可行作法、需要甚麼資源、或是如何解決可能面對的困難。

NOTE

CHAPTER 14 企業倫理與社會責任

本章架構

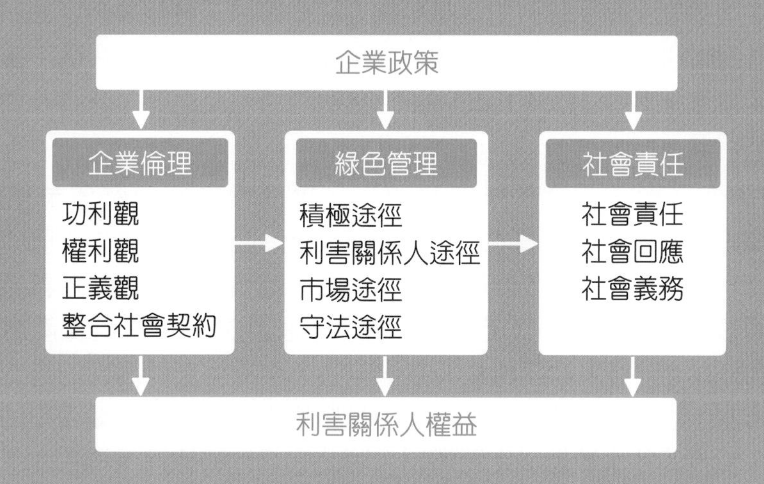

學習目標

1. 了解企業倫理的意義與重要性。
2. 認識管理者的倫理態度。
3. 了解社會責任的意義與重要性。
4. 界定組織社會責任扮演的角色。
5. 討論現今社會之企業道德與社會責任議題。

獲利不是企業活動的主要目的，而是一種限制條件。

Peter F. Drucker（彼得．杜拉克）

全球企業紛紛加入「水正效益」行列

因為環境破壞造成一連串的環境災難，聯合國永續發展目標（Sustainable Development Goals, SDGs）即發起，包含17項目標（goals）及169項細項目標（targets），展現了永續發展目標之規模與企圖心。對應這個方向，近年美國科技大咖興起一個環保行動「水正效益（water positive）」，此指的是企業從環境獲取水資源，使用之後不但將這些水復原，還復育更多的水資源，讓它們回到環境中。

科技業與資訊的數據中心，是消耗水的大戶。因為除了要消耗電能，也必須消耗大量的水資源，才能讓機房保持一定的溫度與濕度。而大部分的水是用來冷卻伺服器、機器學習系統和其他硬體設備。一座數據中心每天使用三百萬到五百萬加侖的水，相當於一個三萬到五萬人城市的每日用水量，故Google、Facebook、微軟和百事公司等，皆宣示要在2030年達到水正效益目標。

水正效益的做法與「淨零碳排」類似，一是從根本減少營運業務的用水量，二是投入保護水文地帶。在省水上，Google在喬治亞州的數據中心已使用回收廢水進行冷卻。Facebook也將回收水重複利用，並透過引入室外空氣幫數據中心降溫，在全球據點使用水循環系統的方式，數據中心的用水效率已經比產業標準高80%以上。微軟2021年新啓用的亞利桑那數據中心，也採用空氣冷卻的方式，不需要用到任何一滴水。也早就在測試，把一個小型數據中心浸在蘇格蘭海岸的寒冷海水中。因為再生能源的耗水量低於化石燃料，因此它們也積極採用再生能源，大幅降低數據中心用水量。

至於「補水」，做法就比種樹減碳還複雜得多。因為不像廢氣，不論何時何地排放、減排，都會成為全球的一部分，但世界各地的水資源狀況不同，有的是缺水，有的是水質問題，需要因地制宜。

百事與Arbor Day Foundation合作，在美國西部地區重新種植88萬棵在加州大火喪失的樹木。樹木對水循環的貢獻不言自明：樹木能匯集、過濾雨水、降低土壤侵蝕、並保持優良水質。

Facebook在猶他州老鷹山的數據中心與市政府和非營利機構合作，投資並購買水權，確保兩百萬立方公尺的水，整個夏天都留在附近的普羅沃河裡，幫助水生動物生長，而不是被用來發電。也在旱季時向河川補充水源，為印地安人提供飲用水，協助農業灌溉設施現代化等方式，已在2020年復育了5.95億加侖的水。

Google也在各地量身訂做，例如在愛爾蘭都柏林，協助安裝雨水收集系統，減少暴雨突然帶給河川增大流量、造成混濁，以改善利菲河和都柏林灣的水質。在洛杉磯，它則消除嗜水的入侵植物物種，改善附近山脈的生態系。還協助南加州地區的低收入戶，幫他們安裝廁所漏水偵測系統，不僅降低水資源浪費，也藉由幫浦系統促進水循環。此外，Google、微軟也善用它們的專長，幫助各地開發出能觀察和預測湖水資源短缺的系統。這顯示企業的永續行動，從本身帶來的問題和擅長的事情做起，會是最有效的方法。

「在水資源議題上，全球能採取的時間不多了」，百事可樂的永續長Jim Andrew說：「水不僅是糧食系統中關鍵的要素，更是基本人權。」儘管上述措施對於全球的水資源危機來說，猶如一個大水桶裡的一滴水，只要多個公司肩起企業社會責任，各界的人士在全球各地攜手，方能一點一步地化解危機。

資料來源：
1. 張方毓（2021/9）。百事、微軟不只減碳 還把水「補」回大自然。商業週刊1767期。
2. 柏瑜（2021/9/11）。Google、臉書、百事可樂宣示2030「水資源正效益」（Water Positive）。TAISE臺灣永續能源研究基金會。https://taise.org.tw/post-view.php?ID=287。
3. 郭家宏（2021/9/28）。不只零碳排，還要零耗水！科技巨頭將「水資源正效益」訂為目標。TechOrange科技橘報。https://buzzorange.com/techorange/2021/09/28/tech-company-water-positive/。

問題與討論

一、選擇題

(　) 1. 現在全球熱切推動的ESG是指？ (A) E = energy、S = social、G = governance (B) E = environment、S = social、G = green (C) E = environment、S = social、G = governance (D) E = environment、S = society、G = governance。

(　) 2. 不會過去的社會企業責任（CRS）或現在的ESG，其對企業而言主要目的為？ (A)獲取利益 (B)負起社會公民責任 (C)將基金會作有效利用 (D)以上皆是。

(　) 3. 「水正」對企業而言是在做哪些方面？ (A)省水 (B)生水 (C)以上皆是 (D)以上皆非。

(　) 4. 在SDGs的17項目標中，哪一項與本案主題是對應的？ (A) 4優良教育 (B) 5性別平等 (C) 6清潔飲水與衛生設備 (D)以上皆非。

(　) 5. Google、Facebook與百事可樂於本個案中所做所為的目的？ (A)永續 (B)永創 (C)永生 (D)以上皆是。

二、問答題

1. 請問水正效益與永續發展有什麼關係？

提示 企業從環境獲取水資源，使用之後不但將這些水復原，還復育更多的水資源，讓它們回到環境中。

14-1 企業倫理

倫理（ethics）一詞是指界定行爲是正確或錯誤的規定與原則，而簡單來說即區分是非、對錯之行爲的準則。此項行爲的規則，即在規範個人在多項行爲方案上能做有效且正確的選擇。套用在企業組織中，即可稱爲企業倫理（business ethics），是指一種公平、正義，遠超過只遵守法令的行爲規範，可用來控制個人或團體的行爲，也可做爲確立是非善惡的基準。隨著全球化興起，各區域間之企業活動頻繁，企業倫理也亦趨受到重視。雖然倫理觀念會因文化差異或時代變遷而有不同，倫理的界限不明確且違背倫理也未必違法，但社會大眾對企業及管理皆有某種程度倫理要求，不道德行爲必不容於社會規範。

一、倫理的四種觀點

倫理既然爲判定行爲的對錯的準則，即有其界定的準則。故管理者在作決策時，會依據的道德參考架構來判斷與取捨其管理決策。依Robbins與Coulter整理，一般而言，引導決策制定的道德有四種不同的觀點[1]。

(一) 倫理之功利觀（utilitarian view of ethics）

此觀點認爲倫理決策的制定完全是以結果爲基準，即考量如何爲最多人求得最大利益的方式來作決策。因此，在功利主義的觀點下，企業解雇20%的員工是適當的，不但可以提高收益，並保障其餘80%員工的工作，同時使股東權益最大。然而，就負面影響上，可能導致資源誤置、或忽略部分利害關係人的權益。又如當政府的開放貿易政策對於經濟預期的考量更甚於民眾對於食品安全、就業保障等的擔憂與顧慮，實是屬於官方認爲能爲最多人求得最大利益的方式，官方考量即偏向於「倫理之功利觀」決策。

(二) 倫理之權利觀（rights view of ethics）

權利觀點則以尊重與保護個人的自由與權利爲首要，諸如隱私權、善惡觀、言論自由、生命與安全，以及合理的程序，甚至保障員工在報告雇主非法行爲時的言論自由權。以正面意義闡述，即善盡保護個人的基本權利；而

1. Robbins, S. P. and Coulter, M. 2004. Management, 8 Ed., Prentice Hall.

就負面影響來看，在過於關心個人權益更甚於工作績效的組織氣候下，可能會造成生產力與效率的減低。

(三) 倫理之正義觀 (theory of justice view of ethics)

此觀點即以遵循法律與規範下，公正地實施與執行各項企業規則。因此，管理者會對具有同樣技能、績效表現與責任的員工支付相同薪水。而不會因員工之性別、人格、種族，或管理者個人的喜好而有所不同。這個觀點的優點在於，保護那些未受重視或沒有權力的利害關係人。然而可能因過度保障，而降低員工在冒險、創新與提高生產力上的努力，爲此觀點之最大缺點。

(四) 整合社會契約理論 (integrative social contracts theory)

整合社會契約理論認爲，道德的決策應基於社會主流規範以及現存產業或社群的倫理規範，以決定事情的對錯。簡單來即認爲，道德的決策應考慮實證（實際作法）和規範（應有作法）兩種因素。這種觀點基於兩種「契約」的整合，一般社會契約與特定契約。一般社會契約：爲界定企業運作範圍的一般契約，即允許企業操作與界定可接受之一般的社會基本規範；特定契約：爲界定團體或成員行爲標準的特定契約，則對特定社群成員內來界定，社群成員可接受的行爲方式。

二、企業倫理的實質內涵

一般而言，就企業倫理的實質內涵可分爲「對外的」企業倫理與「對內的」企業倫理。對外的部分亦可稱爲社會責任，所包含的責任層面有經濟、法律、倫理、與自發責任。而對內的部分有三個層面，即爲經營者和主管對員工的態度、經營者與股東的共享利潤與員工個人工作倫理，如圖14-1。

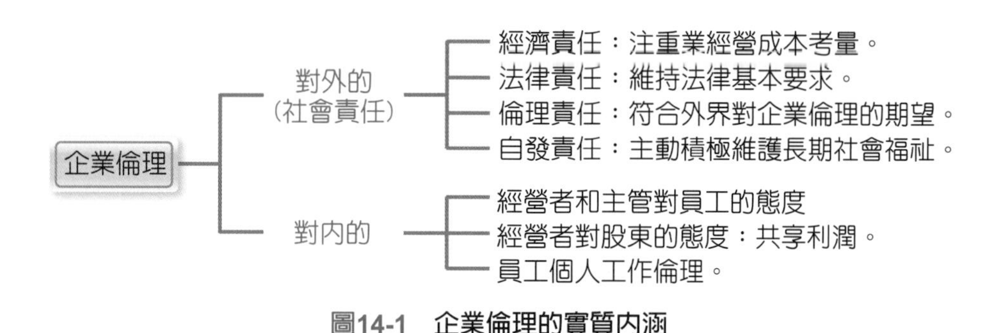

圖14-1　企業倫理的實質內涵

進一步來看，以利害關係人觀點（stakeholder approach）探討倫理面向，就主要的利害關係人與次要的利害關人2個面向，了解不同類別利害關係人之間利益衝突。利害關係人分析獲得重視，且被愈來愈多的企業納入作爲策略分析工具，如圖14-2。

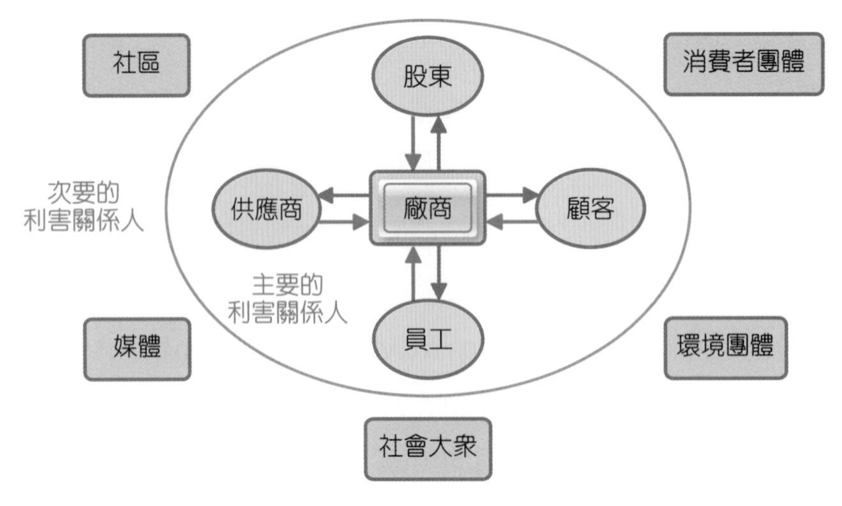

圖14-2　利害關係人觀點

14-2 影響倫理行為的因素

道德發展即學習明辨是非與善惡及實踐道德規範的過程，隨著發展的層級向上，個人的道德判斷成形則不易受外界的誘導及影響。然而個人的倫理道德行爲發展則亦會受個人特質、結構變數、議題強度與組織文化等相關因素，而對行爲的塑形有差異上的影響。然而可以據一些方法，如：甄選、規範原則、績效評估與相關訓練等，仍可提升組織員工的倫理行爲，影響倫理行爲的因素如圖14-3。

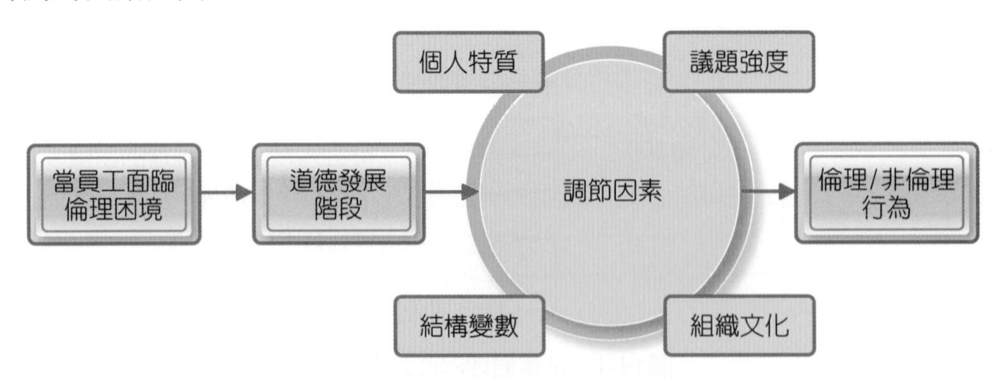

圖14-3　影響倫理行為的因素

一、道德發展階段

科爾伯格的道德發展階段理論（Kohlberg's stages of moral development）是首個關於道德發展的理論，道德發展即學習明辨是非與善惡及實踐道德規範的過程。而此理論提出道德發展有三階層，每一階層又包含兩個小階段，隨著階層的連續而上，個人的道德判斷愈來愈獨立於外界的影響。

層次1：前慣例期（pre-conventional）

此階段並沒有任何的道德觀念，凡事僅著重個人利益以及以滿足自己爲主軸。

- **階段1**：避罰服從取向（obedience and punishment orientation）：單純地只爲免被懲罰而服於規範，不會考慮其他事情。
- **階段2**：相對功利取向（self-interest orientation）：以被人讚賞的行爲作規範，即爲得到讚賞並取得利益而遵守規範。

層次2：慣例期（conventional）

此階段道德觀念是以他人的標準作爲判斷準則，以此作爲發展自我道德觀念的方向，該層次的以希望得到別人的認同爲主軸。

- **階段3**：尋求認可取向（interpersonal accord and conformity）：爲了取得他人的好感，而遵從定立的標準的規範（ the good boy/good girl attitude）。同時亦認爲滿足大眾期望的行爲便是好的行爲，因此會有較強的從眾表現。
- **階段4**：遵守法規取向（authority and social-order maintaining orientation）：認爲法律是至高無尙的權威，並服從大眾所定下的各種規律作爲道德規範。

層次3：後慣例期（post-conventional）

道德觀念已超越一般人及社會規範，對自我有所要求。

- **階段5**：社會法制取向（social contract orientation）：相信法律是爲維護社會和大眾共同最大利益而制定，故一切會以大眾的利益爲依歸。若仍有不足之處，有些時會爲了大眾的利益而作出違法。
- **階段6**：普遍倫理取向（universal ethical principles）：即憑自我心性行事，儘管法律有所限制，若因此無法實踐自己的道德觀念，縱使犯法也在所不惜，因爲法律是有違其建立的原意。處於此階段的人，會認爲其所做的是爲了全世界人類的福祉著想。

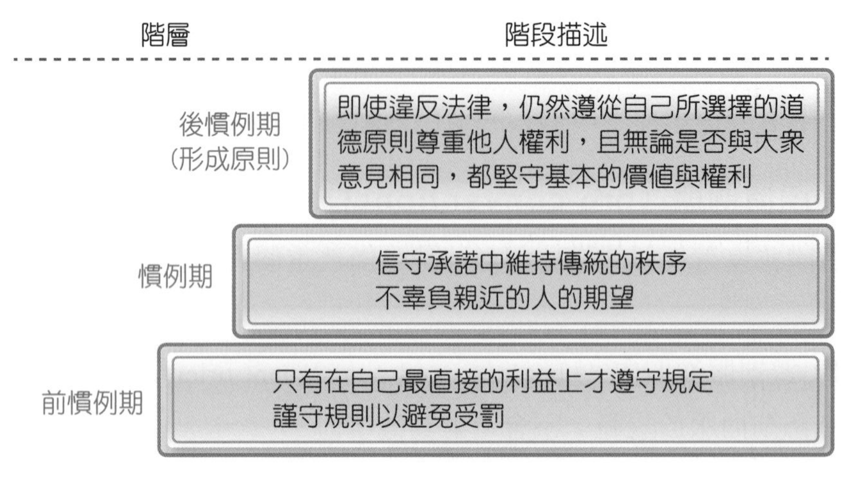

圖14-4　道德發展階段

資料來源：整理自Kohlberg, L.（1976）, "Moral Stages and Moralization: The Cognitive-Development Approach," In T. Lickona（ed.）. Moral Development and Behavior: Theory Research and Social Issues （New York: Hot, Rainhart & Winston, 1976）, pp. 34-35.

二、倫理行為影響因素

一般而言倫理行爲受到4個因素影響：個人特資、結構變數、議題強度與組織文化。

1. **個人特質**：個人特質是個複合面向，包含價値觀、自我意識強度與內/外控人格，價値觀即指個人對於是非判斷的期本價値觀信念。個人信念度即自我意識的強度，其強度愈強則能保持其道德信念。相信能主宰自己命運者爲「內控」，反之爲「外控」。
2. **結構變數**：結構變數則包含組織結構設計、正式規則和條文、績效評估與獎酬分配。有些組織結構提供了明確的倫理行爲準則，能降低倫理模糊與不確定性。而正式的規則和條文：如道德規範等，可以降低模糊，指導員工行爲的一致性。績效評估與獎酬分配部分，若考核標準只看結果，易導致「爲達目的而不擇手段」。
3. **組織文化**：組織文化的內容與強度（例如：風險承擔）會影響道德行爲。
4. **議題強度**：有六種特性會關係到議題的強度，決定某一倫理事件對個人的重要性。

(1) 對錯的共識性（consensus of wrong）：認爲此行爲是錯的共識程度。
(2) 傷害的機率性（probability of harm）：不道德行爲可能對他人造成傷害的機率。
(3) 結果的立即性（immediacy of consequences）：傷害是否立即造成。
(4) 受害者接近性（proximity of victims）：可能受害者與自己的親近程度（甚至自己）。
(5) 影響的集中性（concentration of effect）：對受害者的影響程度。
(6) 傷害的重大性（greatness of harm）：多少人會受到傷害。

三、提升倫理行為

道德行爲的形成有其發展的階段與影響的因素。然而對組織而言，仍有其注意方法，以提升員工之倫理行爲：

1. **員工甄選（employee selection）**：個人的道德發展階段不同，價值觀也不同。組織可利用人才的甄選過程— 面談、測驗、背景審查等，來排除倫理方面有問題的不適任應徵者。
2. **道德規範與決策原則（codes of ethics and decision rules）**：道德規範書係記載組織的基本價值觀，和公司對員工道德標準的期望。透過道德規範書可降低員工對道德的模糊，提供一指引方針。
3. **高階主管的領導（top management's leadership）**：高階主管如能以身作則，則能上行下效，企業即能建構倫理的企業文化，倫理領導即指高階領導者的身教。
4. **工作目標與績效評估（job goals and performance appraisal）**：若組織想要維持員工的高道德標準，績效評估項目可能須包括「公司道德規範」的「目標達成」評分。
5. **道德訓練（ethics training）**：企業可透過舉辦各種研討會、講習會和其他道德訓練課程，以訓練宣導鼓勵員工的道德行爲。
6. **獨立的社會審計（independent social audits）**：以組織的道德規範書評估管理決策與做法，遏阻違反倫理行爲發生。而審計方式則分爲：定期（例行評估，如財務審計）與不定期2種。較有效的方法，則採行定期與不定期二者並行。

7. **正式的保護機制（formal protective mechanisms）**：組織應爲員工設置正式的保護機制，保護揭發倫理議題的員工，使員工在面對道德難題時能選擇對的決策，而不用擔心受罰。專門向組織內外揭發組織中違法或不道德行爲的人或單位，被稱爲揭密者或吹哨者（whistle blower）。

四、企業道德規範

誠如上述，很多組織會宣示對於謹守企業倫理的價值承諾，以維護高倫理標準的企業經營。例如個人清潔產品領導品牌Burt's Bees，包含臉部、身體沐浴、頭髮清潔保養產品等，素以幾近100%的天然產品、環保包裝材質爲消費者所信賴，在每樣產品上也都標示了「天然成份比例」，在其企業網站上，更是明確揭示其所奉行的社會責任與企業倫理價值，讀者可參考如下所示Burt's Bees的價值承諾：

管理 Fresh

Burt's Bees的價值承諾 BURT'S BEES

讓The Greater Good ？準則無所不在！

The Greater Good？是對我們最合乎道德標準的生活方式，將我們整體的理念提升至最高境界。這代表所做所為皆是為了提供最好的給您、您的親愛家人，以及這個環境。

在Burt's Bees，要為消費者、員工、我們周遭的環境做到The Greater Good？是非常辛苦的工作，但我們這麼做是因為心中強烈理念驅使我們在每天面臨各種選擇時都以此為準則。

對於社會責任，我們給予承諾。

如果想了解更多關於Burt's Bees採取了什麼行動來達到目標，以及我們一路堅持的準則是如何讓我們的消費者與社區受惠，歡迎閱讀我們最一開始的社會責任報告。經過了這麼多年在率先實踐永續理念，與領導天然個人護理產業，現在我們想更積極的去衡量進度，而且，我們還設了更有野心、更能量化的目標，如此一來，更可以檢視我們的成績以及了解我們所面臨的挑戰。

我們相信，天然產品就該是100%純天然。

現在有超過一半的Burt's Bees產品是100%純天然；我們努力不懈地往目標前進，讓所有產品都能100%純天然，不使用任何會潛在導致人類健康的成分或是程序。

我們相信，公司的經營應該更透明。

所有個人護理產品製造商都有義務去揭露所有使用成分以及相關的潛在風險，讓消費者在資訊充足下選擇產品。我們在每個產品標籤明列天然成分的百分比，以及避開使用具有潛在危險的成分。不僅如此，我們還教育消費者、甚至整個產業，關於這些潛在的危機。

我們相信，所有產品包裝須符合對環境保護的最高準則。

我們所使用的包裝是符合最高等級的可回收（PCR）材質；我們的包裝設計即是可回收的，而且盡可能地降低對環境造成傷害。

我們相信，人類與動物皆同樣保有權益。

我們承諾實踐最高準則的公平交易以及在發展產品時的工作條件。我們也誓言永不將我們的成分或是產品試驗於動物身上。

我們相信「回饋」是很重要的。

透過Burt's Bees Greater Good基金會，我們承諾burtsbees.com營業額10%以上捐獻給我們的夥伴們。

我們相信，要用心照料為我們事業實踐價值的所有人。

我們提供員工極為富足與多元的工作環境，透過完整的福利讓他們能專注在個人成長、發展以及健康安寧。我們為員工的保健教育與福利、安全、發展，以及雙向專業準則上都以高標準對待。

資料來源：Burt's Bees網站（http://www.burtsbees.com.tw/values.php）。

14-3 企業社會責任

由於以上倫理道德的概述，已了解到對外之企業倫理即所謂的社會責任，所以廣義的企業倫理是涵蓋社會責任。企業社會責任（corporate social responsibility, CSR）是一種道德或意識形態的理論，而其概念是根據企業運作必須符合永續發展經營的想法。一般並無公認定義，但泛指企業之營運方式以達到或超越道德、法律及公眾要求的標準，在進行商業活動同時亦考慮對各相關利益者造成的影響。其重點即企業除考慮本身的財務與經營外，亦應同時考量對於社會善良與自然環境所造成的影響。簡單來說，即企業追求對長期社會福利有益的目標，遠超越法律與經濟上所要求的義務。

一、古典與社會經濟觀點

全球化浪潮下，市場經濟條件相對於過去，其社會組織結構和利益關係日益高度相關與一體化。因此，現今的企業需要充分意識並體認到這個必然趨勢，於平日管理即要重視管理倫理，並自覺且主動的承擔起社會責任。事實上，企業社會責任是企業對外良好關係的基礎，唯有積極履行各項社會責任，爲促進實現相關公眾的利益和改善社會環境做出貢獻，企業得以獲得良好的生存發展條件，進而有效的實現經營目標。大致上來說企業社會責任，可分爲古典與社會經濟學二個面向觀點。

(一) 古典觀點（classical view）

認爲企業之管理當局唯一的社會責任，即是追求利潤最大化。經濟學家和諾貝爾獎的獲得者密爾頓．弗裡德曼是支持該觀點，他認爲管理者主要的責任即需以股東最佳利益爲考量來從事經營活動。他還主張，當管理者主張將組織資源用於「社會利益」時，都是在增加經營成本。而這些成本不是藉由高價轉嫁給消費者，就是要降低股息由股東吸收。並不是說古典觀點認爲組織不應該承當社會責任，而說應僅限於股東利潤的最大化實現後的責任。

（二）社會經濟學觀點（socioeconomic view）

認爲企業管理當局的社會責任，不單單只是創造利潤，還包括保護和增進社會福祉，這一立場是基於社會對企業的期望已經發生變化的信念。公司並非只是股東負責的獨立的實體，它們還要對社會負責，社會通過各種法律法規認可了公司的建立，並通過購買產品和服務對其提供支援。此外，社會經濟觀的支持者認爲，企業組織不僅僅是經濟機構。社會接受甚至鼓勵企業參與社會的、政治的和法律的事物。

表14-1　社會責任的二種觀點

二種觀點	核心要點	管理者應負責對象
古典觀點 （純粹經濟觀點）	管理唯一的「社會責任」就是極大化利潤	股東（stockholder）或企業所有者（owners）
社會經濟觀點	保護與改善長期社會福利（超越經濟利潤）	利害關係人（stakeholder），亦即任何會影響組織決策與行動的團體或個人

二、社會責任四階段模式

組織所承擔的社會責任，一般來說可分爲四個階段：

（一）第一階段

讓階段的觀點與古典觀點相同，管理者在遵守所有的法律規範下，藉由減低成本與增加利潤，追求股東的權益極大化。這階段的管理者，不認爲他有滿足其它社會需要的義務。

（二）第二階段

管理者延伸其責任範圍至另一個重要的利害關係人—員工。由於需要僱用、維持與激勵好員工，管理者會改善工作環境，增加員工權益與工作保障等。

（三）第三階段

管理者將其責任擴展至其他利害關係人—顧客和供應商，管理者的社會責任目標包括：合理的售價、高品質產品與服務、安全產品以及良好的供應商關係等。他們認爲只有滿足這些利害關係人的需求，才能達成對股東所負的責任。

（四）第四階段

此階段則代表社會經濟學派對社會責任的定義。管理者認爲他們需對社會整體負責，視企業爲公共的實體，管理者負有增進長期社會福利的責任。管理者會主動努力提升社會正義、維護環境，與支持社會文化活動，即使這些活動會減低企業的「短期利潤」，他們仍會採取這樣的作法（事實上，這樣的作法對提升組織「長期利潤」是有益的）。

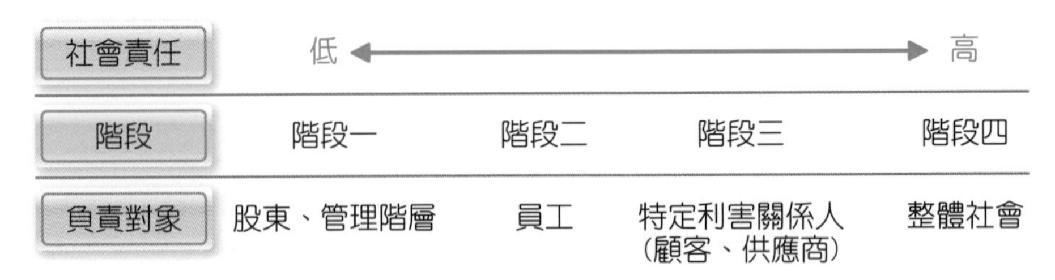

圖14-5　組織所負社會責任的四階段模式

三、贊成與反對社會責任

企業是否應該負擔企業社會責任，評論者各依其「價值判斷」而各有贊成或反對。贊成與反對社會責任的觀點整理如表14-2所示。

表14-2　贊成與反對社會責任的觀點比較

《贊成者》社會經濟觀點 以Keith Davis為首	《反對者》古典觀點 以經濟學家Friedman為首
1. 道德責任：社會責任是企業應負的道德義務。 2. 公衆之期望：公衆皆期望企業平衡地追求經濟與社會目標。 3. 長期利潤：執行社會責任有助於企業長期利潤的提升。 4. 公衆形象較好：執行社會責任會提昇良好的企業形象。 5. 符合股東之權益：長期利潤提昇可回饋股東。 6. 更好之環境：執行社會責任有助於解決社會問題，改進社會福祉。 7. 擁有資源：企業擁有贊助公益活動所需的資源；企業資源來自於社會，須取之於社會，用之於社會。	1. 違反利潤極大化原則。 2. 混淆企業之主要目標。 3. 會增加額外成本。 4. 缺乏廣泛的社會支持。 5. 可能以公益之名行逾法之實。 6. 缺乏執行社會公益之能力。 7. 缺乏執行社會公益之資格。

《贊成者》社會經濟觀點 以Keith Davis為首	《反對者》古典觀點 以經濟學家Friedman為首
8. 平衡權力與責任：企業對社會權責應相當。 9. 減少法規管制：減少政府對企業的干預。 10.預防勝於治療：在社會問題趨於嚴重前給予必要的關注與解決方案。	

管理 Fresh

ESG與企業成長的關係

ESG是3個英文單字的縮寫，分別是環境保護（E，environment）、社會責任（S，social）和公司治理（G，governance），聯合國全球契約（UN Global Compact）於2004年首次提出ESG的概念，被視為評估一間企業經營的指標。

1. 環境保護：溫室氣體排放、水及污水管理、生物多樣性等環境污染防治與控制。
2. 社會責任：客戶福利、勞工關係、多樣化與共融等售產業影響之利害關係人等面向。
3. 公司治理：商業倫理、競爭行為、供應鏈管理等與公司穩定度及聲譽相關。

至於為什麼會有ESG的出現？你可以想像當不少企業主對外聲稱自己關懷環境、關注社會責任、遵守道德規範，卻沒有一個客觀的指標評估到底企業做到多少社會活動，只能任由企業主發布對自己有利、看似關懷環境等活動的新聞稿。

所以，ESG和聯合國大會於2015年通過的永續發展目標（SDGs，sustainable development goals），同樣屬於可落實的具體方針（參見本章章末「管理新視界」），可用來評估企業對社會議題的重視程度與執行成果。

為什麼企業開始重視ESG？

聯合國（UN）早在2005年提出ESG的概念，2008年金融危機爆發時，獲得關注。另根據世界經濟論壇（WEF，World Economic Forum）發表的《2020全球風險報告》，環境風險已成為當前全球必須面對的難題，如果不正面回應，首當其衝的就是企業本身。這使得投資人、公民團體開始嚴格監督企業和政府，像是全球最大、掌管超過1兆美元（約新臺幣28兆元）資產的挪威主權財富基金（GPFG，Government Pension Fund of Norway），就設立道德委員會，定時審核企業的ESG標準，只要不及格即列為投資黑名單。

隨著這幾年環保意識抬頭、企業社會責任（CSR）興起，以及對公司治理的重視，帶動ESG熱潮，人們重視這幾個準則，它們就會成為企業倫理的一環，這時當企業隨意排放汙水、不顧環境安危，就會被評為違背倫理道德。而重視ESG議題的公司，維護企業倫理的同時，也對社會與環境永續付出相當程度的貢獻。

ESG與企業成長呈正相關

過去，企業經營只需要重視財務數據，然而財報漂亮，如果背地裡卻收回扣、排放廢水，侵害消費者權益，使得企業聲望一落千丈，投資人失去信心。如今，重視ESG概念的企業，除了重視社會責任、維護環境永續以及擁有透明的財報，更代表維持穩健的營運模式，長久的企業成長表現也會相對可預期。

資料來源：
1. 周頌宜（2021/4/8）。ESG是什麼？投資關鍵字CSR、ESG、SDGs一次讀懂。經理人月刊。https://www.managertoday.com.tw/articles/view/62727。
2. 盧廷羲（2022/2/16）。讓一眾企業主重修20多年的課！ESG對於倫理的重視，才是公司長期獲利的基礎。經理人月刊。https://www.managertoday.com.tw/articles/view/64646。

問題與討論

(　) 1. ESG內涵不包含哪一個？ (A)環境environment (B)社會責任social (C)企業成長growth (D)公司治理governance。

(　) 2. 關於ESG的敘述何者為非？ (A) ESG重視永續發展 (B) ESG被視為評估一間企業經營的指標 (C) ESG是聯合國於2015年通過的永續發展目標 (D) ESG已成為企業倫理的一環。

(　) 3. 為什麼會有ESG的出現？ (A)企業營運制度需要 (B)聯合國提出評估企業執行多少社會活動的客觀指標 (C)政府要求企業的監管制度 (D)企業因應客戶要求。

(　) 4. 為什麼企業開始重視ESG？ (A)董事會要求 (B)聯合國要求 (C)各國政府要求 (D)投資機構、公民團體嚴格監督審核企業的ESG標準。

(　) 5. 以下何者不是企業重視ESG的表現？ (A)重視社會責任 (B)維護環境永續 (C)透明的財報 (D)高風險投資的營運模式。

14-4 企業社會責任層次與議題

一、企業社會責任的層次

企業執行社會責任涵括三個層次：社會義務、社會回應與社會責任。社會義務爲滿足經濟法律責任的基本義務。社會回應與社會責任則屬於超越基本經濟法律標準的較高層級，但社會回應僅止於順應社會大眾要求的部分，社會責任則在積極主動維護社會福祉。

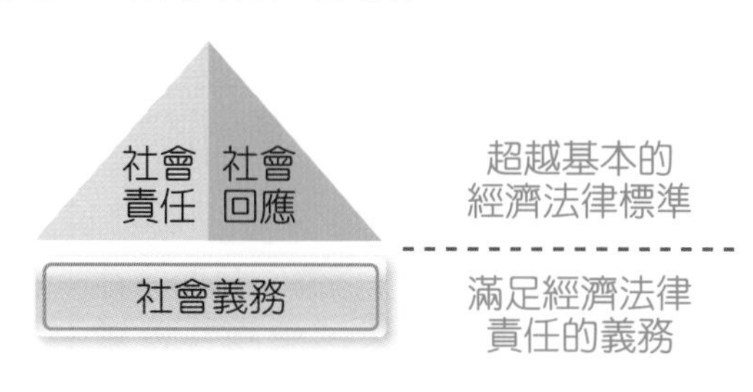

圖14-6　企業社會責任的層次

1. **社會義務（social obligation）**：企業須滿足經濟和法律責任的義務，做到法律最基本的要求。古典學派的社會責任觀點，企業唯一的社會責任就是對其股東負責，例如：符合政府污染防治標準。
2. **社會回應（social responsiveness）**：一個公司能順應社會變遷的能力，即消極的順應外在社會的要求所做的調適，管理者應對其所面對的社會活動做出實際的決策。具社會回應的組織會有某些特別作爲，來順應社會大眾的需求，並會制定社會規範的價值，提供管理者「社會回應」決策時的指引，例如：使用可再生原物料，不購買、銷售保育類動物，回應環保要求。
3. **社會責任（social responsibility）**：超越法律與經濟規範之外，企業所負的「追求長期對社會有益的目標」之義務。在此假定之下，不論負擔社會責任與否，組織是遵守法律與追求經濟利益的。並視企業爲一個有道德的個體，企業需要能分辨什麼是有益於社會的。

綜言之，社會義務、社會回應與社會責任爲企業滿足社會福祉所執行之不同層次的社會行爲，三者的不同處舉例說明如下表14-3所示。

表14-3　社會義務、社會回應與社會責任之比較

	社會義務 (social obligation)	社會回應 (social responsiveness)	社會責任 (social responsibility)
定義	企業滿足經濟和法律責任的義務，而從事滿足此義務基本標準的社會行為。	企業為了回應社會的重要需求，而做出某些社會活動。	超越法律與經濟規範之外，企業從事「有益於長期社會福祉的行為」之意願。
相異點比較			
理論觀點	古典觀點：管理者唯一的社會責任是追求股東極大化利潤。	社會經濟觀點：認為管理者的社會責任不只是追求利潤，而應包括社會福祉的保護與增進。	
主要考量	利潤（成本）	實際	道德
焦點	法規標準	方法	目標
強調	企業有「義務」滿足特定的經濟和法律責任。	企業「回應」重要的社會需求、順應社會變遷。	企業超越法律與經濟規範外，擔負提升長期社會福祉的「道德義務」。
決策架構	短期	中期和短期	長期
舉例說明			
企業實例	1. 化學工廠的排放汙水設備僅求符合政府污染防治標準，不會多做預防措施，並認為若將資源用在其他社會公益時，會增加公司成本。 2. 在聘用或解僱員工時，遵循法規避免任何歧視行為。	1. 因應社會大衆期望停用保麗龍包裝材料，使用可再生原物料；不購買、銷售保育類動物，回應環保要求。 2. 企業提供幼兒托育服務，滿足已婚在職員工的需求。	1. 零售賣場將產品售價收入捐出一定比例做為公益用途。 2. 企業贊助或發起舉辦各種公益活動，例如救災或賑濟飢荒國家或地區之人民。

二、綠色管理

因爲組織的決策與行動對與自然環境有很密切的關係，甚至會造成嚴重的衝擊。管理者對於其管理決策與行動對自然環境可能造成的衝擊之認知，稱爲綠色管理（green of management），在綠色管理下，管理者將調整其原先的決策與行動，以維護自然環境的生態。

全球的高度發展與頻繁的商業活動，已對環境帶來巨大的問題。這些工商業活動，導致資源的耗竭、溫室效應、污染（空氣、水和土壤）、工安

意外，和有毒的廢棄物排出。綠色管理即將環境保護的觀念融於企業的經營管理之中，不但涉及企業管理的各個層次、各個領域、各個方面、各個過程，並要求企業於管理時無處不考慮環保與體現綠色。

有些組織僅做到法律所規範的要求（社會義務），有些公司則大幅改變其經營方式，使產品和生產過程甚至整個供應鏈的要求變得更乾淨以及（社會回應、社會責任）。

即指，組織在環保責任中可採行的各種綠化途徑。

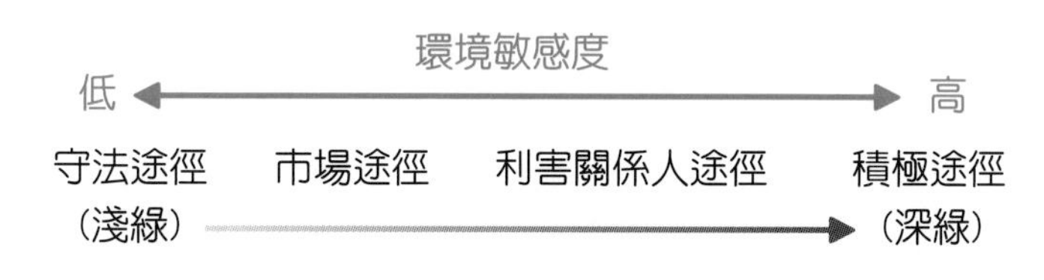

圖14-7　綠色管理的四種途徑

- **途徑一：**守法途徑（legal approach），做到法律所要求的而已。它們遵守法律、規則與規範，而不會去挑戰法律，例如：化學藥劑公司可能只願做到法規要求最基本的污染防治設備水準。
- **途徑二：**市場途徑（market approach），是當組織對環保議題更了解與敏感時採行。組織會對顧客的環境偏好有所回應，顧客在環保產品上的任何要求，組織都會儘可能提供，例如：杜邦，以低農藥成分除草劑滿足農民需求，而受到廣大農民（顧客）的喜愛。
- **途徑三：**利害關係人途徑（stakeholder approach），組織會以回應多數利害關係人的需求為選擇，盡力滿足員工、供應商，或社區等團體的要求。
- **途徑四：**積極途徑（activist approach），尊重地球與自然資源，並盡力維護它，例如：強調生產綠色產品的美國企業Burt's Bees。

就社會責任層次與綠色管理的四個途徑做一比較（表14-4），更可以看出綠色管理於企業社會責任中所扮演的角色。

表14-4　社會責任的層次vs.綠色管理的途徑

社會責任層次	《社會責任類型》	綠色管理的途徑
社會責任	主動型	積極途徑
社會回應	順應型	市場途徑、利害關係人途徑
社會義務	防禦型	守法途徑

管理 Fresh

排碳大戶台塑拚零碳

今年10月開始，台塑與工研院、成大、南台科大共同合作興建的固碳試驗廠，每年能收集煙囪排出來的二氧化碳共36.5噸，轉換成為天然氣，可取代煤炭，也能生產各種塑膠。

台塑拚零碳，第一步是要砍掉賺錢的金雞母：麥寮六輕，靠燃煤發電，最少年賺百億元，當年為了讓燃煤廢氣擴散的更好、更遠，還蓋了兩支250公尺高的藍白色煙囪，在臺灣摩天建築中排名第五，成為麥寮六輕的地標，卻也帶來每年數百萬噸的二氧化碳排放。但四年後，燃煤排煙的景象不再存在。規畫改燒生質燃料，例如椰子殼、木質顆粒、棕櫚殼等生質能源，台塑旗下位於高雄、嘉義、桃園、新北、宜蘭的燃煤汽電共生廠也會逐步更改，因此這些裝置將以供應工廠生產所需的蒸氣為主，盡量不賣電，甚至會跟台電買電。停煤改氣、改生質能源將起帶頭作用。

第二步，是改發展小水力發電。地點再轉到台南官田的烏山頭水庫、嘉南大圳，每天仍有涓涓細流從高往低流，供應當地的農業、民生、工業用水，這就是最好的綠色能源。如果能夠充分利用這些小水力裝置，一年能少燒百萬噸煤或者抵上一座核四發電廠。而且，小水力發電投資成本低，遠低於光電、風電，是便宜又好用的綠色能源，也特別適合公民、社區或新創企業投資。

第三步，則是要完整收集二氧化碳，最終取代石油，產生各種的石化原料。這兩種技術：第一種是從石化製程捕捉二氧化碳來利用。有些石化廠因為製程關係會產生二氧化碳。例如在南亞塑膠的衣服上游原料乙二醇工廠，每年會從製程中產生約38萬噸的二氧化碳，本來是自然而然的排放，但現在每一噸都要斤斤計較。其中一部分就變成了液態二氧化碳當乾冰或者加到可樂之中，另外一部分要做成電子級的產品，可供半導體製程使用。南亞是iPhone手機的上游材料供應商，未來蘋果手機有可能是用六輕的二氧化碳做成的。第二種技術是高難度也是最後一哩路，是將二氧化碳捕捉，取代石油成為石化原料。這個技術現在是一場國際競賽，英、美、德、日、中國都在做，還沒有人真正成功。

台塑集團是玩真的，只要這種碳捕捉技術生產出來的乙烯，每一噸虧損能控制在一百塊新臺幣以內，台塑化願意馬上跟進，開始用這種技術生產上游原料。因為，零碳不是免費的午餐，要零碳、好空氣，發電的燃料都必須改，成本必然上升，廉價、浪費都會有排碳成本，這筆錢最終還是要由企業、全民買單。碳稅也不是萬靈丹，最怕成為政府的固定稅收，企業養成只依靠繳稅排碳的壞習慣，應該以終為始，最終目的是解決地球碳排，所以碳費應該用在鼓勵技術研發、減碳投資，最終讓地球零碳排。排碳大戶台塑盡了它的社會責任，可若要創造零碳環境，需要整個臺灣一起努力，才能在這場零碳風暴中存活。

資料來源：孫秀惠、呂國禎、陳庭瑋（2021/11）。台塑零碳大作戰 電費看漲30%！。商業週刊1775期。

問題與討論

一、選擇題

(　) 1. 台塑為什麼要拼零碳？ (A)很潮的 (B)超有趣 (C)降成本 (D)以上皆是。

(　) 2. 在本個案中，台塑要如何做？ (A)收集燃煤廢氣 (B)燒生質燃料 (C)不再燒煤 (D)以上皆是。

(　) 3. 以下何者為生質燃料？ (A)椰子殼 (B)回收紙 (C)廢棄家具 (D)以上皆是。

(　) 4. 南亞預計未來iPhone手機材質會是什麼做的？ (A)一氧化碳 (B)二氧化碳 (C)二氧化氮 (D)三聚氫氨。

(　) 5. 個案中，台塑為什麼要如此做？ (A)創造零碳環境 (B)減碳投資 (C) CSR (D)以上皆是。

二、問答題

1. 試問，台塑為什麼要嘗試碳捕捉技術？

提示 這種碳捕捉技術生產出來的乙烯，每一噸虧損能控制在一百塊新臺幣以內。

管理新視界

聯合國永續發展目標SDGs的 17項核心目標

2000年，來自189個國家的領袖們，一致同意千禧年的新願景，他們決心要消滅貧窮的各種形式，所以他們列出8大目標，稱作「千禧年發展目標」（Millennium Development Goals, MDGs）。經過了15年在超過170個國家的執行成果，目標已有所突破，但仍有成長空間。

2015年，聯合國宣布了「2030永續發展目標」（Sustainable Development Goals, SDGs），取代「千禧年發展目標」。SDGs包含17項核心目標，其中又涵蓋了169項細項目標、230項指標，指引全球共同努力、邁向永續。截至2015年8月2日，共有193個國家同意在2030年前，努力達成如下所示的SDGs17項目標：

SDG 1　終結貧窮：消除各地一切形式的貧窮。

SDG 2　消除飢餓：確保糧食安全，消除飢餓，促進永續農業。

SDG 3　健康與福祉：確保及促進各年齡層健康生活與福祉。

SDG 4　優質教育：確保有教無類、公平以及高品質的教育，及提倡終身學習。

SDG 5　性別平權：實現性別平等，並賦予婦女權力。

SDG 6　淨水及衛生：確保所有人都能享有水、衛生及其永續管理。

SDG 7　可負擔的潔淨能源：確保所有的人都可取得負擔得起、可靠、永續及現代的能源。

SDG 8　合適的工作及經濟成長：促進包容且永續的經濟成長，讓每個人都有一份好工作。

SDG 9　工業化、創新及基礎建設：建立具有韌性的基礎建設，促進包容且永續的工業，並加速創新。

SDG 10　減少不平等：減少國內及國家間的不平等。

SDG 11　永續城鄉：建構具包容、安全、韌性及永續特質的城市與鄉村。

SDG 12 責任消費及生產：促進綠色經濟，確保永續消費及生產模式。

SDG 13 氣候行動：完備減緩調適行動，以因應氣候變遷及其影響。

SDG 14 保育海洋生態：保育及永續利用海洋生態系，以確保生物多樣性並防止海洋環境劣化。

SDG 15 保育陸域生態：保育及永續利用陸域生態系，確保生物多樣性並防止土地劣化。

SDG 16 和平、正義及健全制度：促進和平多元的社會，確保司法平等，建立具公信力且廣納民意的體系。

SDG 17 多元夥伴關係：建立多元夥伴關係，協力促進永續願景。

資料來源：2016/3/31。從千禧年發展目標MDGs到永續發展目標SDGs（英文發音，中文翻譯）。https://www.youtube.com/watch?v=wY3Q3A7wvUE。

問題與討論

(　) 1. 下列何者非屬SDGs指標項目？ (A)消滅貧窮飢餓 (B)促進兩性平等 (C)消除通貨膨脹 (D)確保優質教育。

(　) 2. 關於聯合國永續發展目標（SDGs）的說明，下列何者有誤？ (A)依循聯合國簽訂的2030年永續發展議程而訂定之內涵 (B)致力消除一切形式的貧窮 (C)以人類、合作、和平、繁榮、地球為五大核心元素 (D)是針對已開發國家所訂定的發展目標。

(　) 3. 關於聯合國SDGs的敘述，何者較無相關？ (A) SDGs目標總共有17個 (B)優質教育：確保有教無類、公平以及高品質的教育，以及提倡終身學習 (C)可負擔的潔淨能源：確保所有的人都可取得負擔得起、可靠、永續及現代的能源 (D)防止科技發展衝擊：確保人工智慧等新興科技的發展過程中，避免衝擊人類社會的發展。

(　) 4. 有關聯合國的「永續發展目標」（Sustainable Development Goals；SDGs）之敘述，下列何者錯誤？ (A)提高各國經濟成長率 (B)消除可預防之新生兒死亡率 (C)應重視賦予婦女權力 (D)應重視國內與國家間的不平等。

(　) 5. 以下何者不是SDGs重視的內涵？ (A)聚焦在已開發國家的議題 (B)強調重視每個人，不因人而異 (C)實現性別平等 (D)因應氣候變遷及其影響。

重點摘要

1. 倫理（ethics）一詞是指界定行為是正確或錯誤的規定與原則，而簡單來說即區分是非、對錯之行為的準則。此項行為的規則，即在規範個人在多項行為方案上能做有效且正確的選擇。套用在企業組織中，即可稱為企業倫理（business ethics），是指一種公平、正義，遠超過只遵守法令的行為規範，可用來控制個人或團體的行為，也可做為確立是非善惡的基準。
2. 一般而言，引導決策制定的道德有四種不同的觀點：功利觀點、權利觀點、正義觀點、整合社會契約理論。
3. 一般而言，就企業倫理的實質內涵可分為「對外的」企業倫理與「對內的」企業倫理。對外的部分亦可稱為社會責任，所包含的責任層面有經濟、法律、倫理、與自發責任。而對內的部分有三個層面，即為經營者和主管對員工的態度、經營者與股東的共享利潤與員工個人工作倫理。
4. 科爾伯格的道德發展階段理論（Kohlberg's stages of moral development）是首個關於道德發展的理論，道德發展即學習明辨是非與善惡及實踐道德規範的過程。而此理論提出道德發展有三階層，每一階層又包含兩個小階段，隨著階層的連續而上，個人的道德判斷愈來愈獨立於外界的影響。
5. 一般而言倫理行為受到4個因素影響：個人特質、結構變數、議題強度與組織文化。
6. 企業社會責任（corporate social responsibility, CSR）是一種道德或意識形態的理論，而其概念是根據企業運作必須符合永續發展經營的想法。
7. 企業社會責任涵括三個部分：社會義務、社會回應與社會責任。社會義務為滿足經濟法律責任的基本義務。社會回應與社會責任則屬於超越基本經濟法律標準的較高層級，但社會回應僅止於順應社會大衆要求的部分，社會責任則在積極主動維護社會福祉。
8. 因為組織的決策與行動對與自然環境有很密切的關係，甚至會造成嚴重的衝擊。管理者「其決策與行動對自然環境可能造成的衝擊」之認知，稱為綠色管理（green of management）。

分組討論實作

企業績效除了營收獲利的財務績效外，執行企業社會責任的社會績效也是重要的層面，不論從道德義務、長期利潤、維護環境永續等觀點而言皆然。

本次分組討論實作請以各組熟悉的「產業」或「某一家公司」為例，先說明該產業或該公司已執行過、或正在執行中的企業社會責任活動（可網蒐資料據以說明），並經由各組腦力激盪，提出該產業或該公司還能再執行那些可行的企業社會責任活動。

索引表

數字

英文

A

B

C

D

E

F

G

H

I

J

K

L

M

N

O

P

Q

R

S

T

U

V

W

Y

中文

NOTE

得　分　**全華圖書（版權所有，翻印必究）**

學後評量

CH01　管理概論

班級：＿＿＿＿＿＿

學號：＿＿＿＿＿＿

姓名：＿＿＿＿＿＿

一、選擇題

(　　)1. 組織目標確立後，運用資源、執行任務以達成目標的過程，即為管理。因此，何者是驅動管理的核心？　(A)資源　(B)任務　(C)目標　(D)協調。

(　　)2. 管理是一門科學，是因為　(A)管理以實驗科學為本　(B)管理沒有既定公式可套用　(C)管理是一種資源分配的方法　(D)管理學強調以系統化架構解決問題與達成目標。

(　　)3. 關於「管理」的定義，比較完整的定義是　(A)個人努力達成目標　(B)建立未來的發展方向　(C)指揮命令部屬執行任務　(D)有效運用資源完成任務與目標。

(　　)4. 從設定整體目標到發展策略與細部計畫方案的過程，稱為　(A)規劃　(B)組織　(C)協調　(D)控制。

(　　)5. 管理功能包含規劃、組織、領導與控制等程序，控制程序一般又包含4步驟，請問以下何步驟不包含在控制程序內？　(A)標準　(B)衡量　(C)協調　(D)修正。

(　　)6. 企業經營會面臨效率（efficiency）與效能（effectiveness）的問題，其中效能指的是：　(A)資源使用率　(B)利潤　(C)成本　(D)目標達成率。

(　　)7. 哪一項管理技能，對中階管理者最重要？　(A)人際關係能力　(B)概念化能力　(C)技術性能力　(D)工具性能力。

(　　)8. 關於效率與效能的比較，何者錯誤？　(A)效率是有效運用資源的能力　(B)效率是一種手段　(C)高效能是指目標達成度高　(D)效能=（產出／投入）。

(　　)9. 把事情做對（doing things right）是以下何種概念？　(A)效率（efficiency）　(B)效能（effectiveness）　(C)管理功能（management function）　(D)企業功能（business function）。

(　　)10.執行長在公司的例行月會上頒發獎金給績效卓越的員工是屬於Mintzberg所指管理者所扮演的何種角色？　(A)領導者　(B)企業家　(C)問題處理者　(D)傳播者。

（請沿虛線撕下）

<背面尚有試題>

(　) 11. 首位倡導使用科學方法進行管理，而被譽為「科學管理之父」者為　(A)巴納德（Chester Barnard）　(B)泰勒（Frederick Taylor）　(C)費堯（Henri Fayol）　(D)彼得杜拉克（Peter Drucker）。

(　) 12. 下列何者非屬費堯（Henry Fayo1）所提的十四項管理原則？　(A)分工原則（division of labor）　(B)權威原則（authority and responsibility）　(C)動作科學化原則（scientific movements）　(D)公平原則（equity）。

(　) 13. 下列有關霍桑研究的敘述，何者正確？　(A)以學者霍桑（Hawthome）為研究主持人　(B)以管理科學觀點設計實驗　(C)行為學派最重要的理論出發點　(D)研究發現正式組織內的群體互動對於成員行為影響很大。

(　) 14. 現代化組織必須與環境互動以維持生存與發展，此種組織管理系統稱為？　(A)封閉系統　(B)開放系統　(C)管理矩陣　(D)生態系統。

(　) 15. 管理者對於抽象與複雜情境能夠具備邏輯思考的能力，稱為　(A)人際關係技能　(B)概念化技能　(C)技術性技能　(D)權變觀。

二、專有名詞解釋

全華 版權所有・翻印必究 科技

1. 管理功能。
2. 管理績效。
3. 霍桑實驗。
4. 權變觀點。
5. 開放系統。

三、問答題

1. 企業組織為何需要管理？
2. 管理者每天要分析、決策與處理許多事務，請問管理者所扮演的角色可以歸納為哪些角色？
3. 不同層級的管理者各需要哪些技能來有效地執行管理者活動？
4. 面臨經營環境以及全球經濟景氣詭譎多變、社會文化變遷導致產品生命週期愈來愈短，現代化企業追求生存與永續發展，管理者需要如何執行組織的管理活動？
5. 管理學本身是一套有系統的理論，但為何有人說管理是一門藝術？

得 分 全華圖書（版權所有，翻印必究）

學後評量

CH02 管理環境

班級：________

學號：________

姓名：________

一、選擇題

(　　) 1. 組織的環境指的是 (A)可能影響組織績效的外部機構 (B)可能影響組織績效的外部力量或因素 (C)組織內部的資源條件 (D)以上皆是。

(　　) 2. 下列何者不屬於總體環境主要的範疇？ (A)科技面 (B)經濟面 (C)社會文化面 (D)產業競爭面。

(　　) 3. 組織於產業內所面對的環境因素，統稱為 (A)任務環境 (B)總體環境 (C)間接環境 (D)一般環境。

(　　) 4. 顧客、供應商與競爭者等屬於何種環境因素？ (A)總體環境 (B)一般環境 (C)產業環境 (D)內部環境。

(　　) 5. 下列何者非企業外部環境中，總體環境的要素之一？ (A)法規面 (B)社會面 (C)自然面 (D)經濟面。

(　　) 6. 一群人口的實體特徵，包括性別、年齡、所得、教育程度、家庭結構等，稱為 (A)消費者變數 (B)人口統計變數 (C)心理變數 (D)行為變數。

(　　) 7. 「組織必須常常評估考量環境的影響，否則容易陷入環境變化的危機而不自知」，來自下列哪個論點？ (A)蝴蝶效應 (B)煮蛙理論 (C)寒蟬效應 (D)破窗理論。

(　　) 8. 近年來消費大衆逐漸適應高鐵的一日生活圈概念，高鐵的載客率不斷提升，屬於下列何種環境因素的影響？ (A)政治情勢 (B)社會文化 (C)經濟環境 (D)供應商。

(　　) 9. 少子化對企業用人的影響，主要與哪一個外在環境的問題最有關聯性？ (A)法令環境因素 (B)自然環境因素 (C)人口統計因素 (D)經濟環境因素。

(　　) 10. 利害關係人指的是下列何者？ (A)所有在組織外部環境中會受到組織決策和行動影響的人或團體 (B)所有在組織外部環境中會影響組織決策和行動的人或團體 (C)社區團體和媒體 (D)以上皆屬於利害關係人。

(　　) 11. 下列何者不是企業全球化的主要驅動力？ (A)社會文化 (B)科技 (C)經濟 (D)競爭。

（請沿虛線撕下）

<背面尚有試題>

(　　) 12.中國在開放市場貿易前的經濟制度，是由政府規劃與分配所有的經濟活動，稱為：　(A)自由市場經濟　(B)計畫經濟　(C)民主化經濟　(D)社會主義經濟。

(　　) 13.溫室效應、全球暖化等，屬於哪一種環境因素的考量？　(A)總體環境　(B)任務環境　(C)自然環境　(D)內部環境。

(　　) 14.下列何者為超環境的意義？　(A)影響廠商與市場間交易的力量　(B)組織難以改變的外在力量　(C)即政府、經濟、法律及文化等環境因素　(D)以上皆非。

(　　) 15. 2022年2月24日烏克蘭與俄羅斯爆發全面戰爭，導致全球政治與經濟情勢的緊張。請問烏克蘭曾通過憲法修正案欲加入哪一個區域國家組織？　(A)北美自由貿易協定　(B)北大西洋公約組織　(C)東南亞國協　(D) WTO。

二、專有名詞解釋

1. 總體環境
2. 任務環境
3. 利害關係人
4. 全球化環境
5. 自然環境

全華
版權所有．翻印必究
科技

三、問答題

1. 當企業面臨總體環境的變化，管理者首要考量即是這些總體環境面的因素如何影響企業經營決策，請說明之。
2. 企業可能因為許多考量因素而必須進行全球化的營運以提高企業營收與獲利，請說明導致企業全球化的因素有哪些？
3. 面對臺灣人口結構的改變，例如高齡人口比例增加、少子化現象、新住民的增加，企業管理者應該如何因應這股趨勢？
4. 任務環境是影響企業營運與管理決策最直接與最攸關的因素，為了維持企業營運績效，企業可以與任務環境展開哪些合作方式？
5. 企業該如何與利害關係人進行互動與建立關係，以維護企業的順利運作？

得 分

學後評量

CH03 規劃與決策

班級：__________

學號：__________

姓名：__________

一、選擇題

(　)1. 下列何者不是企業進行「規劃」的目的？ (A)減低變革的衝擊 (B)指出方向 (C)配合管理程序 (D)提供控制標準。

(　)2. 規劃的定義為下列何者？ (A)找出工作的最佳做法 (B)建立達成目標之控制步驟 (C)發展全面性的計畫方案以整合與協調組織的活動 (D)引導部屬工作的說明書。

(　)3. 下列何者不是正式規劃的利益？ (A)可凝聚組織共識 (B)促進組織資源的最適運用 (C)消除環境變化的衝擊 (D)可建立績效控制的標準。

(　)4. 依據學者Steiner所提出的整體規劃模式（Integrated Planning Model），有關規劃的基礎有三個，不包含下列何者？ (A)高階主管價值觀 (B) SWOT分析 (C)建立實施計畫之組織 (D)界定公司經營使命。

版權所有・翻印必究

(　)5. 在SWOT分析模式中，外部環境方面係分析組織面對的環境 (A)優勢與弱勢（strengths & weaknesses） (B)機會與弱勢（opportunities & weaknesses） (C)優勢與威脅（strengths & threats） (D)機會與威脅（opportunities & threats）。

(　)6. 組織實際可行的、可被信任的未來藍圖，也是組織成員對未來方向的共識，為： (A)經營使命 (B)事業策略 (C)組織目標 (D)願景。

(　)7. 關於一個設計良好的目標，下列哪一項描述是不正確的？ (A)須形諸於文字 (B)不須量化 (C)必須清晰且制定完成期限 (D)必須是有挑戰性的。

(　)8. MBO主要內涵不包括 (A)下屬與上司共同決定績效標準 (B)對績效的達成度不定期評估 (C)定期檢討目標達成度 (D)依目標達成度進行獎酬分配。

(　)9. 下列何者不是良好目標的特色？ (A)以結果而非以行動的方式寫出來 (B)有明確的時間表 (C)可衡量且可量化 (D)困難且難以達成的目標。

(　)10.決策過程的第一個步驟為？ (A)發展替代方案 (B)預估決策效能 (C)問題確認 (D)確立決策準則。

（請沿虛線撕下）

<背面尚有試題>

(　　) 11. 下列何者不是「理性決策模式」（rational decision-making model）的前提假設？ (A)沒有時間或成本的限制 (B)最終結果為求利益極大化 (C)問題清楚目標明確 (D)決策者是主觀的且其偏好的改變很慢。

(　　) 12. 管理者面對新奇且非結構性問題時所做的決策係為下列何者？ (A)例行性決策 (B)理性決策 (C)非例行性決策 (D)非理性決策。

(　　) 13. 基於過去豐富經驗、長久累積的判斷能力，進行潛意識決策之程序，稱為 (A)理性決策 (B)有限理性決策 (C)直覺式決策 (D)預設性決策。

(　　) 14. 假若決策者只蒐集有利資訊來佐證自己之前的決策，對於不利於過去決策的反對資訊則抱持懷疑態度或拒絕接受，屬於哪一種決策偏誤？ (A)確認偏誤 (B)選擇性認知 (C)先入為主 (D)接近性偏誤。

(　　) 15. 下列何者為管理者面臨的例行性決策？ (A)新產品開發 (B)品質抽樣 (C)興建廠房 (D)新市場投資。

二、專有名詞解釋

1. SWOT分析
2. 有限理性
3. 預設性決策
4. 選擇性認知
5. 沉沒成本

全華 版權所有．翻印必究 科技

三、問答題

1. 何謂目標管理（management by objectives, MBO）？請說明企業經營使命與設定的組織目標下，企業該如何推行目標管理？
2. 規劃是一種過程，而計畫則是規劃過程形成書面文字的成果；而不同計畫依層次分別會形成計畫體系。請以層級別簡要說明計畫體系之內容。
3. 規劃是在經營使命與組織目標的指導下，一個持續不斷循環的程序，包括基本程序與循環程序，請說明此一完整規劃程序之運作。
4. 請解釋說明：理性（rational）、有限理性（bounded rationality）與直覺（intuitive）三種決策模式。請說明你選讀此科系的決策模式以及決策步驟。
5. 請說明預設性決策與非預設性決策之不同，並舉例在大學學習過程，你曾做過哪些預設性決策與非預設性決策。

得　分　**全華圖書**（版權所有，翻印必究）

學後評量

CH04 策略管理

班級：＿＿＿＿＿＿

學號：＿＿＿＿＿＿

姓名：＿＿＿＿＿＿

一、選擇題

(　) 1. 策略管理程序的目的在　(A)決定組織長期績效之管理決策與行動之集合　(B)涵蓋例行性的管理功能　(C)提出企業目標　(C)回饋至控制過程的修正。

(　) 2. 關於策略規劃程序，下列敘述何者錯誤？　(A)影響組織長期績效　(B)第一個步驟為環境分析　(C)環境分析即為SWOT分析　(D)可能改變目前策略、形成新策略。

(　) 3. 汽車製造技術的進步，帶動汽車的操控安全性能更加提升，對於售車業而言屬於SWOT分析中的　(A)外部機會　(B)外部優勢　(C)內部優勢　(D)內部機會。

(　) 4. 下列何者屬於SWOT分析中的S？　(A)企業具低成本領導優勢　(B)顧客需求的不斷變化　(C)競爭者產品的銷售量降低　(D)較高的單位生產成本。

(　) 5. 下列何者較不屬於「7S模式」（McKinsey's 7S Model）中促進企業營運績效的主要要素？　(A)建立適當的組織結構　(B)發展適當的服務策略　(C)在市場上適當的定位　(D)適當的企業文化。

(　) 6. 為了克服淡旺季來客數的差異，觀光業設計平日、假日的差別計價以平衡淡旺季的需求，這是屬於哪一層級的策略？　(A)總公司層級　(B)事業層級　(C)功能層級　(D)作業層級。

(　) 7. 企業成長策略中，尋找上游廠商進行契約式合作，以增強購料的競爭優勢，稱為下列何者？　(A)向前整合　(B)向後整合　(C)水平整合　(D)波段整合。

(　) 8. 酒公司併購咖啡製造商，屬於何種成長策略？　(A)集中　(B)水平整合　(C)相關多角化　(D)非相關多角化。

(　) 9. 在BCG矩陣分析中，明日之星適於採用何種策略以提高其市場占率？　(A)維持（hold）策略　(B)獲取（gain）策略　(C)收割（harvest）策略　(D)撤資（divest）策略。

(　) 10. 休閒農場透過積極的行銷活動，持續提昇該農場在休閒產業的市場佔有率，是為哪一種策略？　(A)市場發展策略　(B)市場拓點策略　(C)市場滲透策略　(D)市場圍堵策略。

（請沿虛線撕下）

<背面尚有試題>

( ) 11.依麥可波特（Michael Porter）五力分析模式，若產業進入障礙低，則 (A)供應商的議價能力大 (B)產業內競爭大 (C)潛在進入者的威脅大 (D)替代品的威脅大。

( ) 12. Porter所提出之那一種策略工具可協助組織找出競爭優勢來源？ (A)核心競爭能力 (B)五力分析 (C)價值鏈 (D) 7S Model。

( ) 13.關於麥可波特（Michael Porter）一般性競爭策略的理論內容，何者正確？ (A)三種競爭策略包括成本領導策略、差異化策略、集中策略 (B)以價值鏈分析企業所應採取之競爭策略 (C)建立BCG矩陣分析 (D)將企業有限資源專注在某一種產品上，屬於差異化策略。

( ) 14.下列何者不是麥可波特（Michael Porter）價值鏈「主要活動」之內容？ (A)進貨後勤 (B)生產製造 (C)行銷與銷售 (D)技術發展。

( ) 15.企業能夠迅速觀察外在環境的變化、快速投入資源、及確認與調整可行因應策略的能力，稱為 (A)策略規劃 (B)策略執行 (C)策略彈性 (D)策略優勢。

二、專有名詞解釋

全華 版權所有・翻印必究 科技

1. 策略規劃
2. 7S Model
3. 垂直整合
4. 核心能力
5. 經營模式

三、問答題

1. 麥可波特（Michael Porter）提出五力模式（five force model），分析企業如何選擇具有競爭優勢的競爭策略。請說明五力模式的內涵。
2. 請說明總體策略分析工具BCG矩陣的內涵？
3. 組織各層級管理者負責不同的策略規劃與執行。請說明企業內三種主要的策略層級及其內涵。
4. 麥可波特（Michael Porter）提出的企業價值鏈（value chain）是指企業的經營活動由投入至產出之一系列連續的流程，每階段都對最終產品的價值有所貢獻。請自選一種產業之價值鏈分析之。
5. 請說明哈默爾（Hamel）提出的全面性經營模式架構內涵。

得　分　**全華圖書**（版權所有，翻印必究）

學後評量

CH05 組織結構與組織設計

班級：＿＿＿＿＿＿

學號：＿＿＿＿＿＿

姓名：＿＿＿＿＿＿

一、選擇題

(　　) 1. 下列何者不是組織結構的意義？　(A)組織（organization）為實現某些特定目的所構成之特定的人員配置關係即為組織結構　(B)每一個組織依明確的目標、結構以及一群成員建立起組織結構　(C)組織結構即為描述工作任務的劃分、集群與協調的正式架構　(D)進行任務、人員、設備之分配活動即為組織結構。

(　　) 2. 下列何者不屬於麥肯錫顧問公司所提倡之7S模式架構之要素？　(A) Staff　(B) Style　(C) Shared value　(D) Service。

(　　) 3. 當部門劃分愈詳細、明確，代表描述組織結構形式差異的哪一個指標之程度愈高？　(A)正式化　(B)複雜化　(C)集權化　(D)標準化。

(　　) 4. 下列何者不是建立組織圖的目的？　(A)分派工作與責任　(B)建立正式職權體系　(C)組織資源配置與部署　(D)作為績效控制的基礎。

(　　) 5. 將組織所需要執行的工作任務予以分類，區分為各種類型的工作任務，並分配組織成員專事執行特定的工作任務，稱為　(A)指揮鏈　(B)專業分工　(C)工作單元　(D)授權。

(　　) 6. 若企業內劃分為生產、行銷、人力資源、研發、財務會計等部門，屬於何種部門劃分型式？　(A)功能別　(B)產品別　(C)顧客別　(D)程序別。

(　　) 7. 從組織最高階層延伸至最基層的職權之連續線，稱為　(A)任務分工　(B)部門劃分　(C)指揮鏈　(D)控制幅度。

(　　) 8. 一般而言，在其他條件不變的情況下，當環境的變動愈快速時，經理人在組織運作的管理上　(A)應該採取多層級的嚴密控制　(B)應該傾向集權　(C)應該建立分權結構　(D)應該傾向機械化組織。

(　　) 9. 當組織愈龐大，組織正式化程度愈高時，愈可能產生一些組織運作的病態現象，例如預算花用無度等，稱為　(A)組織僵化　(B)帕金森定律　(C)組織扁平化　(D)機械化。

(　　) 10. 下列何者不屬於有機式組織的組織特性？　(A)能隨環境變化而調適　(B)很少的工作規則來規範雇用高創造力的員工　(C)功能性團隊打破部門本位主義的績效障礙　(D)自由資訊流通，依賴非正式溝通途徑的溝通。

（請沿虛線撕下）

<背面尚有試題>

(　　) 11.依陳德勒（Chandler）「結構追隨策略」學說（structure follows strategy）推論　(A)組織結構改變後會影響策略改變　(B)組織結構會隨著策略的改變而調整　(C)結構與策略維持穩定狀態　(D)結構與策略改變後影響環境改變。

(　　) 12.依組織設計情境因素分析，哪一種企業較不適合採用有機式組織？　(A)採用追求創新的差異化策略　(B)規模較小、員工數較少的組織　(C)使用大量生產的技術　(D)位於不確定性高的環境中。

(　　) 13.彭斯（Burns）及史托克（Stalker）將組織分為兩大類，當中具有高度正式化、有限互動、低度參與決策及依賴管理者的特色係屬於下列何者？　(A)有機式組織　(B)機械式組織　(C)分權組織　(D)委員會組織。

(　　) 14.有關矩陣式組織結構之敘述，下列何者錯誤？　(A)企業從不同的功能部門調集人手組成團隊並由一位專案經理負責領導　(B)對員工將會造成雙重指揮鏈的結果　(C)專案與功能部門的經理應該要時常溝通　(D)員工在有兩個上司的狀況下往往績效表現會更好。

(　　) 15.以少部分的全職員工為核心，專注於某些特定核心價值活動上，並將非核心任務外包（outsourcing），或雇用臨時的外部專業人員的組織，稱為　(A)虛擬式組織　(B)功能式組織　(C)專案式組織　(D)矩陣式組織。

版權所有．翻印必究

二、專有名詞解釋

1. 直線職權
2. 分權
3. 賦權
4. 正式化
5. 矩陣式組織

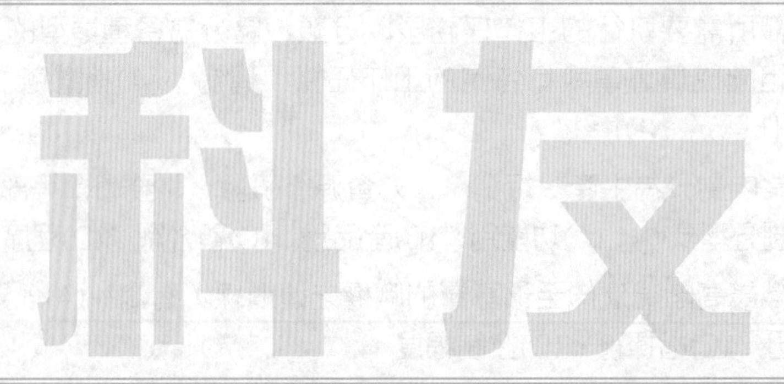

三、問答題

1. 組織的管理者可能因為許多因素而影響其控制幅度，請列點說明這些影響控制幅度之情境因素。
2. 請說明機械式組織與有機式組織的定義，並列表比較二者的差異。
3. 管理者有時因為工作負荷過重，有時因為需要培養接班幹部，而必須進行職權的授權，然而部屬卻不一定願意被授權。請說明影響授權的情境因素。
4. 組織設計常因情境因素的不同，而產生不同的組織形態。請簡要說明影響組織結構設計的情境因素。
5. 前奇異總裁傑克威爾許（Jack Welch）推行「無疆界組織」，消除奇異公司垂直與水平的組織內疆界，並消除公司與顧客、供應商間的外部疆界。請簡要說明三種疆界之形成原因與管理者打破疆界可採行的作法。

得 分 **全華圖書**（版權所有，翻印必究）

學後評量

CH06 組織行為

班級：＿＿＿＿＿＿＿＿

學號：＿＿＿＿＿＿＿＿

姓名：＿＿＿＿＿＿＿＿

一、選擇題

( ) 1. 組織行為所探討的面向主要係哪一種組織特徵？ (A)正式職權關係 (B)策略背景 (C)群體互動 (D)員工技能。

( ) 2. 在溝通過程中，人們常常只注意到自己想聽的話，而忽略自己潛意識不傾向接受的理由，這種現象稱為： (A)投射作用 (B)選擇性知覺 (C)刻板印象 (D)月暈效果。

( ) 3. 名校畢業生都應該進入大企業、高科技產業任職，而不應該投入小企業或是微型創業的開店行列，這是屬於哪一種認知偏誤類型？ (A)投射 (B)月暈效果 (C)刻板印象 (D)選擇性認知。

( ) 4. 主管很重視員工出勤狀況，就容易認為公司全勤獎得主在其他方面也都表現得很好，稱為： (A)暈輪效果 (B)對比效果 (C)刻板印象 (D)選擇性知覺。

( ) 5. 把別人假想為具有某種個人不希望擁有的特質，誇大他人具有這種特性，以保護自己或維護自己的自尊感。稱為： (A)假設相似 (B)對比效果 (C)投射 (D)選擇性知覺。

( ) 6. 當主管發現某一員工近來出現錯誤頻出、工作效率下降係因為其工作負荷過大所致，以歸因理論而言，此乃屬於何種歸因？ (A)內在歸因 (B)外在歸因 (C)基本歸因 (D)自利歸因。

( ) 7. 一位平日認真工作、使命必達的好員工，開車上班途中因路況塞車造成遲到，工作心情因此受到影響。解釋此一工作行為之原因為塞車所造成，在歸因理論中可歸為那一種行為歸因因素所解釋： (A)恆常性 (B)獨特性 (C)情境性 (D)共通性。

( ) 8. 依賀蘭德（Holland）的工作與性格匹配理論（job personality fit theory），喜愛需要思考、組織與理解的活動之工作類型，例如新聞記者，屬於何種工作類型？ (A)研究型 (B)務實型 (C)進取型 (D)社會型。

( ) 9. 個體對於接收到的外部訊息進行解讀、賦予意義的程序，稱為 (A)動機 (B)認知 (C)學習 (D)態度。

（請沿虛線撕下）

<背面尚有試題>

( ) 10.一種個人自主的行為，雖不是正式工作規範中所要求的行為，卻能增進組織的運作效能，稱為 (A)工作投入 (B)組織學習 (C)組織承諾 (D)組織公民行為。

( ) 11.在新一波升遷名單中，小張名列其中，大家七嘴八舌推論小張上榜的原因，這是哪一種組織行為理論的顯現？ (A)認知學習理論 (B)認知失調 (C)歸因理論 (D)制約學習理論。

( ) 12.人們會因受到「某行為結果」之強化而受到鼓勵，進而持續重複令其產生愉悅結果的該行為，這是哪一種理論？ (A)歸因理論 (B)操作制約 (C)社會學習 (D)認知學習理論。

( ) 13.人們會藉由觀察與直接經驗而學習，產生「注意→記憶→重複行為→強化」歷程，稱為 (A)古典制約 (B)操作制約 (C)社會學習 (D)行為塑造。

( ) 14.個體對人、事、物的好惡評價，屬於態度形成的哪一個成分？ (A)認知 (B)情感 (C)行為 (D)學習。

( ) 15.組織成員經由組織獲得利益，而在成員心中產生回報組織的道德義務，屬於哪一種組織承諾要素？ (A)情感承諾 (B)規範承諾 (C)認知承諾 (D)持續承諾。

二、專有名詞解釋

版權所有・翻印必究

1. 認知
2. 態度
3. 暈輪效果
4. 刻板印象
5. 馬基維利主義

全華 科技

三、問題與討論

1. 我們常會看到某人的行為表現不佳，推測造成此結果的原因為何，這屬於何種知覺理論，其理論內涵為何？
2. 組織公民行為有助於組織績效的提升，請問組織公民行為的意義為何？以及舉例哪一些行為屬於組織公民行為？
3. 學習理論強調個體經由經驗或練習產生行為上的持久改變，而個體的行為改變，有時候是一種被制約的結果。請說明常見的二種制約學習的概念為何？
4. 性格（personality）為個體經由外在刺激，所表現出相當一致性的行為反應。請說明工作性格匹配理論的理論內涵及其對管理者的意義。
5. 請說明認知失調理論的內涵，及其對管理者的涵義。

得 分 全華圖書 (版權所有，翻印必究)

學後評量

CH07 群體、團隊文化與衝突管理

班級：________

學號：________

姓名：________

一、選擇題

( ) 1. 群體成員會產生一致的努力方向，並具內聚力特性，此為哪一個群體發展階段？ (A)形成期 (B)風暴期 (C)規範期 (D)表現期。

( ) 2. 群體組成係結合來自不同領域成員的知識與技能，以解決一些須待部門整合的作業性問題者，稱為 (A)命令群體 (B)任務群體 (C)非正式群體 (D)跨功能團隊。

( ) 3. 個體在群體中位於某位置，所被期望表現的行為型態之組合，稱為 (A)地位 (B)角色 (C)資源 (D)群體規模。

( ) 4. 群體成員所共同遵守的標準或期望，亦代表一種被認可的價值觀及行為模式，稱為 (A)群體思考 (B)規範 (C)群體內部結構 (D)群體運作程序。

版權所有．翻印必究

( ) 5. 當群體規模變大，個體會傾向減少其努力與貢獻程度的群體現象，稱為 (A)群體思考 (B)角色衝突 (C)社會閒散 (D)群體運作程序。

( ) 6. 當一個人同時承擔許多不同工作角色，且這些角色彼此所面臨的角色期望互相矛盾與互斥時，即產生何種衝突？ (A)角色間衝突 (B)角色內衝突 (C)來源衝突 (D)個人與角色的衝突。

( ) 7. 由各專家獨立寫下意見，意見經彙整後再提供各專家修正意見，並重複此程序至專家意見趨於一致為止，此一種群體決策技術稱為 (A)名目群體技術 (B)腦力激盪法 (C) PDCA循環 (D)德爾菲法。

( ) 8. 群體成員間能夠充分討論，亦有個人的獨立思考空間的群體決策方式是 (A)名目群體技術 (B)腦力激盪法 (C)專家意見法 (D)德爾菲法。

( ) 9. 每一段期間針對一個管理問題，採用PDCA循環程序，提出解決方案並定期檢討方案成效，以決定修正或繼續執行方案者，稱為 (A)腦力激盪 (B)品管圈 (C)標竿管理 (D)知識管理。

( ) 10. 建立組織文化的第一個程序為何？ (A)高階主管的身教領導 (B)員工的社會化過程 (C)創辦人的經營哲學 (D)儀式、故事及符號的宣示與強化。

(請沿虛線撕下)

<背面尚有試題>

(　) 11.組織強調各種休閒設施與休閒風的辦公室裝潢，此為讓員工學習與共享組織文化的哪一種方式？ (A)實體符號 (B)專業術語的傳達 (C)對重大事件或人物故事的描述 (D)一系列重複性的活動。

(　) 12.下列哪一種衝突支持群體目標，可改善群體績效，有助於企業任務、目標的達成？ (A)功能性衝突 (B)非功能性衝突 (C)高度程序衝突 (D)關係衝突。

(　) 13.選擇一動機的滿足，心理上將會因對於另一動機難以滿足而生憾，屬於何種衝突？ (A)雙趨衝突 (B)趨避衝突 (C)雙避衝突 (D)認知衝突。

(　) 14.主管交付一重要專案，小張一方面感到因受肯定而高興，另一方面又怕能力不夠會表現不佳，而產生 (A)雙趨衝突 (B)趨避衝突 (C)雙避衝突 (D)認知衝突。

(　) 15.屬於「獨斷程度低、合作程度高」的衝突解決方案，稱為 (A)迴避 (B)順應 (C)合作整合 (D)妥協。

二、專有名詞解釋

全華
版權所有・翻印必究
科技

1. 自我管理團隊
2. 群體思考
3. 品管圈
4. 組織文化
5. 程序衝突

三、問題與討論

1. 請說明群體與團隊的差異。
2. 群體決策容易產生阻礙個人提出獨立思考意見的缺點，請說明三種可改善群體決策的方法？
3. 團隊內成員常有許多不同的角色，以維持團隊運作，然而角色衝突也是團隊運作常見的一種現象。試說明常見的角色衝突包括哪些類型？
4. 企業組織中的各項活動中，善用團隊幫助組織達成高績效目標已非常普遍。請說明發展有效率團隊的可行管理做法。
5. 布雷克與莫頓（Blake & Mouton）之衝突格道理論以產生衝突時所採決策獨斷的或與對方合作的程度，提出衝突解決的各種類型。請說明此模式內涵。

得 分

學後評量

CH08 領導理論

班級：

學號：

姓名：

一、選擇題

( ) 1. 張忠謀總希望接班人除了決策能力，更要具有誠信，可見張忠謀對於遴選接班人的標準係基於何種領導理論？ (A)領導特質論 (B)領導行為論 (C)領導情境論 (D)領導系統論。

( ) 2. 章經理在辦公司總是一呼百諾，平時也常與部屬共同用餐、閒聊，部屬也都願意配合章經理的指揮調度，由此可見章經理具備何種權力來源？ (A)法統權 (B)獎賞權 (C)專家權 (D)參考權。

( ) 3. 管理方格理論指出，管理者細心關切員工、努力營造一種人性化與快樂的環境，但對協同努力以實現企業的生產目標並不熱心，是屬於哪一種風格？ (A)赤貧型管理 (B)鄉村俱樂部式管理 (C)專制式管理 (D)團隊式管理。

版權所有・翻印必究

( ) 4. OSU二構面理論的二個構面為 (A)獨裁、民主 (B)獨裁、關懷 (C)民主、關懷 (D)定規、關懷。

( ) 5. 依赫賽（Hersey）和布蘭查（Blanchard）的情境領導理論，領導者和部屬共同制定決策、分擔責任之領導風格為 (A)告知型領導 (B)銷售型領導 (C)參與型領導 (D)授權型領導。

( ) 6. 費德勒（Fiedler）提出的權變模式（contingency model）指出領導效能會受到三個情境因素影響，不包含下列何者？ (A)關係行為（relationship behavior） (B)職位權力（position power） (C)領導者與部屬的關係（leader-member relation） (D)任務結構（task structure）。

( ) 7. 豪斯（House）的路經目標模式提出，當部屬具備內控特質時，領導者採用何種領導風格可帶來部屬的滿意？ (A)指導式 (B)支持式 (C)參與式 (D)成就導向。

( ) 8. 超越一般期望的領導，是經由灌輸使命感、激勵學習經驗及鼓勵創新的思考方式，稱為 (A)魅力領導 (B)領導替代 (C)交易型領導 (D)轉換型領導。

( ) 9. 下列何者不是魅力型領導者的特徵？ (A)能夠清楚說明願景 (B)對環境的限制相當清楚 (C)凡事遵循傳統的行事原則 (D)對於部屬的需求相當敏感。

（請沿虛線撕下）

<背面尚有試題>

( ) 10.柯林斯（Jim Collins）在《從A到A＋》（Good to Great）一書中提到，藉由謙虛的個性和專業的堅持，建立起持久的卓越績效，是第幾級的領導人？ (A)第一級 (B)第二級 (C)第四級 (D)第五級。

( ) 11.下列何者不屬於團隊領導者四種特定的領導者角色之一？ (A)與外部利害關係人的聯繫者 (B)教練 (C)衝突解決者 (D)資源分配者。

( ) 12.哪一種領導理論提出「領導不一定永遠重要，且在部分情境下，領導者展現的領導行為可能不攸關的」？ (A)管理方格理論 (B)轉換型領導理論 (C)領導者替代模式 (D)團隊領導理論。

( ) 13.關於領導方式的選擇，下列敘述何者錯誤？ (A)領導者特質論在找出有效領導者的特質 (B) White and Lippett提出三種領導方式最有效的為民主式領導 (C) OSU二構面理論認為高定規、高關懷是最有效的領導方式 (D) Likert認為最進步的領導方式是工作中心式。

( ) 14.領導的定義為何？ (A)影響群體達成目標之過程 (B)影響群體達成目標 (C)影響群體達成目標之方法 (D)影響群體達成目標之功能。

( ) 15.以下關於管理與領導的差異，何者較為正確？ (A)領導行為一定來自於正式職權 (B)管理行為不一定來自於正式職權 (C)管理是領導的程序之一 (D)與管理相較，領導重點更在人心的影響。

版權所有・翻印必究

二、專有名詞解釋

1. 定規（initiating structure）
2. 交易型領導
3. 轉換型領導
4. 魅力式領導
5. 團隊領導

全華 科技

三、問題與討論

1. 請說明領導者的五種權力來源。
2. 請說明管理方格理論的理論內涵？
3. 請說明費德勒權變模式（Fiedler contingency model）的主要理論內容。
4. 請問賀喜與布蘭查（Hersey & Blanchard）提出的「情境領導理論」（situational leadership theory, SLT）中有哪四種領導風格，並以任務行為及關係行為之高低說明之？另其「部屬成熟度」是以哪兩個構面來分析？
5. 請比較魅力型領導、交易型領導與轉換型領導三種領導型態的差異。

得　分　**全華圖書** **(版權所有，翻印必究)**

學後評量

CH09 溝通與激勵

班級：＿＿＿＿＿＿＿＿

學號：＿＿＿＿＿＿＿＿

姓名：＿＿＿＿＿＿＿＿

一、選擇題

(　　) 1. 關於「溝通」的敘述，下列何者正確？　(A)溝通為訊息的表達　(B)溝通的過程充滿干擾因素，稱為回饋反應　(C)過濾（filtering）為克服溝通障礙的方法　(D)組織政策的有效溝通，能有效刺激員工的激勵動因。

(　　) 2. 不同部門、不同層級的員工之間的溝通，稱為：　(A)上行溝通　(B)下行溝通　(C)水平溝通　(D)斜向溝通。

(　　) 3. 在人際溝通過程中，發訊者將觀念或資訊轉換為符號的過程，屬於一種：(A)認知失調　(B)溝通障礙　(C)回饋　(D)編碼。

(　　) 4. 依據馬斯洛（Maslow）的需求層級理論，老闆鼓勵員工在工作場合能夠和樂共處，屬於滿足員工何種需求？　(A)生理需求　(B)安全需求　(C)社會需求　(D)尊敬需求。

(　　) 5. 在雙因子理論（two-factor theory）中，下列哪一項主管的做法只是降低員工的工作不滿意，並不具有提升工作滿意的激勵效果？　(A)工作本身的內容　(B)人際關係　(C)升遷　(D)上司賞識。

(　　) 6. 在McClelland三需求理論中，高績效經理人的特性不包含下列何者？　(A)高權力需求　(B)高隸屬需求　(C)成就需求不一定高　(D)自尊需求高。

(　　) 7. 員工比較自己和他人的投入產出比率後，據以採取行為，是下列哪一理論的觀點？　(A)期望理論　(B)需求層次理論　(C)公平理論　(D)雙因子理論。

(　　) 8. 老闆致力於創造員工能夠和樂共事的工作環境，係為滿足員工何種需求？(A)生理需求　(B)安全需求　(C)社會需求　(D)尊敬需求。

(　　) 9. 主管何種做法可能只是降低員工的「工作不滿意」，並不具有真正提升「工作滿意」的激勵效果？　(A)改變員工的工作內容　(B)改善與員工的人際關係　(C)給予優秀員工升遷獎勵　(D)表現對員工的賞識，讓員工獲得成就感。

(　　) 10. 主張員工都是「自動自發、接受責任並主動負責」是屬於何種人性假定？(A) X理論　(B) Y理論　(C) Z理論　(D) M理論。

(請沿虛線撕下)

<背面尚有試題>

(　　) 11.績效衡量制度的公平性將會影響員工是否會願意付出努力以提高績效來獲得獎酬，指的是伏隆（Vroom）期望理論中的　(A)努力與績效之關聯性　(B)績效與報酬之關聯性　(C)努力與報酬之關聯性　(D)報酬與個人目標滿足之關聯性。

(　　) 12.給予工作者對所擔任工作，增加執行工作範圍，以降低工作單調感，這是哪一種工作設計的重點？　(A)工作擴大化　(B)工作豐富化　(C)工作專業化　(D)工作輪調。

(　　) 13.一位管理者藉由排除令員工不愉快的事作為獎勵，以塑造員工行為，此方法稱之為：　(A)正強化　(B)負強化　(C)處罰　(D)消弱。

(　　) 14.因員工績效良好，公司不僅取消上班打卡制度，還增設超時加班獎金，在強化理論中屬於何種效果？　(A)消滅　(B)正強化　(C)負強化　(D)從負強化到正強化。

(　　) 15.在工作特性模式（JCM）中，下列何者不屬於可體驗工作深長意義的核心構面？　(A)技能的多樣性　(B)任務的完整性　(C)任務的回饋性　(D)任務的重要性。

二、專有名詞解釋

全華 版權所有・翻印必究 科技

1. 斜向溝通
2. 葡萄藤
3. 自我效能
4. 工作擴大化
5. 工作豐富化

三、問題與討論

1. 請圖示人際溝通過程，並說明人際溝通過程上八要素之意義。
2. 請說明心理學家Frederick Herzberg所提出的雙因子理論（two-factor theory）內涵，並列舉及分析「造成工作滿足」與「防止工作不滿足」之影響因素。
3. 請說明Victor Vroom所提出的期望理論（expectancy theory）之主要觀點及其對管理者的實務意涵。
4. 請說明史金納（B. F. Skinner）所提出的行為修正理論（behavior modification theory）之主要觀點。
5. 工作特性模式（job characteristics model, JCM）定義了五種主要的工作特性、彼此間的關係，以及它們對員工生產力、動機與滿意度的影響。請說明這五種工作特性與工作成果及個人工作滿意度之關係。

得 分 全華圖書（版權所有，翻印必究）

學後評量

CH10 控制與績效管理

班級：＿＿＿＿＿＿
學號：＿＿＿＿＿＿
姓名：＿＿＿＿＿＿

一、選擇題

( ) 1. 控制程序的第一個步驟為何？ (A)修改績效目標及標準 (B)衡量實際績效 (C)選擇控制工具 (D)建立組織文化。

( ) 2. 廠長經常在工廠內巡視查看，是屬於哪一種控制類型？ (A)事前控制 (B)事中控制 (C)事後控制 (D)資訊控制。

( ) 3. 公司在每一月結束後，檢討當月業績狀況，並提出下一月改善計畫者，屬於哪一種控制類型？ (A)事前控制 (B)事中控制 (C)即時控制 (D)事後控制？

( ) 4. 防範問題於未然，在問題未發生前就採取管理行動，為哪一種控制類型？ (A)事前控制 (B)事中控制 (C)即時控制 (D)事後控制。

( ) 5. 管理上的控制定義不包含以下何者？ (A)衡量實際績效 (B)比較實際績效與績效標準的差距 (C)採取管理行動修正過低或過高的績效偏差 (D)持續以績效遷就可能不適當的標準。

( ) 6. 衡量實際績效的資訊來源中，何者具有最正式的資訊內容？ (A)個人觀察 (B)資訊系統 (C)統計報表 (D)書面報告。

( ) 7. 控制機能之於管理活動與組織活動的價值，不包括下列何者？ (A)連結規劃功能 (B)促進員工激勵 (C)符合管理程序 (D)組織永續發展。

( ) 8. 大內（Ouchi）提出哪一種控制方式是以組織的價值觀和規範為基礎，透過潛移默化來同化員工的行為？ (A)預先控制 (B)官僚控制 (C)事後控制 (D)派閥控制。

( ) 9. 集團企業透過利潤中心制的建立是為了達成： (A)行為控制 (B)品質控制 (C)官僚控制 (D)市場控制。

( ) 10. 下列何者不需要進行控制程序的修正改善行動？ (A)實際績效與績效標準出現重大偏差 (B)實際績效過低 (C)績效標準過高 (D)實際績效落於可容許的績效範圍內。

( ) 11. 一項工程規劃施工需要168個人工小時，請問人工小時屬於哪一類績效衡量單位？ (A)財務貨幣標準 (B)實體數量標準 (C)人力標準 (D)時間標準。

（請沿虛線撕下）

<背面尚有試題>

(　　) 12.組織進行的所有工作流程與活動所累積的最終結果即是　(A)組織績效　(B)財務績效　(C)社會績效　(D)品質績效。

(　　) 13.組織所訂定在實際績效和績效標準之間可接受的偏差數據，稱為　(A)誤差上限　(B)誤差下限　(C)偏差範圍　(D)目標範圍。

(　　) 14.「平衡計分卡」強調以量化的方式明確衡量企業的經營績效，而此量化方式衡量的主要指標，通常被稱為？　(A)財務績效指標　(B)作業績效指標　(C)內控績效指標　(D)關鍵績效指標。

(　　) 15.平衡計分卡架構的四個衡量指標係以何指標為最終須達成的長期績效成長？　(A)財務　(B)顧客　(C)企業內部流程　(D)學習與成長。

二、專有名詞解釋

1. 即時控制
2. 走動管理
3. 市場控制
4. 派閥控制
5. 組織績效

全華 版權所有．翻印必究 科技

三、問題與討論

1. 請說明控制程序的三個步驟。
2. 有效的控制系統應該具有那些特性？請說明其內涵。
3. 控制是組織重要的管理功能，可確保組織目標能被有效達成。請說明控制對組織的重要性。
4. 平衡計分卡是一種包含四大構面之績效衡量方法，請說明平衡計分卡四構面內涵及其績效衡量指標。
5. 本書第一章所談到的管理績效（management performance）在衡量管理者的管理活動的有效與否，其衡量指標包括效率與效果；本章所提到之組織績效（organizational performance）則是組織活動（管理者與部屬共事）的最終結果，包括組織效率與組織效能。請依上述邏輯，嘗試簡要說明管理績效與組織績效之間的關係？

得 分 **全華圖書（版權所有，翻印必究）**

學後評量

CH11 人力資源管理

班級：__________

學號：__________

姓名：__________

一、選擇題

( ) 1. 現代化的人力資源管理主要目的為 (A)扮演幕僚服務的人事管理角色 (B)找到最佳的人才 (C)維持組織的高績效 (D)最適的組織人力運用與維持員工高績效。

( ) 2. 為維持人力資源的長期績效，人力資源管理流程的第一個步驟應為 (A)人力的甄選 (B)生涯發展 (C)人力資源規劃 (D)訓練。

( ) 3. 定義一項工作以及執行該工作所需行為之評估，稱為 (A)工作分析 (B)工作說明書 (C)工作規範 (D)工作評價。

( ) 4. 公司提供食宿與交通車接送，屬於何種福利類型？ (A)經濟性福利 (B)設施性福利 (C)娛樂性福利 (D)法定福利。

版權所有・翻印必究

( ) 5. 下列何者不是外部招募的優點？ (A)多樣化員工 (B)引進新想法 (C)提升公司創新動能 (D)提升公司內員工士氣。

( ) 6. 應徵清潔隊員須考背沙包跑步的速度，應徵行政助理要考打字速度，上述採用這些甄選機制是為了提升甄選的 (A)效度 (B)信度 (C)穩定度 (D)一致性。

( ) 7. 下列何者非工作說明書應有的內容？ (A)工作界定 (B)工作關係 (C)工作者的資格 (D)工作績效標準。

( ) 8. 列出執行某特定工作之最低資格要求的書面規定，稱為 (A)工作分析 (B)工作說明書 (C)工作規範 (D)工作評價。

( ) 9. 引導新進員工了解工作及組織概況，並引導新進人員融入組織的社會化過程，稱為 (A)甄選 (B)新進人員指導 (C)工作分析 (D)職前訓練。

( ) 10. 公司近來引進新的製程管理系統，並針對製程工程師安排顧問輔導課程，這是屬於哪一種類的訓練？ (A)一般技能 (B)專業技能 (C)管理才能 (D)問題解決。

( ) 11. 在員工訓練時，假設一問題發生情境，要求參加訓練的學員假想在此情境中從事的行為態度與動機，從中發現解決方案，稱為何種訓練方法？ (A)敏感度訓練 (B)個案研究 (C)角色扮演法 (D)分組討論法。

（請沿虛線撕下）

<背面尚有試題>

(　　) 12.一種評鑑中心實施的方法，給予受評者一些文件，分別內含需要立即回應之決策，受評者被迫在時間壓力下判斷事件之輕重緩急，做出正確決策的優先順序，稱為：　(A)公事籃訓練法　(B)無領導者群體討論　(C)個案研究　(D)角色扮演。

(　　) 13.在員工訓練時，將受訓者數人組成一小組，依照企業實際情境，擬定管理策略或決策，使各組從事相互間之競爭，最後決定何組勝出，以模擬真實的產業競爭狀況，稱為何種訓練方法？　(A)分組討論法　(B)個案研究　(C)管理競賽法　(D)角色扮演法。

(　　) 14.以一組績效要素或評量指標來評等員工，並做成圖表呈現的績效評估技術，稱為　(A)關鍵事件法　(B)評等尺度法　(C)書面評語　(D)評鑑中心。

(　　) 15.員工被分派到偏遠地區任職，往往會有額外的薪資部分，屬於　(A)紅利　(B)津貼　(C)本薪　(D)獎金。

二、專有名詞解釋

1. 工作分析
2. 工作規範
3. 評鑑中心
4. 工作評價
5. 360度回饋法

全華 版權所有・翻印必究 科技

三、問答題

1. 人員任用是人力資源管理的重要工作，內部招募（internal recruiting）可避免流失優秀人才，但也有缺點存在，其主要優、缺點為何？
2. 企業常以筆試的方式來招募所需要之人才，唯試題應具有足夠的信度與效度，請問企業甄選方式的效度與信度之意義，並舉例說明。
3. 績效管理制度重點在建立公正客觀的績效評估方法，人力資源實務工作者無不致力於為公司設計與施行可以客觀衡量個人工作績效的評估法，請說明一般七種常用的績效評估方法。
4. 工作分析係分析某項工作所需具備的知識、技術、經驗、能力與責任，進而擬定工作者應具備的資格條件，製作工作說明書與工作規範，以利於工作指派與人員招募甄選之用。請以某公司行銷經理為例，試寫出工作說明書的內容。
5. 請說明在職訓練的類別，並嘗試列出一位行銷企劃專員從新進人員至晉升為行銷經理，可能需要參加哪些訓練？

得　分

學後評量

CH12　組織變革

班級：＿＿＿＿＿＿

學號：＿＿＿＿＿＿

姓名：＿＿＿＿＿＿

一、選擇題

(　　)1. 依管理學的定義，組織變革（organizational change）主要指的是組織在哪些方面的改變？　(A)人員、結構或技術　(B)人員、流程或技術　(C)流程、結構或技術　(D)人員、結構或流程。

(　　)2. 在組織變革流程三步驟中，將那些維持當前組織運行水準力量的加以減少的是哪一個步驟？　(A)解凍　(B)改變　(C)削弱　(D)再凍結。

(　　)3. 下列何者非屬引發組織變革的外部力量？　(A)顧客需求　(B)策略轉變　(C)資訊科技　(D)政府規範。

(　　)4. Leavitt的變革途徑乃經由三種機能作用來完成，下列何者非屬此三種機能之一？　(A)流程　(B)技術　(C)行為　(D)結構。

(　　)5. 組織中的計畫性變革通常不包括　(A)策略變革　(B)技術變革　(C)行為變革　(D)結構變革。

(　　)6. 工作執行方式、使用之方法與設備的修改或升級等，屬於何種類型的組織變革？　(A)結構變革　(B)技術變革　(C)人員變革　(D)組織設計變革。

(　　)7. 在專業分工、部門劃分、職權關係、控制幅度、集權程度、正式化程度之改變，工作設計的改變，以及實際結構設計上的改變，是為哪一種變革？　(A)結構變革　(B)技術變革　(C)人員變革　(D)文化變革。

(　　)8. 一種具體的劇烈式變革方式，重新思考、重新設計組織所有的管理流程和作業流程，稱為　(A)漸進式變革　(B)技術變革　(C)企業流程再造　(D)組織重整。

(　　)9. 下列何者非員工抗拒變革的主要理由？　(A)弱勢文化　(B)對於慣性與制式反應的依賴　(C)關心個人損失　(D)認為變革與組織目標或利益不符合。

(　　)10. 下列何者不屬於降低抗拒變革的方法？　(A)職能協助　(B)貫徹執行　(C)統一管理　(D)充分溝通。

(　　)11. 何種變革會呈現出持續性過程，且此持續性過程目的在維持組織的均衡？　(A)劇烈式變革　(B)漸進式變革　(C)結構變革　(D)人員變革。

（請沿虛線撕下）

<背面尚有試題>

全華 版權所有・翻印必究 科技

(　) 12.改變員工本身行為思維與改變人際關係的本質與品質之變革技術或方案，稱為　(A)組織發展　(B)漸進式變革　(C)結構變革　(D)劇烈式變革。

(　) 13.下列何者不是當菲（Dunphy）與史黛絲（Stace）組織權變模式中所區分的變革策略類型？　(A)参與進化　(B)魅力轉型　(C)支持轉型　(D)強迫進化。

(　) 14.改變群體成員對其他群體成員的態度、偏見與刻板印象的組織發展方法，稱為　(A)敏感訓練　(B)群際發展　(C)團隊訓練　(D)管理發展。

(　) 15.利用資訊科技、自動化生產技術等智能製造為主軸的工業革命為　(A)工業1.0　(B)工業2.0　(C)工業3.0　(D)工業4.0。

二、專有名詞解釋

1. 企業流程再造
2. 計畫性變革
3. 文化變革
4. 企業轉型
5. 工業4.0

全華 版權所有・翻印必究 科技

三、問題與討論

1. 請問引發組織變革的來源為何？
2. 請問組織變革的類型有哪幾種？
3. 一個完整的組織變革模式包括哪些步驟？請說明各步驟之內容。
4. 有效的變革管理對企業經營很重要，但組織變革常會遭致員工的抗拒，請問員工為何抗拒變革？又組織應如何降低員工對變革的抗拒？
5. 資訊科技常是企業轉型的重要推手，學者Venkatraman研究資訊科技對企業轉型提供的助益，提出企業轉型的五個程度，請說明之。

得 分 全華圖書(版權所有，翻印必究)

學後評量

CH13 創新與創業精神

班級：________________

學號：________________

姓名：________________

一、選擇題

( ) 1. 將新奇的觀念或問題解決策略加以實踐應用，並轉換為市場可獲利產品或服務的歷程，稱為 (A)創意 (B)創新 (C)發明 (D)研發。

( ) 2. 創作者所處的環境、流程發生的處所，是屬於羅德（Rhodes）所提出創意4P中的： (A)物價（Price） (B)過程（Process） (C)產品（Product） (D)場境（Press）。

( ) 3. 羅傑斯（Rogers）將新創意從其發明或創造的來源，擴散至最終使用者或採用者的過程，稱為 (A)破壞式創新 (B)維持式創新 (C)創新擴散 (D)突破性科技。

( ) 4. 在1985年出版的《創新與創業精神》將創新定義為「賦予資源新涵義以創造財富的能力」的學者是 (A)科特（John Kotter） (B)彼得・杜拉克（Peter Drucker） (C)克雷頓・克里斯汀生（Clayton Christensen） (D)柯林斯（Jim Collins）。

( ) 5. 在核心概念及技術上有重大突破，以新技術創造出新的核心設計，且其產品創新活動以績效最大化為導向者，稱為 (A)漸進式創新 (B)劇烈式創新 (C)維持式創新 (D)連續性創新。

( ) 6. 企業不以原本擅長的產品與技術為主，不追求更高階產品以迎合主流客戶，而是利用新科技的力量，將必要元件以更簡單的方式組合在一起，提供不同價值特性的新產品 (A)維持式創新 (B)漸進式創新 (C)破壞式創新 (D)連續性創新。

( ) 7. 下列關於創意與創新的各種敘述，何者正確？ (A)創意能帶來組織獲利，而非創新 (B)創意是透過資源將想法轉換為有實際用途、高顧客價值、具獲利潛力的產品、服務或工作方法之流程 (C)能帶來提升企業獲利能力效益的是創新 (D)讓創新變成具有實用價值的是創意。

( ) 8. 在創新管理中，除了具備具創意的人、團體與組織，還需要哪一種要素，才能持續創新的轉換過程？ (A)廣大的空間 (B)正確的創新環境 (C)充足的預算 (D)適當的時機。

（請沿虛線撕下）

<背面尚有試題>

( ) 9. 吳老闆總是不吝於給予員工實現夢想的機會，只要提出創新提案，通過可行性評估，即能在公司開發自己的創意點子，吳老闆這個制度，在管理學上可被稱為 (A)創業家精神 (B)內部創業精神 (C)破壞式創新 (D)劇烈創新。

( ) 10. 相對於傳統大英百科全書式笨重的知識搜尋方法，維基百科提供免費的、多方提供的、更多元的知識累積與搜尋機制，儼然就是屬於何種創新？ (A)維持式創新 (B)漸進式創新 (C)破壞式創新 (D)連續性創新。

( ) 11. 下列何者不是正確的創新環境具備的要素？ (A)組織結構的適當設計以提高部門互動 (B)人力資源管理系統的支持 (C)培養創新的組織文化 (D)資源的妥善運用。

( ) 12. 提出「破壞式創新」的學者是 (A)彼得·杜拉克（Peter Drucker） (B)麥可·波特（Michael Porter） (C)克雷頓·克里斯汀生（Clayton Christensen） (D)傑克·威爾許（Jack Welch）。

( ) 13. 下列何者不是創業家大多具有的特質？ (A)目標的堅持 (B)保守看待市場機會 (C)深刻的洞察力 (D)正面積極。

( ) 14. 下列何者不屬於杜拉克所提出的創新的內部來源？ (A)產業變革或市場結構變革 (B)非預期事件 (C)新知識 (D)流程需求。

( ) 15. 下列何者不屬於智慧財產權之法律保護範圍？ (A)商標權 (B)著作權 (C)專利權 (D)企業總部產權。

二、專有名詞解釋

1. 個人創意
2. 創新
3. 創業精神
4. 破壞式創新
5. 智慧財產權

三、問題與討論

1. 請說明彼得杜拉克（Peter Drucker）所提出之組織內、外部的創新來源為何？
2. 請說明羅德（Rhodes）所提出之創意4P理論中的4個引發創意的因素及其意義。
3. 成功的創新模式就是高度滿足顧客需求與顧客價值，回饋至企業的營收獲利成長。請說明成功創新可帶來的七項利益。
4. 創新類型若依創新的程度與進行過程（Process）來看，常區分為漸進式創新與劇烈式創新二種，請比較二種創新類型，並舉出實例。
5. 請說明克雷頓·克里斯汀生（Clayton Christensen）所提出之「破壞式創新」以及其對應之「維持式創新」，並舉出實例。

全華科技 版權所有 翻印必究

得　分　**全華圖書（版權所有，翻印必究）**

學後評量

CH14　企業倫理與社會責任

班級：__________

學號：__________

姓名：__________

一、選擇題

(　　)1. 為避免員工違法的情事發生造成企業的巨大損失，企業主對於員工的那方面越來越加重視？　(A)企業倫理　(B)社會責任　(C)管理能力　(D)專業技能。

(　　)2. 一種道德原則、價值觀及信念，可用以判斷組織及組織內成員行為對錯的準則，稱為：　(A)企業倫理　(B)管理典範　(C)社會責任　(D)規範。

(　　)3. 引導決策制定的倫理有不同的觀點，認為倫理決策的制定完全是以結果為基準，即考量如何為最多人求得最大利益的方式來作決策，屬於何種觀點？　(A)倫理之功利觀　(B)倫理之權利觀　(C)倫理之正義觀　(D)倫理之整合觀。

(　　)4. 「企業內決策需要公平且正當」，這是屬於哪一種企業倫理觀點？　(A)功利觀　(B)權利觀　(C)正義觀　(D)務實觀。

(　　)5. 以尊重與保護個人的自由與權利為首要，諸如隱私權、言論自由等，屬於何種觀點？　(A)倫理之功利觀　(B)倫理之權利觀　(C)倫理之正義觀　(D)倫理之整合觀。

(　　)6. 管理者可能面對在不同的道德決策選擇下可能產生的利益衝突，管理者此時面臨的狀況稱為：　(A)公司治理危機　(B)功利主義　(C)自利動機　(D)倫理困境。

(　　)7. 在社會責任四階段模式中，第四階段管理者負責的對象是　(A)股東　(B)顧客　(C)社會整體　(D)員工。

(　　)8. 下列何者不包含在企業社會責任的三個層次中？　(A)社會義務　(B)社會回應　(C)社會責任　(D)社會權利。

(　　)9. 遵循勞基法最基本的規定，無其他員工優厚條件的是屬於何種社會責任層次？　(A)社會義務　(B)社會回應　(C)社會責任　(D)社會權利。

(　　)10.以道德為主要考量點，並著眼於長期的是企業社會責任的哪一個層次？　(A)社會義務　(B)社會回應　(C)社會責任　(D)社會規範。

(　　)11.因應社會大眾期望停用保麗龍包裝材料，使用可再生原物料，屬於何種社會責任層次？　(A)社會義務　(B)社會回應　(C)社會責任　(D)社會權利。

（請沿虛線撕下）

<背面尚有試題>

全華科技 版權所有・翻印必究

(　　) 12.如果老闆認為：企業解雇20%的員工是適當的，不但可以提高收益，並保障其餘80%員工的工作。這個老闆的倫理思想屬於何種觀點？　(A)功利主義者　(B)人權維護者　(C)正義維護者　(D)馬基維利主義。

(　　) 13.企業尊重地球與自然資源，並盡力維護它，是採取哪一種管理綠化途徑？　(A)守法途徑　(B)利害關係人途徑　(C)市場途徑　(D)積極途徑。

(　　) 14.為避免員工違法的情事發生造成企業的巨大損失，企業主對於員工的哪方面越來越加重視？　(A)企業倫理　(B)社會責任　(C)管理能力　(D)專業技能。

(　　) 15.公司管理者認為公司在作決策時，有義務去保護利害關係人及整個社會的利益，稱為：　(A)企業倫理　(B)社會責任　(C)公司治理　(D)永續經營。

二、專有名詞解釋

1. 企業倫理
2. 企業社會責任
3. 社會回應
4. 社會義務
5. 綠色管理

全華 版權所有・翻印必究 科技

三、問答題

1. 請說明依管理學者Robbins與Coulter所整理引導決策制定的四種不同道德觀點。
2. 一般而言，個人會受到4個因素而決定是否表現倫理行為，請說明此四個影響企業倫理行為的因素。
3. 請說明社會責任層次的內容與決策架構。
4. 試申論綠色管理的重要性。
5. 請解釋何謂綠色管理的四個途徑？

歡迎加入 全華會員

● 會員獨享

會員享購書折扣、紅利積點、生日禮金、不定期優惠活動…等。

● 如何加入會員

掃 QRcode 或填妥讀者回函卡直接傳真（02）2262-0900 或寄回，將由專人協助登入會員資料，待收到 E-MAIL 通知後即可成為會員。

如何購買 全華書籍

1. 網路購書

全華網路書店「http://www.opentech.com.tw」，加入會員購書更便利，並享有紅利積點回饋等各式優惠。

2. 實體門市

歡迎至全華門市（新北市土城區忠義路 21 號）或各大書局選購。

3. 來電訂購

(1) 訂購專線：(02) 2262-5666 轉 321-324
(2) 傳真專線：(02) 6637-3696
(3) 郵局劃撥（帳號：0100836-1　戶名：全華圖書股份有限公司）
※　購書未滿 990 元者，酌收運費 80 元。

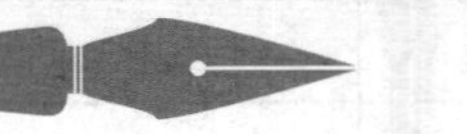

全華網路書店 www.opentech.com.tw
E-mail: service@chwa.com.tw

※ 本會員制如有變更則以最新修訂制度為準，造成不便請見諒。

廣　告　回　信
板橋郵局登記證
板橋廣字第540號

行銷企劃部　收

23671 新北市土城區忠義路 21 號
全華圖書股份有限公司

讀者回函卡

掃 QRcode 線上填寫 ▶▶▶

姓名：＿＿＿＿＿＿ 生日：西元＿＿＿年＿＿＿月＿＿＿日 性別：□男 □女

電話：（ ）＿＿＿＿＿ 手機：＿＿＿＿＿＿

e-mail：（必填）＿＿＿＿＿＿＿＿＿＿

註：數字零，請用 Φ 表示，數字 1 與英文 L 請另註明並書寫端正，謝謝。

通訊處：□□□□□＿＿＿＿＿＿＿＿

學歷：□高中・職 □專科 □大學 □碩士 □博士

職業：□工程師 □教師 □學生 □軍・公 □其他

學校／公司：＿＿＿＿＿＿ 科系／部門：＿＿＿＿＿＿

・需求書類：

□A. 電子 □B. 電機 □C. 資訊 □D. 機械 □E. 汽車 □F. 工管 □G. 土木 □H. 化工 □I. 設計

□J. 商管 □K. 日文 □L. 美容 □M. 休閒 □N. 餐飲 □O. 其他

・本次購買圖書為：＿＿＿＿＿＿ 書號：＿＿＿＿＿＿

・您對本書的評價：

封面設計：□非常滿意 □滿意 □尚可 □需改善，請說明＿＿＿＿＿＿

內容表達：□非常滿意 □滿意 □尚可 □需改善，請說明＿＿＿＿＿＿

版面編排：□非常滿意 □滿意 □尚可 □需改善，請說明＿＿＿＿＿＿

印刷品質：□非常滿意 □滿意 □尚可 □需改善，請說明＿＿＿＿＿＿

書籍定價：□非常滿意 □滿意 □尚可 □需改善，請說明＿＿＿＿＿＿

整體評價：請說明＿＿＿＿＿＿

・您在何處購買本書？

□書局 □網路書店 □書展 □團購 □其他＿＿＿＿＿＿

・您購買本書的原因？（可複選）

□個人需要 □公司採購 □親友推薦 □老師指定用書 □其他＿＿＿＿＿＿

・您希望全華以何種方式提供出版訊息及特惠活動？

□電子報 □DM □廣告（媒體名稱＿＿＿＿＿＿）

・您是否上過全華網路書店？（www.opentech.com.tw）

□是 □否 您的建議＿＿＿＿＿＿

・您希望全華出版哪方面書籍？＿＿＿＿＿＿

・您希望全華加強哪些服務？＿＿＿＿＿＿

感謝您提供寶貴意見，全華將秉持服務的熱忱，出版更多好書，以饗讀者。

填寫日期： / /

2020.09 修訂

親愛的讀者：

感謝您對全華圖書的支持與愛護，雖然我們很慎重的處理每一本書，但恐仍有疏漏之處，若您發現本書有任何錯誤，請填寫於勘誤表內寄回，我們將於再版時修正，您的批評與指教是我們進步的原動力，謝謝！

全華圖書 敬上

勘誤表

書號		書名		作者	
頁數	行數	錯誤或不當之詞句		建議修改之詞句	

我有話要說：（其它之批評與建議，如封面、編排、內容、印刷品質等・・・）

國家圖書館出版品預行編目資料

管理學 / 牛涵錚、姜永淞編著.-- 五版. -- 新北市：全華圖書, 2022.04

面 ； 公分

ISBN 978-626-328-144-8(平裝)

1.CST: 管理科學

494 111005106

管理學（第五版）

作者 / 牛涵錚、姜永淞

發行人 / 陳本源

執行編輯 / 楊軒竺

封面設計 / 楊昭琅

出版者 / 全華圖書股份有限公司

郵政帳號 / 0100836-1 號

印刷者 / 宏懋打字印刷股份有限公司

圖書編號 / 0817304

五版二刷 / 2022 年 09 月

定價 / 新台幣 560 元

ISBN / 978-626-328-144-8 (平裝)

全華圖書 / www.chwa.com.tw

全華網路書店 Open Tech / www.opentech.com.tw

若您對本書有任何問題，歡迎來信指導 book@chwa.com.tw

臺北總公司(北區營業處)
地址：23671 新北市土城區忠義路 21 號
電話：(02) 2262-5666
傳真：(02) 6637-3695、6637-3696

南區營業處
地址：80769 高雄市三民區應安街 12 號
電話：(07) 381-1377
傳真：(07) 862-5562

中區營業處
地址：40256 臺中市南區樹義一巷 26 號
電話：(04) 2261-8485
傳真：(04) 3600-9806(高中職)
(04) 3601-8600(大專)

版權所有・翻印必究